高等职业教育药品与医疗器械类专业教材

# 制药设备

黄亚东　李　伟　主　编
王昌超　副主编

中国轻工业出版社

图书在版编目（CIP）数据

制药设备／黄亚东，李伟主编. — 北京：中国轻工业出版社，2021.9
ISBN 978-7-5184-3383-4

Ⅰ.①制… Ⅱ.①黄… ②李… Ⅲ.①制药工业-化工设备-高等职业教育-教材 Ⅳ.①TQ460.3

中国版本图书馆 CIP 数据核字（2021）第 026164 号

责任编辑：王 韧 靳雅帅　　责任终审：张乃柬　　整体设计：锋尚设计
策划编辑：江 娟　　责任校对：吴大朋　　责任监印：张 可

出版发行：中国轻工业出版社（北京东长安街 6 号，邮编：100740）
印　　刷：北京君升印刷有限公司
经　　销：各地新华书店
版　　次：2021 年 9 月第 1 版第 1 次印刷
开　　本：720×1000　1/16　　印张：27.5
字　　数：555 千字
书　　号：ISBN 978-7-5184-3383-4　　定价：56.00 元
邮购电话：010-65241695
发行电话：010-85119835　传真：85113293
网　　址：http://www.chlip.com.cn
Email：club@chlip.com.cn
如发现图书残缺请与我社邮购联系调换
191102J1X101ZBW

# 本书编委会


**主　　编**　黄亚东（江苏食品药品职业技术学院）

李　伟（江苏食品药品职业技术学院）

**副 主 编**　王昌超（淮安市淮安医院）

**参编人员**　李　媛（江苏食品药品职业技术学院）

杨　猛（江苏食品药品职业技术学院）

张二飞（江苏食品药品职业技术学院）

许云飞（江苏食品药品职业技术学院）

钟永成（江苏正大清江制药有限公司）

凌珍鹏（江苏正大清江制药有限公司）

左同清（江苏润安制药有限公司）

**主　　审**　孔庆新（重庆化工职业学院）

# 前　言

为了贯彻落实《国家中长期教育改革和发展规划纲要(2010—2020年)》《“十三五”国家药品安全规划》等文件精神,更好地为制药类企业培养高级技能型、复合型、创新型专业技术人才,本教材编写委员会组织有关院校、江苏天士力制药有限公司及江苏正大清江制药有限公司根据我国医药行业发展、高职高专院校药品与医疗器械类专业建设及制药设备类的课程教学改革需要,立足高等职业教育专业课程项目化开发,以制药企业职业活动及工作过程为导向,以“化学合成制药工”“药物制剂工”等职业标准及制药行业典型设备使用与维护要求为依据,结合典型企业生产操作实际需要合作编写了《制药设备》教材。

本教材共分为十九个项目,以典型的制药生产工艺流程为主线,重点介绍设备的适用范围、组成、结构、原理、特点、操作要点、注意事项、常见问题及相应的处理方法等。本教材的编写力求内容设计合理、教学目标明确、体例新颖、层次结构清晰、内容条理性强、语言简洁精练,难点突出、图文并茂。为了便于练习、复习及考核,每个项目均编写了多种形式的习题并附有答案,答案以二维码的形式附于书中最后。本教材旨在培养广大师生及工程技术人员创新药物的研发能力,提高药物制造的关键技术开发和设备使用的能力,提升从业人员应对人民群众对药物安全合理使用要求的能力。

本教材由黄亚东、李伟担任主编,王昌超担任副主编,孔庆新担任主审。项目一至项目四由黄亚东编写;项目五至项目十由王昌超编写;项目十一至项目十六由李伟编写;项目十七由左同清编写;项目十八由钟永成编写;项目十九由凌珍鹏编写;全书由黄亚东统稿。此外李媛、杨猛、张二飞、许云飞也为本教材的编写工作提供了诸多帮助。本教材的出版得到了编者单位领导及合作企业相关专家及工程技术人员的大力支持,在此一并表示感谢。

本教材可作为高职高专院校药品与医疗器械类项下的药品生产技术、药物制剂技术、生物制药技术、制药设备应用技术及中药类项下的中药学等专业教材,还可作为制药企业员工培训用书。

由于编者水平所限,书中疏漏之处在所难免,敬请广大读者不吝赐教。

编写组

2021年7月13日

# 目　录

# 绪　论

人类在自身生存过程中创造了原始的医药，医药学同其他科学一样，来源于人类的社会实践和物质生活的需要。医药学是历代人民大众智慧的结晶，经历了从天然药物到化学制药再到生物制药3个阶段。

现代制药工业始于德国。19世纪初，化学家已经能够从植物中提取和浓缩有效成分用于治疗。19世纪中叶，制药工业从医疗事业的边缘进入了医疗事业的核心，并成为全球的工业。

1906年，保罗·埃尔利希（Paul Ehrlich）发现有些合成化合物可以选择性杀死寄生虫和致病菌，从而开始了大规模的工业研究。1909年，美国化学学会成立了制药化学分会。1906年公布的《纯净食品和药品法案》也促使制药企业雇用更多的化学家进行精确的药品分析工作。第一次世界大战使德国的技术没有办法到达美国，促使美国开始重视自己开发生产阿司匹林、洒尔佛散、佛罗那（Veronal）等药物。进入21世纪，世界有两大制药强国：德国和美国。

中华人民共和国成立之初，我国化学制药工业的基础十分薄弱，主要是将进口原料药简单加工成制剂，厂房设备简陋，品种少、产量低，全国处于缺医少药的状态。

随着国家五年计划的执行，“一五”期间苏联援建的重点项目——华北制药厂诞生，其抗生素配套设备则由德国设计和提供。华北制药厂的建成投产结束了我国青霉素、链霉素完全依靠进口的历史，但中华人民共和国成立后的20多年制药行业还处于相对封闭的状态，发展比较缓慢。

改革开放促使医药产业迅速发展，技术和管理水平显著提高，出现了华瑞制药有限公司、百时美施贵宝公司、西安杨森制药有限公司、苏州胶囊有限公司等第一批合资企业；实行药品专利，保护知识产权，吸引了大批外企进入，带动了我国对国外先进制药技术、设备和管理经验的引进、消化和吸收工作，加快GMP推广进程，药品质量稳步提高，新产品、新剂型不断增加，新技术、新设备广泛采用，新的经营理念、管理方法迅速普及。2020年，我国已经成为世界第二大药品市场。

# 项目一　物料输送设备

## 教学目标

**●知识目标**

熟悉物料输送设备的分类方法；熟悉泵的分类；离心泵、往复泵、压缩机、真空泵的结构及工作原理；熟悉离心泵、往复泵、压缩机的操作规程。

**●能力目标**

掌握离心泵、往复泵、压缩机、真空泵的使用与维护方法；掌握典型物料输送设备的操作要点。

**●素质目标**

熟悉岗位要求；掌握操作规程；拥有安全意识。

**●课前思考**

制药生产中常用的物料输送设备有哪些？有何作用？如何进行使用和维护？

**●认知解读**

物料输送在制药生产中的应用相当广泛，主要包括液体、气体、固体物料的输送。液体输送设备主要包括离心泵、往复泵、转子泵等；气体输送设备主要包括通风机、鼓风机、压缩机、真空泵等；固体物料输送设备主要包括带式运输机、斗式提升机、螺旋输送机等。应了解输送设备的分类方法，理解典型输送设备的结构、工作原理、性能特点，掌握常用输送设备的操作要点、注意事项及维护保养方法。

物料输送是制药生产中最常见的操作过程，物料输送设备是制药生产过程中重要的通用设备。制药生产过程及各工序间常需要进行物料输送，合理地选择和使用物料输送机械与设备对保证生产的连续性、提高劳动生产率和产品质量、减轻人工劳动强度、改善劳动条件、减少输送中的污染以及缩短生产周期等都有着重要的意义。在制药生产过程中，被输送物料的性质差异很大，所有的输送机械设备必须满足不同的生产工艺要求。因此，必须熟悉常用输送设备的结构、工作原理、性能特点，以便对其进行合理选择。

## 任务一　液体物料的输送

制药生产中常需进行液体输送，被输送液体的性质（如密度、黏度等）差异很大,工作状态多种多样而且制药生产多为连续化过程,输送过程骤然中断,可能导致严重的事故,因此物料输送设备应根据生产实际灵活选用,保证安全可靠。

制药生产中,原辅材料、半成品、成品多为液体,常常需要从一个工位送到另一个工位,或改变其压力,或提高其液位,需要泵提供一定的机械能,以克服液体阻力。泵的种类很多,按其工作原理可以分为离心泵、往复泵、转子泵(旋转)泵等。

## 一、离心泵

离心泵的构造简单,便于拆装、清理、冲洗、消毒。适合输送有固体悬浮物的物料。在药品生产中的应用非常广泛,占制药用泵的80%~90%。

### (一)结构

离心泵是由许多零件组成的,根据工作时各部件所处的工作状态,大致可以分成三大类:转动部件、固定部件和交接部件。

离心泵的结构如图1-1所示,在一个蜗壳形的泵壳上有两个接口,通向叶轮中心的是进口,与吸入管路相接;在泵壳的切线方向为出口,与排出管路相连接。泵壳内安装了一个可以快速旋转的叶轮,通常叶轮上有2~8片叶片。

离心泵的主要工作部件是叶轮,其次是吸液室、泵体(泵壳)、泵盖、轴封装置、轴向力平衡装置、轴承、联轴器、托架、压出室等。泵壳的一侧有泵轴穿过,处于泵壳内的一段泵轴上固定着叶轮。泵与电机共轴或靠联轴器连接。

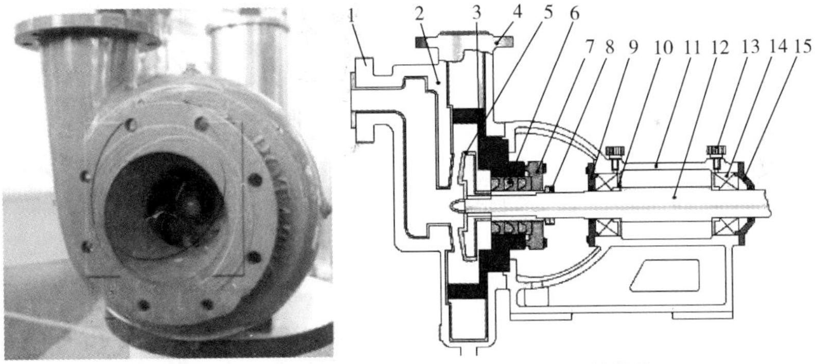


(1)实物图　　(2)结构图

图1-1　离心泵的结构

1—接口　2—泵盖　3—叶轮　4—轴套　5—导叶　6—K形圈　7—压盖　8—圆螺母　9—前轴承端盖　10,13—挡油环　11—托架　12—主轴　14—轴承　15—后轴承端盖

#### 1. 叶轮

叶轮是泵的核心组成部分,它可使水获得动能而产生流动。叶轮由叶片、盖板和轮毂组成。选择叶轮材料时,要考虑离心力作用下的机械强度,还要考虑材料的耐磨和耐腐蚀性能。目前多数叶轮采用铸铁、铸钢和青铜制成。叶轮一般可分为

单吸式叶轮与双吸式叶轮两种。单吸式叶轮是单边吸水，叶轮的前盖板与后盖板呈不对称状。双吸式叶轮两边吸水，叶轮盖板呈对称状，一般大流量离心泵多数采用双吸式叶轮。按结构不同，叶轮还可分为闭式、半闭式、开式 3 种，如图 1-2 所示。

开式、半闭式叶轮不易堵塞，常用于固体含量高的悬浮液或浆液的输送，但其工作效率低。全闭式叶轮适合于输送清洁的液体，泵的工作效率较高。

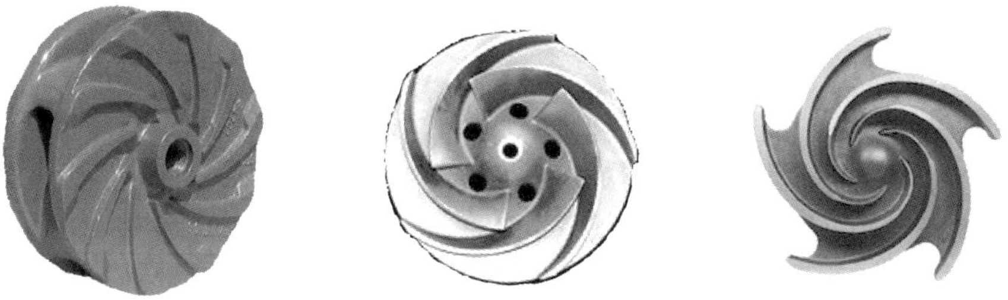

(1)闭式　　(2)半闭式　　(3)开式

图 1-2　叶轮

2. 泵壳

泵壳由活动和固定的部分组成，由不锈钢的快拆箍连接，外壳为蜗壳形，里面有一个截面逐渐扩大的蜗形通道。在输送流体过程中，泵壳起着汇聚流体、动能转化、减少能量损失的作用。

3. 轴封装置

安装在旋转轴与设备之间的部件，它的作用是对泵壳与轴之间的缝隙加以密封，防止液体泄漏和杂菌污染。轴封的形式主要有填料密封、机械密封。

### （二）工作原理

在启动前，先通过漏斗将泵壳与吸入管路内灌满液体。当叶轮飞快旋转时，叶轮内的液体在叶轮内叶片的推动下也跟着旋转起来，从而使液体获得了离心力，并沿着叶片流道从叶轮的中心往外运动，然后从叶片的端部被甩出，进入泵壳内的蜗室或扩散管（或导轮）。当液体流到扩散管时，由于液流的截断面积渐渐扩大，流速减慢，将一部分动能转化为静压力，使压力上升，最后从排出管压出。与此同时，在叶轮中心由于液体被甩出产生了局部真空，因而吸液池内的液体在液面压力作用下就从吸入管源源不断地被吸入泵内。叶轮连续旋转，将液体不断地由吸液池送往高位槽或压力容器，液体不断地吸入和排出。离心泵输送液体的过程是由吸入和排出两个过程组成。叶轮的结构比较复杂，一般不易清洗。离心泵的工作原理如图 1-3 所示。

离心泵进出管线上的管路附件，对泵的正常操作起较大作用，底阀是一个止回

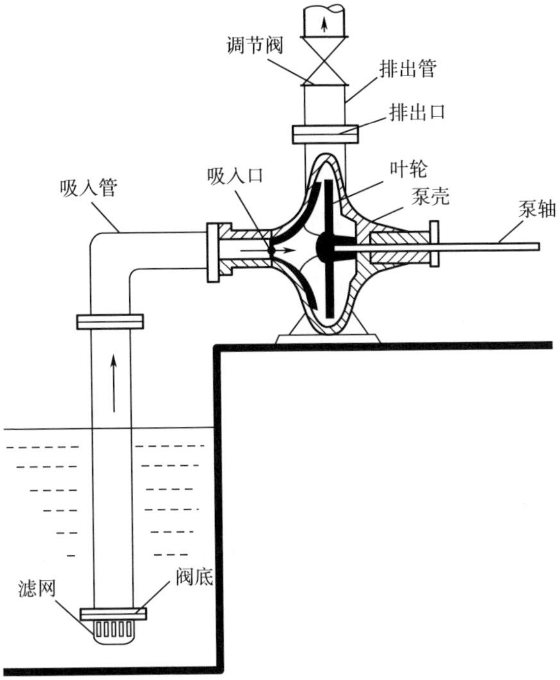


图 1-3　离心泵的工作原理

阀，它保证启动前往泵内灌的液体不会从吸入管流走。滤网则可防止吸液池内的杂物进入管道或泵壳造成堵塞。

离心泵启动时，因为它的吸入口和排出口是相通的，若叶轮中无液体而只有空气时，由于空气的密度比液体的密度小得多，不论叶轮怎样高速旋转，叶轮进口都不能达到吸液所需要的真空度（即产生的离心力很小），因而在叶轮中心区所形成的低压不足以将吸液池（贮槽）内的液体吸入泵内，而不能吸液，这种由于泵内存有空气造成离心泵不能吸液的现象称为气缚现象。因此，离心泵在启动前必须将泵体和吸入管内灌满液体或抽出空气。

气蚀现象：通常把由于泵内气泡的形成和破裂而使叶轮材料受到损坏的过程，称为气蚀现象。

离心泵在气蚀状态下会有以下工作状况：①泵体振动并发出噪声。②压头、流量效率大幅度下降，严重时不能输送液体。③长时间在水锤冲击和液体中微量溶解氧对金属的化学腐蚀的双重作用下，叶片表面出现斑痕和裂缝，甚至呈海绵状逐渐脱落。

离心泵在正常运行时，必须避免发生气蚀现象。因此叶轮入口附近处液体的绝对压强必须高于该液体在工作温度下的饱和蒸气压。要求离心泵有适宜的安装高度，通常由离心泵的抗气蚀性能（又称吸上性能）来确定其安装高度。

### (三)主要性能参数

1. 流量($Q$)

单位时间内由泵所输送的流体体积,即指的是体积流量,$m^3/s$ 或 $m^3/h$。

2. 扬程($H$)

即压头,指单位重量的流体通过泵之后所获得的有效能量,也就是泵所输送的单位重量流体从泵进口到出口的能量增值,m。

3. 转速($n$)

泵的叶轮每分钟的转数,r/min。

4. 功率($N$)

通常指输入功率,即由电动机传到泵轴上的功率,也称为轴功率,W 或 kW。

5. 效率($\eta$)

有效功率($Ne$)与功率($N$)之比。

一般情况下,离心泵的流量越大扬程越小,流量越大轴功率越大,流量增大效率也增大。

### (四)离心泵使用与维护

1. 启泵前准备工作

(1)检查供电系统是否完好,确认电机转向与泵转向一致。

(2)转动电机风叶,检查泵的转动灵活性,是否有卡顿或其他不正常的声音。

(3)检查泵及出、入口管线的各部件,如基础、地脚螺栓,联轴器、法兰、流量计等是否完好。

(4)检查泵及出、入口管线的安全附件,如压力表、温度计、护罩、静电接地、安全阀是否完整。

(5)检查轴承箱及油杯油位,使润滑液进入机械密封面。

(6)打开泵的进口阀,打开排气阀使液体充满整个泵腔,排出泵内存气,关闭泵的出口阀。

2. 启泵的正常操作

(1)接通电源　注意观察电流、压力、振动、杂声、泄漏量、油位、轴承温度等变化是否异常。

(2)全开进口阀门,关闭排出管路阀门　当泵达到正常转速和相应压力后,再逐渐打开泵的出口阀,并调节至需要工况。此过程要注意观察各仪表计数,检查轴封泄漏情况,检查电机、轴承处温度,应不超过 70℃。如果发现异常情况,应及时处理。

3. 注意事项

在出口阀关闭的情况下,泵连续运转时间不能超过 3min。因为泵在关闭排出阀时，叶轮所产生的全部能量都变成热能使泵变热，时间一长有可能把泵的摩擦部位烧毁。

轴承温度不应高于 70℃，电机温度不应高于 70℃。

油标在 1/2～2/3 油杯处表示满油位。

振动值：各泵要求振动值不一致。

电流值：各泵要求电流值不一致。

泄漏量：机械密封型应零泄漏；填料密封型：≤20 滴/s。

声音：无杂声。

4. 停泵的正常操作

(1)缓慢关闭排出管路阀门，避免停泵后出口管线中的高压液体倒流入离心泵泵体内，使叶轮高速反转而造成事故。

(2)切断电源。

(3)关闭泵的进口阀门。

(4)待泵冷却后，关闭整个冷却系统和密封水冲洗系统。

(5)冬季停泵后，如环境温度低于 0℃，要从泵壳和管线中放掉存水及其他易冻结液体，或给少量冷却水流通，防止冻裂泵壳。如长期停用，应将泵拆卸清洗，包装保管。

## 二、往复泵

往复泵是一种典型的容积式输送机械。依靠泵内运动部件的位移，引起泵内容积变化而吸入和排出液体，并且运动部件直接通过位移挤压液体做功，这类泵称为容积式泵。

往复泵主要部件有泵缸、活塞、活塞杆、吸入阀、排出阀，如图 1-4 所示。

(1)实物图

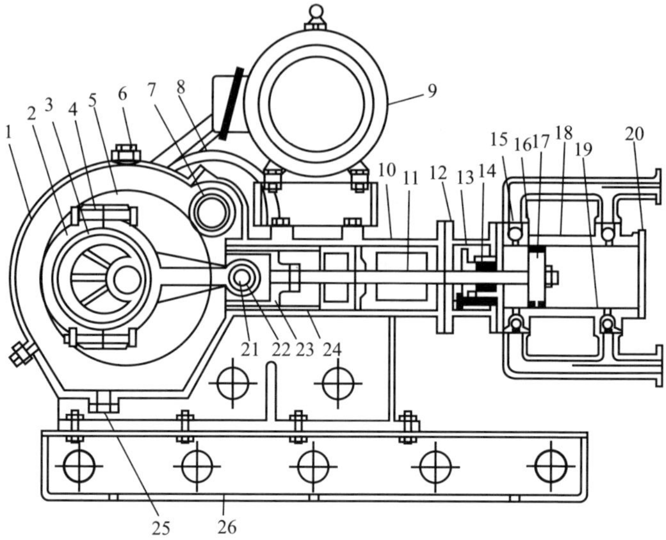


(2)结构图

图 1-4　往复泵实物图和结构图

1—箱盖　2—连杆　3—连杆铜套　4—连杆螺丝　5—偏心轮　6—加油孔　7—齿轮油塞　8—皮带轮　9—电机　10—箱体　11—泵轴　12—垫料架　13—垫料压盖　14—垫料　15—单向球阀　16—活塞环　17—活塞　18—泵体　19—单向球阀座　20—泵盖　21—连杆销　22—连杆小铜套　23—十字头　24—往复缸　25—放油孔　26—底盘

往复泵包括活塞泵、计量泵和隔膜泵，它是正位移泵的一种，应用比较广泛。往复泵是通过活塞的往复运动直接以压力能形式向液体提供能量的输送机械。

**（一）工作原理**

传动机构将电动机的旋转运动转化为活塞的往复运动。活塞自左向右移动时，工作室的容积增大，泵内压力降低，形成负压，上端的排出阀关闭，下端的吸入阀打开，则贮槽内液体经吸入阀进入泵缸内，直到活塞移动到最右端时吸液结束。

当活塞自右向左移动时，泵内压力升高，吸入阀关闭，排出阀开启，液体开始排出。直到活塞移动到最左端时排液结束，完成一个工作循环，这种泵称为单动泵。若活塞往返一次，各吸入和排出两次液体，称为双动泵。活塞由一端移至另一端，称为一个冲程。活塞不断往复运动，液体就交替地被吸入和排出。往复泵是利用活塞移动对液体做功，将能量以静压力的形式直接传给液体，如图 1-5 所示。

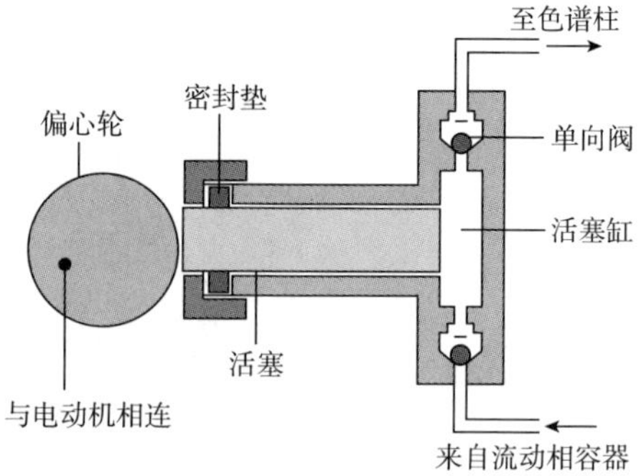


图 1-5　往复泵的工作原理

**(二)往复泵分类**

按流过液体成分不同,往复泵分为以下三类,主要用于计量。

1. 活塞泵

活塞泵的往复运动件为圆盘(或圆柱)形的活塞,活塞环与液缸内壁贴合构成密闭的工作腔,活塞在液缸内的周期性位移改变了泵工作腔的容积,从而完成液体输送。

往复运动件为圆盘形活塞,活塞上有密封件(活塞环、填料等),适用于中、低压工况。

2. 柱塞式计量泵(柱塞泵)

柱塞泵又称比例泵,如图1-6所示。往复运动件为光滑的圆柱体,即柱塞。柱塞上无密封件,在不动件上有密封件,柱塞泵排出的压力很高。

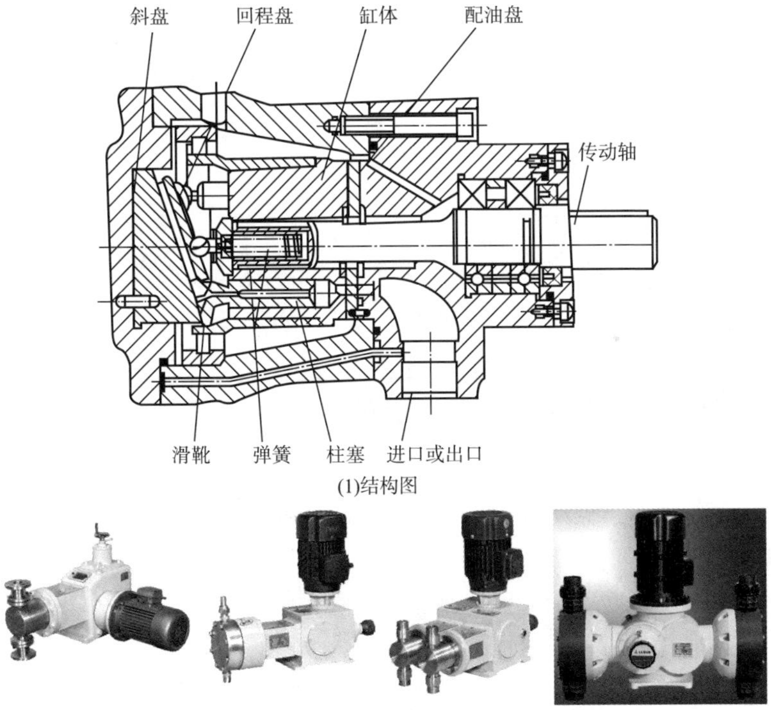


(1)结构图

(2)单柱塞计量泵　(3)液压隔膜计量泵　(4)双柱塞计量泵　(5)电动隔膜计量泵

图1-6　柱塞式计量泵结构和外观

柱塞式计量泵通常会加装一套可以准确调节流量的机构,并通过偏心轮把电机的旋转运动变成柱塞的往复运动。偏心轮的偏心距离可以调整,使柱塞的冲程随之改变。若单位时间内柱塞的往复次数不变时，则泵的流量与柱塞的冲程成正比，所以可通过调节冲程精确控制流量。柱塞式计量泵适用于按精确体积输送而又便于调整的场合，不适用于输送腐蚀性液体或含有固体粒子的悬浮液，如图 1-7 所示。

在制药生产中，柱塞泵常用于注射剂、大输液的配制和灌装。

3. 隔膜泵

隔膜泵是借助于膜状弹性元件在工作室内周期性挠曲变形的泵。它是依靠一个隔膜片的来回鼓动改变工作室容积从而吸入和排出液体的。通过隔膜片将被输送的液体和工作液体分开，隔膜片要有良好的柔韧性，还要有较好的耐腐蚀性能，通常用聚四氟乙烯、橡胶等材质制成。该泵适用于强腐蚀性、易燃易爆以及含有固体颗粒的液体和浆状物，如图 1-7 所示。

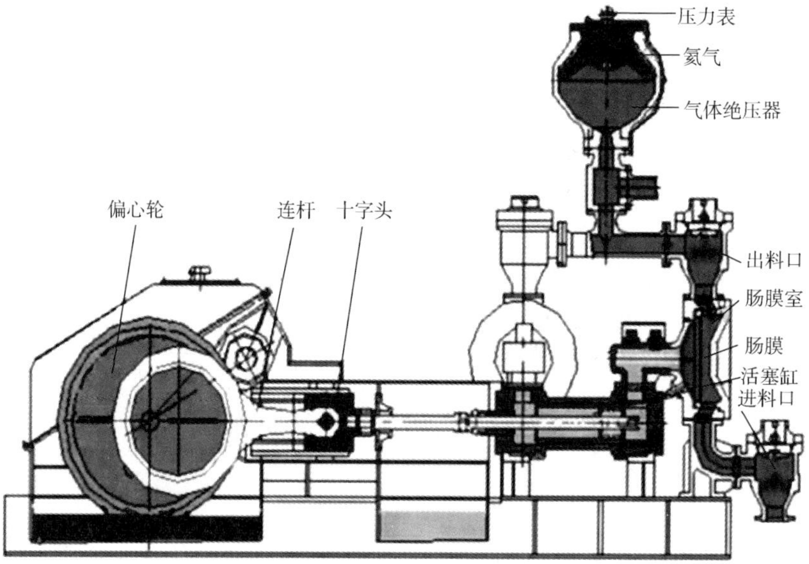


(1)结构图

(2)实物图

图 1-7　隔膜泵结构图和实物图

隔膜泵按其所配的执行机构使用的动力，可以分为气动、电动、液动三种，即以压缩空气为动力源的气动隔膜泵，以电为动力源的电动隔膜泵，以液体介质（如油等）压力为动力的电液动隔膜泵。

**（三）使用与维护方法**

往复泵在开车前一般要求降低负荷，即柱塞行程降为最低，然后逐步调整流量以满足工作要求。在开车前或开车后，使用流量计进行流量校核。对液动式隔膜泵，开车前还应对传动室进行充液，充液时应充满以保证计量准确。往复泵在开车时应定期检查密封的泄漏量，微量的泄漏都会导致计量的较大偏差，尤其对隔膜泵。

传动机构的润滑对泵的正常工作至关重要，对计量泵来说传动机构采用油浴式润滑，在工作或停工期间，均应定期更换润滑油。

## 三、蠕动泵

蠕动泵可输送各种具有研磨、腐蚀、氧敏感特性的物料及各种食品等，能输送固、液或气-液混合流体，允许流体内所含固体的直径达到管状元件内径的40%。在制药行业的应用主要用于药物包衣制粒和药液分装上。在流体输送过程中除软管外，所输送产品不与任何部件接触，确保产品不被污染。

蠕动泵由三部分组成：驱动器、泵头和软管。

**（一）工作原理**

蠕动泵就像用手指夹挤一根充满流体的软管，随着手指向前滑动，管内流体向前移动。蠕动泵也是这个原理，只是由滚轮取代了手指。通过对泵的弹性输送软管交替进行挤压和释放来泵送流体，就像用两根手指夹挤软管一样，随着手指的移动，管内形成负压，液体随之流动，如图1-8所示。

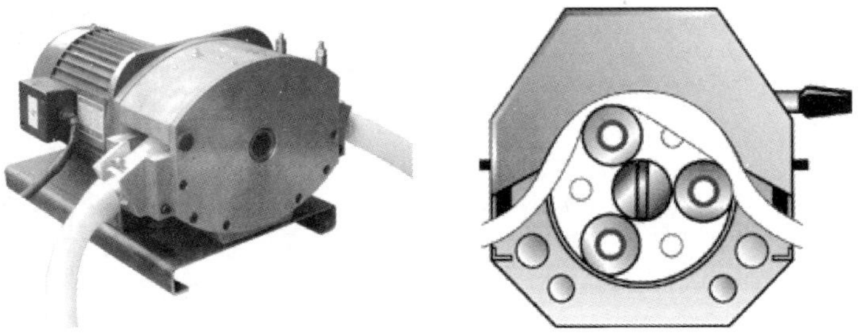

(1)实物图　　　　(2)示意图

图1-8　蠕动泵

蠕动泵具有双向同等流量输送能力，无液体空转情况下不会对泵的任何部件造成损害，能产生达98%的真空度，由于其结构特点，基本没有产生泄漏和维护的因素，无需阀、机械密封和填料密封装置，降低了机械成本。

**(二)使用与维护方法**

(1)在输送或分配液体前,选择合适的泵头及软管,尽量选择壁比较厚的软管,以延长软管的使用寿命。

(2)在泵不工作时,将压住软管的压块松开,避免长时间挤压软管使其产生变形。

(3)泵头的滚轮要保持清洁和干燥,否则会加快软管的磨损,缩短软管使用寿命和导致滚轮过早损坏。

(4)驱动器表面和泵头不耐有机溶剂和强腐蚀性液体,使用时应特别注意。

## 四、旋转泵

旋转泵依靠泵壳内转子的旋转作用来实现液体的吸入和排出,又称转子泵或回转容积泵。可输送对剪切力敏感的流体,如血浆制品、免疫制剂、白蛋白等,也可输送低黏度流体,如大肠杆菌流体、在线清洗(Cleaning in Place,CIP)系统用水、蛋白质溶液等,如图 1-9 所示。

旋转泵分为齿轮泵、螺杆泵、凸轮泵。

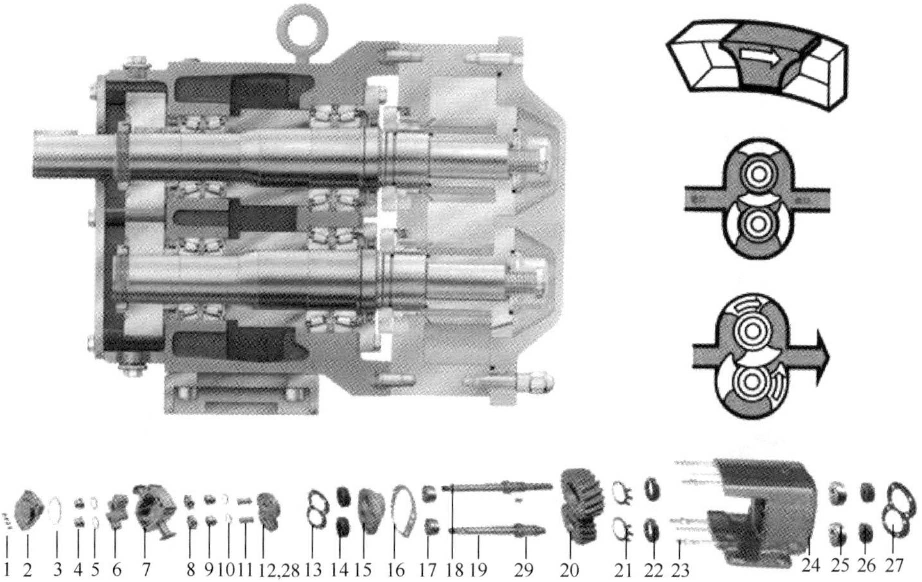


图 1-9 旋转泵

1—螺帽 2—泵盖 3,5,10—密封圈 4,22—拼帽 6—转子 7—泵腔 8—机械密封(静环) 9—机械密封(动环) 11—轴套 12,28—轴承盖 13,16,27—密封垫圈 14,26—橡胶油封 15—轴承座 17—轴承 18—上主轴 19—下主轴 20—斜齿轮 21—止退垫圈 23—螺杆 24—泵主体 25—轴承 29—销子

## (一)齿轮泵

齿轮泵主要由椭圆形泵壳和两个相互啮合的齿轮组成,齿轮泵是正位移泵的一种,如图1-10所示。其中一个为主动齿轮,由传动机构带动,当两齿轮按图中箭头方向旋转时,上端两齿轮的齿向两侧拨开,产生空的容积而形成低压并吸入液体,下端齿轮在啮合时容积减少,于是压出液体并由下端排出。液体的吸入和排出是在齿轮的旋转位移中发生的。

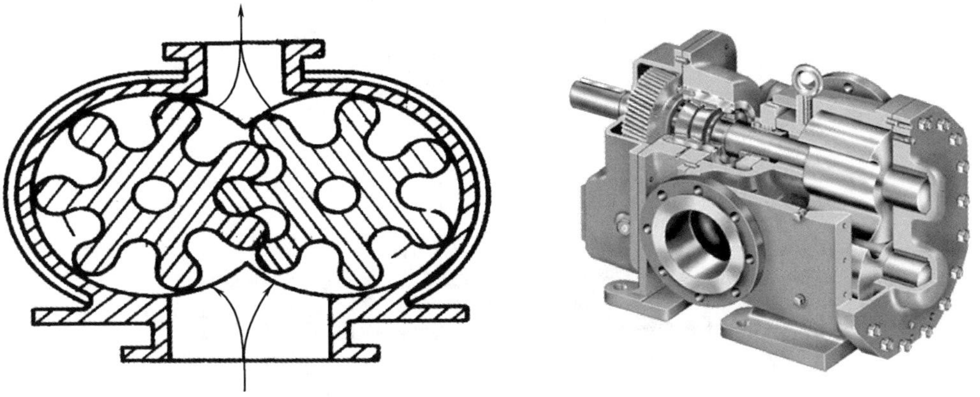

(1)结构图　　(2)实物图

图1-10　齿轮泵

工作原理:当主动轮转动时,吸入空间内两轮的齿互相拨开,形成了低压而将液体吸入,随着齿轮的继续转动,液体被齿穴衔住分两个方向沿泵壳内壁到达排出空间,排出空间内两轮的齿互相合拢,形成高压将液体排出。

齿轮泵扬程高而流量小,流速均匀,适用于输送黏稠性液体,不能用于输送含有固体颗粒的悬浮液体。

## (二)螺杆泵

螺杆泵是容积式转子泵,它是依靠由螺杆和衬套形成的密封腔的容积变化来吸入和排出液体的。它是一种内啮合的密闭式螺杆泵,主要工作部件为具有双头螺旋空腔的衬套(定子)和在定子腔内与其啮合的单头螺旋螺杆(转子),如图1-11所示。

### 1. 结构

主要由泵壳和一个或几个螺杆所组成。根据螺杆的根数分为单螺杆泵、双螺杆泵和三螺杆泵。

### 2. 工作原理

在螺纹形的泵壳中做偏心转动,将液体沿轴间推进,最终挤压至排出口推出。工作原理与齿轮相似,它利用两根螺程互合的螺杆来排送液体。螺杆泵的安装位

(1)实物图

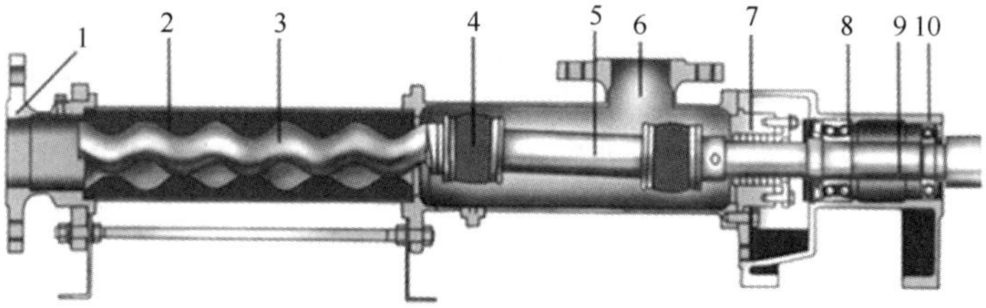


(2)结构图

图 1-11　AG 型单螺杆泵

1—排出体　2—定子　3—转子　4—万向节　5—中间轴　6—吸入室
7—轴封件　8—轴承　9—传动轴　10—轴承体

置可以任意倾斜,在输送过程中,流量与泵的转速成正比,能进行变量调节,而且转速越低,流量越均匀,压力越稳定。

螺杆泵的特点是流量平稳、压力脉动小、有自吸能力、噪声低、效率高、寿命长、工作可靠、结构简单、维修方便。而其突出的优点是输送介质时不形成涡流、对介质的黏度不敏感,可输送高黏度介质。螺杆泵可输送不同黏度的介质,还可以输送热敏性的流体。

**(三)凸轮泵**

凸轮泵也属于转子泵。凸轮泵技术始于 20 世纪 90 年代德国,其技术特点堪称完美,其转子是采用螺旋三叶片并用特种橡胶全包覆的,具有较高的真空度及超强耐磨、耐腐蚀性,依靠两个同步反转动的转子在旋转过程中于进口处产生吸力(真空度),从而吸入所要输送的物料,如图 1-12 所示。

图 1-12　凸轮泵

凸轮形状有两叶和三叶,两叶凸轮适用于比较黏稠或含有一定大小硬质颗粒的物料的输送。

### 五、旋涡泵

旋涡泵是一种特殊类型的离心泵，其结构如图 1-13 所示，它由叶轮和泵体构成。泵壳呈圆形，叶轮是一个圆盘，四周由凹槽构成的叶片以辐射状排列。泵壳与叶轮间有同心的流道，泵的吸入口与排出口由间壁隔开。

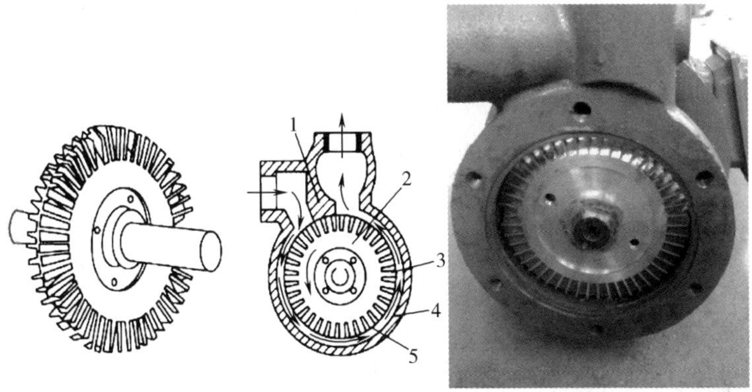


(1)结构图　　(2)实物图

图 1-13　旋涡泵结构和实物图

1—间壁　2—叶轮　3—叶片　4—泵壳　5—流道

其工作原理也是依靠离心力对液体做功，液体不仅随高速叶轮旋转，而且在叶片与流道间多次运动。所以液体在旋涡泵内流动与在多级离心泵中流动效果相类似，在出口处液体可达到较高的扬程，它在启动前需灌泵。

其适用于小流量、高扬程和低黏度的液体输送，结构简单、制造方便，效率一般较低，为 20%～50%。

## 任务二　气体的输送

在制药生产中，有许多原料和中间体是气体，如氢气、氮气、氧气、乙炔、煤气、蒸汽等，当它们在管路中从一处送到另一处时，为了克服输送过程的流体阻力，需要提高气体的压力；另外，有些单元操作需要在较高的压力下进行，如葡萄糖加氢生产山梨醇等。

气体输送机械主要用于克服气体在管路中的流动阻力和管路两端的压强差以输送气体或产生一定的高压或真空以满足各种工艺过程的需要，在制药生产中应用十分广泛。我们把输送和压缩气体的设备统称为气体输送设备。

气体输送设备和液体输送设备的工作原理和结构大体相同，其作用都是向流体做功以提高流体的静压强。但是由于气体具有可压缩性以及密度较小，对输送机械的结构和形状都有一定影响，对一定质量的气体，由于气体的密度小，体积流量就大，因而气体输送机械的体积大。气体在管路中的流速要比液体大得多，输送同样质量的气体时,其产生的流动阻力要大,因而需要提高的压头也大。由于气体具有可压缩性,压强变化时其体积和温度同时发生变化,因而气体输送对压缩设备的结构、形状有一定特殊要求。

按其结构和工作原理分为往复式、离心式、旋转式和流体作用式四类。

大致使用的机械为通风机、鼓风机、压缩机、真空泵,其特性如下所示。

通风机终压不大于 0.015MPa(表压),压缩比 1~1.15。

鼓风机终压为 0.015~0.3MPa(表压),压缩比小于 4。

压缩机终压在 0.3MPa(表压)以上,压缩比大于 4。

真空泵将低于大气压力的气体,从容器或设备内抽至大气中。

## 一、通风机

通风机是依靠输入的机械能,提高气体压力并排送气体的机械,可在低压下沿着导管输送气体。在制药生产中,通风机一般用于车间通风换气,尤其是在高温和毒气浓度较大的车间,常用其来输送新鲜空气、排除毒气和降低气温等,要求输送的是自然空气或其他无腐蚀性气体,且气体温度不超过 80℃,硬质颗粒物含量不超过 150mg/m$^3$。

通风机可分为离心式、轴流式、斜流式等多种形式,生产中应用较多的是离心式通风机和轴流式通风机,离心式通风机应用更广泛。

离心式通风机一般由进风口、叶轮、蜗壳、出风口、传动轴、底座及电动机等部件组成,离心式通风机的结构和工作原理与离心泵相似。它的机壳也是蜗壳形,但蜗壳断面有矩形和圆形两种形式。叶片的基本形状有圆弧形、直线形和机翼形三种。一般低、中压离心式通风机如图 1-14 所示。

(1)结构图　　(2)实物图

图 1-14　离心式通风机的结构图和实物图

1—排出口　2—机壳　3—叶轮　4—吸入口

通风机多是矩形机壳,叶片的数目较多且长度较短。中、高压离心式通风机的叶片多是向后弯曲的。由电机带动的高速旋转的叶轮,带动壳内气体旋转,在离心力作用下,气体流向叶轮的外缘处,速度增加,动压头加大。气体进入蜗壳时,一部分动压头转变为静压头,从而使气体在具有一定的静压头与动压头的情况下排出。

离心式通风机选用时,首先根据气体的种类(清洁空气、易燃气体、腐蚀性气体、含尘气体、高温气体等)与风压范围,确定风机类型;然后根据生产要求的风量和风压值,从产品样本上查得适宜的风机型号规格。

离心式通风机常见故障是可燃气倒流入风机内引起爆炸;叶轮、轴承、轴瓦烧坏;压力偏高或偏低;风机不规则振动和风机与电机一起振动等。

## 二、鼓风机

### (一)离心式鼓风机

离心式鼓风机的工作原理与离心式通风机相同,结构与离心泵相似,蜗壳形通道的截面为圆形,但是外壳直径和宽度都较离心泵大,叶轮上的叶片数目较多,转速较高。

### (二)罗茨鼓风机

罗茨鼓风机是最常用的一种旋转式鼓风机,其工作原理和齿轮泵类似,如图 1-15 所示。机壳中有两个转子,两转子之间、转子与机壳之间的间隙均很小,以保证转子能自由旋转,同时减少气体的泄漏。两转子旋转方向相反,气体由一侧吸入,另一侧排出。

(1)实物图

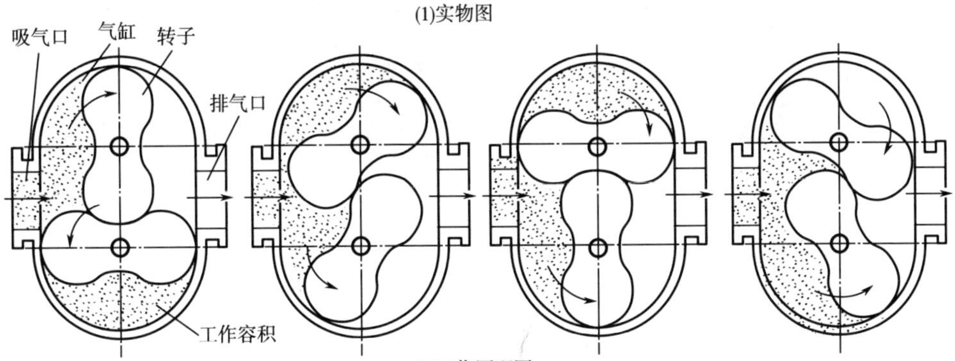


(2)工作原理图

图 1-15　罗茨鼓风机工作原理和实物图

罗茨鼓风机的风量与转速成正比,在一定的转速时,出口压力增大,气体流量大体不变(略有减小)。流量一般用旁路调节。风机出口应安装安全阀或气体稳定罐,以防止转子因热膨胀而卡住。

罗茨鼓风机在运行中常见的故障有因抽负压,空气进入系统,形成爆炸性混合气体而发生爆炸;机壳发烫振动、噪声大;电机电流超高或跳闸;出口压力波动大和泄漏中毒等现象。

## 三、空气压缩机

往复式空气压缩机是一种最常见的容积式压缩机,它由曲柄连杆机构将驱动机的旋转运动变为活塞的往复运动,其排气量大、出口压力大,适合于远程输送,如用于发酵罐所需要的空气产生和输送等。

### (一)结构

具有十字头的往复式压缩机,主要由机体、曲轴、连杆、十字头、气缸、活塞、填料、气阀等组成。

### (二)工作原理

活塞与气缸共同组成压缩机工作腔,依靠活塞在气缸内的往复运动,并借助进、排气阀的自动开闭,使气体周期性地进入气缸工作腔,进行压缩和排出。多数压缩机有冷却装置,如图 1-16 所示。

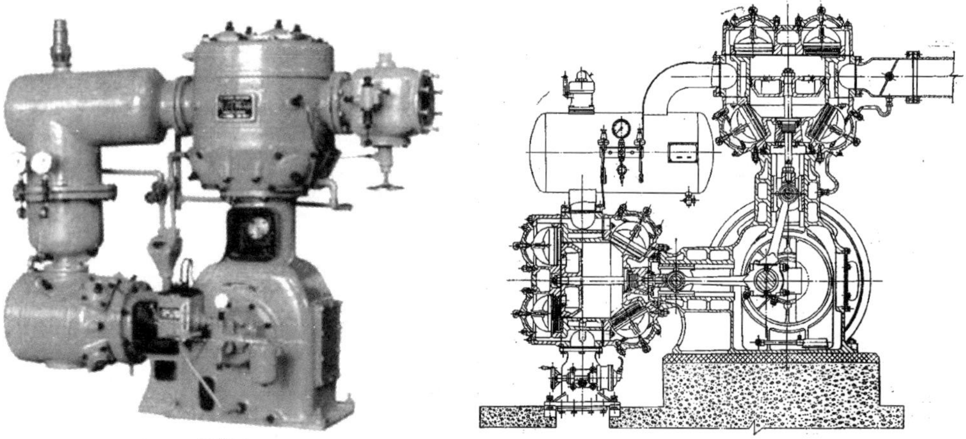

(1)实物图　　(2)结构图

图 1-16　往复式压缩机

### (三)操作和维护

(1)压缩机气体入口前一般要安装过滤器,以免吸入灰尘、铁屑等,而造成对活塞、气缸的磨损。如果过滤器不干净,会使吸入的阻力增加,排出管路的温度升高。

（2）往复式压缩机和往复泵一样，流量不均匀，但经过一个储气罐（又称缓冲罐），不仅使气体的流量均匀，也能使气体中夹带的水沫和油沫通过沉降与气体分离开，罐底的油和水可定期排放。

（3）在运行中，气缸中的气体温度较高，气缸和活塞工作时需要有很好的润滑和冷却。应清除气缸水套和中间冷却器里的水垢。

（4）由于气缸中的余隙很小而液体是不可压缩的，一定要防止液体进到气缸之内，否则，即使是很少的液体进入，也可能造成很高的压强而使设备损坏。

（5）不允许关闭出口管路，以免压力过高而造成事故。应经常检查压缩机各部分的工作是否正常，如发现有异常的噪声和碰击声时，应立即停车检查。在冬季停车时，一定要把冷却水放尽，以防管道等因结冰而堵塞。

## 四、真空泵

在指定的空间内，低于环境大气压力的气体状态称为真空。在制药生产中，有许多生产过程需要在低于大气压或真空情况下进行，如过滤、干燥、真空蒸馏、真空蒸发等，这就需要从设备中抽出气体，产生真空。真空泵就是获得低于大气压力的一种机械设备。

真空泵的类型：真空泵分为干式和湿式两大类。干式真空泵只能从容器中抽出干燥气体，它产生的真空度可达 96%～99.9%。湿式真空泵在抽吸气体时允许带有较多的液体，它产生的真空度为 80%～90%。

水环真空泵简称水环泵，属于湿式真空泵。

### （一）结构

外壳呈圆形，外壳内有一偏心安装的叶轮，上有辐射状叶片，如图 1-17 所示。

### （二）工作原理

开车前，泵的壳内装入一定量的水，当叶轮旋转时，在离心力的作用下将水甩至壳壁形成均匀厚度的水环。水环使各叶片间的空隙形成大小不同的封闭小室，叶片间的小室体积呈由小而大，又由大而小的变化。当小室增大时，气体由吸入口吸入，当小室从大变小时，小室中的气体即由压出口排出。

水环真空泵属湿式真空泵，吸入时可允许少量液体夹带。水环真空泵的特点是结构紧凑，易于制造和维修，但效率较低，一般为 30%～50%。泵在运转时要不断充水以维持泵内的水环液封，并起到冷却作用。

### （三）水环真空泵的特点和适用场合

1. 特点

结构简单、易损件少、使用寿命较长、工作可靠、排气量大而均匀、无需润滑；能产生的真空度受水温影响；气体中不含固体颗粒。

2. 适用场合

该泵适用于抽含有大量蒸气或液体的气体，尤其是输送有腐蚀性或有爆炸性

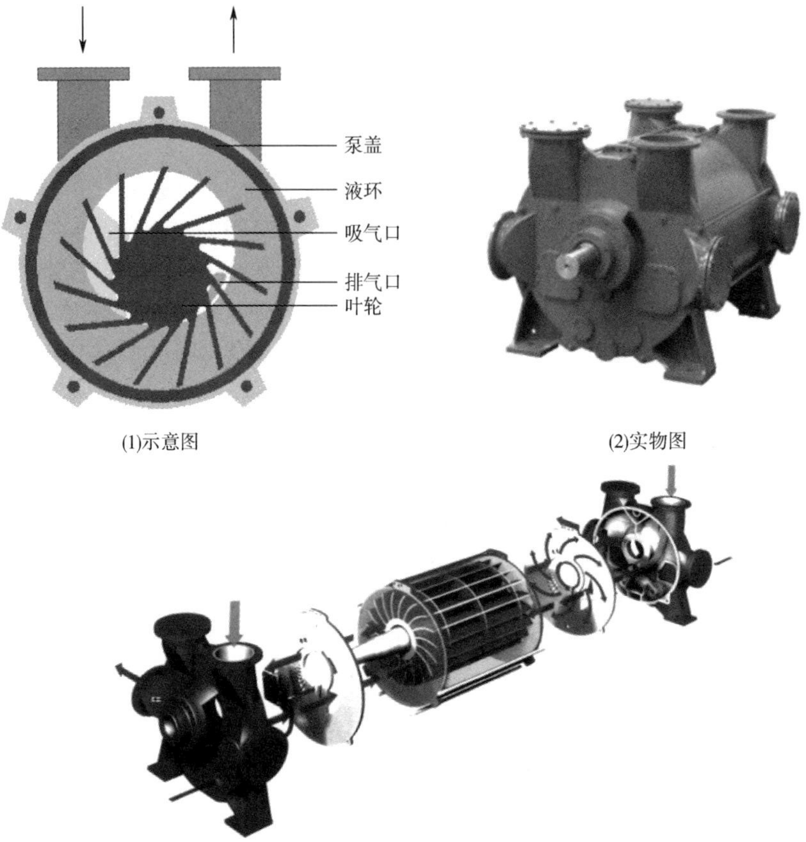


(1)示意图　(2)实物图

(3)结构图

图 1-17　水环真空泵结构

的气体。当被抽吸的气体不宜与水接触时,应该换用其他液体。

# 任务三　固体物料的输送

制药生产中常用到的固体输送机械是指沿给定线路输送散粒物料或成件物品的机械。固体输送机械设备可分为机械输送设备和气流输送设备,其中机械输送设备又可分为斗式提升机、带式输送机和螺旋式运输机三种,气流输送又可分为吸引式输送和压送式输送。

## 一、斗式提升机

斗式提升机是利用均匀固接于环形牵引构件上的一系列料斗,将物料由低处提升到高处的连续输送机械,用来垂直提升物料或坡度提升物料。

### （一）结构

由传动鼓轮、张紧鼓轮、环形牵引带或链、料斗机壳、装卸料与驱动装置等组成，如图 1-18 所示。

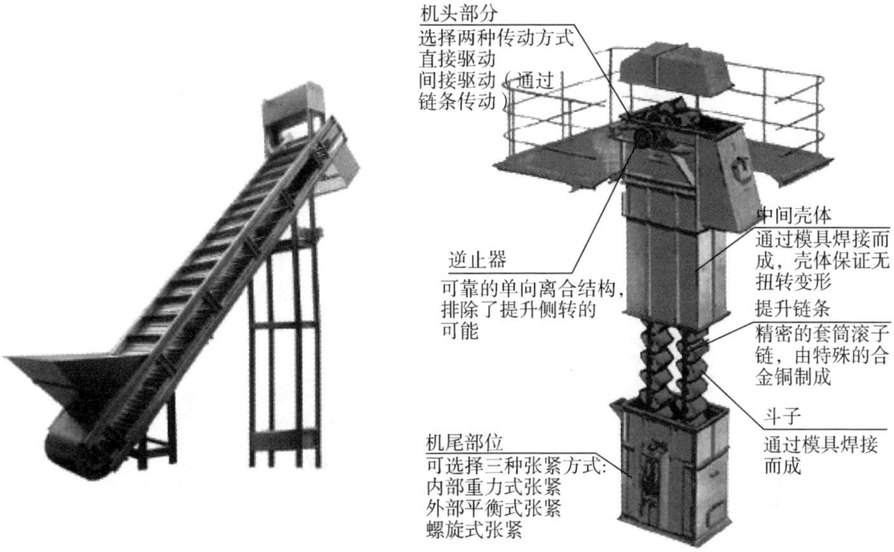


图 1-18　斗式提升机

### （二）工作原理

用皮带或链条做牵引带，将一个个料斗用螺钉固定在牵引带上，牵引带再由鼓轮张紧并带动运行。

优点：斗式提升机具有提升高度高（一般输送高度最高可达 40m），运行平稳可靠，能在垂直方向输送；占地面积小，不扬尘，避免污染环境。

缺点：输送物料的种类受到限制。输送能力低，不能超载，必须均匀给料。过载的敏感性大，生产只能在全封闭罩壳内进行。由于牵引构件的强度，物料提升高度受限。

## 二、螺旋输送机

螺旋输送机既可输送物料，又起到混合物料和加料的作用。适用于松散的粉状或小颗粒物料，也可输送黏稠物料，如图 1-19 所示。

图 1-19　螺旋输送机外观

### (一)结构和原理

主要由旋转的螺旋、料槽以及传动装置构成。工作时由具有螺旋片的转动轴在一封闭的或敞口的料槽内旋转,利用螺旋的推进原理使料槽内的物料沿料槽向前输送。螺旋输送机的装载和卸载比较方便,可以是一端进料另一端卸料,或两端进料中间卸料,或中间进料两端卸料。螺旋输送机一般为水平输送,也可以有较大的倾斜角度输送,甚至可以直立输送。常用于较短距离内运输散状颗粒或小块物料。由于它能够较准确地控制单位时间内的运输量,因而也常被用于定量供料或出料装置,如气力输送系统中的螺旋式加料器等,如图 1-20 所示。

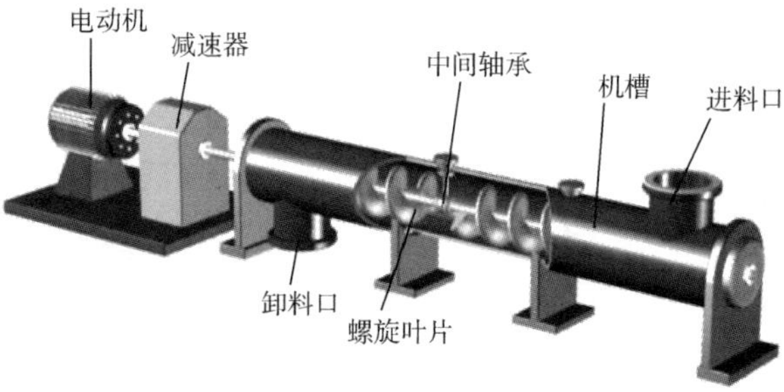


图 1-20　螺旋输送机结构

### (二)优点

(1)密封性好,防止粉尘飞扬,改善工作环境。便于输送易飞扬的、炽热的及气味强烈的物料,可减少对环境的污染。

(2)结构简单、尺寸小、紧凑。

(3)操作安全。

(4)物料输送方向是可逆的,可同时向两个方向输送物料。

(5)在输送过程中完成物料的混合、搅拌、冷却等作业。

(6)用于输送小块状和粉状物料。

### (三)缺点

(1)叶片、机壳与物料间摩擦大、动力消耗大,叶片、机壳易磨损,物料易破碎。

(2)输送距离受到限制,单位功率消耗大,输送量有限。

(3)不适于输送易黏附和缠绕转轴的物料。

## 习题

### 一、名词解释

1. 气缚现象;2. 轴封;3. 扬程。

### 二、填空题

1. 液体输送机械统称为__________,可将原动机的能量传给液体。

2. 流体输送通过向流体提供__________的方法来实现，流体获得机械能之后常表现为__________。

3. 为物料提供输送所需要的机械能的机械，称为物料输送机械。物料输送机械可分为__________、__________、__________。

4. 往复泵按照往复运动件的形式分为__________、__________、__________。

5. 气体输送设备根据其终压和压缩比分类包括__________、__________、通风机和__________。

**三、选择题**

1. 下面不属于气体输送设备的是(　　)。

A. 离心泵　　B. 压缩机　　C. 真空泵　　D. 鼓风机

2. 泵不断工作，液体交替地被吸入和排出，这种泵为(　　)。

A. 离心泵　　B. 往复泵　　C. 齿轮泵　　D. 螺杆泵

3. 离心泵启动前要灌液是为了防止(　　)。

A. 气化现象　　B. 气浮现象

C. 气缚现象　　D. 气升现象

E. 气蚀现象

4. 气体输送设备根据其终压和压缩比分类不包括(　　)。

A. 通风机　　B. 排风机　　C. 鼓风机　　D. 真空泵

5. 精确按流量定量输送液体应使用(　　)。

A. 真空泵　　B. 离心泵　　C. 齿轮泵　　D. 计量泵

6. 在生产过程中处于液体或气体状态下的物料统称为(　　)。

A. 固体　　B. 液体　　C. 气体　　D. 流体

**四、判断题**

1. 往复泵包括活塞式、柱塞式、离心式往复泵。(　　)

2. 流体输送设备包括液体输送设备和气体输送设备。(　　)

3. 带式运输机可用于固体物料的垂直输送。(　　)

**五、问答题**

1. 简述离心泵的结构和工作原理。

2. 是不是所有情况下离心泵启动前都要灌泵？为什么？

3. 何谓离心泵“气缚”现象？

4. 简述常用真空泵的结构特点、工作原理以及应用场合。

# 项目二　换热设备

## 教学目标

**●知识目标**

熟悉换热原理；熟悉换热设备的种类；熟悉管式换热器、板式换热器各自的结构及工作原理。

**●能力目标**

掌握平板式换热器的使用和维护方法；掌握常见故障的解决方法。

**●素质目标**

熟悉岗位要求；掌握操作规程；拥有安全意识。

**●课前思考**

换热设备运用的场合有哪些？换热设备是如何分类的？在工业生产中运用更广泛的是哪种换热设备？

**●认知解读**

制药生产的化学反应常需要进行热交换，保证反应温度在合理区间。换热器以间壁式换热器应用最为广泛，常用的有管式换热器和板式换热器等。板式换热器主要有夹套式换热器、螺旋板式换热器、平板式换热器、板翅式换热器及伞板换热器等。操作者应了解换热器换热方式，掌握常用换热器的操作规程、维护保养方法。

在制药工业生产中，许多工艺过程与热量传递有关。如生产药品过程中的磺化、硝化、卤化、缩合等许多化学反应；在反应器的夹套或蛇形管中通入蒸汽或冷水；对原料提纯或反应后产物的分离、精制的各种操作；蒸发、结晶、干燥、蒸馏、冷冻等，通过换热设备可使热量从温度较高的流体传递给温度较低的流体，使流体温度达到工艺流程规定的指标，并减少或避免不良反应，同时满足生产工艺的需要。换热设备广泛应用于食品、制药、机械等工厂中，换热设备通常占全部工艺设备投资的35%~40%。

传热有三种方式：热传导、对流传热和辐射传热。

按照传热原理和实现热交换的形式不同，可将换热器分为直接混合式换热器、蓄热式换热器、间壁式换热器3类。

1. 直接混合式换热器

直接混合式换热器主要是对流传热，利用冷、热流体直接混合的作用进行热量的交换。两种允许完全混合且不同温度的介质，在直接接触的过程中完成其热量的传递。这类交换器的结构简单、价格便宜，常做成塔状，例如：冷却塔（凉水塔）、造粒塔、气流干燥装置等。为增加两流体接触面积，充分换热，在设备中常放置填料和栅板，通常采用塔状结构。

其特点是传热效率高、单位容积传热面积大、设备结构简单、价格便宜等，仅适用于工艺上允许两种流体混合的场合。

2. 蓄热式换热器

借助固体（如固体填料或多孔性格子砖等）构成的蓄热体，使热流体和冷流体交替接触，把热量从热流体传递给冷流体。

让热流体通过蓄热体，把热量积蓄在蓄热体中，然后再让冷流体通过，把热量带走。

其特点是结构紧凑、价格便宜、单位体积传热面大，故较适用于气-气热交换的场合。若两种流体不允许混合，不能采用蓄热式换热器。

3. 间壁式换热器

间壁式换热器是利用间壁（固体壁面）进行热交换的换热器。冷热两种流体隔开，互不接触，热量由热流体通过间壁传递给冷流体的换热设备。在制药生产中，间壁式换热器应用最多。参与换热的流体两者间不会混合，传递过程连续而稳定。间壁式换热器的传热面大多采用导热性能良好的金属制造，在某些场合由于防腐的需要，也有用非金属（如石墨、聚四氟乙烯等）制造的。

按照传热面的形状与结构特点，间壁式换热器又可分为以下几种。

（1）管式换热器　通过管壁面进行传热，按传热管的不同可分为：沉浸式换热器、喷淋式换热器、套管式换热器、列管式换热器等。

（2）板式换热器　通过板面进行传热，按传热板的结构形式可分为：夹套式换热器、螺旋板式换热器、平板式换热器等几种。

（3）扩展表面式换热器　这类换热器是根据工艺特殊要求而设计的具有特殊结构的换热器，如翅片管换热器、板翅式换热器等。

# 任务一　管式换热器

## 一、沉浸式换热器

### （一）结构

这种换热器是将金属管弯绕成各种与容器相适应的形状（多盘成蛇形，常称为蛇管），并沉浸在容器内的液体中。使蛇管内、外的两种流体进行热量交换，几种常见的蛇管形式如图 2-1 所示。

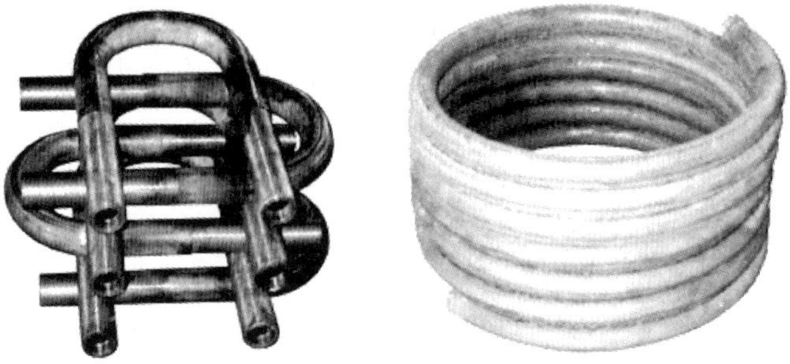

图 2-1　沉浸式换热器

### (二)优缺点

1. 优点

结构简单、坚固、适应性强、易于制造,能承受较高操作压力和温度,可用耐腐蚀材料制造,价格低廉。在高温、高压和大型换热器中,管式换热器仍占绝对优势,是目前使用最广泛的一类换热器。

2. 缺点

换热效率、结构紧凑性、单位传热面积等方面不如其他新型换热器。

## 二、列管式换热器

目前是制药生产上应用最广的一种换热器,它主要由壳体、管板换热管、封头、折流挡板等组成。所需材质可分别采用普通碳钢、紫铜或不锈钢制作。

### (一)固定管板式

列管式换热器的结构比较简单、紧凑、造价便宜,但管外不能用机械清洗。此种换热器管束连接在管板上,管板分别焊在外壳两端,并在其上连接有顶盖,顶盖和壳体装有流体进出口接管,通常在管外装置一系列垂直于管束的挡板,如图 2-2 所示。

同时管子和管板与外壳的连接都是刚性的,而管内管外是两种不同温度的流体。因此,当管壁与壳壁温差较大时,由于两者的热膨胀不同,产生了很大的温差应力,以致管子扭弯或使管子从管板上松脱,甚至毁坏换热器。

为了克服温差应力必须有温差补偿装置,一般在管壁与壳壁温度相差 50℃以上时,为安全起见,换热器应有温差补偿装置,但补偿装置(膨胀节)只能用在壳壁与管壁温差为 60~70℃和壳程流体压强不高的情况。一般壳程压强超过 0.6MPa 时由于补偿圈过厚,难以伸缩,失去温差补偿的作用,就应考虑其他结构。

### (二)浮头式

换热器的一块管板用法兰与外壳相连接,另一块管板不与外壳连接,以使管子

(1)实物图

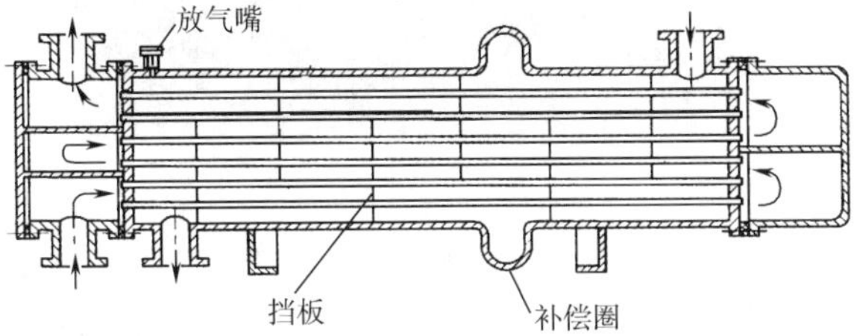


(2)结构图

图 2-2　列管式换热器

受热或冷却时可以自由伸缩，但在这块管板上连接一个顶盖，称之为“浮头”，所以这种换热器称为浮头式换热器(图 2-3)。其优点是：管束可以拉出，以便清洗；管束的膨胀不受壳体约束，因而当两种换热器介质的温差大时，不会因管束与壳体的热膨胀量不同而产生温差应力。其缺点为结构复杂、造价高。

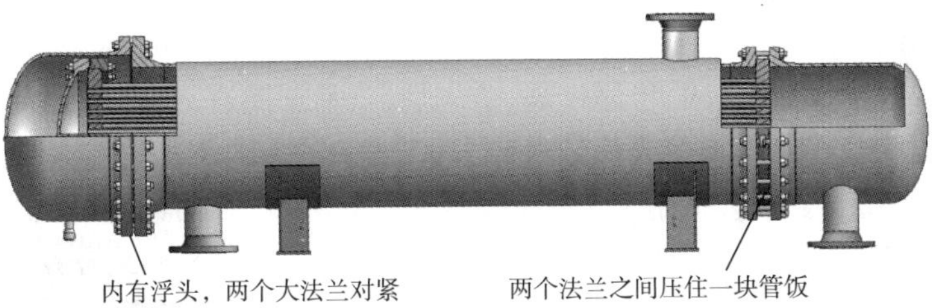


(1)示意图

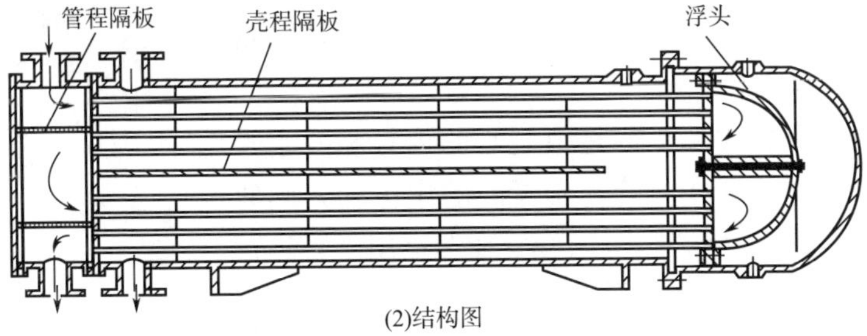


(2)结构图

图 2-3　浮头式换热器

## （三）U 形管式

U 形管式换热器，每根管子都弯成 U 形，两端固定在同一块管板上，每根管子皆可自由伸缩，从而解决热补偿问题。管程至少为两程，管束可以抽出清洗，管子可以自由膨胀，如图 2-4 所示。

(1)实物图

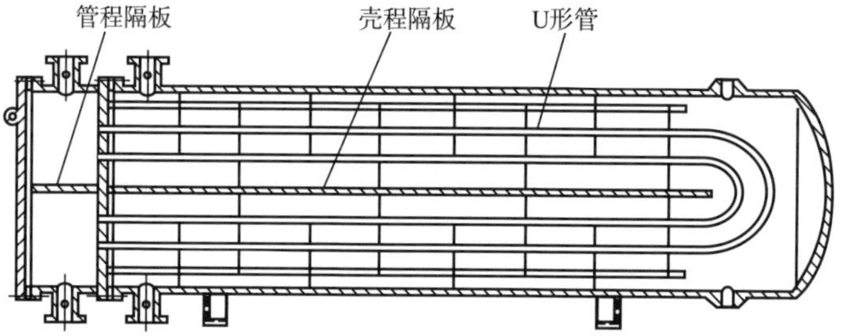


(2)结构图

图 2-4　U 形管式换热器

1. 优点

传热面积大、结构坚固、可靠性高、适应性广、易于制造、处理能力大、生产成本较低、选用材料范围广、换热表面清洗较方便，尤其在高温、高压和大型装置中多采用。

2. 缺点

管子内壁清洗困难，管子更换困难，管板上排列的管子少。传热效率、结构紧凑性等方面均不如一些新型高效紧凑式换热器。

还有一种套管式换热器是由同心的内管和外套管组成。冷热流体分别在内管和套管间隙中流动并同时进行换热。内管用 U 形管串联，套管在两端用直管进行连接。套管式换热器结构简单、传热快、易于清洗、拆装方便，流速适宜且可进行纯逆流，换热速率大，符合医药行业 GMP 等工业冷却（换热）要求，如图 2-5 所示。

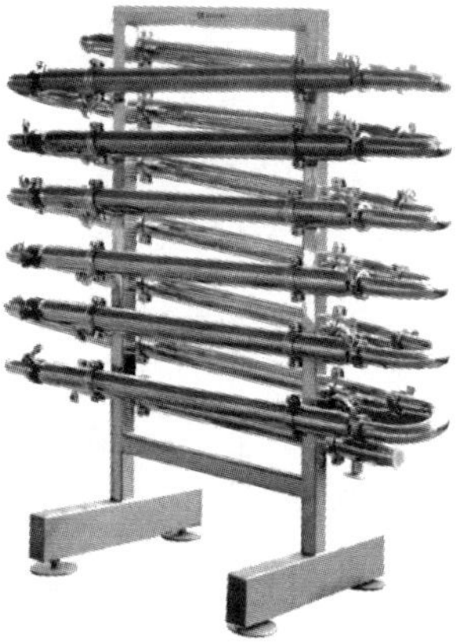

图 2-5　套管式换热器

列管式换热器应用广泛，其特点见表 2-1。

**表 2-1　　列管式换热器的主要类型及特点**

| 类型 | 固定管式换热器 | 浮头式换热器 | U 形管式换热器 |
|---|---|---|---|
| 结构特点 | 换热器的管端以焊接或胀接的方法固定在两块板上，管板以焊接的方法与壳体相连 | 换热器中一块管板与壳体固定，另一块管板能自由移动 | 换热管被弯成 U 形，管的两端固定在同一管板上 |
| 设备性能 | 当壳体直径相同时，可以排更多的管子，管内不易积垢，壳程难以清洗，在壳体与管中产生很大的温差应力 | 管束可抽取，管内、外都能清洗，一块管板可自由移动，在壳体与管中不会产生温差应力 | 只有一块管板，管束可以从壳体中抽出，管外清洗方便，管内清洗困难，在壳体与管中不会产生温差应力 |

# 任务二　板式换热器

板式换热器是一种紧凑的换热设备，在许多方面优于管式换热器。在相同的换热负荷情况下，板式换热器的体积仅为管式的 1/6～1/3，重量只有管式的 1/5～1/2，所需要的制冷剂充注量仅约为管式的 1/7。以水的换热而言，在相同负荷和同样的水速条件下，板式换热器的传热系数是管式换热器的 2～5 倍。由于板式换热器具有传热效率高、体积小、重量轻、面积和流程组合方便等优点，其在制冷行业中已经得到广泛的应用，例如在冷水机组及风冷热泵冷热水机组中作为蒸发器、冷凝器、热回收换热器（过热冷却器）、液体过冷器及螺杆式压缩机的油冷却器等换热器的应用越来越多。

## 一、板式换热器

板式换热器采用板材制作，大规模生产时采用模具制造的方法，能降低设备成本。耐压性能比管式换热器差，但比管式换热器的换热系数高 1 倍。主要由传热板片、密封垫片、两端压板、固定封头、活动封头（头盖）、夹紧螺栓、支架、进出管等组成。常用换热器可分为以下几种类型。

### （一）夹套式换热器

夹套式换热器是最简单的板式换热器。

其结构为在容器外壁安装夹套制成，夹套与容器之间形成的空间为加热介质或冷却介质的通路，主要用于反应过程的加热或冷却，其加热面受容器的限制，且传热系数也不高。为提高传热系数，可在器内安装搅拌器，以补充传热面的不足，也可在器内安装蛇管，如图 2-6 所示。

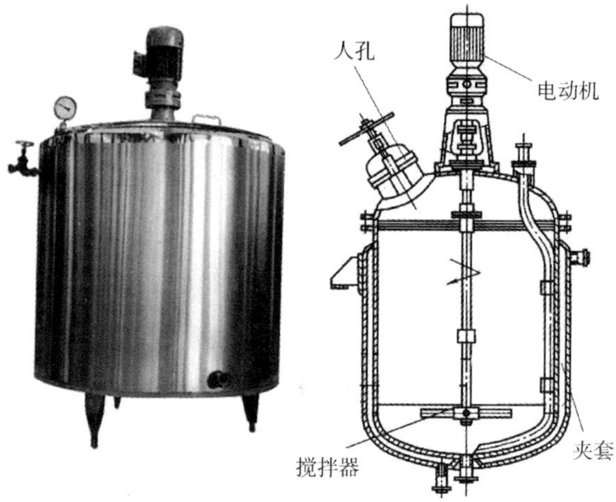


(1)实物图　　(2)结构图

图 2-6　夹套式换热器

夹套式换热器在用蒸汽进行加热时,蒸汽由上部接管进入夹套,冷凝水由下部接管流出。作为冷却器时,冷却介质(如冷却水)由夹套下部接管进入,由上部接管流出。

目前有多种夹套形式供选择,如整体夹套、盘管式夹套、蜂窝式夹套等,多种截面形状满足不同的冷却介质的需要。可有效提高降温速率,大幅提升夹套的安全性能。

反应器的加热和冷却有多种方式,最普遍的是采用夹套传热的方式,常用的有三种。

1. 整体夹套

贮液量大、传热速度均匀、温度梯度变化小、制造简单、清洗方便、成本高。

2. 盘管式夹套

盘管内流体的流速一般比整体夹套大,传热效果好,缩短了加热和冷却的时间,降低了冷热能量的消耗,如图 2-7 所示。

图 2-7　盘管式夹套

3. 蜂窝式夹套

蜂窝式夹套内流体的流速比普通夹套大,由于蜂窝点的存在,破坏和减薄了原来的流层,使得蜂窝夹套内的给热系数增加,传热的效果明显优于普通夹套。与一般夹套反应釜相比,大大降低筒体壁厚,降低制造成本,如

图 2-8　蜂窝式夹套

图 2-8 所示。

蜂窝式夹套的特点：刚性好、换热效率高，设备体积较以往夹套小。

**(二) 平板式换热器**

平板式换热器简称为板式换热器，是由一组长方形的薄金属板平行排列，组装于支架上加紧而构成，如图 2-9 所示。

两相邻板片的边缘衬有垫片，压紧后通过内部形成的流体通道，通过板片进行换热。板片厚度为 0.5～3mm，通常压制成凹凸波纹状。通过应用实验表明人字形的传热特性和流阻特性效果优良，所以板式换热器大都采用人字形板片，如图 2-10 所示。

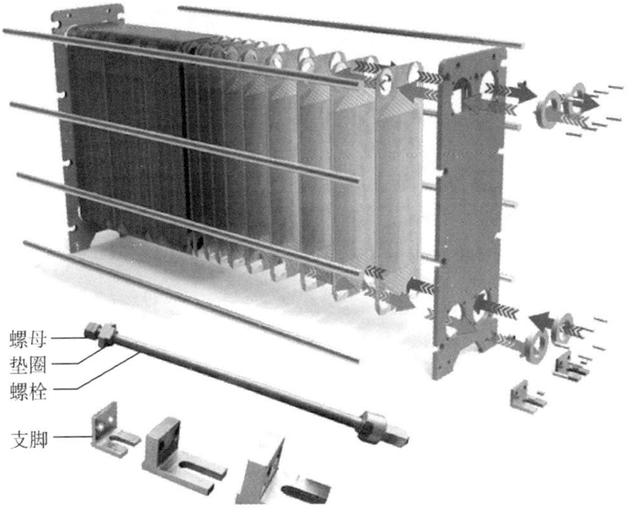


图 2-9　平板式换热器的组成

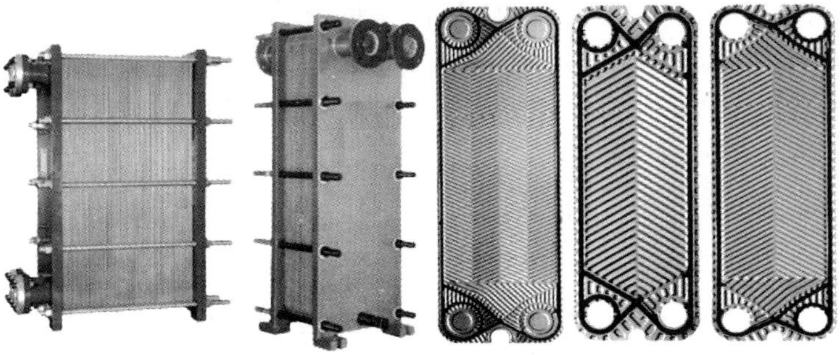

图 2-10　平板式换热器板片

1. 优点

（1）传热系数高　板面有波纹或沟槽，而且板片厚度又小，在较低流速下即可达到湍流，具有较高的传热效率。

（2）结构紧凑，资源利用率高　一般板间距为4~6mm，单位体积设备可提供的传热面积为250~1000$m^2/m^3$（列管式换热器只有40~150$m^2/m^3$）。平板式换热器的金属使用量可减少50%。

（3）具有可拆结构　可根据需要，用调节板片数目的方法增减传热面积。操作灵活性大，检修、清洗和维修方便。

（4）能精确控制换热温度。

2. 缺点

（1）允许的操作压强和温度都比较低　承压能力低，操作压强在1.5~2.0MPa。密封周边太长、不易密封、渗漏可能性大。

（2）操作温度受垫片材料的耐热性限制，不宜过高，一般在250℃以下。另外由于两板的间距仅几毫米，因此流通面积较小、流速不大、流动阻力大、处理量较小、易堵塞。

3. 总结

用于处理从水到高黏度液体的加热、冷却冷凝、蒸发等过程，适用于经常需要清洗、工作环境要求十分紧凑、快速升温或快速降温的换热场合。

平板式换热器都具有结构紧凑、材料消耗低、传热系数大的特点，都属于新型的高效紧凑式换热器。这类换热器一般都不耐高温高压，但对于压强较低、温度不高或腐蚀性强而需要用贵重材料的场合，则显示出更大的优越性，目前已广泛应用于制药等工业领域。

**（三）板翅式换热器**

板翅式换热器是一种更为高效、紧凑、轻巧的换热器，过去由于制造成本较高，仅用于宇航、电子、原子能等少数部门。现在已逐渐用于制药工业等部门，取得良好效果。

1. 结构

板翅式换热器由金属薄板、金属翅片、密封条、集流箱等部件构成，如图2-11所示。板翅式换热器基本结构元件相同，即在两块平行的薄金属板之间，加入波纹状或其他形状的金属翅片，将两侧面封死，即成为一个换热基本元件。将各基本元件进行不同的叠积和适当的排列，并用钎焊固定，即可制成并流、逆流或错流的板束（或称芯部），然后再将带有流体进出口接管的集流箱焊在板束上。

2. 优点

（1）结构高度紧密、轻巧，单位体积设备所提供的传热面积一般能达到2500$m^2/m^3$，最高可达4370$m^2/m^3$，是管式换热器的十几倍到几十倍。

板翅式换热器通常用铝合金制造，故重量轻，在相同的传热面下，其重量约为

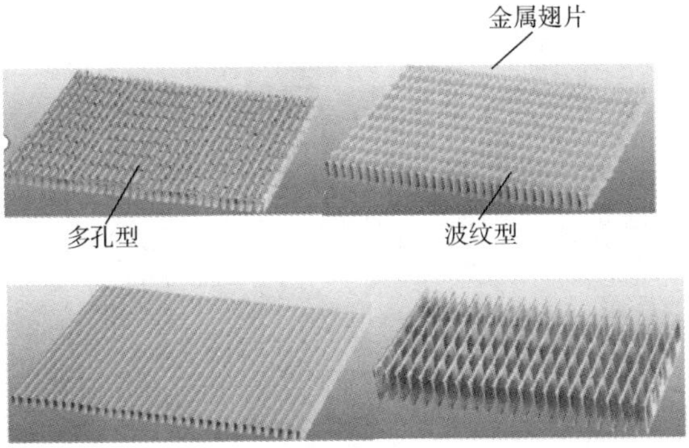


(1)翅片图

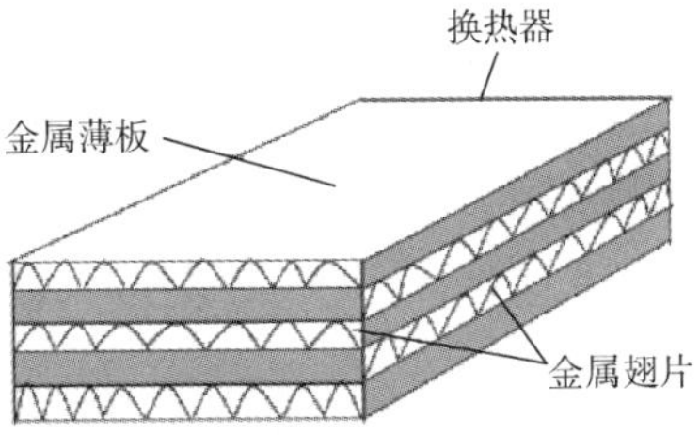


(2)结构图

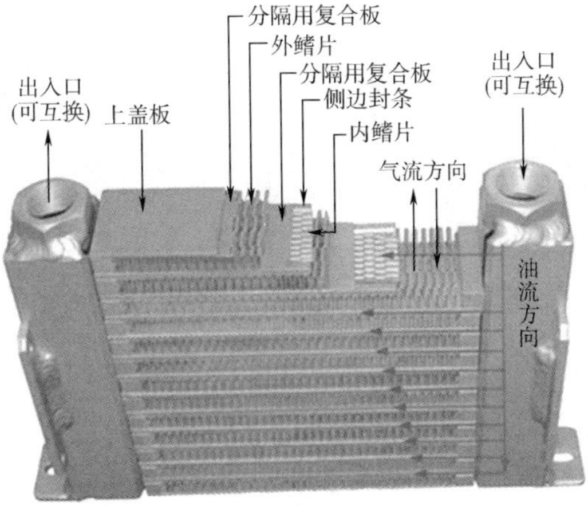


(3)示意图

图 2-11　板翅式换热器

列管式的 1/10。由于翅片促进了流体的扰动并破坏了热边界层的发展,故其传热系数较高。

(2)适应性广,可作为气-气、气-液和液-液的热交换,也可用于冷凝和蒸发,同时适用于多种不同的流体在同一设备中的操作。在 0℃以下操作时,其延展性和抗拉强度都很高,适用于低温和超低温的场合,故操作范围广,可在-200℃至绝对零度使用,特别适用于低温或超低温的场合。

(3)因翅片对隔板有支撑作用,板翅式换热器允许的操作压强也比较高,可达 5MPa。

3. 缺点

(1)设备流道很小,易堵塞,且清洗和检修困难,故所处理的物料应较洁净或预先净制。

(2)由于隔板的翅片均由薄铝板制成,故要求介质不腐蚀铝。

## 二、板式换热器的操作与保养

### (一)操作规程

(1)开始运行操作时,要先缓慢打开低压侧阀门,然后打开高压侧阀门。

(2)运行停车时应缓慢切断高压侧流体,再切断低压侧流体,此方法可有效提高设备的使用寿命。

(3)启动时不得猛烈冲击,防止冲坏密封垫。

(4)设备应在规定的工作温度、压力范围下操作,严禁超温超压运行,超温超压可能破坏密封性能造成泄漏。禁止操作时猛烈冲击。

### (二)维护步骤

维护步骤见图 2-12。

(1)拆解

在进行外观目视检查之后,拆解承接的板式换热器,开始“全套餐服务”总体维修保养,传热板进入清洗作业,框架则进入整修作业

(2)预清洗作业

分解后,用高压水进行预清洗,去除附着在传热板上的泥土和渣粒等异物

(3)脱脂槽、清洗槽浸泡作业

去除附着在经预清洗后传热板上的油脂和水锈。与此同时,用粘贴剂安装在传热板上的密封固件也会剥落。残留在密封线上的粘贴剂也会从传热板上去除

(4)清洗作业

通过将传热板浸泡在专用的清洗槽中,在短时间内可使顽固附着的污垢浮于传热板表面,此后用高压清洗彻底完成清洗作业。再进行件检查,确认传热板有无异状

(5)密封圈粘贴

传热板整修结束后,安装新的密封圈。一边确认密封圈有无破裂和脱落,一边正确迅速地进行作业

(6)框架整修

根据劣化的状况,进行喷嘴部分的检修和双头螺栓螺母的更换等

(7)组装、紧固

将已整修完的传热板悬挂在通过别的工序整修好的框架上,同时仔细检查传热板编组和密封线有无异状。由专用紧固装置将主体紧固至规定的紧固尺寸。即使是片数多的机械,通过使用专用设备也能够在短时间内完成作业

(8)贯穿破裂试验

紧固作业结束后,在一侧维持一定的空气压力,用肥皂水膜确认是否贯穿到另一侧。此作业是确认传热板是否完整,(渗透贯穿破裂试验为选配)

(9)完成检查

完成所有的工序之后,加压至规定的压力确认没有泄漏即合格出厂

图 2-12　维护步骤

## 习题

### 一、名词解释

1. 间壁式换热；2. 混合式换热；3. 蓄热式换热。

### 二、填空题

1. 工业上冷热流体间的传热方式有________、________、________。

2. 热量传递的方式主要有3种：________、________、________。

3. 在确定列管式换热器冷热流体的流径时，通常蒸汽走管________（内或外），高压流体走管________（内或外），易结垢的流体走管________（内或外），有腐蚀性的流体走管________（内或外），黏度大或流量小的流体走管________（内或外）。

4. 热交换器按结构分为两大类：________、________。

5. 在温度小于180℃的条件下，________是最适宜的加热剂，而当温度不很低时，________是最适宜的冷却剂。

6. 当换热器使用过久，污垢层越积越厚，会使热流量显著________。

### 三、选择题

1. 可在器内设置搅拌器的是（　　）换热器。

A. 套管　　B. 釜式　　C. 夹套　　D. 热管

2. 列管换热器中下列流体宜走壳程的是（　　）。

A. 不洁净或易结垢的流体　　B. 腐蚀性的流体

C. 压力高的流体　　D. 被冷却的流体

3. 夏天电风扇之所以能解热是因为（　　）。

A. 它降低了环境温度　　B. 产生强制对流带走了人体表面的热量

C. 增强了自然对流　　D. 产生了导热

4. 下列哪一种不属于列管式换热器？（　　）

A. U形管式　　B. 浮头式　　C. 螺旋板式　　D. 固定管板式

5. 工业采用翅片状的暖气管代替圆钢管，其目的是（　　）。

A. 增加热阻，减少热量损失　　B. 节约钢材

C. 增强美观　　D. 增加传热面积，提高传热效果

6. 管式换热器（　　）。

A. 传热面积大　　B. 结构紧凑　　C. 传热系数不高　　D. 是V形换热器

### 四、判断题

1. 浮头式换热器的管束可以拉出，便于清洗。（　　）

2. 板式换热器，又被称为高效换热器。（　　）

**五、问答题**

1. 传热有哪几种方式？各有何特点？
2. 常用的换热器有哪些？试比较其优缺点。
3. 板式换热器常见的故障有哪些？

# 项目三　反应设备

## 教学目标

**●知识目标**

熟悉反应设备的分类；熟悉反应釜和发酵罐的结构和工作原理；熟悉反应釜的操作规程。

**●能力目标**

掌握机械搅拌反应釜、机械搅拌式发酵罐的操作和维护方法；掌握反应釜、发酵罐一般故障的处理方法。

**●素质目标**

熟悉岗位要求；掌握操作规程；拥有安全意识。

**●课前思考**

反应釜由哪几个主要部件组成？反应釜和发酵罐结构有哪些区别？抗生素由哪种设备生产？

**●认知解读**

化学反应设备和生物反应设备是制药生产中最常见的设备。反应釜主要由内罐体、搅拌装置、换热装置、轴封装置四大部件组成。由于工艺条件和反应介质不同，反应釜的材料和结构不一样，但其基本组成相同。机械搅拌通风发酵罐，由罐体、搅拌器、挡板、轴封、空气分布器、消泡器、传动装置、联轴器、冷却管、人孔、视镜以及管路等构成。操作者应了解并掌握机械搅拌反应釜和机械搅拌发酵罐的结构、工作原理、操作和维护方法。

在制药生产过程中，反应设备中进行的不仅有单纯的化学反应过程，还存在着流体流动及物料传热、传质等物理传递过程，用来完成硫化、硝化、氢化、烃化、聚合、缩合及物料混合、溶解、传热和悬浮液制备等工艺过程。

反应器的工作过程就是以化学动力学为基础的反应过程和以热量传递、质量传递、动量传递为基本内容的传递过程同时进行、相互作用、相互影响的复杂过程。反应设备分为化学反应设备和生物反应设备。

一个设计合理、性能良好的反应器，应能满足如下几方面的要求。

(1)满足化学动力学和传递过程的要求，做到反应速度快、选择性好、转化率高、目的产品多、副产物少。

(2)能及时有效地输入或输出热量,维持系统的热量平衡,使反应过程在适宜的温度下进行。

(3)有足够的机械强度和抗腐蚀能力,满足反应过程中对压力的要求,保证设备经久耐用,生产安全可靠。

(4)制造容易,安装、检修方便,操作调节灵活,生产周期长。

# 任务一　化学反应设备

## 一、釜式反应器

机械搅拌式反应釜是依靠搅拌装置使参加反应的两种或两种以上物料搅拌混合,促进其化学反应的设备。反应釜既可以用于间歇(分批)操作过程,也可以用于连续操作过程,既可以用单釜也可用多釜连续操作。搅拌设备作为反应器,约占反应器总数的90%,使用广泛,如图3-1所示。

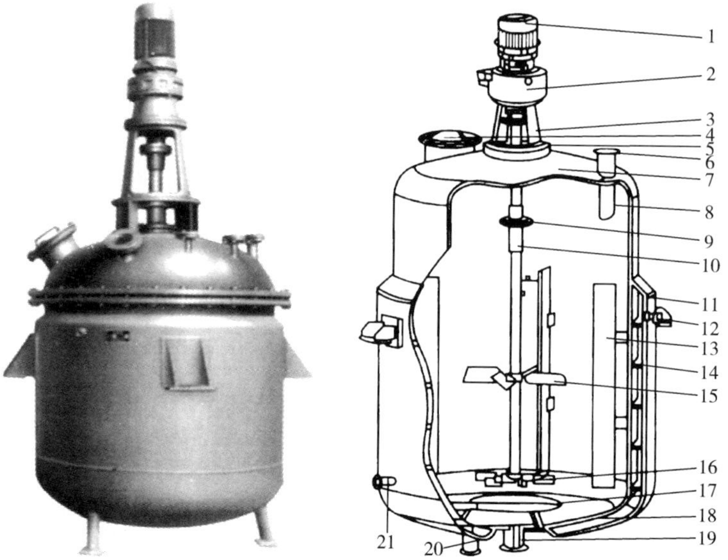


(1)实物图　　(2)结构图

图3-1　反应釜

1—电动机　2—减速器　3—机架　4—人孔　5—密封装置　6—进料口　7—上封头　8—筒体　9—联轴器　10—搅拌轴　11—夹套　12—载热介质出口　13—挡板　14—螺旋导流板　15—轴向流搅拌器　16—径向流搅拌器　17—气体分布器　18—下封头　19—出料口　20—载热介质进口　21—气体进口

反应釜主要由筒体、搅拌装置、传热装置、轴封装置四大部件构成,以及视镜和各种工艺接管口等附件组成。

### (一)筒体

筒体是一个容器,为物料进行化学反应提供一定的空间,通常由圆筒形筒体及上、下封头组成。反应釜的直径和高度由生产能力和反应要求决定。由于化学反应物料可能是易燃、易爆或有毒,而且常要保持一定的操作温度、压力(或真空)等,所以反应釜大多数是密闭的,少数处于常压、无毒状态下的可设计为敞开式。

其中设置手孔或人孔是为了便于检查设备内部空间以及安装拆卸设备内部构件。釜式反应器的视镜主要是为了观察设备内部的物料反应情况,工艺接管口主要用于进、出物料及安装温度、压力的测定装置。

### (二)搅拌装置

搅拌装置由搅拌轴和搅拌器组成,搅拌装置的转动一般是由电动机经减速器减到搅拌器所需转速后,再通过联轴器来带动。搅拌轴一般是悬臂的,需要在釜内设置中间轴承或底轴承。

搅拌器是釜式反应器最重要的部件,其作用是加强物料的均匀混合,强化釜内的传热和传质过程。

常用搅拌器有桨叶式、框式、锚式、旋桨式、涡轮式和螺带式等。在生产中主要根据液体的黏度选型。

桨叶式、框式和锚式搅拌器均属于低速搅拌器,结构简单、制造方便,如图 3-2 所示。

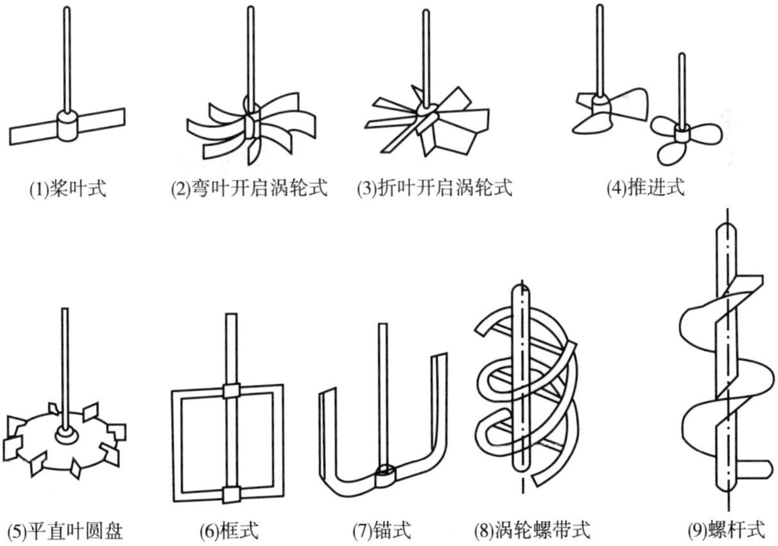


图 3-2　各种类型搅拌器

#### 1. 框式搅拌器

框式搅拌器由钢条制成,是搅拌器中结构最简单的一种。因桨叶水平安装,故可造成水平液流，一般仅适用于不需要剧烈混合的过程。框式搅拌器在水平桨之外增设垂直桨叶，形成一个框，可较好地搅拌液体，主要用于流体的循环或黏度较高物料的搅拌，如图3-3所示。

2. 锚式搅拌器

锚式搅拌器由铸铁制成，形状如锚，转动时几乎触及釜体的内壁，可及时刮除壁面沉积物，有利于传热。此种搅拌器适用于黏稠物料的搅拌，及对混合要求不太高的场合，如图3-4所示。

3. 旋桨式搅拌器

旋桨式搅拌器用2~3片推进式桨叶装于转轴上而成。具有结构简单、制造方便、可在较小的功率下得到高速旋转的优点，但搅拌较高黏度液体时，搅拌效率不高，如图3-5所示。

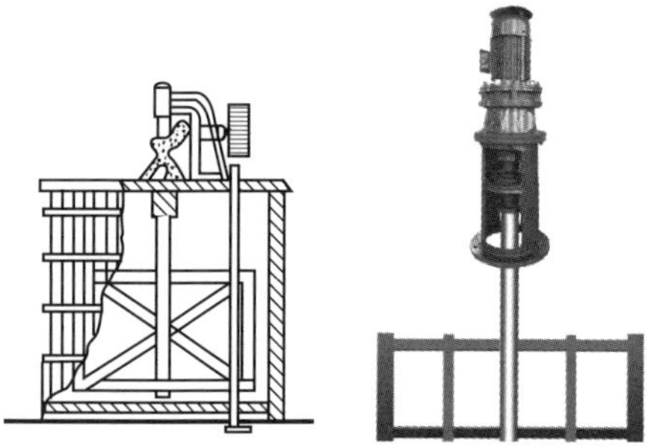

图3-3　框式搅拌器

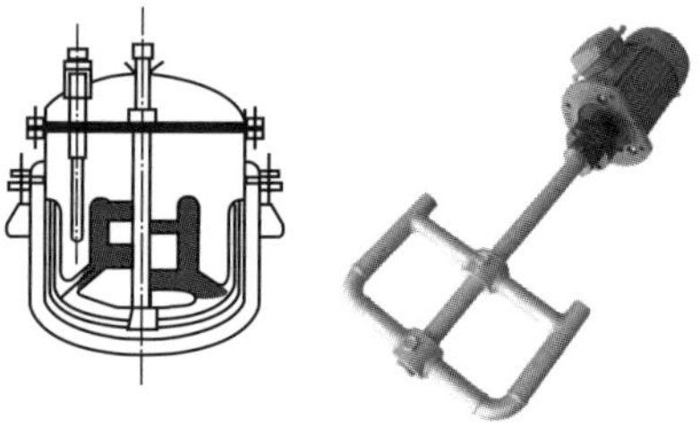

图3-4　锚式搅拌器

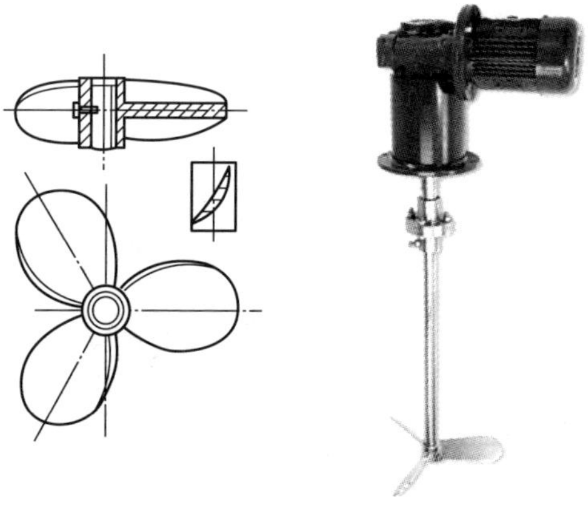

图3-5　旋桨式搅拌器

4. 涡轮搅拌器

涡轮搅拌器由一个或数个装置在直轴上的涡轮所构成，适用处理黏度范围很广的流体,如低黏度到中黏度流体的混合、液-液分散、固-液悬浮,以及可以促进传热、传质和化学循环,生产成本较高,如图 3-6 所示。

图 3-6　涡轮搅拌器

**(三)换热装置**

换热装置是用来加热和冷却反应物料,使之符合工艺要求的温度条件的设备。

各种换热装置的选择原则是传热表面是否易被污染而需要清洗、所需传热面积的大小、传热介质的泄漏可能造成的后果以及传热介质的温度和压力等因素。可在釜体的外部或内部设置加热或冷却用的传热装置,常用的传热装置是在釜体外部设置夹套或在釜体内部设置蛇管。

**(四)轴封装置**

因为搅拌轴是转动的,而釜体封头是静止的,在搅拌轴伸出封头之处必然有间隙,液体、气质介质会漏出或空气漏入釜内,所以必须进行密封(轴封),以保持设备内的压力(或真空度),并防止反应物料逸出和杂质的渗入,通常采用填料密封或机械密封,如图 3-7 所示。

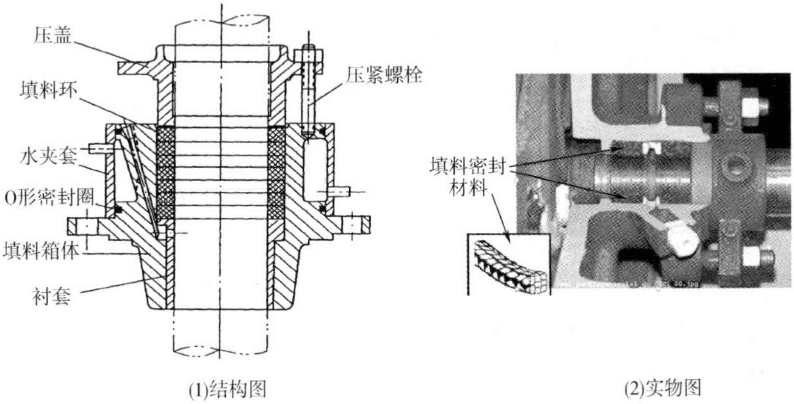


图 3-7　填料密封

填料密封是由衬套、填料箱体、填料环、压盖、压紧螺栓等组成。

机械密封是一种功耗小、泄漏率低、密封性能可靠、使用寿命长的转轴密封，如图 3-8 所示。

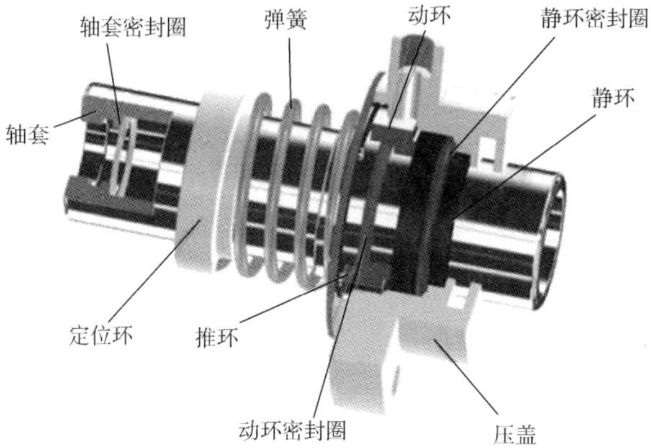


图 3-8　机械密封

与填料密封相比，机械密封的泄漏率大约为填料密封的 1/100。机械密封在运转时，除了装在轴上的浮动环由于磨损需进行轴向移动补偿外，安装在浮动环上的辅助密封则随浮动环沿轴表面做微小的轴向移动，故轴或轴套被磨损是微不足道的，因而可免去轴或轴套的维修。由于机械密封有很多优点，因此，在搅拌设备上已被大量采用。

反应釜的工艺接管通常用不同颜色加以区分，如下所示。

(1)原料进口管(灰色)。

(2)置换空气进口管(蓝色)。

(3)置换氮气进口管(黑色)。

(4)清洗用水进口管(绿色)。

(5)固体物料进口管(原材料、固体催化剂等)产物放出管(灰色)。

(6)换热介质进、出口管(蒸汽管为红色)。

## 二、鼓泡塔反应器

鼓泡塔反应器是以鼓泡形式通过液层进行化学反应的塔式反应器。鼓泡塔气体从塔底向上经空气分布器以气泡形式通过液层，气相中的反应物溶入液相并进行反应，气泡的搅拌作用可使液相充分混合。广泛用于发酵、生物化学、制药中气-液相反应过程，如图 3-9 所示。

### (一)结构

由可盛液体的塔体、气体分布器、液滴捕集器，壳外装有夹套或其他形式的塔外换热器、水平多孔隔板等组成。水平多孔隔板可用来提高气体分散程度和减少

(1)实物图

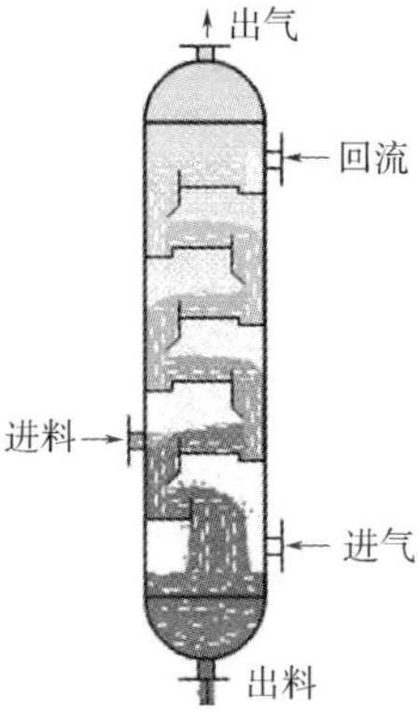


(2)结构图

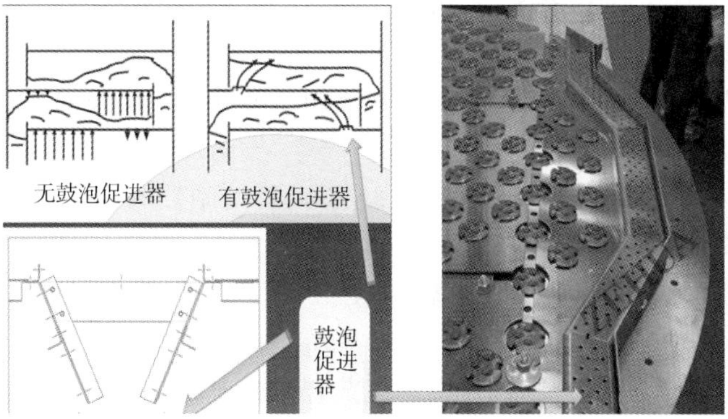


(3)原理图

图 3-9　鼓泡塔反应器

液体轴向循环。

**(二)特点**

1. 优点

结构简单、没有运动部件、运行可靠、易于实现大型化、适宜于高压操作,在采取防腐措施(如衬橡胶、瓷砖、搪瓷等)后可以处理腐蚀性介质。

2. 缺点

在简单鼓泡塔内不能处理密度不均一的液体。

为增加气、液相接触面积和减少返混,而在塔内的液体层中放置填料的塔称为填料鼓泡塔。该塔与一般的填料塔不同,其填料是浸没在液体中的,填料间的空隙全是鼓泡液体。该塔中液体在反应器中的平均停留时间很短,因此虽有利于传质过程,但传质效率较低,故不如中间设有隔板的多段鼓泡塔效果好。

## 三、反应釜安全操作规程

**（一）开机前准备工作**

（1）打开反应罐、盖，检查内部是否有移位、松动现象。

（2）检查反应釜的法兰和机座等有无螺栓松动，安全护罩是否完好可靠，检查减速机有无漏油现象，油位是否正常，螺丝是否紧固良好。

（3）检查安全阀、防爆膜、压力表、温度计等安全装置是否灵敏好用，安全阀、压力表是否在校验期内，并铅封完好，压力表的红线是否划正确。

（4）确认减速机油的油位在视镜的1/2～2/3，釜用机封油盒内油位高过动静环密封面。

（5）需要试漏的反应釜，按工艺要求，用氮气或压缩空气试漏，检查锅上阀门、管线、机械密封点、人孔和手孔、大法兰不能有漏点，并且直接放空阀泄压，要求压力能很快泄完。

（6）属于压力容器的搪玻璃设备还应按照压力容器的相关规定进行检查。

**（二）进料操作**

（1）打开不锈钢反应釜投料口（图3-10），将配制好的物料投入反应釜中，并启动反应釜搅拌器。一般设备加入物料后的正常液位应在公称容积的30%～80%，反应物料易产生泡沫的设备加入物料后的正常液位应在公称容积的30%～50%。

（2）物料投完后，关闭进料口，根据工艺要求打开相应的阀门，进行工艺操作，如升温、降温、真空蒸馏等，如图3-11所示。

图3-10　投料口

图3-11　阀门

（3）应严防加入设备内的物料夹带块状金属或杂物，对于大块硬质物料应粉碎后加入，防止损坏搅拌器、底阀或堵塞管线。

(4)严格按工艺规定的物料配比加(投)料,并均衡控制加料和升温速度,防止因配比错误或加(投)料过快,引起釜内剧烈反应,出现超温、超压、超负荷等异常情况,而引发设备安全事故。

**(三)搅拌运行操作**

(1)倾听反应釜内有无异常的振动和响声,搅拌运转应平稳、无振动、无碰撞或机械密封(填料密封)应无泄漏。

(2)检查机械密封腔内的润滑液(密封液),应保证清洁,不得夹带固体颗粒。

(3)倾听减速机和电机声音是否正常,抚摸减速机、电机、机座轴承等各部位的运行温度情况,一般温度≤40℃,最高温度≤60℃(手背在其上可停留5s以上为正常)。

(4)经常观察减速机有无漏油现象,轴封是否完好,油泵是否上油,检查减速箱内油位和油质变化情况,必要时补加或更新相应的机油。

(5)若电机跳闸,排除故障后,必须先盘车1~3转,确认搅拌传动部分无卡涩或碰撞现象,才能复位电源。点动按钮,检查反应釜是否运行正常,并请电工在反应釜试车和最大负荷时检查电流是否在额定范围内。

**(四)升温或降温操作**

(1)空锅情况下,不得开启蒸汽阀门和电热电源,特别注意使用蒸汽压力时不得超过额定工作压力。使用带夹套的反应釜升温或降温时,严禁空罐加热,加热或冷却要缓慢进行,严禁温度骤冷/骤热以免损坏搪玻璃表面。搪玻璃反应釜耐温急变(即反应釜温度与加热或冷却介质温度之差)为:热冲击≤100℃,冷冲击≤90℃。在通入蒸汽加热时,夹套压力在0.1MPa左右,保持数分钟后,再分次缓慢开启进口阀,以防止冷热冲击损坏设备。升温(或降温)速度应保持在3℃/min左右,最大不得超5℃/min。

(2)反应釜在运行中要严格执行工艺操作规程,严禁超温、超压、超负荷运行。凡出现超温、超压、超负荷等异常情况,立即按工艺规定采取相应处理措施,禁止超过规定的釜内液位反应。

**(五)蒸汽升温操作**

(1)确认执行完毕其他操作后,确认夹套所有控制阀处于关闭状态。

(2)开启夹套排污阀(全开),排放夹套内污物。

(3)开启蒸汽阀(调节),使夹套内产生一定的蒸汽压力,排放夹套内污物。

(4)排放夹套内污物后,调节排污阀,使排污阀能够排出水即可(疏水功能);装有疏水阀的反应釜,可以开启疏水阀前阀门,关闭排污阀。

(5)开启蒸汽阀(调节)时应缓慢开启和关闭蒸汽阀(逆时针为开启,顺时针为关闭),切忌用力过猛。

(6)完成工艺要求的升温或保温程序后,关闭蒸汽阀门,开启排污阀,将夹套内蒸汽排空。

**（六）导热油（有机热载体）升温操作**

（1）确认执行完毕其他操作后，确认夹套所有控制阀处于关闭状态。

（2）开启热回油阀（全开），开启热进油阀（调节）。

（3）导热油加热应缓慢升温，在150℃内升温，升温速度应控制在3℃/min以内，150℃以上时，按照工艺操作规程进行操作。

（4）应缓慢开启和关闭油阀（逆时针为开启，顺时针为关闭），切忌用力过猛；完成工艺要求的升温或保温程序后，关闭热进油阀、热回油阀。

**（七）导热油（有机热载体）降温操作**

（1）确认执行完毕其他操作后，确认夹套所有控制阀处于关闭状态。

（2）开启冷回油阀（全开），开启冷进油阀（调节）；导热油降温应缓慢进行，降温速度应控制在3℃/min以内。

（3）应缓慢开启和关闭油阀（逆时针为开启，顺时针为关闭），切忌用力过猛。完成工艺要求的降温或保温程序后，关闭冷进油阀、冷回油阀。

**（八）冷却水降温操作**

（1）确认执行完毕其他操作后，确认夹套所有控制阀处于关闭状态。

（2）开启回水阀（全开），开启进水阀（调节）。应缓慢开启和关闭进、回水阀（逆时针为开启，顺时针为关闭），切忌用力过猛。

（3）完成工艺要求的降温或保温程序后，关闭进水阀、回水阀。开启排污阀进行排污，排污完成后，关闭排污阀。

**（九）冷冻盐水降温操作**

（1）确认执行完毕其他操作后，确认夹套所有控制阀处于关闭状态，确认反应釜夹套为空的状态（不为空的状态，应开启排污阀进行排污，排污完成后，关闭排污阀）。

（2）开启回冷冻盐水阀（全开），开启进冷冻盐水阀（调节）。应缓慢开启和关闭进、回水阀（逆时针为开启，顺时针为关闭），切忌用力过猛。

（3）完成工艺要求的降温或保温程序后，关闭回冷冻盐水阀，并开启空压机，将夹套内冷冻盐水压入进冷冻盐水管道。

（4）压完后，关闭进冷冻盐水阀，再按照“冷却水降温操作”将夹套清洗一次。清洗完毕，关闭所有控制阀门。

**（十）停车**

（1）按工艺操作规程处理完反应釜内物料，关闭搅拌，打开底阀放料，关闭底阀（图3-12）。

图3-12　底阀

（2）有易堵物料的反应釜，停机后，要用反应溶剂、压缩气体或蒸汽等将设备或相关管线内的物料吹扫干净，确保管线在下次使用时通畅。

(3)检查与反应釜相关的管线、转动设备、仪器仪表等有无问题，若有问题应在停车时及时处理。确保下批反应时设备完好。

(4)若长期停车，应将反应釜或相关管线清洗、吹扫干净，不能留有腐蚀性物料或水等液体，做好设备外部清洁和保养，挂设备停用标志牌，并每隔一段时间盘车或启动一次，确保设备完好。

### 四、维护要求

#### (一)日常维护要求

(1)设备使用前，岗位操作人员检查紧固件有无松动，否则应及时紧固。

(2)设备使用前，岗位操作人员检查进、出料口阀门以及管道连接位置是否正确，确保密封良好，无跑冒滴漏，否则应及时维修和更换。

(3)设备使用前，岗位操作人员检查人孔垫片、密封垫圈应完好，无损坏脱落，人孔平整光滑，无锈迹，无脱落物，如果有异常及时通知维修人员处理或更换。

#### (二)定期维护要求

(1)每半年由车间维修人员对搅拌电机进行维护保养，确保电机正常运转。

(2)每三个月由车间维修人员对设备各传动部位加注一次润滑油、润滑脂。

(3)每个月由车间设备维修人员对人孔、人孔垫圈进行检查，如果有异常及时对人孔进行处理，对垫圈进行更换，确保反应釜各部件的完好性。

(4)每三个月检查一次密封垫圈，如有破损立即更换。

(5)每年定期更换一次密封垫圈。

## 任务二　生物反应设备

生物制品是以微生物、细胞、动物或人源组织和体液等为原料，应用传统技术或现代生物技术制成，用于人类疾病的预防、治疗和诊断的药品。目前我国人用生物制品包括细菌类疫苗、病毒类疫苗、抗毒素及抗血清、血液制品、细胞因子、生长因子、酶、体内及体外诊断制品，以及其他生物活性制剂(包括毒素、抗原、免疫调节剂及微生态制剂等)。

生物制品自18世纪诞生以来，在消灭和控制危害人类健康的传染病、增强人的免疫力、改善人类生活质量、延长人类寿命方面做出了巨大贡献。随着生物技术在新型生物药剂与生物制品开发中的应用发展，大大加速了新型生物制品的研究步伐，使其越来越成为现代生物药物的主流，也使得以细胞培养技术为手段大量获取重组蛋白、单克隆抗体、细胞因子、酶、干扰素以及病毒疫苗等生物产品成为社会化大生产的主流趋势。体外细胞大规模培养技术作为最受关注的生产手段，是在人工控制条件下，设定 pH、温度、各营养成分比例等，结合自动化生产设备，达到大量培养细胞用于生产生物制品的目的，而整个反应过程最关键的设备是生物反应器。

生物制药反应设备主要为发酵罐，是工业上用来进行微生物发酵的装置。利用生物体（如微生物、动植物细胞）或酶所具有的特殊功能，在体外进行生物化学反应以获得其代谢产物或生物体的设备，其广泛应用于制药、生物工程等行业。

罐体设有夹层、保温层，可加热、冷却、保温。罐体与上下填充头（或锥形）均采用旋压 R 角加工，罐内壁经镜面抛光处理，无卫生死角，而全封闭设计确保物料始终处于无污染的状态下混合、发酵，设备配备空气呼吸孔，CIP 喷头，人孔等装置，流程图如图 3-13 所示。

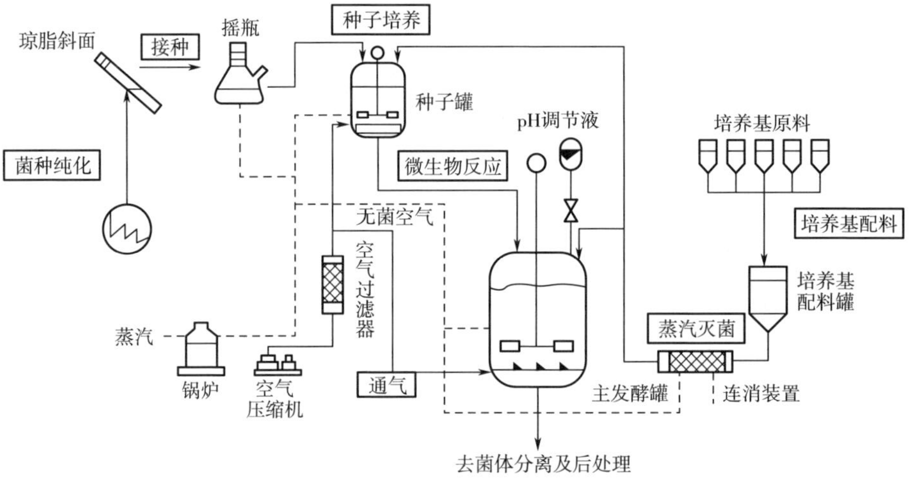


图 3-13　典型间歇发酵工艺流程图

优良的生物反应装置应具有：能承受一定的压力和温度；良好的传质、传热和混合的性能；严密的结构且易于清洗和维修；灵敏的检测和控制仪表，适用于自动化控制；动力消耗小，能获得最大的生产效率和经济效益。

发酵罐按微生物生长代谢分为以下几个部分。

好气罐：抗生素、酶制剂、酵母、氨基酸、维生素等产品是在好气发酵罐中进行的。需要强烈的通风搅拌，目的是提高氧在发酵液中的传质系数。

厌气罐：酒精、啤酒、乳酸等采用厌气发酵罐，不需要通气。

目前，常用发酵设备有机械搅拌式发酵罐、自吸式发酵罐、气升式发酵罐、塔式发酵罐、文氏管自吸式发酵罐，其中机械搅拌式发酵罐占主导地位。

## 一、机械搅拌式发酵罐

发酵罐是一种对物料进行机械搅拌与发酵的设备，该设备采用内循环形式，采用搅拌桨分散和打碎气泡，罐内特别设计安装了无菌呼吸系统或无菌正压发酵系统，罐体设有夹套，可通过对介质的加热、冷却来进行循环加热、冷却。使空气和发酵液充分混合，促使氧在发酵液中溶解，保证供给微生物生长、繁殖、发酵所需要的氧气，其使用性能好、适应性强、容易放大，从小型到大型微生物培养过程都可应用，故称通用罐。设备与物料接触部分均采用优质不锈钢制造，经久耐用，并符合GMP 标准要求。

发酵罐中叶轮直径与罐径之比一般为 0.5，搅拌功率常数为 0.75。能适用于大多数生物过程，如青霉素、谷氨酸、柠檬酸、酶制剂、抗生素等发酵，是标准化的通用产品，是目前使用最多的一种发酵罐。缺点：罐内机械搅拌的剪切力容易损伤娇嫩细胞，造成某些细胞培养过程减产。

机械搅拌式发酵罐由罐体、搅拌器、挡板、轴封、空气分布器、消泡器、传动装置、联轴器、冷却管、消泡器、人孔、视镜以及管路等构成，其外形与结构如图 3-14 所示。

(1)实物图

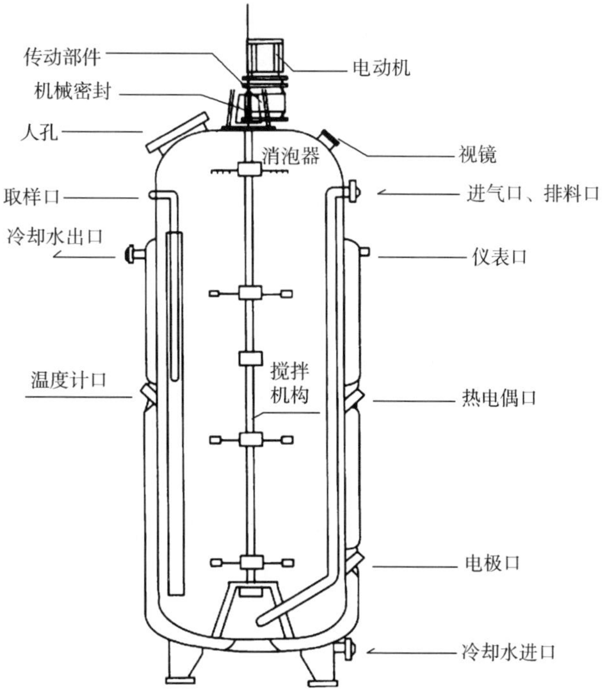


(2)结构图

图 3-14　机械搅拌通风发酵罐

## (一) 罐体

通用机械搅拌式发酵罐是一种既具有机械搅拌又具有压缩空气通气装置的发酵罐，罐体由圆筒形筒身和上下两个椭圆形封头组成。罐体根据工艺要求，设置有冷却水、给排气、取样、放料、接种,加消泡剂及酸、碱等工艺的接管与视镜、仪表等接口。罐体是空心圆柱体上下两底焊接封头后所构成的容器。圆柱体高径之比为1.7~3。罐体一般采用卫生级不锈钢,要求能耐受130℃的高温,如图3-15所示。

(1)外观

(2)内部

图3-15 发酵罐外观和内部

罐体材料以不锈钢钢板或复合不锈钢板为宜,以保证罐内培养液清洁和壁面光滑,也可以用钢制作压力容器,罐体的强度应能承受灭菌蒸汽的压力和温度。

罐顶上的接管有:进料管、补料管、排气管、接种管和压力表接管等。

罐身上的接管有:冷却水进出管、空气进管、温度计管和测控仪表接口。

为了减少接管,可将进料管、补料口和接种管合为一个接口。罐体内要求双面焊接,焊接面要光滑无砂眼和死角,防止杂菌潜伏在缝隙中。

### (二)发酵罐的搅拌器与挡板

物料混合和气体在发酵罐中的分散靠搅拌器和挡板实现。

1. 搅拌器

搅拌器可使被搅拌液体产生轴向流动或径向流动,混合和传质。它使通入的空气分散成气泡并与发酵液充分混合,使气泡破碎以增大气-液界面,获得所需溶氧速率,并使细胞悬浮分散于发酵体系中,以维持适当的气-液-固(细胞)三相的混合与质量传递,同时强化传热过程。正确选择搅拌叶轮将提供最优化的工艺效果,以及最优化效率和最优化的机械性能。

(1)搅拌器的类型　发酵罐中的机械搅拌器,分轴向和径向推进两种形式,前者如桨叶式和螺旋桨式,后者如涡轮式。不同搅拌器在搅拌时液体呈现不同流动状态,如图3-16所示。

(2)常见搅拌器外形及结构　平叶圆盘涡轮的每个叶片后缘将形成高速剪切

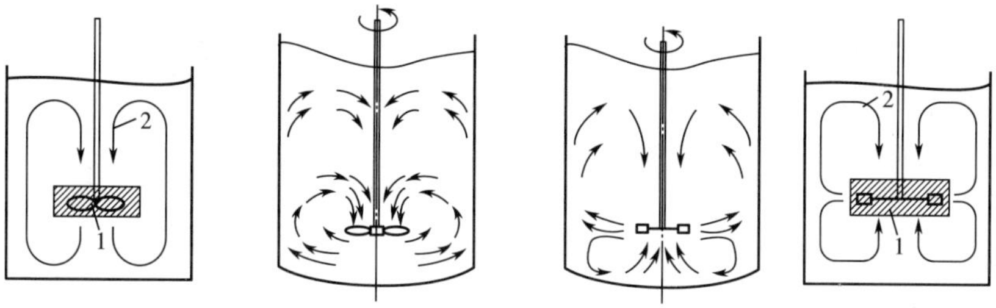


(1)螺旋桨式搅拌器液体流动状态　　(2)涡轮式搅拌器液体流动状态

图 3-16　液体在搅拌过程中流动状态

1—充分混合区　2—总体流动

区域,使液体和气体得以分散。特别适合液体快速混合,制备稳定的液-液分散体系,固体含量小于 60%的悬浮体以及不互溶液体或气体的分散,可促进传热、传质和化学反应。涡轮式搅拌器结构简单、传递能量高、溶氧速率高,缺点是轴向混合差,搅拌强度随搅拌轴距增大而减弱,故培养液较黏稠时,混合效果下降。常用涡轮式搅拌器的叶片数为 6 个,也有 4 个或 8 个的,不同类型搅拌器如图 3-17、图 3-18、图 3-19、图 3-20 所示。

图 3-17　平叶圆盘涡轮式搅拌器

图 3-18　三叶推进式搅拌器

图 3-19　斜叶桨式搅拌器

图 3-20　锚式搅拌器

轴流型循环速率高、剪切力小,采用挡板或导流筒则轴向循环更强,特别适用于低黏度互溶液体的混合、传热及有固体悬浮的液体。因一定卫生级设备内必须减少死角且易清洗,不宜加挡板与导向筒,因此可以偏心安装以解决搅拌器所产生的轴向流动问题,并造成强烈湍动,避免打旋,达到理想效果。

流动形式有轴向分流、径向分流和环向分流。设备有多层桨叶,可用于高黏度液体的低速搅拌。

锚式搅拌器适用于高黏度液体搅拌，由于锚形外缘能与筒内壁很好地吻合，可促进夹套传热。

为强化轴向混合，采用涡轮式和推进式叶轮共用的搅拌系统。为拆装方便，大型搅拌叶轮可做成两半形，用螺栓连成整体装配于搅拌轴上，如图 3-21 所示。

图 3-21　搅拌器的组合

2. 挡板

在搅拌过程中会产生切向流，由于切向分速度的作用，液体在罐内做圆周运动生成离心力使罐内液体在径向分布成抛物线形，中心形成旋涡现象。

(1)作用　防止液面中央形成旋涡流动，改变液流方向，由径向流改为轴向流，促使液体剧烈翻动，增强湍动和溶氧传质。

(2)尺寸　发酵罐内通常设 4~6 块挡板，宽度($B$)=(0.1~0.12)×直径($D$)，即可达到全挡板条件，如图 3-22 所示。

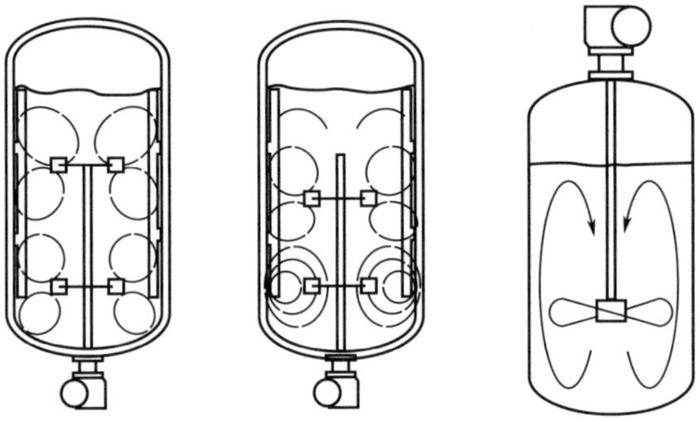

(1)六直叶涡轮　(2)推进式叶轮

图 3-22　全挡板条件下搅拌流型

发酵罐中除挡板外，还有冷却器、通气管、排料管等装置也起挡板作用。换热装置为列管或排管，且在足够多的情况下，发酵罐内不另设挡板。

### (三)空气分布装置

1. 空气分布装置的作用

吹入空气，并使空气均匀分布，通过改变气泡大小，改变气泡的比表面积，以更快地融入液体中，如图 3-23 所示。

2. 空气分布装置的形式结构

空气分布装置的形式，有单管式和环形管等。单管式分布装置，空气由分布管

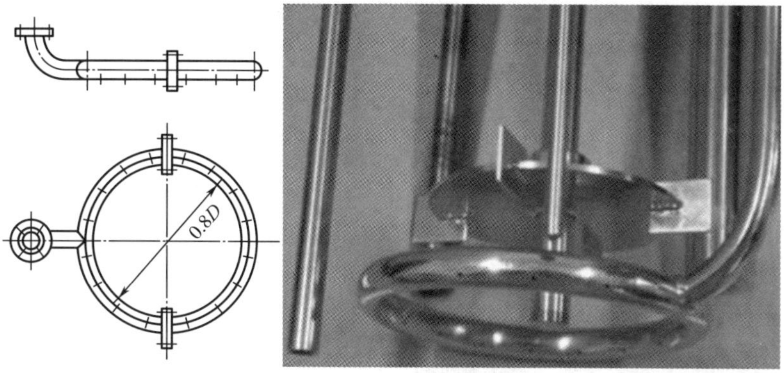


(1)结构图　　　(2)实物图

图 3-23　多孔环形空气分布器

喷出上升时,被搅拌器打碎成小气泡,并与发酵液充分混合,增强气-液传质效果。第二种形式,是开口朝下的多孔环形管,如图 3-24 所示。由于这种空气分布装置的空气分布效果是在强烈机械搅拌的条件下,对氧的传递效果不比单孔管好,相反会造成不必要的压力损失,且物料易堵塞小孔,已很少采用。

图 3-24　泡沫

在通气量较小的情况下,气泡直径与空气喷口直径有关。喷口直径越小,气泡直径越小,氧的传质系数越大,但在通气量较大情况下,气泡直径仅与通气量有关而与通气出口直径无关,风管内空气流速为 20m/s。

3. 空气分布装置的安装要求

单管式分布装置管口正对罐底中央,管口与罐底距离可根据溶氧情况适当调整,使空气分散效果最好。为防止吹管吹入的空气直接冲击罐底,加速罐底腐蚀,在分布装置下部为不锈钢分散器,可延长罐底寿命。

**(四)机械消泡装置**

发酵过程中,由于发酵液中含蛋白质等发泡物质,在强烈通气搅拌下会产生大量泡沫。

在通气发酵生产中,有两种消泡方法:加入消泡剂,使用机械消泡装置,即消泡器。

消泡器分两大类:一类置于罐内,目的是防止泡沫外溢。它在搅拌轴或罐顶另外引入的轴(搅拌轴由罐底伸入时)上装上消泡桨,如耙式消泡桨。另一类置于罐外,目的是从排气中分离已溢出的泡沫,使之破碎后将液体部分返回罐内,如半封闭式涡轮消泡器。

通风发酵罐的消泡，对易起泡的发酵液，以添加油脂或合成消泡剂为主要消泡手段，辅助机械消泡。发酵罐机械消泡装置，与蒸发器所用装置基本相同，通常采用耙式或半封闭式涡轮消泡器。

1. 耙式消泡桨

耙式消泡桨是最简单实用的消泡装置，其直接装在搅拌轴上，耙齿底部比发酵液面高出适当高度，消泡器长度为罐径的 0.65 倍。耙式消泡桨结构、实物见图 3-25。

(1)实物图

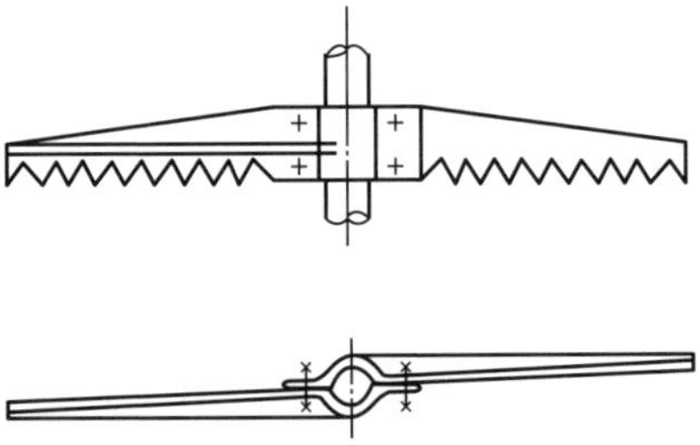

(2)结构图

图 3-25　耙式消泡桨

2. 半封闭式涡轮消泡器

半封闭式涡轮消泡器见图 3-26，泡沫直接被涡轮打碎或被涡轮抛出撞到罐壁而破碎。对下伸轴式发酵罐，在罐顶装半封闭式涡轮消泡器，在高速旋转下，可达到较好的机械消泡效果。消泡器直径为罐径的 1/2，机械消泡的优点是不需引入消泡剂等物质，可减少培养液性质上的改变，节省原材料，减少污染机会。缺点是不能从根本上消除引起稳定泡沫的因素。

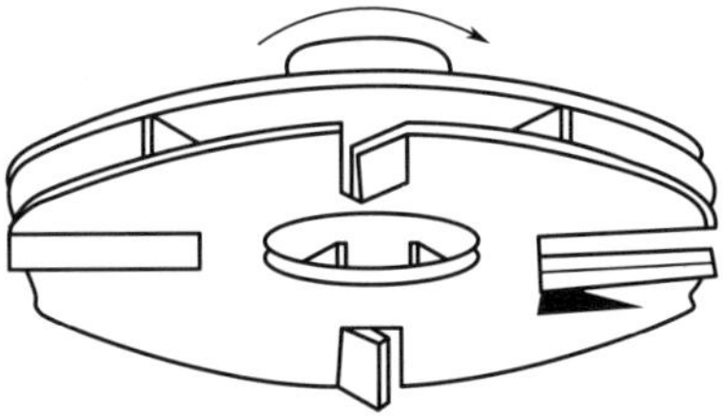

图 3-26　半封闭式涡轮消泡器

**（五）罐的换热装置**

发酵罐的换热装置见图 3-27，有夹套式、内（外）盘管式、立式蛇管式。

为减少发酵罐内部件死角，减少泄漏机会且易清洗，大型发酵罐采用外盘管作为传热装置。它把半圆形钢、角钢制成螺旋形，或将条形钢板冲压成半圆弧形，焊在发酵罐的外壁，同时提高冷却剂流速和质量，以提高传热系数。对生产发酵热较大的品种的发酵罐，安置外盘管传热面积仍不够时，罐内还要安装立式蛇管加大传热面积。

(1)实物图　　(2)结构图

图 3-27　发酵罐的换热器

### (六)通用式发酵罐操作规程

1. 启动

(1)熟悉整个系统的工作原理和管路、阀门等的操作程序,能正确使用触摸屏、全无油空压机、全自动电加热蒸汽发生器、pH 计、DO 电极等关键仪表或设备。未经培训的人员,不得单独上岗操作。

(2)使用设备之前,仔细查看空气源、蒸汽源、水源、电源的供应是否正常,各电器元件、空压机、蒸汽发生器及各仪表阀门是否能正常工作。

(3)启动空压机,用 0.15MPa 压力检查发酵罐、过滤器、管路阀门等的密封性能是否良好,有无泄漏现象。

(4)排净夹套、罐内和管路中的余水。

2. 空消

在投料前,气路、料路、发酵罐必须用蒸汽进行灭菌,消除所有死角的杂菌,确保系统处于无菌状态。

(1)空气管路及空气除菌过滤器的空消。

(2)发酵罐或种子罐的空消。

3. 实消

实消是指当罐内加入培养基后,对培养基进行消毒灭菌的过程。

(1)空消结束后打开发酵罐罐顶排气阀,卸去罐内压力,排净夹套内的冷却水,将校验好的 pH 计、DO 电极装入发酵罐内,应尽快将配好的培养基从接种口加入罐内。

（2）培养基在进罐之前应先糊化，培养基的配方量应按罐体全容积的75%左右计算，泡沫量多的培养基为65%左右，泡沫少的培养基可达75%左右，并应考虑到冷凝水和接种量等因素，具体装罐量可根据工艺要求视具体情况而定。

（3）开启搅拌电机或开启罐体进、排气阀，使罐内物料均匀混合，转速50～100r/min，具体转速可根据工艺要求视具体情况而定。

（4）实消时首先打开夹套蒸汽阀（即出水口处的阀门），使蒸汽先进入夹套内预热，当罐内温度升到90℃左右时，关闭夹套蒸汽阀，缓慢开启进罐蒸汽阀（即罐体进气口处的阀门和出料口处的阀门）由进气口和出料口两路同时进蒸汽，并开启罐顶排气阀，排掉罐顶的冷空气，控制罐压。

（5）当罐压升至0.12MPa，温度升到121～123℃时，控制罐内蒸汽阀门开启度，保持此罐压和温度灭菌20～30min。

（6）打开夹套进水口、出水口处的阀门，向夹套内通自来水进行冷却，同时开启空气进气阀和排气阀，保持罐压为0.03～0.06MPa，直到罐温降至接种温度（接种温度根据具体工艺要求而定）。冷却的整个过程中，搅拌电机应启动运转并控制在较低转速以迅速冷却。

4. 运行及管理

（1）启动搅拌运行，按工艺规程进行接种与培养。

（2）经常观察电机电流表电流是否正常。

（3）经常观察电机、搅拌轴承升温情况，升温不超过65℃（手可接触3s），运行平稳无异响。

（4）经常观察各仪器仪表、流量计、发酵罐温度显示正常。

（5）根据工艺规程，发现异常及时、准确地进行调整。

5. 停机出料

（1）发酵结束后，冷却降温，按下停止按钮（红色）停止搅拌，截断电源开关。

（2）出料采用压力输送时，控制罐压<0.1MPa。

（3）出料完成后，取出溶氧、pH计，进行清洗保养。

（4）及时、彻底清洗发酵罐及其配套设施。

**（七）维护与保养**

（1）安置设备的环境应整洁、干燥、通风良好。

（2）压力表、温度计每半年由计量室校验1次；电机、减速器按时加注润滑油。电器、仪表、传感器等电气设备严禁直接与水、汽接触，防止受潮。

（3）定期检查、修理转动部位磨损件，并调整间隙。检查各密封点泄漏情况、轴承温度是否正常、皮带磨损与松紧情况。

（4）检查机械密封程度，泄漏情况应符合要求。调整机械密封端面压力，必要时更换老化的弹簧（不得使油漏入罐内）。

（5）检查和排除人孔、手孔、阀门、视镜等处泄漏点，必要时更换密封垫。

(6)定期更换精密过滤器　过滤器滤芯一般使用期限为一年,如果过滤阻力太大或失去过滤能力影响正常工作,则应清洗或更换(由于清洗操作后不能可靠保证过滤器的性能,建议直接更换)。若设备长期不用时,过滤器的滤芯应取出清洗、晾干,妥善保管。

(7)如果发酵罐暂时不用,则应对发酵区域进行空消,并排尽罐内及各管道内的余水。若设备长期停止使用时,应及时清洗干净,防止发酵液干结在发酵罐及管路、阀门内;排尽发酵罐及各管道中的余水;松开发酵罐罐盖螺丝,防止密封圈产生永久变形。

(8)进罐检修前,应彻底将罐内气体排出,换进新鲜空气,检修工应佩戴安全装置并在罐外设人监护。

(9)清洗发酵罐时,可配合进水、进气、电机搅拌、加温、加清洗剂一起进行,如多次换水还不能清洗洁净,则要打开顶盖用软毛刷刷洗罐内部件,不要用硬器刮擦,以免损伤发酵罐表面。清洗后安装要注意罐内密封圈、硅胶垫就位情况,均匀拧紧各固定螺丝。

(10)配套的仪表设备应根据相关标准进行校验检修,以确保正常使用。pH计、DO电极是贵重和易损的配件,使用时应特别注意,及时做好维护。

## 二、气升式发酵罐

气升式发酵罐又名气升式生物反应器(Air-lift Bioreactor,ALR),是应用较广泛的一类无机械搅拌的生物反应器,其工作原理是利用空气的喷射功能和流体密度差,通过气-液混合物的湍动使空气泡分割细碎,依靠导流装置的引导,形成气-液混合物的总体有序循环流动,以气流搅拌来实现气-液混合物的搅拌、混合和溶氧传质,如图3-28所示。因无机械搅拌装置,反应器结构简单、不易染菌、溶氧效率高、能耗低。

图3-28　小型气升式发酵罐

**(一)工作机理**

在环流管底设有空气喷嘴,空气在喷嘴口以 25~30m/s 速度喷入环流管。由于喷射作用,气泡被分散于液体中,借助环流管内气-液混合物的密度与反应主体之间的密度差,使管内气-液混合物连续循环流动。罐内培养液中溶解氧浓度由于菌体代谢而逐渐减小,当其通过环流管时,由于气-液接触而达到饱和。

**(二)特点**

气升式发酵罐的优点是结构简单、能耗低、液体中的剪切作用小。在同样的能耗下,氧的传递能力比机械搅拌式发酵罐要高得多。气升式发酵罐不适用于黏度高或固体含量大的发酵液。

## 三、新型发酵罐介绍

新型卫生级磁力搅拌罐,是目前解决制药行业无菌生产工艺的一种最理想的产品,如图 3-29 所示。采用磁力驱动装置,无机械密封,完全无泄漏,确保产品处于无菌安全状态。避免了以往机械搅拌罐泄漏,无法在线清洗、灭菌等缺陷,特别适合于无菌要求较高的行业,广泛用于生物制品、血液蛋白、细胞悬浮液、胰岛素、大输液等行业。

图 3-29 新型卫生级磁力搅拌罐

其有独特的无菌开放式叶轮设计,KNCJ 型系列磁力搅拌器如图 3-30、图 3-31 所示。叶轮经独特设计在整个旋转过程中产生不同压力,以保障液体连续从叶轮底下向上旋转产生旋涡,从而保证液体混合得到充分的连续性和均匀性,防止泡沫产生,以此来避免物料局部分层的现象。

图 3-30 磁力搅拌器

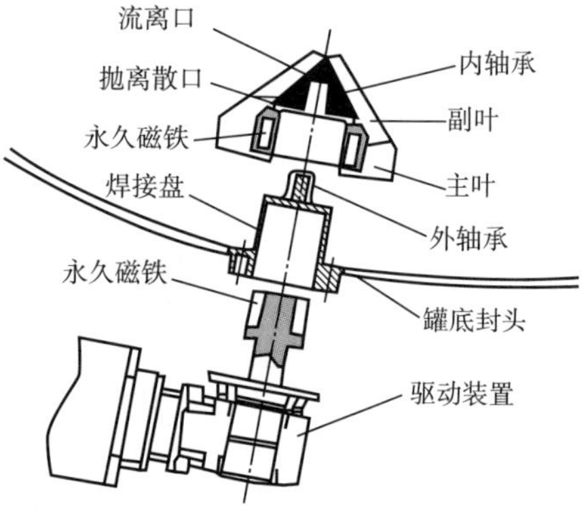


图 3-31 无轴和轴封的半开放式结构

其特点如下所示。

(1)适合在线清洗/在线灭菌(CIP)/封装(SIP)。

(2)叶轮采用液流通道式及开放式设计,完全可以在线自清洗/在线灭菌(CIP)/封装(SIP),替代以往磁力搅拌器用人工取出叶轮损害衬套、无法在线清洗及灭菌的缺陷。

(3)磁力驱动装置、保证无泄漏。

(4)采用磁力驱动装置、无轴和轴封结构、保证无泄漏、消除交叉污染。

## 四、发酵罐在线检测仪器

一般的耗氧型发酵罐系统,要测量的参数可以分为物理参数、化学参数以及生物参数。

发酵过程物理参数:通常有发酵罐温度($T$)、发酵罐压力($p$)、发酵液体积($V$)、空气流量($FA$)、泡沫高度($H$)等,这些物理参数根据不同种类的发酵要求,都可以选择性地选取有关测量仪表来实现自动测量。

发酵过程化学参数:发酵过程典型的化学参数有 pH 和溶解氧浓度(DO),这两个参数对于微生物的生长,代谢产物的形成极为重要。

发酵过程生物参数:生物参数通常包括生物质呼吸代谢参数、生物质浓度、代谢产物浓度、底物浓度以及生物比生长速率、底物消耗速率和产物形成速率等。

各类参数的测试极为重要,需要将检测仪器(传感器/电极)安装在系统中实时测试生产过程中各参数的变化。现在新型的智能电极(图 3-32),可将模拟信号或数字信号直接接入过程控制系统(PCS),而且传输过程非常可靠。

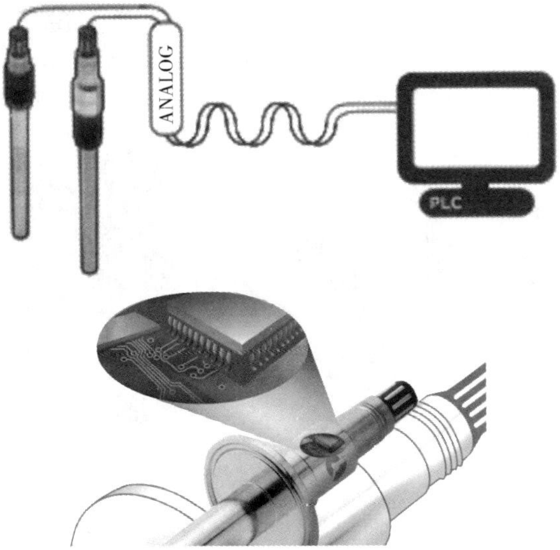


图 3-32　Arc 智能电极

发酵过程常用的在线检测仪器有温度传感器、pH 电极、溶氧电极、转速测定仪等。

### (一)发酵液中温度的调控

温度传感器感应罐内温度,将信号传递至温度控制仪,经与设定温度进行比较后,由温度控制仪发出调节信号,冷却水阀门和加热装置相继动作,调节发酵液温度,如图 3-33 所示。

图 3-33 温度传感器

### (二)发酵液中 pH 的调控

发酵液 pH 的控制是依靠向罐内滴加酸或者碱来完成,pH 电极感知酸碱性,以电信号传递到放大控制仪,启动并控制酸碱泵动作,向罐内滴加酸、碱液,实时调节发酵液 pH,如图 3-34 所示。

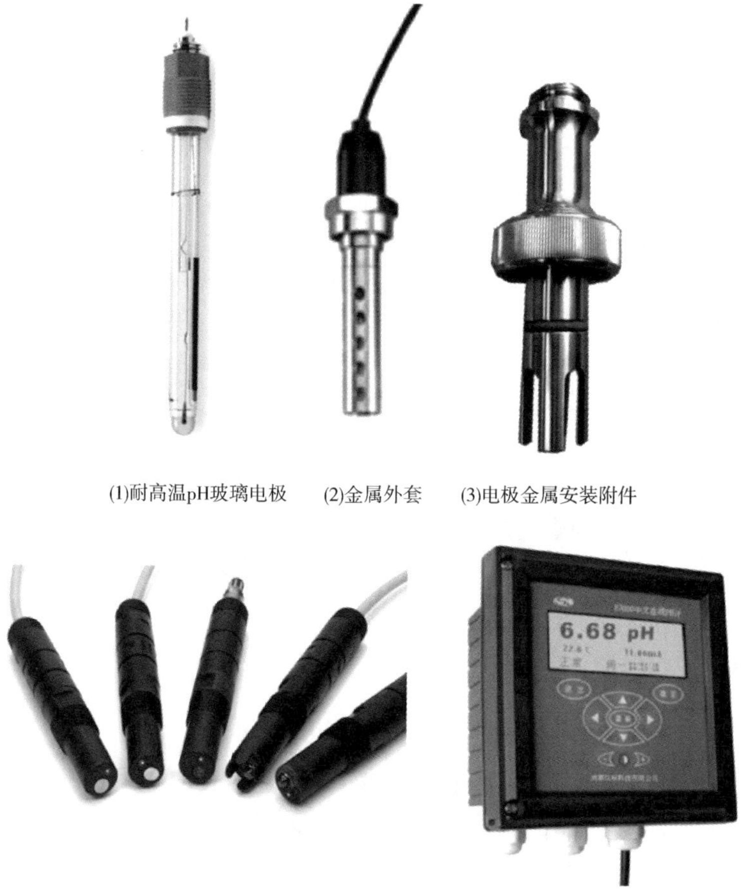


(1)耐高温pH玻璃电极 (2)金属外套 (3)电极金属安装附件

(4)耐高温pH电极 (5)在线pH显示器

图 3-34 pH 电极及配件

### (三)发酵液溶氧浓度的调控

发酵过程中通过改变参数影响溶氧的可变因素主要是搅拌转速和通气量,罐压影响发酵液中溶氧浓度。在发酵过程中,通过调节控制通风量和搅拌转速的方法达到对溶氧浓度的调控,溶氧电极如图 3-35 所示。

图 3-35　溶氧电极

制药生产过程应从一开始就要避免带入杂质的风险,尤其是对于生产线上所用传感器与测量设备,使用、维护及修理方法必须对过程没有影响或几乎没有影响,所以所有过程的接触部位的金属材质均是 316L 或 1.4435 不锈钢材质,而高分子聚合物材质均由 USP 级材质构成,以保证传感器材料、表面质量、卫生死角设计及制药级的过程适配等达到无菌要求。

## 习题

**一、名词解释**

1. 发酵;2. 鼓泡塔反应器。

**二、填空题**

1. 按桨叶形状分,涡轮式搅拌器有________、________、________等几种形式。

2. 搅拌机施加于液体的作用力使液体产生________、________和________三种基本流型。

3. 机械消泡器主要有________和________两种,其中装在罐内的是________,装在罐外的是________。

4. 机械搅拌发酵罐轴封的作用是防止________和________。

**三、选择题**

1. 目前使用最多的一种通风发酵罐是(　　)。

A. 自吸式　　B. 气升式　　C. 机械搅拌式　　D. 塔式

2. 直接安装在搅拌轴上的机械消泡器是(　　)。

A. 涡轮消泡器　　B. 耙式消泡桨　　C. 离心式消泡器

3. 在发酵罐内形成轴向的螺旋流动的搅拌器是(　　)。

A. 圆盘平直叶　　B. 螺旋桨式　　C. 圆盘弯叶　　D. 圆盘箭叶

4. 机械通风搅拌罐的高度与直径之比一般为(　　)。

A. 1.7~4　　B. 1.2~3　　C. 2.5~6　　D. 2~5

5. 气升式发酵罐(　　)。

A. 搅拌剧烈　　B. 氧利用率高　　C. 稳定性好　　D. 节省能量

## 四、判断题

1. 发酵罐内设挡板的作用是防止发酵液泄漏。(　　)

2. 机械消泡器,可从根本上消除引起稳定泡沫的因素。(　　)

3. 机械通风搅拌罐物料的混合和气体在发酵罐中的分散靠搅拌器和挡板实现。(　　)

4. 自吸式发酵罐需要空气压缩机提供压缩空气。(　　)

5. 发酵罐内挡板的安装要求是,沿罐内壁周向均匀分布地直立安装。(　　)

6. 当发酵液黏度较高时,挡板要求紧靠发酵罐内壁安装。(　　)

7. 当发酵罐的换热装置为列管或排管时,发酵罐内可以不另设挡板。(　　)

## 五、问答题

1. 搅拌反应釜主要由哪几部分组成? 各部分的作用是什么?

2. 搅拌器的作用是什么? 常见的搅拌器的结构形式有哪些? 各有何特点? 适用什么场合?

3. 搅拌反应釜常用的传热装置有哪几种?

4. 简述发酵罐的设计要求。

5. 简述机械搅拌式通风发酵罐的特点。

6. 简述机械搅拌式发酵罐中空气分布装置的形式与结构。

# 项目四　分离设备

## 教学目标

**●知识目标**

熟悉过滤的机理,过滤操作的基本程序;熟悉板框压滤机、转鼓式真空过滤机的结构、工作原理、特点、操作要点及适用场合;熟悉常用离心机的结构、工作原理、特点。

**●能力目标**

掌握板框压滤机、转鼓式真空过滤机正确使用与维护;掌握离心分离设备、超滤设备、反渗透设备正确使用与维护的要点。

**●素质目标**

熟悉岗位要求;掌握操作规程;拥有安全意识。

**●课前思考**

常用过滤设备有哪些？离心机工作原理是什么？膜分离有何优点？

**●认知解读**

分离过程包括过滤分离、离心分离、膜分离等,分离设备为制药生产中必不可少的设备。过滤分离设备主要包括板框压滤机、真空转鼓压滤机等,离心分离设备主要包括三足离心机、碟片离心机等,膜分离设备主要有中空纤维膜分离、螺旋卷式膜分离器等。应了解典型分离设备的结构、工作原理、性能特点,掌握常用分离设备的操作要点、注意事项及维护保养方法。

分离是利用混合物中各组分的物理性质、化学性质或生物学性质的某一项或几项差异,使用适当的装置或分离设备进行物质迁移,使各组分分配至不同的空间区域或在不同的时间依次分配至同一空间区域,从而将某混合物系分离纯化成两个或多个彼此组成不同的产物的过程。在制药生产中很多过程需要对物料进行固-液、液-液分离操作,以获得所需成分。比如发酵液菌丝过滤、净化,结晶母液的过滤、药液的浓缩、注射用水的制备等,都需使用分离设备。常用的分离设备有过滤设备、离心过滤设备、膜设备等。

# 任务一　过滤设备

过滤是指以某种多孔物作为介质，在外力的作用下，使流体通过介质的孔道而固体颗粒被截留下来，从而实现固-液分离的操作，多用于悬浮液的分离。过滤过程是混合物通过过滤介质达到液-固分离，由于分离物料的多样性，存在着多种多样的过滤方法和设备。为了防止过滤介质的堵塞，加快过滤，助滤剂、同时处理量、过滤面积、推动力等都是影响过滤的因素。

待过滤的悬浮液称为料浆或滤浆，过滤过程中使液体（或气体）通过平面截留固体颗粒的多孔性材料称为过滤介质，被截留在过滤介质上的固体称为滤渣或滤饼，通过过滤介质的液体称为滤液。

## 一、过滤方式

按固体颗粒被截留的情况，过滤操作分两大类，即滤饼过滤和深层过滤。

滤饼过滤的悬浮液中所含固体颗粒较大，含量较高，过滤过程中，固体颗粒沉降于过滤介质的表面形成滤饼。颗粒直径小于过滤介质孔径时，开始会有少量颗粒穿过过滤介质使滤液浑浊，但进入过滤介质孔道的颗粒会迅速搭架在孔道中，形成“架桥”现象，使小于介质孔道直径的颗粒也能被拦截。随着固体颗粒逐渐堆积，过滤介质上形成滤饼，如图 4-1 所示。此后，滤饼也起过滤介质作用，滤饼过滤适用于处理固体含量较高的悬浮液。

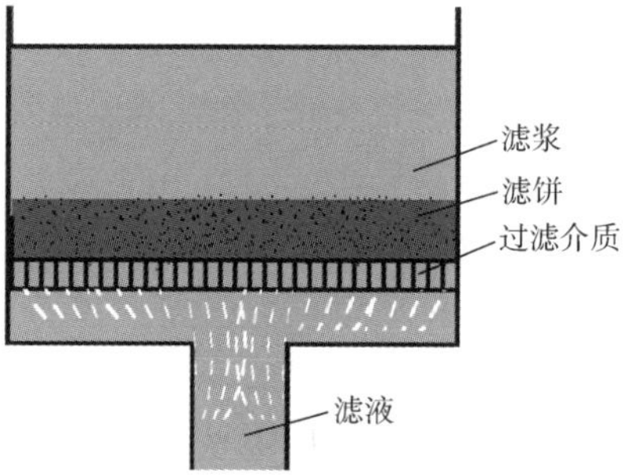

图 4-1　滤饼过滤

深层过滤是指固体颗粒并不形成滤饼，而是沉积于较厚的粒状过滤介质床层内部的过滤操作。若悬浮液中固体颗粒很小，且含量较低，可用较厚的颗粒床层作为过滤介质过滤。由于悬浮液中颗粒尺寸比过滤介质孔道直径小，颗粒随流体进入长而弯曲的孔道时，靠静电及分子间作用力吸附在孔道壁上，因此过滤介质床层上无滤饼形成，这种过滤，称为深层过滤，如图 4-2 所示。深层过滤，适用于生产能力大而悬浮液中颗粒小、含量甚微的场合。

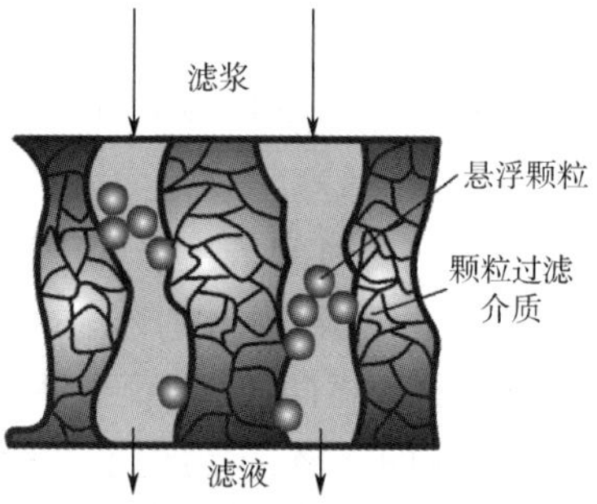

图 4-2　深层过滤

一般情况下，在悬浮液的分离中过滤用得更多些，即常见于分离液体非均相混合物,但过滤悬浮液的基本理论同样适用于气体非均相混合物质的过滤。

## 二、过滤介质

过滤介质作为滤饼的支撑物,首先要求流体阻力要小,且吸附量大,这样投入较小的量就能完成过滤分离;其次,过滤介质细孔不易被分离颗粒堵塞或者堵塞了也能简单地清除;最后过滤介质上的滤饼要求能够容易剥落、更换。

一般情况下,用于过滤的过滤介质应具备下列条件。

多孔性:提供合适的孔道,既对流体的阻力小,又能使液体顺利通过,同时能截住要分离的颗粒。

化学稳定性:如耐热性、耐腐蚀性等。

足够的机械强度,使用寿命长:因为过滤要承受一定的压力,且在操作中拆装、移动频繁。

常用过滤介质的种类与选择如下所示。

### (一)滤布

滤布是品种最多、用途最广的过滤介质。过滤性能取决于材质、织法、滤浆温度和成分。滤布的材料,是棉、毛、丝、麻等天然纤维和各种化学合成纤维,如图 4-3 所示。

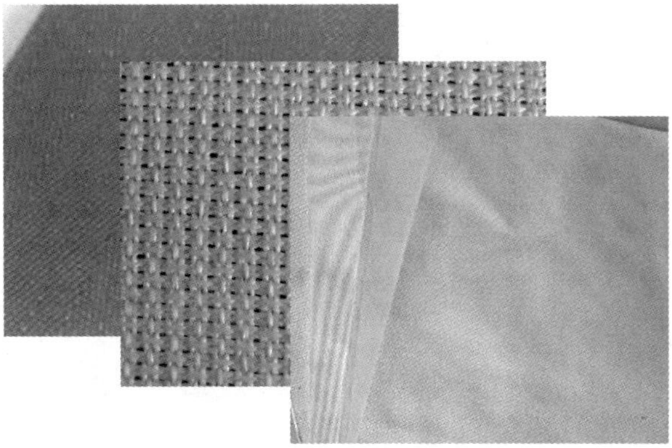

图 4-3　滤布

### (二)滤网

滤网的材质一般为不锈钢或黄铜,如图 4-4 所示,滤网具有耐磨性、耐高温性和耐腐蚀性等特点。此外,工作中不会出现收缩和延伸现象,使用寿命长,且金属丝网表面光滑、不易堵塞,但价格比纤维滤布贵。

滤网可用不同粗度的线材,采用平纹织法和斜纹织法制造出各种滤网。滤网常用在叶滤机和转鼓过滤机上,除给助滤剂层提供良好的表面过滤外,还可在无助滤剂情况下使用。

(1)不锈钢冲孔网　　(2)金属编织滤网

图 4-4　金属滤网

### (三)刚性多孔介质

刚性多孔介质,如图 4-5 所示,是用陶瓷、塑料、金属等粉末烧结而成。烧结时加入黏结剂,也可不加,通过控制原料粉末细度、温度、压力及烧结时间,得到孔隙均匀、渗透性各异的刚性多孔介质。刚性多孔介质的形状有筒状、盘状和板状。圆筒状介质适用于加压过滤,板状适用于重力过滤和真空过滤。

固体材料,如多孔玻璃、多孔陶瓷、多孔塑料或多孔金属制成的管或板,此类介质较厚、孔道细、阻力较大、耐腐蚀,适用于处理只含有少量细小颗粒的腐蚀性悬浮液及其他特殊场合,一般截留的粒径为 1~3mm。

(1)多孔铝　　(2)多孔陶瓷环

图 4-5　刚性多孔介质

### (四)松散固体介质

松散固体介质如图 4-6 所示,有硅藻土、珍珠岩粉、细砂、活性炭、白土等。松散固体介质填充于过滤器内,用于澄清过滤,最常用的是硅藻土。硅藻土性质优良,不与酸碱反应,化学性质稳定,不改变液体组成;形状不规则,孔隙大且多孔,具有很大的吸附表面,无毒且不可压缩,形成的过滤层不会因操作压力变化而阻力发生变化,因此,是一种良好的助滤剂。硅藻土过滤介质有 3 种用法:深层过滤介质、预涂层、助滤剂。

(1)硅藻土矿　　(2)硅藻土　　(3)硅藻土显微结构

图 4-6　松散固体介质

### (五)多孔膜

多孔膜由高分子材料制成,孔很细、膜很薄,一般可以分离到 0.005mm 的颗粒,应用多孔膜的过滤有微滤和超滤,各类过滤介质见表 4-1。

**表 4-1　各类过滤介质**

| 介质名称 | 举例 | 截留的最小颗粒粒径/μm |
|---|---|---|
| 滤布 | 天然及人造纤维编织滤布 | 4 |
| 滤网 | 金属丝编织滤网 | >5 |
| 非织造纤维介质 | 以纤维为材料的纸 | 5 |
| | 以玻璃纤维为材料的纸 | 2 |
| | 毛毡 | 4 |
| 多孔塑料 | 薄膜 | 0.005 |
| 刚性多孔介质 | 陶瓷 | 1 |
| | 金属陶瓷 | 3 |
| 松散固体介质 | 硅藻土 | <1 |
| | 膨化珍珠岩 | <1 |

## 三、过滤设备

工业生产中需要分离的悬浮液的性质有很大差异,原料处理和过滤的目的也各不相同,为适应不同的要求,过滤设备从传统的板框式过滤机到旋转式真空过滤设备,种类很多,过滤设备的形式也多种多样。按过滤推动力,分为常压过滤机,如平底筛过滤机;加压过滤机,如板框压滤机、板式压滤机、自动板框压滤机等;真空过滤机,如真空转鼓式过滤机。下面主要介绍常见的几种,如板框压滤机、转鼓式真空过滤机等。

## (一)板框压滤机

板框压滤机是间歇式过滤机中应用最广泛的一种,主要用于固体和液体的分离。它利用滤板来支撑过滤介质,待过滤的料液通过输料泵在一定的压力下,因受压而强制从后顶板的进料孔进入各个滤室,通过滤布(滤膜),固体物被截留在滤室中,并逐步堆积形成滤饼,液体则通过板框上的出水孔排出机外,成为不含固体的清液。压滤机与其他固-液分离设备相比,过滤后的滤饼有更高的含固体率和优良的分离效果,广泛用于食品、医药等各种悬浮液的固-液分离。

### 1. 板框压滤机的结构及工作原理

板框压滤机是间歇操作的加压过滤设备,它由多块带凹凸纹路的滤板与滤框交替排列组装于机架上构成,如图 4-7、图 4-8、图 4-9 所示。

(1)液压式　　(2)手动式

图 4-7　板框压滤机外形图

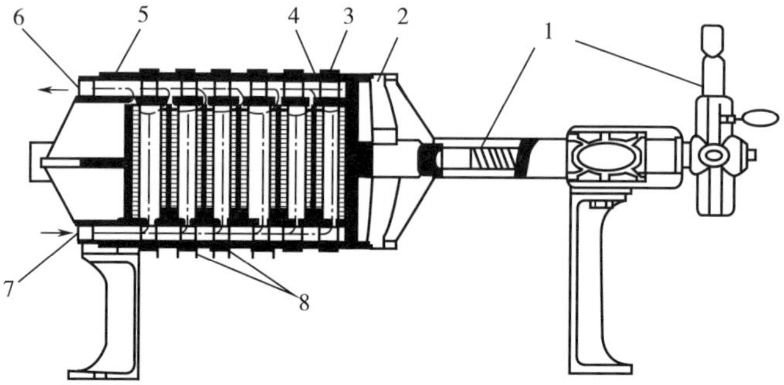


图 4-8　板框压滤机的结构

1—压紧装置　2—可动头　3—滤框　4—滤板　5—固定头

6,7—过滤通道　8—滤布

(1)结构　板框过滤机支架一端固定了一个不带沟槽和暗道的板,称为终板。过滤前,在终板一侧安装滤框,然后再将滤布覆盖在滤框的另一侧,再安装第二块板,接着再安装第二个滤框,如此循环将板和框装合在支架上,最后用压紧装置将

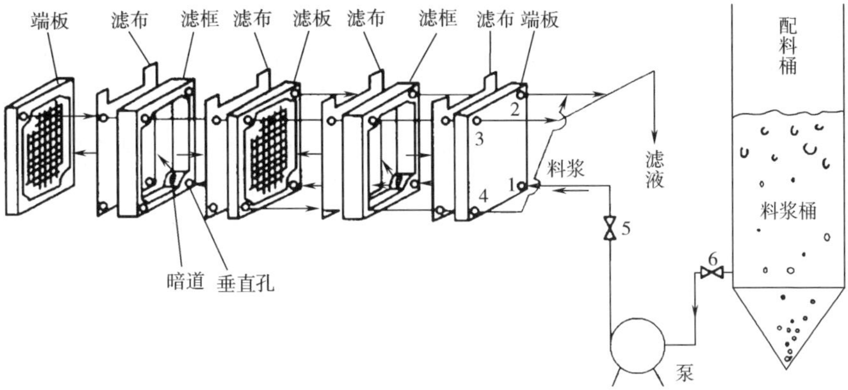


图 4-9　板框压滤机的过滤过程

1—料浆通道　2,3,4—滤液通道　5,6—阀

板和框压紧。滤板和滤框的结构如图 4-10、图 4-11 所示。滤板表面上有棱状沟槽,凸者起支撑滤布作用,凹者形成滤液流动的通道。板、框间隔滤布,在板、框及滤布的两个上角都开有小孔,装合后构成两条通道:一条悬浮液通道,一条洗涤水通道。在滤框的一个上角开有暗孔与悬浮液通道相通,在洗涤板上角有暗孔与板两侧相通,洗涤液可由此孔流入框内。过滤板和洗涤板的一个下角都装有滤液的出口阀。

(1)滤板　　(2)滤框和滤板

图 4-10　滤板与滤框

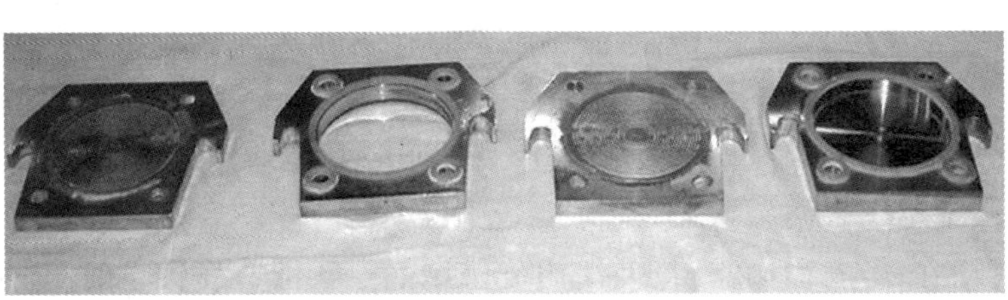

图 4-11　板框压滤机的滤板和滤框

(2)工作原理　如图 4-12(1)为悬浮液过滤的路径。操作时,悬浮液在压力作用下经悬浮液通道和滤框的暗孔进入滤框的空间内,滤液透过滤布,沿板上沟槽流下,汇集于下端,经滤液出口阀流出,固体微粒被截留在框内形成滤饼。图 4-12(2)为洗涤液的路径,洗涤时,将洗涤板下端的出口旋塞关闭,洗涤液经洗涤液通道和暗孔进入洗涤板,然后透过滤布和滤饼的全部厚度,自过滤板下角的洗涤液出口阀流出。洗涤结束后,旋开压紧装置并将板和框拉开,卸出滤饼,清洗滤布,整理板、框,重新组装,进入下一操作循环。

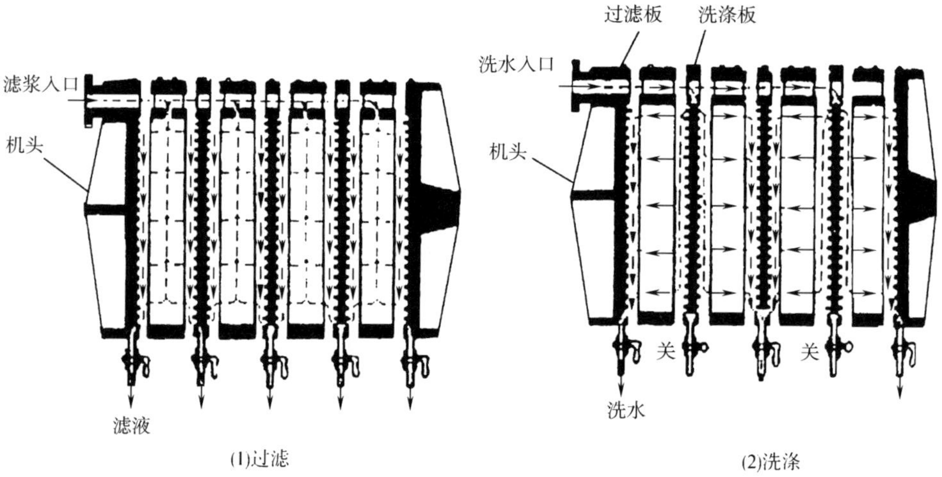


图 4-12　明流式板框压滤机的过滤和洗涤

压紧装置的驱动有手动、自动液压两种。板、框尺寸较大,需要较大压力时,采用液压传动压紧方式。

滤液排出方式有暗流与明流。若滤液不宜暴露在空气中时,需将各板流出滤液汇集于总管后送出,称为暗流式。若滤液从每块滤板底部的滤液出口阀直接排出,称为明流式。明流式便于观察各块滤板工作情况,若某板出口滤液浑浊,即可关闭该出口旋塞,以免影响全部滤液质量。

板框压滤机的优点:①结构简单、制造方便、附属设备少。②占地面积较小而过滤面积较大。③操作压强高。缺点:①生产效率低。②劳动强度大。③滤布损耗较快。

板框压滤机适用于黏度较大、固体颗粒粒度较细且压缩性较大的悬浮液的过滤,以及温度较高的液体和浓度较高的接近饱和的液体。

2. 安全操作要点

(1)按照操作规程操作,正确使用劳保用品。料液有腐蚀性时,要预防化学灼伤。

(2)板框压滤机不能超压使用,顶压杠压力不能过大。

(3)装合时,注意洗涤板、滤板和滤框的排列顺序,不能装错。

(4)操作电器要小心,手不能潮湿。

**(二)转鼓式真空过滤机**

1. 转鼓式真空过滤机的结构与操作

真空过滤设备一般以真空度作为过滤推动力,过滤介质的上游为常压,下游为真空,由上下游两侧的压力差形成过滤推动力而进行固、液分离的设备。常用于葡萄糖浆脱色过滤、酶制剂过滤、果汁过滤、抗生素发酵液过滤等,在食品、医药、有机化学、废水处理等行业广泛使用。

转鼓式(转筒式)真空过滤机,是连续操作的过滤设备,流程如图4-13所示。其主体是一个由筛板组成的可转动的水平圆筒,如图4-14所示。圆筒外表面有一层金属丝网,网上覆盖滤布。转鼓内部用隔板分成互不相通的18个扇形格,这些扇形格经过空心主轴的通道与分配头固定盘上的小室相通。转动盘与固定盘紧密配合,构成一个特殊的旋转阀,称为分配头。分配头的固定盘上分成若干个弧形空隙,分别与减压管、洗液贮槽及压缩空气管路相通。转鼓旋转时,借助分配头的作用,扇形格内分别获得真空和高压,可依次进行过滤、洗涤、吸干、吹松、卸渣等操作。

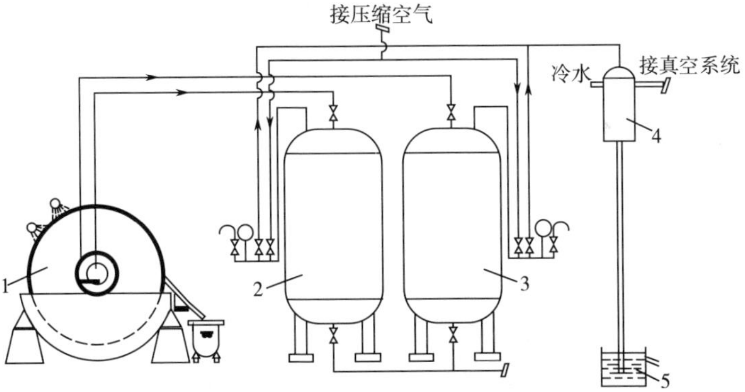


图4-13　转鼓式真空过滤机工作流程

1—转鼓式过滤机　2—洗涤液贮罐　3—滤液贮罐　4—混合冷凝器　5—水池

转鼓在装有悬浮液的槽内低速回转,下半部浸在悬浮液内。全部转鼓表面分几个区域,操作示意图如图4-15所示。

(1)过滤区　浸在悬浮液内的各扇形格与真空管路接通时,格室内为负压。滤液经过滤布进入格室内,经分配头被吸出,在滤布上形成一层渐渐增厚的滤饼。为了避免料液中固体物质的沉降,常在料槽中装置搅拌机。

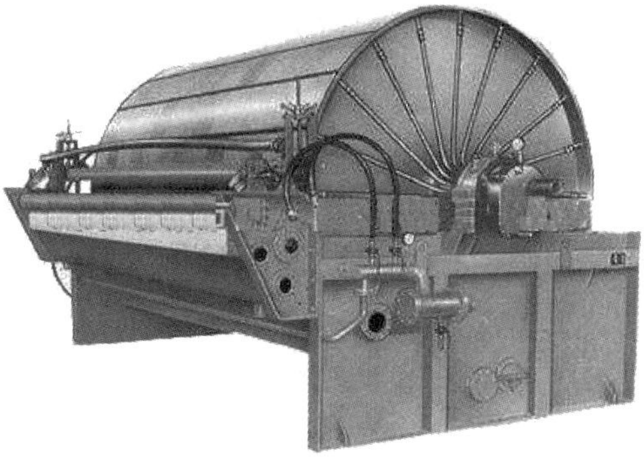

(1)实物图

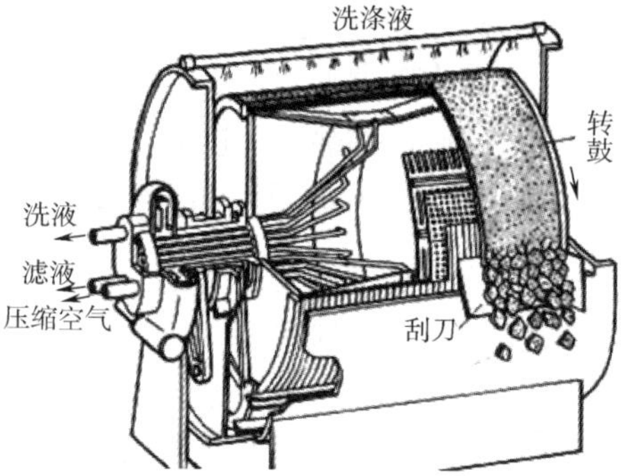


(2)结构图1

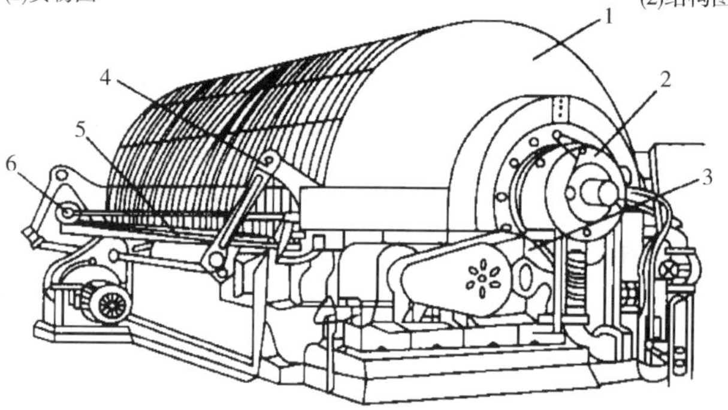


(3)结构图2

图 4-14　转鼓式真空过滤机

1—过滤转鼓　2—分配头　3—传动系统　4—搅拌装置　5—料浆储罐　6—铁丝缠绕装置

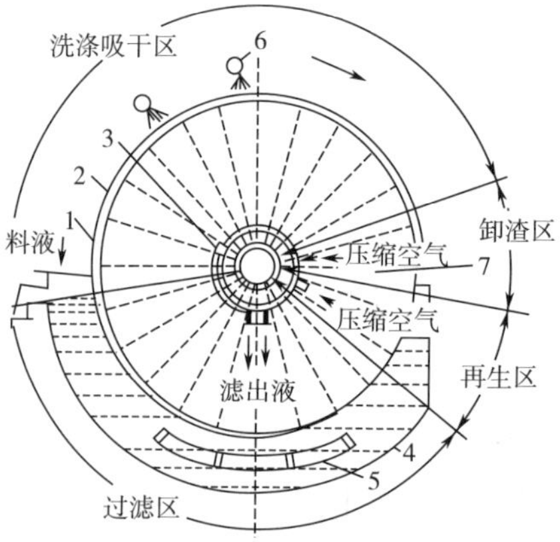


图 4-15　转鼓式真空过滤机操作示意图

1—转鼓　2—过滤室　3—分配阀　4—料液槽　5—摇摆式搅拌器　6—洗涤液喷嘴　7—刮刀

(2)洗涤与脱水区　扇形格刚离开液面时,格室内仍为负压,使滤饼中的残留液被吸尽,与过滤区滤液一并排入滤液槽。洗涤水由喷水管喷洒于滤饼上,扇形格内为负压,将洗出液吸入,经过固定盘的槽缝流向洗液槽。洗涤后的滤饼借扇形格室内的负压进行残留洗液的吸干,并与洗涤区的洗出液一并排入洗液槽。

(3)卸渣及再生区　扇形格同压缩空气管相接通,压缩空气经分配头,从扇形格内部吹向滤渣,使其松动,以便卸料。扇形格靠近刮刀时,滤渣被刮落下来。滤渣被刮落后,可由扇形格内部通入空气或蒸汽,将滤布吹洗干净,重新开始下一循环的操作。

2. 转鼓式真空过滤机的特点和应用范围

转鼓式真空过滤机的优点:①吸滤、洗涤、卸饼、再生连续化操作。②机械化程度较高。③适用于中等粒度、黏度不太大的悬浮液。④通过调节转鼓转速来控制滤饼厚度和洗涤效果。⑤滤布损耗小。

缺点:①过滤推动力小,滤液不易抽干,滤饼湿度大。②辅助设备多,且加工制造复杂,投资费用高。③耗电量大。

压缩空气反吹不仅有利于卸除滤饼,也可防止滤布堵塞。由于空气反吹管与滤液管为同一根,所以反吹时会将滞留在管中的残液回吹到滤饼上,增加滤饼含湿率,通常为 20%~70%。

转鼓式真空过滤机适用于过滤各种物料,尤其是固体含量较大的悬浮液的分离,但对较细、较黏稠的物料不太适用。也适用于温度较高的悬浮液,但温度不能过高,以免滤液的蒸汽压过大使真空失效。

# 任务二　离心设备

## 一、概述

离心分离是利用惯性离心力实现非均相混合物分离的操作,包括:①让被分离的非均相混合物以切线方向进入圆形容器内,使其做高速旋流运动而产生惯性离心力,如旋风分离器、旋液分离器。②通过设备本身的高速旋转使其内部物料产生惯性离心力而使沉降速度增加,以加速杂质的沉淀并除。离心分离比较适合于分离含难于沉降过滤的细微粒或絮状物的悬浮液,常使用的设备有离心机。

离心机的结构形式较多,但其主要构件均为快速旋转的转鼓。根据分离原理的不同,离心分为离心沉降、离心过滤和离心分离。

## 二、离心机

### (一)螺旋卸料沉降式离心机

螺旋卸料沉降式离心机,如图 4-16 所示,转鼓被支承在两端的主轴承座上,螺旋输送器(螺旋)借助于两端的轴承装在转鼓内,转鼓壁与螺旋叶片外端面留有微量间隙。转鼓与螺旋维持一定的转速差,以便由螺旋将转鼓内的沉渣推送出转鼓。被分离的悬浮液从加料管连续进入螺旋的加料仓,经加速后从进料孔进入转鼓。在离心力作用下,固相颗粒沉降在转鼓壁形成沉渣,借助螺旋运动推送到转鼓小端的排渣孔,落入机壳中排出。被澄清的分离液沿螺旋叶片通道经转鼓大端的溢流孔溢出转鼓。

根据对悬浮液分离要求的不同,可通过调整螺旋离心机的操作参数如加料量、转鼓转速、转鼓与螺旋的转速差,或改变其结构参数如转鼓大端的溢流孔直径,从而改变分离效果。

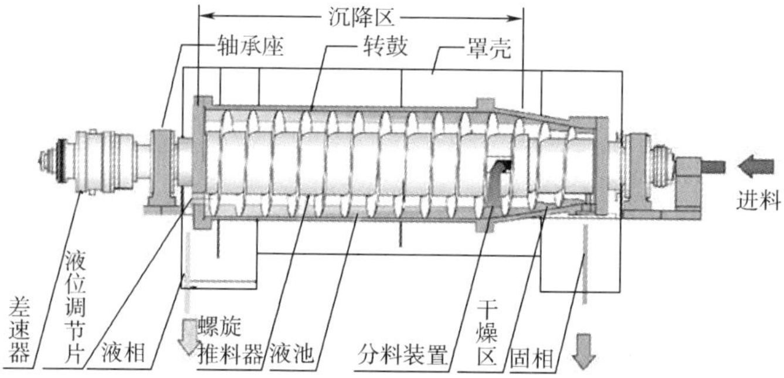


(1)结构图

(2)实物图

图 4-16　螺旋卸料沉降式离心机

### (二)分离式离心机

碟式离心机是在管式离心机的基础上发展起来的,在转鼓中加入许多重叠的碟片,增大了沉淀面积,使颗粒的沉降距离缩短,分离效率大为提高。

碟式离心机的外形与结构如图 4-17 所示,碟式离心机是高速离心机,利用转鼓内一组锥形碟片和转鼓高速旋转产生的强大离心力来工作,悬浮液在相邻两碟片通道内流动。由于碟片间隙很小,只有 0.5~2.5mm,颗粒沉降距离极短,形成薄层流动。悬浮液中的细小颗粒或两种液体在极短时间内被分离。在碟式离心机中,有一个浅而宽的转鼓以中等速度在固定的机壳内旋转。转鼓直径较大,为

150~300mm，下部驱动，轴安装在上面，转速4000~5500r/min。在转鼓内部有一中心套管，终端有碟片夹持器，上面装有一叠倒锥形碟片。混合液自进料管进入随轴旋转的中心套管后，向下降落，在下部的液体因离心力作用进入碟片空间，此后的流动路径随碟片结构而异，两种分离方式如图4-18所示。

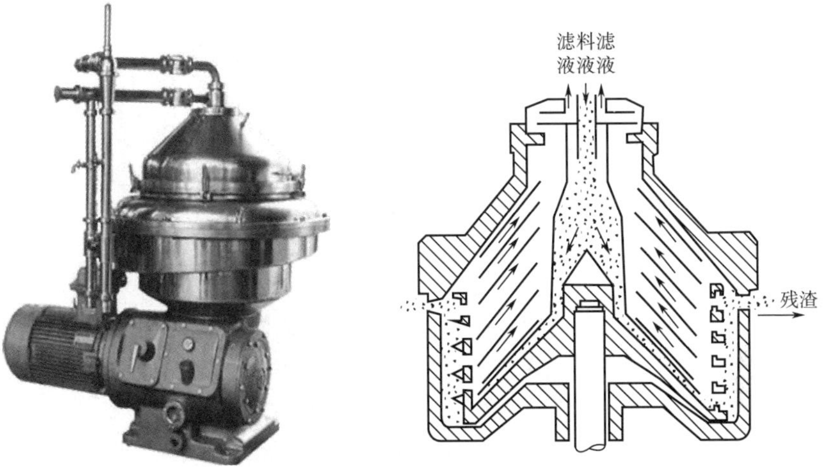


(1)实物图　　(2)两种密度液体的分离

图4-17　碟式离心机

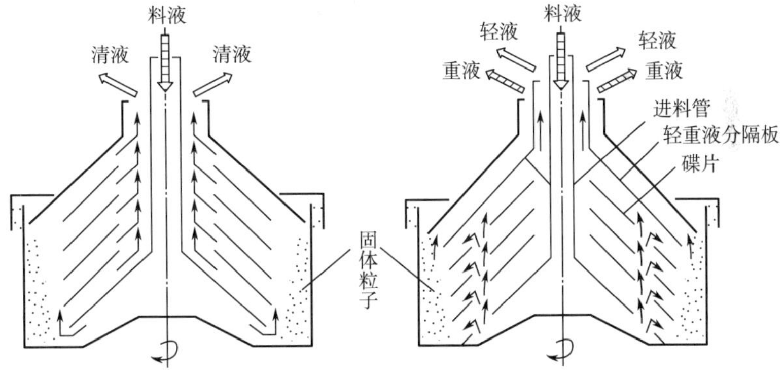


(1)液-固分离　　(2)液-液-固分离

图4-18　液-固分离与液-液-固分离原理

碟式分离机的分离，是靠若干碟片组成的碟片组件来实现。碟片数量由分离机的处理能力决定，两相邻碟片的距离大小与被处理物料颗粒的粒度和分离要求有关。密闭转鼓内设有数十个至上百个锥角为60°~120°的锥形碟片。碟片与碟片间的距离用附于碟片背面的具有一定厚度的狭条来控制，碟片的距离为0.5~2.5mm。各碟片上有孔若干，各孔的位置相同，于是各碟片相互重叠时形成一个通道。简单的碟式离心机没有自动除渣装置,自动除渣碟式离心机在四壁上开设若干喷嘴(或活门)。

碟片的结构:①碟片用薄的不锈钢冲成。②碟片呈圆台形。③在碟片上开有对称的孔,如图 4-19 所示。

(1)零件图

(2)实物图

图 4-19 碟片零件及实物图

碟式分离机的特点:①转速高,分离因数大。②能很好实现乳浊液分离和高分散悬浮液的澄清。③生产能力大。④自动化程度高。⑤应用范围广,广泛应用于医药、食品、化工等工业部门。

## 任务三 膜分离

20 世纪 90 年代以来膜技术得到了迅猛发展,在各个工业领域及科研中得到大规模应用,出现了各种有价值的微滤、超滤、纳滤和反渗透等分离膜。

在一定流动相中,有一薄层凝聚相物质,把流动相分隔成两部分,这一薄层物质称为膜。膜本身是均匀的一相或是由两相以上凝聚物质所构成的复合体,被膜分隔开的流体物质是液体或气体,膜的厚度一般在 0.5mm 以下。

## 一、膜分离技术

膜分离技术，以选择透过性膜为分离介质，在膜两侧的推动力（如压力差、浓度差、电位差、温度差等）作用下，使原料中的某种组分选择性地透过膜，从而达到分离、纯化或浓缩溶液的目的。膜分离技术设备简单、操作方便、无相变、无化学变化、处理效率高和节能。膜分离法可以用于液体或者气体混合物的分离。

## 二、几种膜分离过程

### （一）微滤

利用筛分原理，分离、截留直径 0.05～4μm 大小的粒子的膜分离技术，即微滤膜，其孔径为 0.05～4μm。

### （二）超滤

超滤的分离原理，可理解为筛分原理，但有些情况下也受粒子荷电性与荷电膜相互作用的影响。以下是几种主要的膜处理过程，如表 4-2 所示。

**表 4-2　　几种主要的膜处理过程**

| 名称 | 膜结构与孔径 | 驱动力 | 分离物质的分子质量 | 示例 |
|---|---|---|---|---|
| 微滤 | 对称微孔膜（0.05～10μm） | 压力（0.05～0.5MPa） | 微粒、胶体 | 溶液除菌、澄清，果汁澄清，细胞收集，水中颗粒物去除 |
| 超滤 | 不对称微孔膜（2～50μm） | 压力（0.2～1MPa） | $10^3$～$10^6$u | 溶液除菌、澄清，注射用水制备，果汁澄清、除菌，酶及蛋白质分离、浓缩与纯化，含油废水处理，印染废水处理，乳化液分离、浓缩等 |
| 纳滤 | 带皮层的不对称膜、复合膜（<20μm） | 压力（0.4～1.5MPa） | $10^2$～$10^3$u | 水处理中的脱硬度，分子质量为 $10^2$～$10^3$u 有机物分子浓缩或脱除，糖及氨基酸浓缩 |
| 反渗透 | 带皮层的不对称膜、复合膜（<100nm） | 压力（1～10MPa） | 离子、分子质量<100u 的有机物 | 低浓度乙醇浓缩，糖及氨基酸浓缩，苦咸水、海水淡化，超纯水制备 |
| 透析 | 对称的或不对称的膜 | 浓度梯度 | 小分子有机物、离子 | 除去小分子有机物或无机离子，乳制品脱盐，蛋白质溶液脱盐等 |
| 电渗析 | 离子交换膜 | 电位差 | 离子、氨基酸 | 苦咸水、海水淡化，纯水制备，锅炉给水，生产工艺用水 |
| 渗透蒸发 | 致密膜或复合膜 | 浓度梯度 | 分子质量<100u 的有机物、水、离子 | 醇与水分离，醋酸与水分离，有机溶剂脱水，有机液体混合物分离，如脂烃与芳烃的分离等 |

**(三)纳滤**

纳滤的分离机制与反渗透相似,是溶解扩散原理,膜孔径小于20nm。

**(四)反渗透**

在高于溶液渗透压的压力作用下,只有溶液中的水透过膜,所有溶液中大分子、小分子有机物及无机盐全被截留。理想的反渗透膜,分离基本原理是溶解扩散(也有毛细孔流体说),膜孔径0.1~1.0nm。

**(五)透析**

透析基于分子大小、分子构象与电荷,以浓度梯度为驱动力,通过水与小分子物质扩散达到分离浓缩目的。透析膜具有反渗透膜无孔和超滤膜极细孔特性,根据所用膜孔径不同,可分离浓缩大分子而去除中等分子、小分子有机物及无机盐。缺点为速度慢、处理量小。

**(六)电渗析**

通过在电位差下用荷电膜从水溶液中分离离子的过程。阴、阳离子交换膜被交替排列在正、负极之间,形成许多独立的小单元。含离子的溶液在电场下通过单元时,有些单元里的正、负离子可透过正、负离子交换膜进入另一些单元而变成脱盐水。另一些单元中正、负离子因电场作用和膜电荷排斥作用留在单元里,加上渗过来的离子生成浓盐水。

**(七)渗透蒸发**

渗透蒸发的基本原理,是利用膜与被分离有机液体混合物中各组分亲和力不同,有选择地优先吸附溶解某一组分,及各组分在膜中扩散速度不同达到分离目的。因此,它不存在蒸馏法中共沸点的限制,可连续分离、浓缩,直至得到纯有机物。

## 三、膜分离设备

**(一)中空纤维式膜分离器**

中空纤维膜是非常细的膜管,其直径小于0.1mm。将这些细小膜管束扎在一起形成中空纤维膜,在纤维束两端将纤维管出口汇集在一起,即成为中空纤维膜组件。在该系统中,多根膜组件与中心进料管捆在一起,两端用环氧树脂固定,料液进入中心管,并经中心管上小孔均匀地流入中空纤维的间隙,透过液通过中空纤维管壁进入管内,沿纤维管从左端流出。浓缩液从中空纤维间隙流出后,沿纤维束与外壳间的环隙从右端流出。

1. 结构

将数万至数十万根中空纤维膜装入圆筒耐压容器内,纤维束的两端固定在用环氧树脂浇铸的管板上,如图4-20、图4-21所示。

2. 优点

保留体积小,单位体积中所含过滤面积大,可以反向清洗,压力较低,设备投资低。

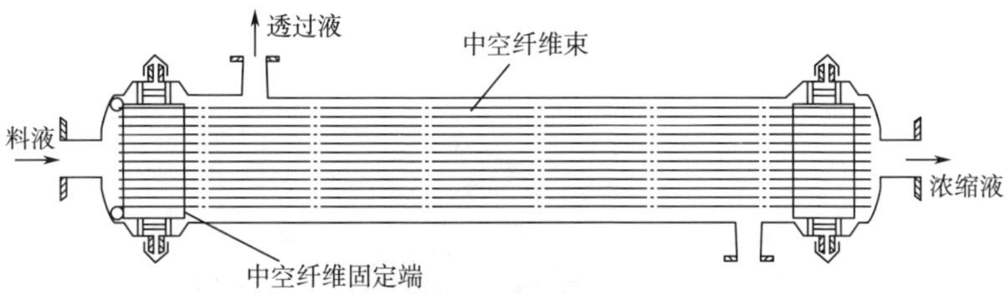

(1)示意图

(2)实物图

图 4-20　中空纤维膜过滤器

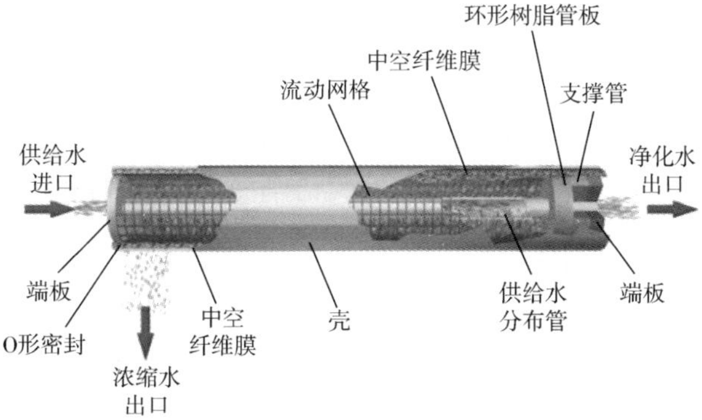

图 4-21　中空纤维膜组件

3. 缺点

单根纤维损坏时,需调换整个组件;易堵塞,为防堵塞,需对料液进行预处理。

**(二)螺旋卷式膜分离器**

螺旋卷式膜组件是用平板膜卷绕而成,其结构与螺旋板式换热器类似,如图 4-22 所示。支撑材料插入三边密封的信封状膜袋,袋口与中心集水管相接,然后衬上起导流作用的料液隔网,两者一起在中心管外缠绕成筒,装入耐压的圆筒中即构成膜组件。使用时料液沿隔网流动,与膜接触,透过液透过膜,沿膜袋内的多孔支撑体流向中心管,然后由中心管导出。目前卷式膜组件在反渗透和纳滤中应用较广泛。

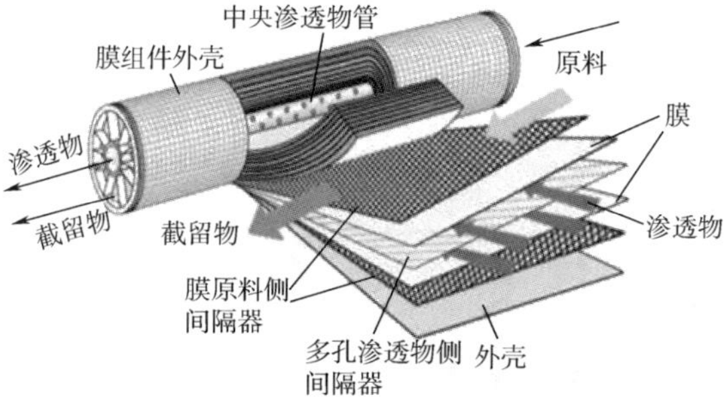


(1)结构图

(2)实物图

图 4-22　螺旋卷式膜分离器

1. 结构

将膜、支撑材料、膜间隔材料依次叠好,围绕一中心管卷成一膜组,装入耐压外壳内。操作时,料液在膜表面通过间隔材料沿轴向流动,而透过液则沿螺旋形流向中心管。

2. 优点

设备投资很低,操作费用也低。单位体积中所含过滤面积大,换新膜容易。

3. 缺点

流体阻力大,清洗不方便,膜有损坏不能更换。对料液进行预处理除去固体可以克服以上缺点。

## 习题

**一、名词解释**

1. 离心分离;2. 离心过滤;3. 过滤介质。

**二、填空题**

1. 离心机是实现______、______、______分离的专用设备。

2. 螺旋卸料沉降式离心机，______支承在______上，______借助于两端的轴承装在______内，转鼓壁与螺旋叶片外端面留有______空间。

3. 根据构成滤饼的颗粒特性，滤饼可分为______、______两大类。

4. 过滤介质的选择应同时从______、______、______、______等方面考虑。

5. 按照固体颗粒被截留的情况，过滤操作可分为两大类，即______和______。

## 三、选择题

1. 属于加压过滤设备的是(　　)。

A. 板框压滤机　　B. 硅藻土过滤机

C. 转鼓式真空过滤机　　D. 带式真空过滤机

2. 属于吸滤设备的是(　　)。

A. 板框压滤机　　B. 硅藻土过滤机

C. 转鼓式真空过滤机　　D. 带式真空过滤机

3. 依靠真空过滤的设备是(　　)。

A. 板框压滤机　　B. 转鼓式真空过滤机

C. 微孔膜过滤器　　D. 滤棒

E. 筒式过滤器

4. 它是一种膜过滤技术，截流能力强、速度快，广泛应用于注射剂生产中，此种过滤器是(　　)。

A. 板框压滤机　　B. 转鼓式真空过滤机

C. 微孔膜过滤器　　D. 砂滤棒

E. 垂熔玻璃滤器

## 四、判断题

1. 过滤式离心机的转鼓壁上无孔，借助离心力的作用实现过滤分离。(　　)

2. 沉降式离心机的转鼓壁上有孔，借助离心力的作用实现沉降分离。(　　)

3. 分离式离心机的转鼓壁上无孔，具有极高转速，分离因数在 3000 以上。(　　)

4. 砂滤棒过滤器适用于用水量较小，原水中固体杂质含量较小的场合。(　　)

5. 板式压滤机是从板框压滤机发展而来的。(　　)

6. 硅藻土过滤机，是除膜过滤之外的常规过滤手段中，过滤最细的过滤机。(　　)

7. 滤网和滤布不属于过滤介质。(　　)

8. 真空过滤的推动压差超过 0.1MPa。(　　)

## 五、问答题

1. 离心分离有何意义？

2. 离心分离设备的分类方法有哪几种？试具体分析说明。
3. 什么是过滤？有何意义？
4. 简述过滤介质的作用、要求及选择方法。
5. 简述板框压滤机的操作要点及有关注意事项。

# 项目五　提取设备

## 教学目标

**●知识目标**

熟悉蒸发、蒸馏、萃取、结晶的基本概念；熟悉蒸发、蒸馏、萃取、结晶设备的类型、结构、操作原理及特点。

**●能力目标**

掌握蒸发设备正确使用与维护的要点；掌握超临界 $CO_2$ 萃取设备正确使用与维护要点；掌握普通真空结晶锅正确使用与维护要点。

**●素质目标**

熟悉岗位要求；掌握操作规程；拥有安全意识。

**●课前思考**

蒸发和蒸馏的区别是什么？萃取的目的是什么？结晶的工作原理是什么？

**●认知解读**

制药生产中关键的操作是提取。提取过程包括蒸发、蒸馏、萃取、结晶。蒸发设备主要有循环蒸发器和非循环蒸发器等；蒸馏设备主要有蒸馏塔；萃取设备主要有离心萃取设备和超临界萃取设备等；结晶设备包括结晶箱和结晶锅等。操作者需要掌握典型提取设备的结构、工作原理、性能特点，掌握常用提取设备的操作要点、注意事项及维护保养方法。

蒸发通常是一道重要的操作工序。采用加热方法，使含有不挥发性溶质的溶液沸腾，以气化并移除部分溶剂从而提高溶液浓度，用于制剂与中草药的提纯生产中。蒸馏技术是利用每种物质的沸点不同且较高的特点，从而使它们可以在蒸馏过程中分离开来，应用于制药用水的处理、中药材的提取等方面。萃取技术在制药工业中主要应用于两大方面：一是用于生物发酵产品的纯化，其中初级代谢产物主要是醇和羧酸，次级代谢产物主要是抗生素和维生素；目前应用最为广泛的是抗生素的萃取，除了青霉素，还有红霉素。另一方面是非抗生素产品或中间体的提取、分离，如维生素 A 与 $B_{12}$ 等的生产。结晶是古老的分离与提纯单元操作之一。在制药工业中，85%以上的产品为晶体产品，如今已发展成为生产具有特定性质的高附加值产品以及建立高效制造过程的技术。

# 任务一　蒸发设备

## 一、蒸发的原理

蒸发是根据溶液中溶质与溶剂挥发性的差异，将溶液加热至沸腾状态，使其中部分溶剂发生汽化并被排除，使溶液中溶质浓度得以提高的单元操作。固体溶质不挥发，所以，蒸发是不挥发性溶质与挥发性溶剂的分离过程，在制药生产中广泛应用。蒸发工艺所用的设备称为蒸发器。

**（一）蒸发在制药过程中应用的目的**

1. 药物溶液的浓缩

如各类中药提取液的浓缩，以便将其制成各种剂型。

2. 喷雾干燥前的预处理

用蒸发的方法将药物浓缩到一定浓度再进行喷雾干燥。

3. 减少溶液体积

用蒸发的方法减少溶液体积以便贮存和运输。

4. 结晶

将蒸发与结晶两个过程联合操作，利用蒸发将溶液增浓至饱和状态，随后加以冷却，使固体结晶分离，得到固体产品，如中药生产中酒精浸出液蒸发。

5. 回收纯化溶剂

利用溶液中溶质与溶剂挥发性的不同，将挥发性溶剂汽化冷凝，使之与不挥发性的杂质分离，制取纯溶剂，并进行回收。如注射用水制备溶剂：用蒸发的方法将废液中的溶剂汽化，然后再冷凝回收（蒸馏）。

蒸发操作由加热和分离两部分组成。要使蒸发操作顺利进行，须同时满足两个必要条件：①源源不断的热能供应。②及时排除二次蒸汽（沸腾蒸发过程汽化的溶剂）。

**（二）蒸发操作的分类**

1. 按操作压强分

（1）常压蒸发　在蒸发器的加热室中，溶液侧操作压力为大气压或略高于大气压。系统中的不凝气体依靠其本身压力排出。按照 GMP 要求，中药提取物用于制剂的，不得与未经过净化的空气直接接触，敞口浓缩必须在净化区内进行，二次蒸汽排出口不得出现空气倒灌进入净化区，而且常压蒸发效率低、时间长，在制剂生产中已很少采用（熬胶、膏滋剂及熬炼糖转化过程）。

（2）真空蒸发（减压蒸发）　溶液侧操作压力低于大气压，需要依靠真空泵抽出不凝性气体，并维持系统的真空度。真空蒸发的目的，是为降低溶液沸点和有效节约热源，是生产中最常用的蒸发方法。

（3）薄膜蒸发　应用薄膜蒸发器进行减压或常压蒸发的一种操作，它具有蒸发面积大、热传递快且均匀、蒸发温度低、受热时间短等特点，适用于处理热敏性料液，在制剂生产中得到广泛应用。

2. 按蒸发器的效数分

（1）单效蒸发　二次蒸汽不再被利用，冷凝后直接排放，称为单效蒸发。

（2）多效蒸发　充分利用二次蒸汽，是蒸发操作中节能的主要途径，如将二次蒸汽引至另一蒸发器中作为加热蒸汽。

## 二、蒸发设备

蒸发器，是蒸发装置中主体设备，形式多种，分循环型与非循环型两大类。

### （一）循环型蒸发器

1. 外加热式蒸发器

加热室与蒸发室由上下循环管相连，加热室为列管式换热器，加热管较长，加热室顶部多设有除沫器。蒸发器由于与加热室分开，又称为外加热式。它具有便于清洗、容易更换加热管和降低蒸发器总高度的结构特点。

外形与结构如图 5-1 所示，加热室置于蒸发室外侧，加热室与蒸发室分开。

（1）优点　①便于清洗和更换。②可降低蒸发器总高度，又可采用较长的加热管束。

（2）缺点　①单位传热面积的金属使用量大。②热损失较大。

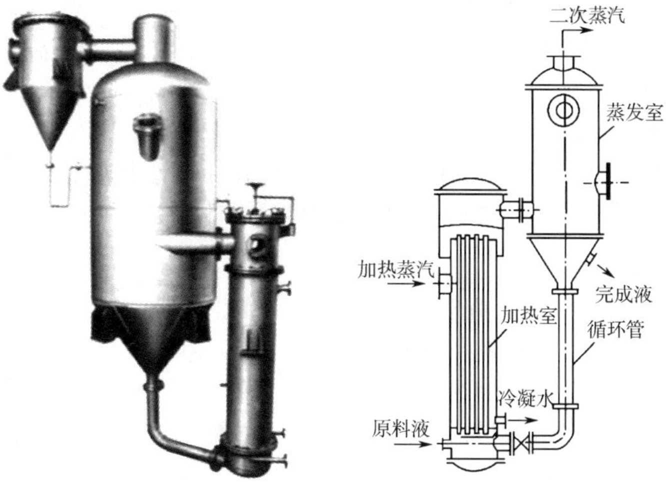


(1)实物图　　(2)结构图

图 5-1　外加热式蒸发器

2. 强制循环蒸发器

强制循环蒸发器用于处理黏度较大或容易析出结晶或结垢的溶液，加快了循环速度，以提高传热系数，借助泵的外力强制循环蒸发，外形与结构如图 5-2 所示。循环管下部设一个循环泵，通过循环泵使溶液以较高速度沿一定方向循环流动。溶液循环速度通过调节泵流量来控制。蒸发器动力消耗大，适用于处理高黏度、易结垢或有晶体析出的溶液。

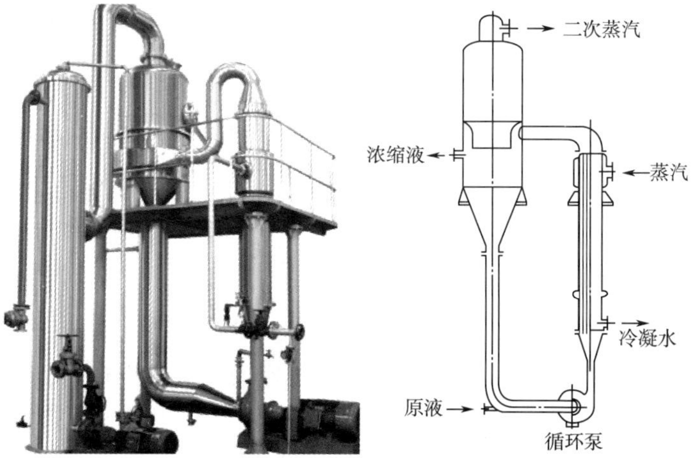

(1)实物图　(2)结构图

图 5-2　强制循环蒸发器

循环蒸发器的共同特点是溶液应多次循环通过加热管才能达到要求浓度。设备内存液量较多，液体停留时间长，器内溶液浓度变化不大且接近出口液浓度，减少有效温差，不利于热敏性物料蒸发。

循环蒸发器的共同缺点：蒸发器内溶液的滞留量大，使溶液在高温下停留时间长，不适用于处理热敏性物料。

**（二）非循环型蒸发器**

溶液通过加热管一次即可达到所要求浓度，在加热管中液体多呈膜状流动，故又称为膜式蒸发器。适用于热敏性物料的蒸发，设计与操作要求较高。

1. 升膜式蒸发器

（1）基本结构　升膜式蒸发浓缩设备，是在蒸发器中形成的液膜与蒸发二次蒸汽气流方向相同，由下而上并流上升，主要由蒸发室、分离室及附属的高位液槽、预热器等构成，外形与结构如图 5-3 所示。

物料从加热器下部进料管进入，在加热管内被加热蒸发拉成液膜，浓缩液在二次蒸汽带动下一起上升，从加热器上端沿气-液分离器筒体切线方向进入分离器，浓缩液从分离器底部排出，二次蒸汽进入冷凝器。对浓缩倍数要求高的工艺条件，如果物料对加热时间相对较长且并无不良后果，可将从排料口放出的浓缩液部分

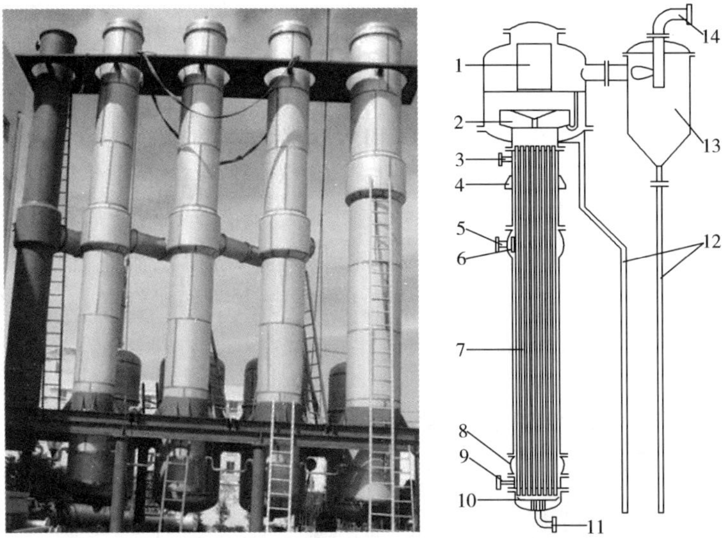


(1)实物图　　　(2)结构图

图 5-3　升膜式蒸发器

1—惯性式气-液分离器　2—离心式气-液分离器　3—不凝性气体排出口　4—支座　5—加热蒸汽进口　6—蒸汽挡板　7—加热列管　8—膨胀节　9—冷凝水出口　10—料液分配盘　11—料液进口　12—浓缩液出口　13—急闪式真空冷却器　14—二次蒸汽出口(抽真空)

回流至进料管,以增加浓缩倍数。

由于在蒸发器中物料受热时间很短,对热敏性物料影响较小,蒸发器对发泡性强、黏度较小的热敏性物料较适用,不适用于黏度较大,受热后易产生积垢或浓缩时有晶体析出的物料。

(2)工作原理　升膜式蒸发器正常操作的关键,是让液体物料在管壁上形成连续不断的液膜。如果物料进入蒸发器时温度低于沸点,蒸发器中有一段加热管作为预热区,传热方式为自然对流。为维持蒸发器正常操作,加热管中液面为管高度的 1/5~1/4。液面太高,设备效率低,出料达不到要求浓度,控制适当的进料量和进料温度,使设备处于较佳的工作状态。

如果气流速度进一步加大,即蒸发强度过高,在管内形成带有雾沫的喷雾流,环状液进一步蒸发,逐渐变薄,以致出现液膜局部干壁、结疤、结焦等不正常现象。

(3)应用　升膜式蒸发器不适合高黏度、易结晶和易结垢料液的浓缩,适用于处理蒸发量较大的稀溶液及热敏性或易起泡的溶液。中药提取可选用此蒸发器作为初步蒸发浓缩之用,将溶液浓缩到一定密度之后,再采用其他蒸发器如刮板式、薄膜式蒸发器进一步浓缩。

升膜式蒸发器可采用常压蒸发,也可采用减压蒸发,其正常蒸发的关键是让料液在加热管壁上形成连续不断的上爬液膜。产生上爬液膜的必要条件是要有足够的传热温差和传热强度，使蒸汽产生的二次蒸汽量和蒸气速度达到足以带动溶液成膜并上升的程度。

2. 降膜式蒸发器

（1）基本结构　降膜式蒸发器主要由蒸发室、分离器组成。

降膜式蒸发器与升膜式蒸发器结构基本相同，区别在于原料液由加热管顶部经分配器导流进入加热管，沿管壁成膜状向下流。液体运动靠本身重力和二次蒸汽运动拖带力的作用，下降速度较快，因此成膜的二次蒸汽流速可较小，对黏度较高的液体也较易成膜，并被蒸发浓缩。气-液混合物由加热管底部进入分离室，经气-液分离后，二次蒸汽由分离室顶部逸出，完成液从底部排出，如图 5-4 所示。

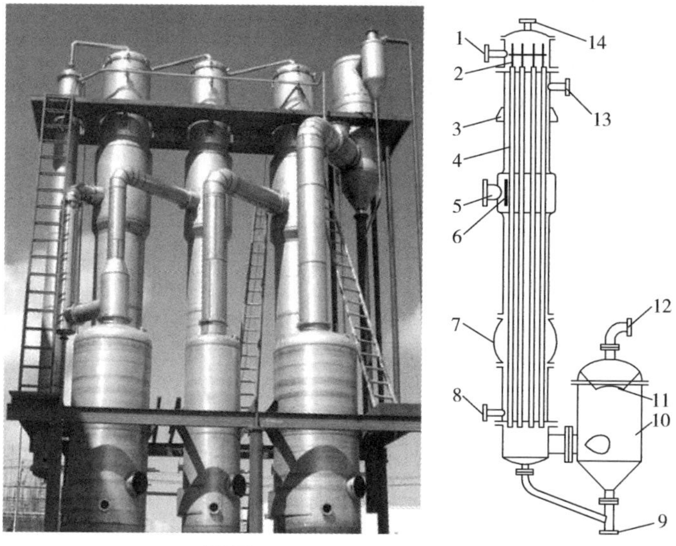


(1)实物图　　(2)结构图

图 5-4　降膜式蒸发器

1—料液进口　2—料液分配器　3—支座　4—加热列管　5—加热蒸汽进口　6—蒸汽挡板　7—膨胀节　8—冷凝水出口　9—浓缩液出口　10—离心式气-液分离器　11—防泡沫板　12—二次蒸汽出口　13—不凝性气体出口　14—稀浓缩液回流入口

（2）工作原理　溶液在管内壁上均匀成膜的关键是物料分配。分配不够均匀时，会出现有些管子液量很多，液膜很厚，溶液蒸发浓缩比很小；有些管子液量很少，蒸发浓缩比很大，甚至没有液体流过而造成局部或大部分干壁现象，影响蒸发器的传热或蒸发能力。

（3）降膜的形成　为使液体均匀分布于各加热管中，采用不同的分配器。

（4）与升膜式比较，降膜式蒸发器的特点　蒸汽、冷凝水的耗量小、处理量大，料液停留的时间更短，受热影响更小，所以适用于处理热敏性物料，可以蒸发浓度较高的溶液或黏度较大的物料，不适用于易结晶或易结垢的溶液。

3. 升降膜式蒸发器

升膜与降膜式蒸发器各有优缺点，而升降膜式蒸发器可互补不足。升降膜式蒸发器，是在加热器内安装两组加热管，一组为升膜式，一组为降膜式，外形与结构如图 5-5 所示。物料溶液先进入升膜加热管，沸腾蒸发后，气液混合物上升至顶部，然后转入另一半加热管，进行降膜蒸发。浓缩液和二次蒸汽从下部进入气液分离器，二次蒸汽从分离器上部排入冷凝器，浓缩液从分离器下部出料，升降膜蒸发器的特点如下。

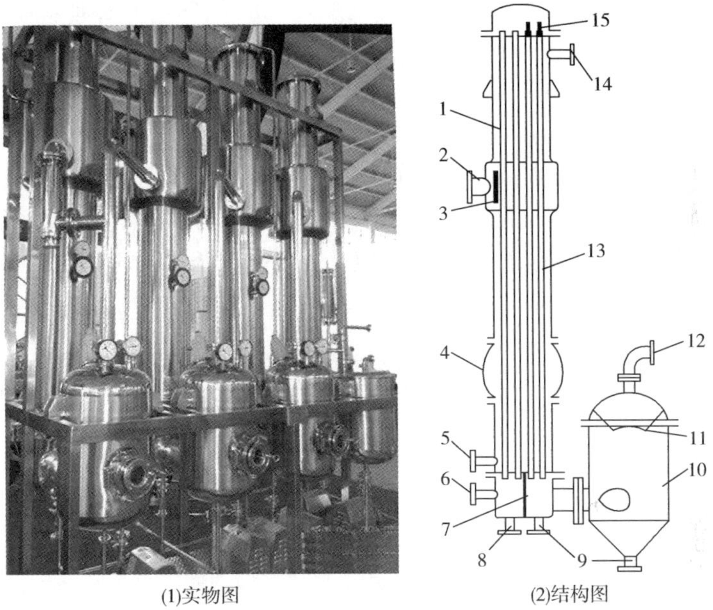


(1)实物图　　(2)结构图

图 5-5　升降膜式蒸发器

1—升膜式加热列管　2—加热蒸汽进口　3—蒸汽挡板　4—膨胀节　5—冷凝水出口　6—料液进口　7—隔板　8—放料口、排污口　9—浓缩液出口　10—离心式气-液分离器　11—防泡沫板　12—二次蒸汽出口　13—降膜式加热列管　14—不凝性气体出口　15—降膜料液分配器

(1)符合物料要求，初进入蒸发器，物料浓度较低，物料蒸发内阻较小，蒸发速度较快，容易达到升膜要求。物料经初步浓缩，浓度较大，但溶液在降膜式蒸发中受重力作用还能沿管壁均匀分布形成膜状。

(2)经升膜蒸发后的气液混合物，进入降膜蒸发，有利于降膜的液体均匀分布，加速物料的湍流和搅动，进一步提高降膜蒸发的传热系数。

(3)用升膜控制降膜的进料分配，有利于操作控制。

(4)将两个浓缩过程串联，提高产品浓缩比，减低设备高度。

### 三、典型的多效蒸发设备流程

多效蒸发,是把若干个蒸发器串联起来,将前一蒸发器产生的二次蒸汽引入后一蒸发器的加热室作为热源。二次蒸汽的压力和温度虽比一次蒸汽的压力和温度低,但可用作后一蒸发器的加热介质,后一蒸发器的加热室就相当于前一蒸发器的冷凝器。利用一次蒸汽作为加热介质的蒸发器,称第Ⅰ效;利用第Ⅰ效产生的二次蒸汽作为加热介质的蒸发器,称第Ⅱ效;利用第Ⅱ效产生的二次蒸汽作为加热介质的蒸发器,称第Ⅲ效,依此类推。

各效操作压力是自动分配的。为获得必要的传热温差,多效蒸发流程最后一效和真空装置相连,各效压力和沸点是逐效降低的。在第Ⅰ效通入加热蒸汽就可使各效都能进行蒸发,从而节省大量蒸汽。尽管多效蒸发具有热能利用的经济性,但在相同生产能力下,串联若干单效设备,会大大提高设备投资费用。

多效蒸发的目的是为节省加热蒸汽消耗量。理论上,增加效数可节省加热蒸汽消耗量,但随着效数增加,加热蒸汽节省量越来越小,设备费用明显增加,温度损失加大,不利于提高效益。制药生产中,采用Ⅲ、Ⅳ效蒸发器,以提高经济效益。

物料性质对于效数的确定有很大影响,表 5-1 列出了影响蒸发器效数的主要因素,供选择或设计蒸发器时参考。

**表 5-1　　影响蒸发器效数的主要因素**

| 因素 | 效数 |
|---|---|
| 处理腐蚀性液体或有腐蚀性蒸汽发生,须防止成品污染 | 须用不锈钢等特殊材料,组分多会使蒸发器的价格升高,故一般只用Ⅰ至Ⅱ效 |
| 溶液的黏度 | 对黏度高的某些热敏性物料,用Ⅱ至Ⅲ效;黏度高,且要求强制循环,采用单效 |
| 溶液的沸点随浓度升高而上升 | 沸点急速增大的用单效,如高浓度的电解质溶液的浓缩 |
| 热敏性溶液 | 随浓缩温度和浓缩时间而变化,但真空一般用单效,也有用Ⅱ至Ⅲ效 |
| 其他 | 对于易结垢或起泡性强的溶液的蒸发,一般用单效 |

## 任务二　蒸馏设备

制药生产中经常要处理由若干组分所组成的混合物。生产中为了满足贮存、运输、加工和使用的要求,时常需要将这些混合物分离成为较纯净或几乎纯态的物质或组分。蒸馏是分离液体混合物的典型单元操作。

目的:提纯或回收有效成分,如蒸馏水的制备、提取液的浓缩(蒸发的溶剂是经过冷凝回收的)、有机溶媒的回收、中药挥发性成分的提取等。

# 一、常压蒸馏与减压蒸馏设备

## （一）常压蒸馏设备

常压蒸馏设备由蒸馏器、冷凝器、接收器构成，其特点是容量大、结构简单、操作方便，可用于乙醇等溶剂的回收，但加热面积较小，提纯分离效果差，且常压下进行蒸馏，蒸馏温度高、时间长，不适用于热敏性料液，如图5-6所示。

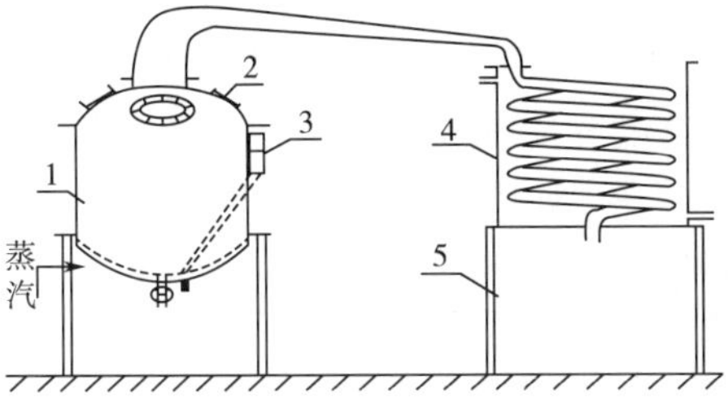


(1)示意图

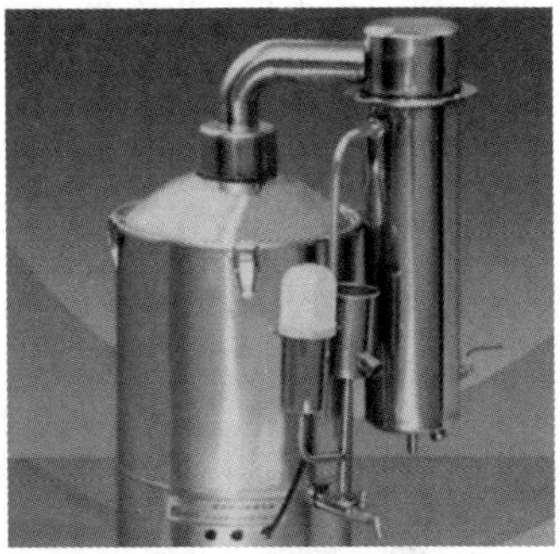

(2)实物图

图5-6　常压蒸馏

1—蒸发器　2—观察窗　3—温度计　4—冷凝器　5—接收器

## （二）减压蒸馏设备

减压蒸馏设备由蒸馏器、冷凝器、接收器及附设的真空装置构成。

蒸馏器为夹套结构，冷凝器为列管式，多为不锈钢制成。在减压条件下将料液加热至沸腾，产生的蒸气经除沫后冷凝成蒸馏液，减压降低溶液沸点，提高效率，保证有效成分免受高温影响，适于有效成分不耐热的浸出液浓缩及溶剂的回收，如图5-7所示。

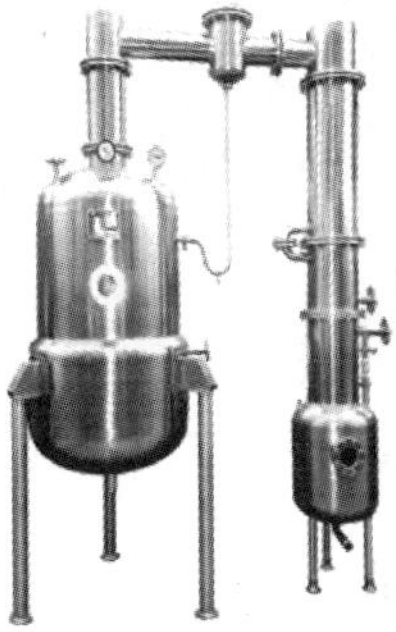

图5-7　真空减压蒸馏罐

# 二、塔设备

蒸馏常用的设备包括塔设备，其基本功能在于提供气-液两相充分接触的机会，使传质、传热两种传递过程能够迅速有效地进行，还要能使接触之后的气-液两相及时分开，互不夹带。

根据塔内气-液接触部件的结构形式，塔设备可分为板式塔与填料塔两大类。目前在工业生产中，当处理量大时多采用板式塔，而当处理量较小时多采用填料塔。蒸馏操作的规模往往较大，所需塔径常达1m以上，故采用板式塔较多；吸收操作的规模一般较小,故采用填料塔较多。

**(一)板式塔**

板式塔是一类用于气-液或液-液系统的分级接触传质设备,由圆筒形塔体和按一定间距水平装置在塔内的若干塔板组成。

常见的板式塔类型有:筛板塔、泡罩塔等。

1. 筛板塔

筛板塔是结构最简单的蒸馏塔。塔板由开有大量均匀小孔(筛孔,孔径 2~6mm)的塔板和溢流管组成,外形与结构如图 5-8 所示。操作时,从下层塔板上升的气流通过筛孔分散成细小流束,与板上液体相接触,并进行传热与传质。筛板塔正常操作的必要条件,是通过筛孔的蒸气速度和压强须足以克服筛板上液层的压强,保证液体不从筛孔流下而从溢流管流下,否则,会导致塔板效率下降。

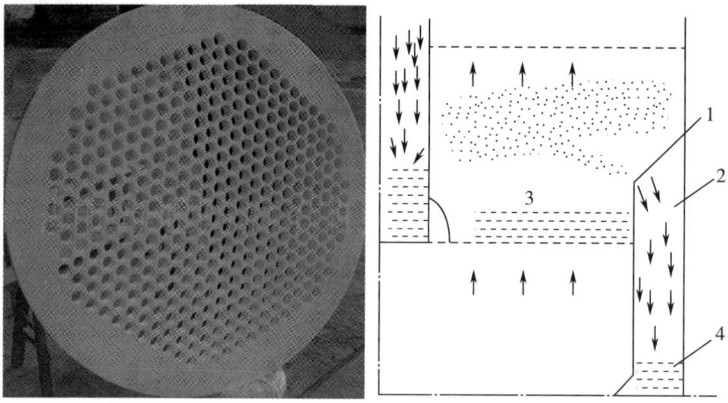


(1)筛孔塔板　　(2)筛板塔示意图

图 5-8　筛板塔

1—溢流堰　2—降液管　3—泡沫层　4—清液层

若筛孔孔径过大则气速低、漏液多;气速高,液层会出现晃动、翻腾、激烈的上抛现象。所以筛孔塔板漏液与否,取决于气流通过筛孔的速度。理论上,不论孔径大小,只要选取合适的气速,都能避免漏液。不过孔径越大,漏液及雾沫夹带越多,大孔筛板的操作范围较窄。空塔流速在 0.8m/s 以上,孔速在 13m/s 左右。

开孔率比孔径影响大,对孔径为 10mm 的筛板,开孔率越大,气液接触状况越差,漏液量越大,塔板效率低,故开孔率以 5%~6%为宜。对小孔径(2~6mm)筛板,开孔率不宜超过 10%。

筛板塔的优点:①结构简单,易加工。②造价低,为泡罩塔的 40%。③处理能力大,是相同塔径的泡罩塔的 1.1~1.2 倍。④塔板效率高,比泡罩塔高 15%~20%。⑤液面落差小,塔板压力降小。

其缺点:①操作弹性小。②筛孔易堵塞。③塔板安装要求高。塔板安装要求非常水平，否则气-液接触不均。④操作压力不易控制。⑤开、停机操作难度大，特别是停机时，层板上的液体会全部从筛孔往下流。

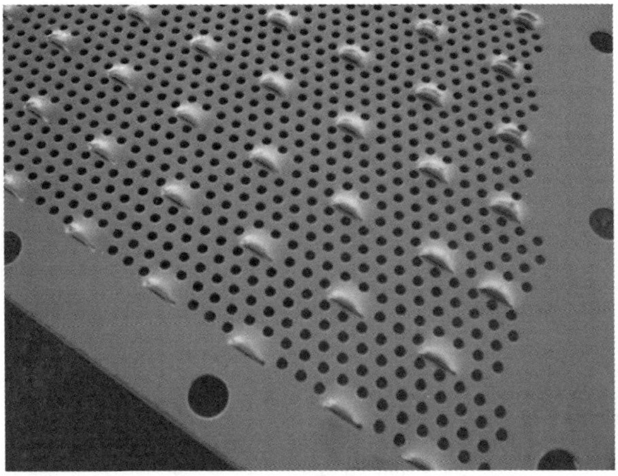

(1)实物图

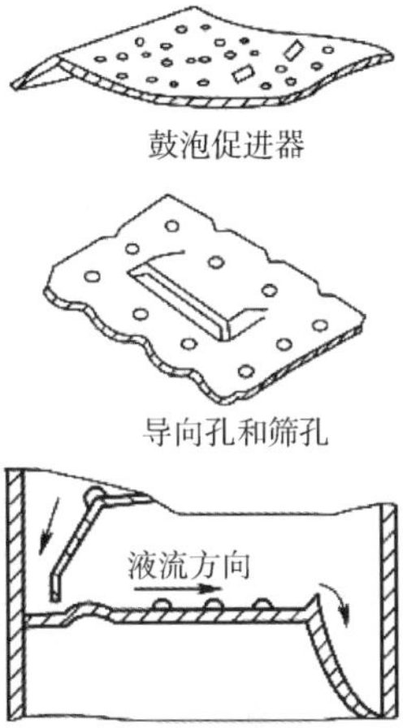


(2)结构图

图 5-9　导向筛板

在生产实践基础上，对普通筛板塔的设计进行两点改进，研制出导向筛板塔，外形与结构如图 5-9 所示。首先，在液体进口区，将塔板向上凸起，成为鼓泡促进器，其次，在直径较小的塔板上增加百叶窗式导流孔，在直径较大的塔板上采用变向导流孔。

改进后的导向筛板具有以下优点：①增加有效鼓泡面积。②减小液面落差。③有利于气体均匀分布。④消除塔板边缘区的液体滞留，改进塔板上液体的流动状态。因此，可以将导向筛板用于精馏塔或排醛塔。

2. 泡罩塔

泡罩塔（泡盖塔）是较成熟的蒸馏设备，负荷有较大波动时能稳定操作。塔板适宜处理易起泡的液体，对设计准确性无过高要求。尽管泡罩塔板结构较复杂，塔板效率偏低，压降大，却可以在各种条件下都能稳定操作，如图 5-10 所示。

图 5-10　泡罩塔

（1）泡罩塔的塔体结构　酒精蒸馏所采用的泡罩塔，由塔体、塔板、升气管等组成，如图 5-11 所示。塔体由数个塔节通过法兰连接而成，在一个塔节中，装 3~4 块塔板。

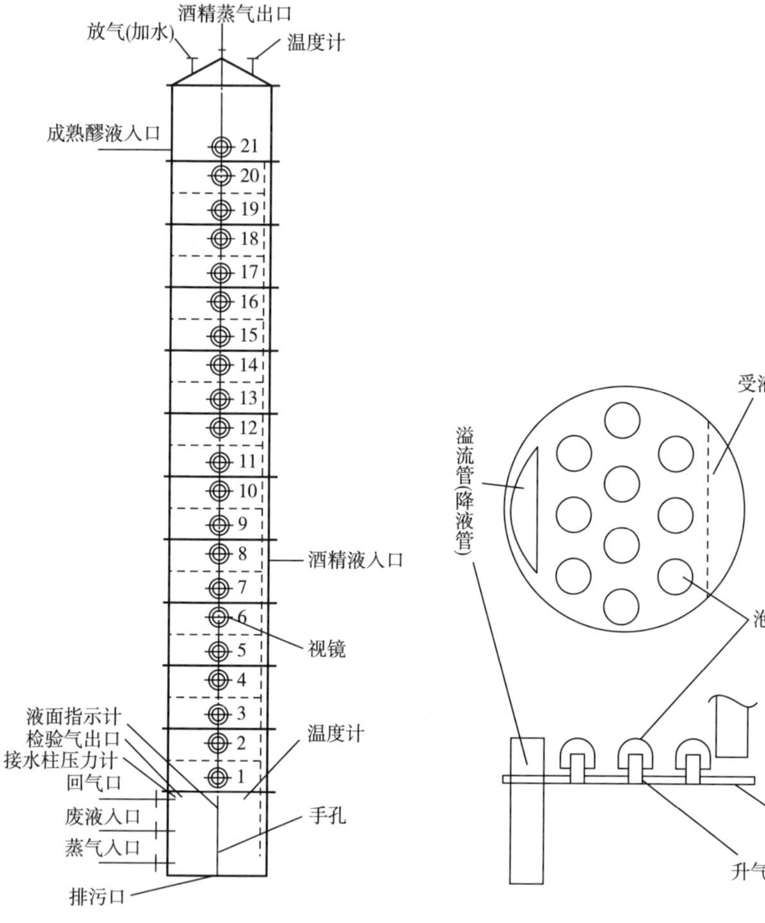

(1)泡罩塔外形结构

(2)泡罩塔塔板结构

图 5-11 泡罩塔的结构

(2)塔板的结构 由隔板和组装其上的泡罩构成。泡罩的结构有多种类型，常见有圆形、长条形和六角形。泡罩的外形与结构如图 5-12 所示。

条形泡罩采用并列方式排列，与圆形泡罩相比，优点：①制造简单。②便于安装、维护与检修。③可保证液流均匀。④塔板效率较高。缺点：单位塔面积上鼓泡周边比圆形泡罩小。条形泡罩用于塔径在 1m 以上的蒸馏塔中较合适。

每块塔板上装几个到几十个泡罩，泡罩塔板以三角形排列。塔板的特点：①气-液接触较好。②鼓泡周边长，传质效果好。③结构紧密，可减小塔板间距。缺点：①结构较复杂。②易造成堵塞。③清洗困难。适用于处理含杂质和悬浮物较少的物料。

塔板上装有升气管和溢流堰(或溢流管)，升气管顶部装泡罩，泡罩用螺帽固定在升气管上，升气管安装在塔板上。泡罩塔中，上升气体经升气管，在泡罩塔齿

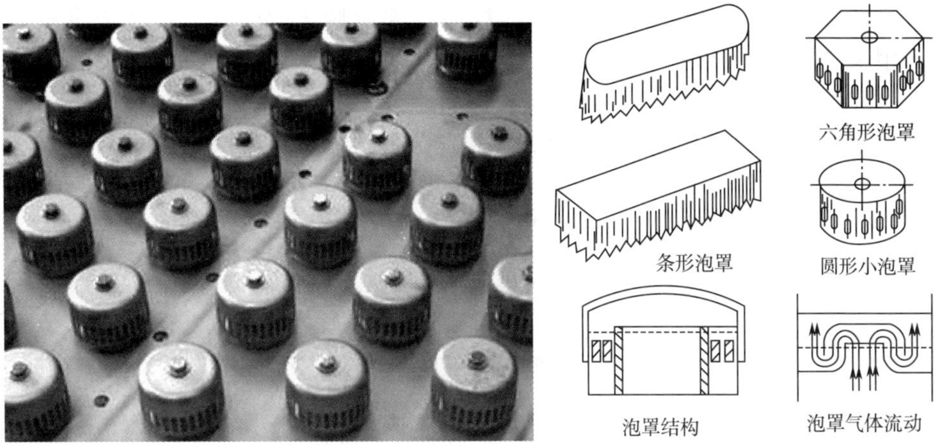


(1)泡罩塔板实物图　　(2)泡罩的结构和气体流动图

图 5-12　泡罩的结构

缝作用下,分散于液体中。气流分散越好,传质效率越高。溢流堰的作用是维持塔板上的液面高度。

塔板上设有许多供蒸气通过的升气管,其上覆以钟形泡罩,升气管与泡罩之间形成环形通道。泡罩周边开有很多称为齿缝的长孔,齿缝全部浸在板上液体中。操作时,液体横向流过塔板,靠溢流堰保持塔板上有一定厚度的流动液层,齿缝浸没于液层之中而形成液封。上升气体通过齿缝进入液层时,被分散成许多小的气泡或流股,在板上形成了鼓泡层和泡沫层,为气、液两相提供了大量的传质界面。

(3)特点

①操作弹性大,在气、液负荷波动较大时仍能保持较恒定的塔板效率。

②对物料适应性强,塔板不易堵塞。

③结构复杂、金属耗量大、造价高、安装和维修不方便。

④不易操作,液体或蒸气流量很小时,会形成气、液接触不良或蒸气流动的脉动;反之会形成雾沫夹带、液泛等。

### (二)填料塔

1. 结构

填料塔由壳体、封头、承重板、填料压板、分布器等部件组成,如图 5-13 所示。

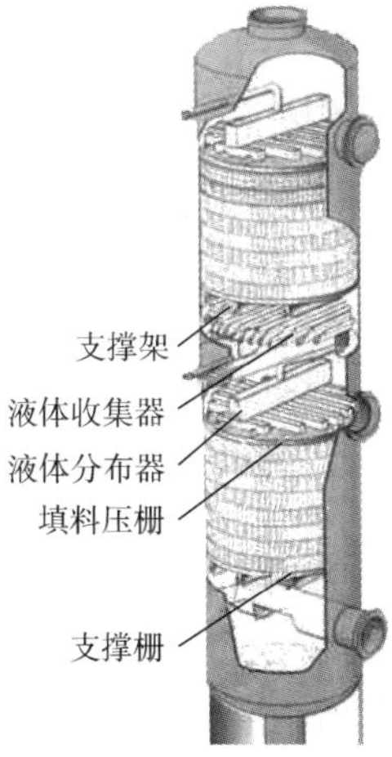


图 5-13　填料塔

2. 工作原理

填料塔塔内装有一定高度的填料层。液体在塔顶经分布器向下喷淋,并沿填料表面形成液膜向下流动,最后由塔底部流出;气体由塔底承重板下进入塔筒体，靠压降穿过填料层的空隙，并与填料上的液膜进行动量、质量和热量交换，最后由塔顶部排出。

填料塔具有生产能力大、分离效率高、压降小、持液量小、操作弹性大等优点。

当液体负荷较小时不能有效地润湿填料表面，从而使传质效率降低；不能直接用于有悬浮物或容易聚合的物料；对侧线进料和出料等复杂精馏不太适合；填料造价高等是填料塔的不足之处。两类塔的特点比较，见表 5-2。

**表 5-2　　板式塔和填料塔主要特点的比较**

| 项目 | 板式塔 | 填料塔 |
| --- | --- | --- |
| 塔径 | 一般推荐使用于塔径大于 800mm 的大塔 | 适用于不同塔径的塔，对大塔要解决液体再分布问题 |
| 塔效率 | 较稳定，塔径大时，如设计得当，效率仍较高，否则效率会降低 | 传统的散堆填料效率较低，规整填料效率较高 |
| 压降 | 气相通过塔板上的液层较高时，压降较大，反之则较小 | 填料尺寸较小时，压降较大，反之则较小 |
| 持液量 | 较大 | 较小 |
| 操作弹性 | 较大 | 较小 |
| 处理含固体颗粒的物料 | 不易堵 | 易堵 |
| 材质 | 一般用金属材料 | 金属、非金属材料均可 |

# 任务三　萃取设备

## 一、液-液萃取操作原理

利用原料液中各组分在某溶剂中的溶解度差异来分离混合物的单元操作，称液-液萃取，又称溶剂萃取。液-液萃取，是在液体混合物（原料液）中加入一个与其基本不相混溶的液体作溶剂，造成第二相，利用原料液中各组分在两个液相中溶解度不同使原料液中混合物分离，所用溶剂称为萃取剂，以 S 表示。原料液中易溶于 S 的组分称为溶质，以 A 表示。难溶于 S 的组分，称为原溶剂（稀释剂），以 B 表示。萃取过程中，萃取剂与原料液中的有关组分不发生化学反应，称为物理萃取，反之称为化学萃取。

萃取操作的基本过程，如图 5-14 所示。将一定量的萃取剂加入原料液 F 中，搅拌使原料液与萃取剂充分混合，溶质通过相界面由原料液向萃取剂中扩散，所以萃取操作也属于两相间的传质过程。搅拌停止后，两液相因密度不同而分层：一层以溶剂 S 为主，溶有较多溶质，称为萃取相，以 E 表示；一层以原溶剂（稀释剂）B 为

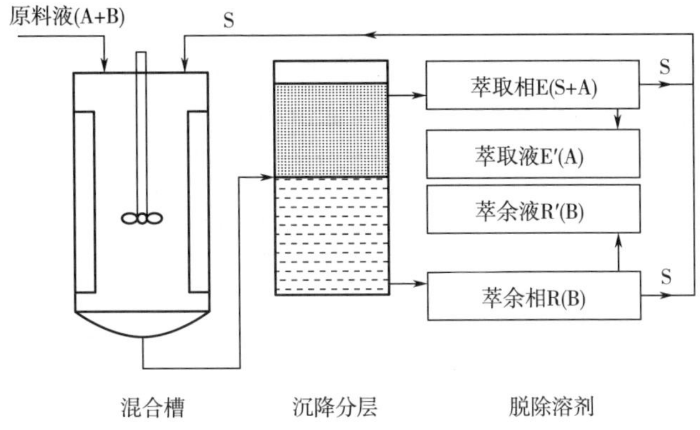


图 5-14　萃取操作示意图

主,含未被萃取完的溶质,称为萃余相,以 R 表示。若溶剂 S 和 B 部分互溶,则萃取相中还含有少量的 B,萃余相中含有少量的 S。萃取操作并没有得到纯净组分,而是新的混合液:萃取相 E 和萃余相 R。为得到产品 A,并回收溶剂以供循环使用,还需对两相分别进行分离。采用蒸馏或蒸发方法,有时采用结晶等其他方法。脱除溶剂后的萃取相和萃余相,分别称为萃取液和萃余液,以 E′和 R′表示。

液-液萃取操作的特点:①常温下操作。②无相变。③选择适当溶剂可获得较好的分离效果。④操作比较方便。

液-液萃取操作适用场合:

(1)原料液中各组分间的沸点非常接近,即组分间的相对挥发度接近 1,蒸馏时形成恒沸物,用蒸馏方法难以达到或达不到分离要求的纯度。

(2)原料液中需分离的组分含量很低且沸点比稀释剂高,若用精馏方法会蒸出大量稀释剂,能耗较大。

(3)原料液中需分离的组分是热敏性物质,受热时容易发生分解、聚合或其他变化,如青霉素发酵液中含青霉素,以醋酸丁酯为溶剂,经多次萃取可得到青霉素浓溶液。

## 二、液-液萃取设备

萃取设备的作用,是为两液相提供充分混合与充分分离的条件,使两液相间具有很大的接触面积,这种界面是将一种液相分散在另一种液相中所形成。分散成滴状的液相,称为散相,另一个呈连续的液相,称为连续相。分散液滴越小,两相接触面积越大,传质越快。在萃取设备内可装喷嘴、筛孔板、填料或机械搅拌装置。为使萃取过程获得较大传质推动力,两相流体在萃取设备内以逆流方式操作。

工业生产中,由于塔式萃取设备有较大生产能力,设备投资不大,萃取分离效果较好,两相可实现连续逆流操作,故这里重点介绍几种常用萃取塔。

根据两相接触的方式,分为逐级接触萃取设备和连续接触萃取设备两类。每类又分为,有外加能量和无外加能量,表 5-3 列出几种常用的萃取设备。

在分级接触萃取过程中,各相组分逐级变化。在连续接触萃取过程中,各相组分沿流动方向连续变化,但萃取设备的名称由表 5-3 可看出,不论接触方式是何种,只要设备截面积是圆形且高径比很大,统称为塔式萃取设备。

**表 5-3　液-液萃取设备的分类**

| 接触方式 | | 逐级接触式 | 连续接触式 |
|---|---|---|---|
| 无外加能量 | | 筛板塔 | 喷洒萃取塔、填料萃取塔 |
| 有外加能量 | 搅拌 | 混合-澄清槽、搅拌-填料塔 | 转盘塔、搅拌挡板塔 |
| | 脉动 | — | 脉冲填料塔、脉冲筛板塔、振动筛板塔 |
| | 离心力 | 逐级接触式离心机 | 连续接触式离心机 |

**(一)填料式萃取塔**

填料式萃取塔的结构如图 5-15 所示。塔内装填充物,连续相充满整个塔中,分散相以滴状通过连续相。填料的作用是使液滴间多次凝聚与分散的机会增多并减少两相轴向混合,提高传质效果。为防止分散相液滴在填料层入口处凝聚,分散相液体必须直接引入填料层内,入口管应插入填料层 25~50mm。为了有利于液滴形成和稳定性,避免分散相液体在填料表面大量黏附而凝聚,填料材质选择除考虑溶液腐蚀性外,填料应被连续相优先润湿。石墨和塑料易被大部分有机液优先润湿,瓷质、金属易被水溶液优先润湿。应用丝网填料时,为防止转相,填料应被分散相润湿。为减少壁流,填料尺寸应为塔径的 1/10~1/8。由于塔径增大后,轴向混合增加,填料塔很高时液体易发生沟流,为减少液体轴向混合与沟流,在塔高 3~5m 的间距设置液体再分配器。为防止过早滴液,喷料嘴须穿过支持器 25~30mm,填料支持器须具有尽可能大的自由截面,以尽量减少压降及沟流。

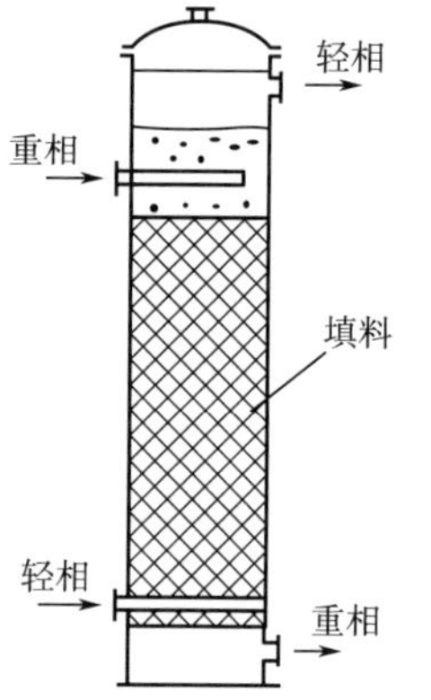

图 5-15　填料式萃取塔

优点:①结构简单。②造价低廉。③操作方便。④适用于处理腐蚀性流体。

缺点:①由于填料塔内液体流动只靠两相密度差维持,相对速度、界面湍动程度及传质速率均较低,故填料萃取塔效率较低。②不宜处理含固体的流体。

**(二)筛板萃取塔**

普通筛板萃取塔的结构如图 5-16 所示,其与筛板蒸馏塔结构相似,但筛板孔径比蒸馏塔小。如果轻液为分散相,如图 5-17(1)所示,轻液由底部进入,经筛孔分散成液滴,在塔板上与连续相密切接触后分层凝聚,积聚在上一层筛板下面,借助压力推动再经孔板分散,最后由塔顶排出。重液连续由上部进入,经降液管至筛板后通过溢流堰流入降液管进入下面一块筛板,依次进行,最后由塔底排出。如果重液是分散相,如图 5-17(2)所示,则塔板上降液管需改为升液管,连续相(轻液)通过升液管进入上一层塔板。

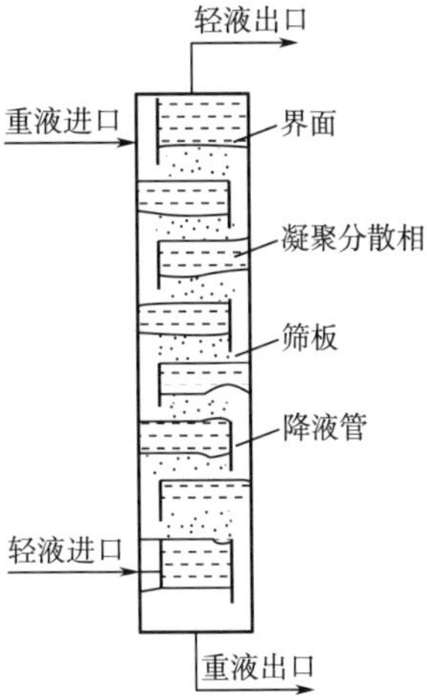


图 5-16 普通筛板塔结构

为提高板效率,使分散相在孔板上易于形成液滴,筛板材料须优先为连续相润湿,因此有时需应用塑料或将塔板涂以塑料,或分散相由板上喷嘴形成液滴,同时选择体积流量大的流体为分散相。

为保证筛板塔的正常操作,在设计中应考虑:①分散相应均匀通过全部筛孔,防止连续相短路导致效率降低。②选择适当的筛孔流速,筛孔流速过低,易形成分散相滴状流出。筛孔流速过高,易产生分散相喷射,对传质均不利。③两相在板间明显分层,且有一定高度的分散相积累层。④连续相经降液管流动时,夹带的分散液滴要少,以避免过大的轴向混合。

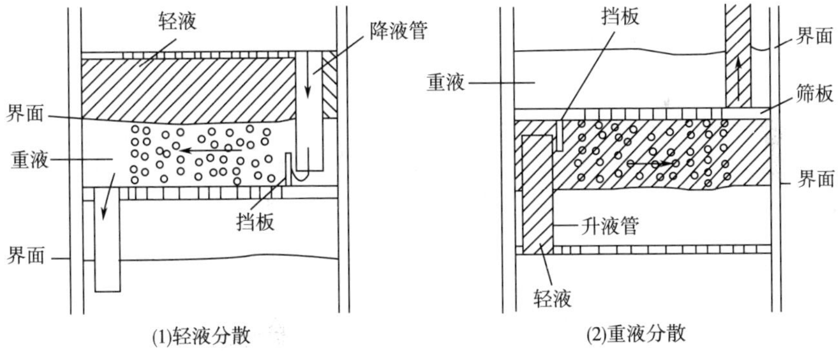


图 5-17 不同分散相的筛板塔结构

### (三)离心式萃取设备

离心式萃取设备,借高速旋转产生的离心力(转速 2000~5000r/min,离心力为重力的几百至几千倍),使密度差很小的轻、重两相以很大的相对速度逆流接触,传质效率高。

转盘萃取塔,是装有回旋搅拌圆盘的萃取设备,结构原理如图 5-18 所示。塔体呈圆筒形,内壁上装有固定环,将塔分隔成许多小室,塔的中心从塔顶插入一根转轴,转盘装其上,转轴由塔顶电动机带动。

在固定环与转盘间有自由空间，自由空间能提高萃取速率，增加流通量，而且能保证使转盘装入固定环开孔部分中央，必要时可将转轴从塔顶抽出。塔顶部和底部是澄清区，同塔中段萃取区有的用格栅相隔。互相接触的两种液体，可间歇加入，也可连续加入，一般用连续加入的方法。并流操作时，两种液体同时从塔顶或者塔底加入塔内；逆流操作时，不管间歇加料还是连续加料，都是重液从塔顶进入，轻液从塔底进入，轻液和重液都可作为连续相。

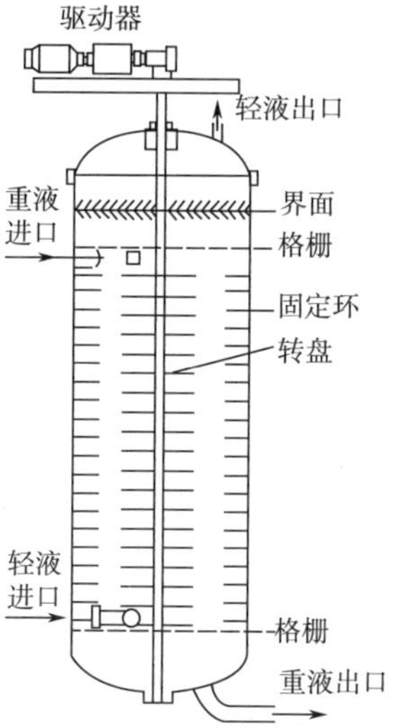


图 5-18　转盘萃取塔

变速电机起动后，圆盘高速旋转，带动两相一起转动，在液体中产生剪切力。剪切力使连续相产生涡流，处于湍动状态，使分散相破裂，形成许多大小不变的液滴，从而增大传质系数及接触界面。固定环在一定程度上抑制了轴向混合，转盘塔萃取效率较高。

转盘萃取器特点：①结构简单。②造价低廉。③维修方便。④操作弹性大。⑤流通量大。⑥不易发生堵塞，因此也适用于处理含有固体物料的场合。

**（四）超临界流体萃取设备**

1. 超临界流体及其性质

超临界流体的性质介于气、液两相，主要表现为：①密度类似液体，溶剂化能力很强。②压力和温度的微小变化可导致密度显著变化。③压力和温度变化可引起相变。④黏度、扩散系数接近气体，具有很强的传递性能和运动速度。⑤介电常数、极化率和分子行为与气、液两相均有着明显差别。

2. 超临界 $CO_2$ 萃取机理

$CO_2$ 的临界温度（$T_c$）和临界压力（$p_c$）为 31.05℃ 和 7.38MPa，处于临界点以上时，$CO_2$ 同时具有气体和液体双重特性。既近似于气体，黏度与气体相近；又近似于液体，密度与液体相近，但扩散系数却比液体大得多。超临界 $CO_2$ 是优良溶剂，能通过分子间相互作用和扩散作用将许多物质溶解。在稍高于临界点区域内，压力稍有变化，即引起密度很大变化，引起溶解度较大变化。因此，超临界 $CO_2$ 可从基体上将物质溶解出来，形成超临界 $CO_2$ 负载相，然后降低载气压力或升高温度，超临界 $CO_2$ 的溶解度降低，这些物质就沉淀出来与 $CO_2$ 分离，达到萃取分离的目的。

超临界 $CO_2$ 萃取的优点：①以在接近室温（35～40℃）及 $CO_2$ 气体笼罩下进行提取，可有效防止热敏性物质的氧化和逸散。因此，在萃取物中可以保持药用植物的全部成分，且能把高沸点、低挥发度、易热解的物质在其沸点温度以下萃取出来。②全过程不使用有机溶剂，萃取物绝无残留溶剂，防止提取过程中的溶剂对人体的毒害和对环境的污染。③萃取和分离合二为一，饱含溶解物的 $CO_2$-SCF（超临界）流经分离器时，由于压力下降使 $CO_2$ 与萃取物迅速成为气-液两相而立即分开，萃取效率高，能耗少。④$CO_2$ 是不活泼气体，萃取过程不发生化学反应，也属于不燃性气体，无味、无臭、无毒，安全性好。⑤$CO_2$ 价格便宜、纯度高、容易取得，生产中可循环使用，可降低成本。⑥压力和温度都是调节萃取过程的重要参数。

通过改变温度或压力可达到萃取的目的。压力固定，改变温度可将物质分离；温度固定，降低压力可使萃取物分离。因此，其工艺简单易掌握，萃取速度快。

3. 超临界 $CO_2$ 萃取过程

将萃取原料装入萃取釜中，采用 $CO_2$ 为超临界溶剂。$CO_2$ 气体经热交换器冷凝成液体，用加压泵把压力提升到工艺所需压力（高于 $CO_2$ 临界压力），调节温度，使其成为超临界 $CO_2$ 流体。$CO_2$ 流体作为溶剂从萃取釜底部进入，与被萃取物充分接触，选择性溶解出所需化学成分。含溶解萃取物的高压 $CO_2$ 流体经节流阀降压到低于 $CO_2$ 临界压力进入分离釜（解析釜），由于 $CO_2$ 溶解度急剧下降而析出溶质，自动分离成溶质和 $CO_2$ 气体两部分。前者为产品，定期从分离釜底部放出。后者为循环 $CO_2$ 气体，经过热交换器冷凝成 $CO_2$ 液体再循环使用。整个分离过程是利用 $CO_2$ 流体在超临界状态下对有机物有特异增加的溶解度，而低于临界状态下对有机物基本不溶解的特性，将 $CO_2$ 流体不断在萃取釜和分离釜间循环，有效地将需要分离萃取的组分从原料中分离出来。

4. 超临界 $CO_2$ 萃取设备

（1）组成

①溶剂压缩机（即高压泵）。②萃取器。③温度、压力控制系统。④分离器和吸收器。

主要设备有：萃取釜、分离器、$CO_2$ 储罐、换热器、精馏柱等，其中，萃取釜为核心设备。

辅助设备有：辅助泵、阀门、背压调节器、流量计、热量回收器等。

（2）$CO_2$ 升压装置的作用　超临界流体发生源由萃取剂储瓶、高压泵及其他附属装置组成，高压泵或压缩机的作用，是将萃取剂由常温常压状态转化为超临界流体。

超临界流体的密度、介电常数及极性，随密闭体系压力的增加而增大，通过程序升压可将不同极性的成分分步提取。提取完成后，改变体系温度或压力，使超临界流体变成普通气体逸散出去，物料中已提取的成分就可完全或基本上完全析出，达到提取和分离目的。

（3）萃取罐的特点　对固体物料，高径比为 1∶（4~5）；对液体物料，高径比为

1∶10。

装卸料方式:对固体物料,装卸料为间歇式;对液体物料,装卸料可采用连续式。中草药萃取多为固体(切制成片状或捣碎成粉粒状),将物料装入吊篮内。如果物料是液体(如传统法人参提取液脱除溶剂),罐内尚需装入环形不锈钢填料。

密封性:萃取罐能否正常连续运行,很大程度上取决于密封结构的严密性。介质通过密封面时压降小于密封面两侧的压降,介质就产生泄漏,萃取罐无法正常工作。

压力要求:萃取罐承受的压力很高,因此研制高强度特种钢材,减小罐壁厚度,节省材料和费用很有必要。

# 任务四　结晶设备

## 一、结晶原理

### (一)晶体的特性

晶体是具有一定几何晶形,一定颜色的固体。物质自溶液中成晶体状析出,或从熔融状态冷却成晶体状凝结的过程称为结晶。

### (二)溶解与结晶

晶体置于溶剂(或未饱和溶液)中时,质点受溶液分子的吸引和碰撞,吸收能量而均匀扩散于溶液中(或与溶液形成化合物、水合物),同时已溶固体质点会碰撞到晶体上,放出能量重新结晶析出。若溶液未饱和,溶解速度大于结晶速度,表现为溶解。

溶解时,在一定温度及压力下(温度 298K,压力 101kPa 的标准状况),1mol 的溶质溶解在大体积的溶剂中时发出或吸收的热量,称为溶解热。溶解热等同于焓值的变化,也称溶解焓。

随着溶解量增加,溶液浓度不断增大,溶解速度与结晶速度趋于相等,溶解与结晶处于动态平衡,这时的溶液称为饱和溶液。物质溶解的量称为溶解度。

随温度升高,质点能量增加,扩散运动增大,溶解度也升高,晶体溶解量增多。想使溶质从溶液中析出,要反方向破坏动态平衡,使结晶速度大于溶解速度。溶液中的溶质含量超过饱和溶液中溶质含量时,溶质质点间引力起主导作用,它们彼此靠拢、碰撞、聚集放出能量,并按一定规律排列析出,这就是结晶过程。工业生产上采用蒸发浓缩,冷却或其他降低溶解度的方法破坏溶液动态平衡,使溶质结晶。

## 二、结晶设备

### (一)搅拌结晶箱

冷却搅拌结晶设备较简单,对于产量较小、结晶周期较短的,多采用立式结晶箱。对产量较大,周期较长的,多采用卧式结晶箱。设备有冷却装置,如冷却排管或冷却夹套,以及促使晶核悬浮和溶液浓度一致,使结晶均匀的搅拌装置。

1. 立式搅拌结晶箱

立体搅拌结晶箱的外形与结构如图 5-19 所示,常用于产量较小的柠檬酸结晶。冷却装置为夹套或盘管,如图 5-20 所示,盘管中通入冷却水或冷冻盐水。浓缩后 55℃的柠檬酸净制液相对密度为 1.34~1.38,浓度接近 81%(质量分数),从图 5-19 进料口流入结晶箱,同时启动两组搅拌器搅拌,使溶液冷却均匀。搅拌器转速 8r/min,对 0.5~1$m^3$ 的结晶箱,用 1.6~2.2kW 的电动机拖动。

(1)实物图

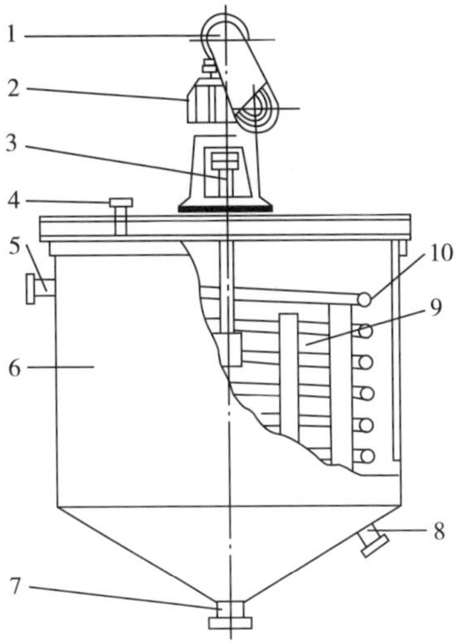


(2)结构图

图 5-19　立式搅拌结晶箱

1—电动机　2—变速器　3—搅拌轴　4—进料口　5—冷却水出口
6—罐体　7—放料口　8—冷却水进口　9—搅拌器　10—冷却盘管

初期可采用快速冷却,1~2h 内降至 40℃,然后,以 2~3℃/h 速度降温。起晶后,再次减慢速度,直至冷却到 20℃,结晶时间为 96h,得到的柠檬酸结晶颗粒比较粗大均匀。结晶成熟后,晶体连同母液一起从设备的锥底放料口放出。

图 5-20　冷却盘管

2. 卧式搅拌结晶箱

卧式搅拌结晶箱有两种:半圆底的卧式长槽多用于谷氨酸钠结晶,外形结构如图 5-21、图 5-22 所示:敞开的卧放圆筒长槽,用于葡萄糖结晶。半圆底卧式长槽槽身高度的3/4处外装夹套，通水冷却。槽内装螺旋带形搅拌桨叶两组，桨叶宽度40mm，螺距600mm，桨叶与槽底距离3~5mm，一组桨叶为左旋向，一组为右旋向。搅拌时可使两边物料都产生向中心移动的运动分速度，或向两边移动的运动分速度。搅拌器由电动机通过蜗杆涡轮减速后带动，搅拌转速很慢，为15r/min。槽身两端端板装有搅拌轴轴承，并装有填料密封装置，防止溶液渗漏。

(1)卧式搅拌结晶机实物图　　(2)左右双螺旋搅拌叶片实物图

图5-21　卧式搅拌结晶机及搅拌叶片实物图

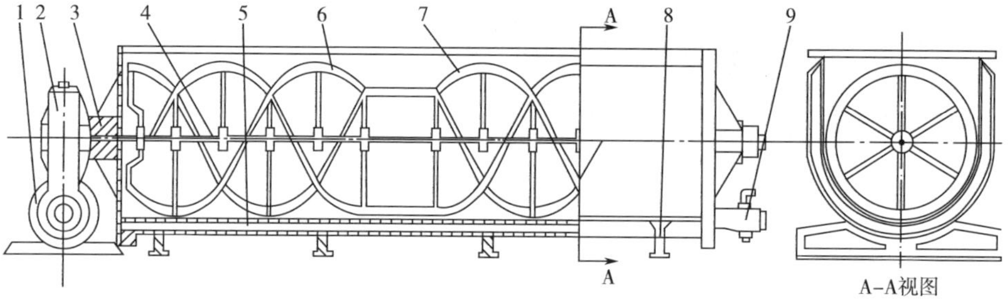


图5-22　卧式搅拌结晶箱结构

1—电动机　2—涡轮减速箱　3—轴封　4—轴　5—夹套
6—右旋搅拌桨叶　7—左旋搅拌桨叶　8—支脚　9—排料阀

转速快慢按需要而定，设备装有两挡速度，可适应高温浓缩糖液进入结晶箱时的迅速冷却结晶，或迅速与上批留下的晶种均匀混合，使箱内溶液的浓度和温度均匀。但是，当温度从50℃降到42~43℃时，溶液中晶体较多，溶液黏度较大，进入保温结晶阶段时，可改用0.45r/min的慢速搅拌，以减少功率消耗。

由于葡萄糖要求卫生条件较高，凡与料液接触的部分均采用紫铜或不锈钢制成，强度要求较高的搅拌轴和搅拌桨叶采用不锈钢制作，以保证产品质量。

卧式结晶箱的特点：体积大，晶体悬浮搅拌消耗动力较小，对结晶速度较快的物料可串联操作，进行连续结晶或育晶。

**（二）Krystal-Oslo 型蒸发式结晶器**

国内外出现许多新型的结晶器，常用的为 Krystal-Oslo 型常压蒸发结晶器，如图 5-23 所示，由蒸发室与结晶室两部分组成。原料液经外部加热器预热后，在蒸发器内迅速蒸发，溶剂被抽走，同时起到冷却作用，使溶液迅速进入介稳区并析出晶体。

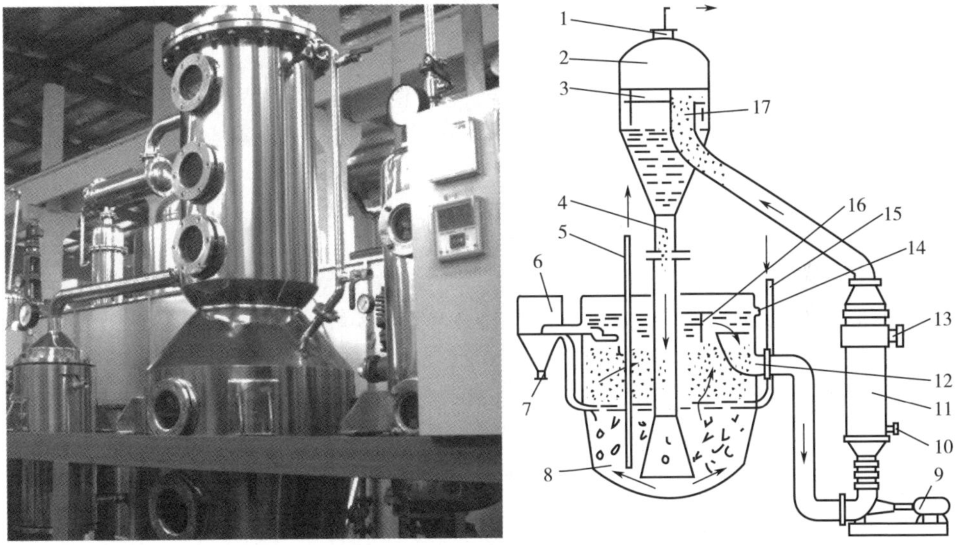


(1)实物图　　(2)结构图

图 5-23　Krystal-Oslo 型结晶器

1—二次蒸气抽出口　2—蒸发室　3—溶液均布环　4—大气腿　5—结晶出口　6—细晶分离器
7—蒸气入口　8—结晶槽　9—循环泵　10—冷凝水出口　11—热交换器　12—循环液出口
13—加热蒸气入口　14—溢流口　15—料液入口　16—挡板　17—蒸发室入口

Krystal-Oslo 型蒸发式结晶器的优点：①操作在减压条件下进行，可维持较低温度，使溶液产生较大的过饱和度。②循环液中基本不含晶体颗粒，可避免循环泵叶轮与晶粒发生碰撞造成二次成核。③结晶室具有粒度分级作用，使结晶产品颗粒大而均匀。

缺点：①因母液循环量受产品颗粒在饱和溶液中沉降速度的限制，操作弹性较小。②加热器内容易出现结晶层而导致传热系数降低。③加热面附近溶剂汽化较快，溶液过饱和度不易控制，因而难以控制晶体颗粒大小。

适用于对产品晶粒要求不严格的结晶过程。

## 习题

### 一、名词解释

1. 结晶;2. 萃取;3. 蒸发;4. 蒸馏。

### 二、填空题

1. 萃取技术是________发展起来的新的分离技术。它是利用溶质在两种________或________的液相之间不同的分配性质实现________或________的单元操作。

2. 蒸发操作,主要由________和________两部分组成。

3. 多效蒸发的流程有________、________和逆流加料法。

### 三、选择题

1. 蒸发在制药过程中应用目的不包括(　　)。

A. 药物溶液的浓缩　　B. 喷雾干燥前的预处理

C. 减少溶液体积　　D. 回收溶剂

E. 提纯分离溶剂

2. 对热不稳定的浸出液应采用(　　)。

A. 简单蒸馏　　B. 常压蒸馏　　C. 加压蒸馏　　D. 减压蒸馏

E. 水蒸气蒸馏

3. 常用的膜式蒸发器不包括(　　)。

A. 升膜式蒸发器　　B. 降膜式蒸发器

C. 离心薄膜蒸发器　　D. 刮板式薄膜蒸发器

E. 隔膜蒸发器

4. 下列对于膜式蒸发器的特点描述错误的是(　　)。

A. 传热效率高　　B. 蒸发速度快

C. 适合热敏性药液的浓缩　　D. 器内存液量少

E. 适用于易结晶或易结垢的溶液

5. 对流化床干燥器描述错误的是(　　)。

A. 床内温度均匀　　B. 良好的传热传质

C. 结构简单　　D. 热效率高

E. 容易造成杂质混入

6. 料液同时加入各效,完成液同时从各效引出的是(　　)。

A. 并流加料法　　B. 顺流加料法

C. 逆流加料法　　D. 平流加料法

E. 多效蒸发法

**四、判断题**

1. 舌形塔板属于填料塔。(　　)

2. 常用的重蒸馏水器不包括塔式蒸馏水器。(　　)

3. 结晶过程中,溶液冷却而无须与冷却面接触,溶液被蒸发而不需设置换热面的结晶器是真空式结晶器,避免了器内产生大量晶垢的缺点。(　　)

**五、问答题**

1. 简述萃取操作的有关基本概念。

2. 简述超临界二氧化碳萃取的过程。

3. 什么是结晶？结晶有何意义？

4. 一次蒸汽与二次蒸汽有何不同？

5. 简述单效蒸发与多效蒸发的区别。

# 项目六　干燥设备

## 教学目标

**●知识目标**

熟悉干燥操作在制药生产中的作用；熟悉冷冻干燥、微波干燥的原理及特点；熟悉真空干燥设备的结构、工作原理、特点及适用场合。

**●能力目标**

掌握气流干燥设备的正确使用与维护的要点；掌握沸腾干燥设备正确使用与维护的要点；掌握真空干燥和真空冷冻干燥设备正确使用与维护的要点；掌握微波干燥设备正确使用与维护的要点。

**●素质目标**

熟悉岗位要求；掌握操作规程；拥有安全意识。

**●课前思考**

输送设备的分类有哪些？输送设备运用的场合有哪些？

**●认知解读**

干燥可去除物料中的湿分，是保证药物质量的重要环节，主要方法有加热干燥和冷冻干燥。常用的干燥设备有厢式干燥器、隧道式干燥机、微波干燥机、冷冻干燥机等。应了解干燥设备的分类方法，理解干燥设备的结构、工作原理、性能特点，掌握常用厢式干燥器、隧道式干燥机的操作要点、注意事项及维护保养方法。

干燥是利用加热除去固体物料中湿分（水分或其他溶剂）并利用气流或真空带走汽化的湿分，从而获得合格固体产品的过程，为制药生产中不可缺少的单元操作。

药物中含水量有一定要求，若含水量过高，易导致颗粒剂结块、发霉变质等不良后果。如颗粒剂的含水量要求不得超过3%，否则会导致药物失效，甚至危害人体健康。药物经干燥后，由于除去了湿分，更便于加工、运输、贮藏和使用，同时，也大大增加了药品稳定性，干燥在制药工业中应用十分广泛。

根据除去湿分的原理不同，常用以下几种方法去除湿分：①机械法。②物理化学法。③加热干燥法。④冷冻干燥法。

### 1. 机械法

当固体湿物料中含液体较多时，可先用沉降、过滤、离心分离等机械分离的方法除去其中大部分的液体，这些方法能耗较少，但湿分不能完全除去，该方法适用于液体含量较高的湿物料的预干燥。

2. 物理化学法

将干燥剂如无水氯化钙、硅胶、石灰等与固体湿物料共存，使湿物料中的湿分经气相转入干燥剂内。这种方法费用较高，只适用于实验室小批量低湿分固体物料（或工业气体）的干燥。

3. 加热干燥法

向湿物料供热，使其中湿分汽化并将生成的湿分蒸汽移走的方法，该方法适用于大规模工业化生产的干燥过程。

4. 冷冻干燥法

将湿物料冷冻，利用真空使冻结的冰升华变为蒸汽而除去的方法。利用冷冻干燥可以较好地保持物料的品质，适用于不能用加热方法除去湿分的热敏性药物、生物制剂的干燥。

根据热量传递方式可将各种干燥设备分为三大类：对流式、传导式、辐射式。按干燥方法可分为真空干燥设备、气流干燥设备、沸腾床干燥设备、喷雾干燥设备、冷冻干燥设备、微波干燥设备、红外线干燥设备等。

# 任务一　气流干燥设备

由于被干燥的物料形态多样（如颗粒状、粉末状、浓缩液状、膏状流体等），物料的理化性质又各不相同（如热敏性、黏度、酸碱性等）、生产规模和产品要求各异等因素，在实际生产中采用的干燥方法和干燥器的类型也各不相同。

## 一、热干燥设备

### （一）厢式干燥器

厢式干燥器又称为烘箱，分蒸汽加热、电加热两种，适用于药品、药材的干燥，器具的干燥和消毒。

1. 平流式厢式干燥器

（1）结构　厢体、隔板架子、加热器、气流调节器、鼓风机等。

（2）工作原理　热源多为蒸汽加热管道，干燥介质为空间自然空气（经过滤进入净化区的洁净空气）及部分循环热风，烘盘装载被干燥的物料，干燥过程中物料保持静止状态，料层厚度一般为 10mm。热风沿着物料表面和烘盘底面水平流过，同时与湿物料进行热交换并带走被加热物料中汽化的湿气，热风在循环风机的作用下，部分从排风口放出，同时由进风口补充部分湿度较低的新鲜空气，与部分循环的热风一起加热进行干燥循环，当物料湿分含量达到工艺要求时停机出料，使用温度:蒸汽加热 50~140℃,最高 150℃,如图 6-1 所示。

(1)实物图

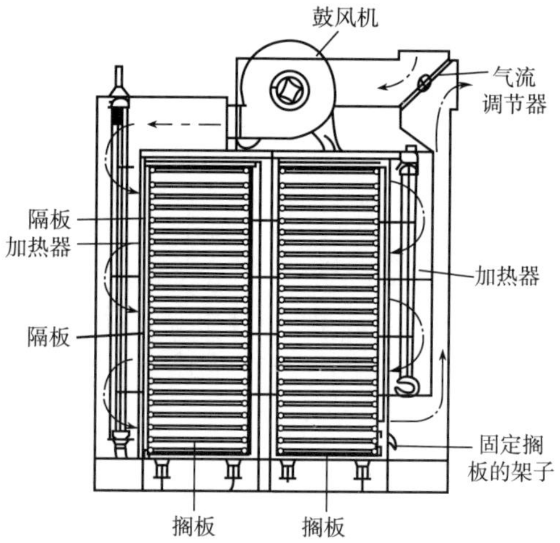


(2)结构图

图 6-1　平流式厢式干燥器

2. 穿流式厢式干燥器

(1)结构　干燥器主体、循环风机、蒸汽加热系统、料盘、排湿系统、电气控制箱等。

(2)工作原理　与平流式厢式干燥器基本相同,区别仅在于料盘有孔,形成穿流,中药材的干燥效率高于粉料,如图 6-2 所示。

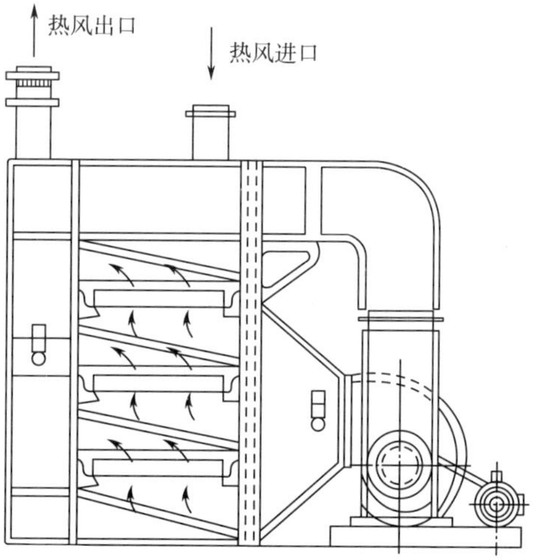


图 6-2　穿流式厢式干燥器

热风循环烘箱的优点为结构简单、设备投资少、适用范围广,可干燥各种物料,如原料药、生药、中药饮片、粉剂、颗粒、冲剂、大小蜜丸等。干燥程度可通过改变干燥时间和干燥介质状态来调节。大部分热风在厢内循环,热效率高,节约能源。利用强制通风作用,厢内设有可调式分风板,物料干燥均匀。热源可采用蒸汽、导热油、热水、电、远红外线等,选择广泛。整机噪声小,运转平衡,温度自控,安装维修方便。

缺点为由于物料是静止的,气流依次并行掠过各层的表面,故产品的干燥程度不均匀,生产能力低,装卸物料的劳动强度大,操作条件较差。可改成穿流式，即在浅盘底部开出许多通气小孔，使干燥介质穿过料层，但结构相对复杂。

3. 厢式干燥器操作规程

(1)使用前先检查干燥器的性能是否正常，尤其是温度调节器。

(2)打开出气孔，便于水蒸气排出。

(3)干燥后，及时切断电源，等温度降至室温，取出药品或物品，将温度调节器复位。

**(二)流化床干燥器**

沸腾干燥器，又称为流化床，它是由空气过滤器、加热器、沸腾床主机、旋风分离器、布袋除尘器、高压离心风机、操作台组成，如图 6-3 所示。由于干燥物料的性质不同，配套除尘设备时，可按需要考虑，可同时选择旋风分离器、布袋除尘器，也可选择其中一种，一般来说相对密度较大的，如冲剂及颗粒物料干燥只需选择旋风分离器，相对密度较小的小颗粒状和粉状物料需配套布袋除尘器，并备有气力送料装置及皮带输送机供选择。

图 6-3　流化床干燥器

基本工作原理：利用热空气流使湿颗粒悬浮，呈流化态，似“沸腾状”，当气流速度被控制在某一区间时，湿物料就会被吹起，但又不会被吹走，处于近似沸腾的悬浮状态，即流化状态，称之为流化床。气流速度区间的下限称为临界流化速度，上限称为带出速度。处于流化状态时，热气流在湿颗粒间流过，于动态下与湿颗粒之间进行传热传质交换，湿物料最终被干燥。可干燥的物料多为粉状、颗粒状、晶状。被干燥物的含水率一般为 10%~30%，物料粒度在 120 目以内。

散粒状固体物料由加料器加入流化床干燥器中，过滤后的洁净空气加热后由鼓风机送入流化床底部，经分布板与固体物料接触，形成流态化达到气-固的热质交换。物料干燥后由排料口排出，废气由沸腾床顶部排出，经旋风除尘器组和布袋除尘器回收固体粉料后排空。它适用于散粒状物料的干燥，如医药药品中的原料药、压片颗粒、中药冲剂等的干燥。物料的粒径最大可达 6mm，最佳为 0.5~3mm。

1. 类型

单层流化床干燥器、多层流化床干燥器、卧式多室流化床干燥器、振动流化床干燥器、机械搅拌流化床干燥器等。

流化床干燥器可实行自动化生产，是连续式干燥设备。干燥速度快、温度低，能保证产品质量，符合药品生产 GMP 要求，蒸汽、电、热风炉均可配用。

2. 特点

(1)在流化床中，气-固间的高度混合，使整个床内温度均匀，无局部过热现象。

(2)良好的传热介质,加上气-固接触面积大,传热系数高,干燥速度快。

(3)由于物料颗粒的剧烈跳动,表面的气膜阻力大大减少,热效率可高达60%~80%。

(4)由于干燥室密闭性好,物料不与其他机件接触,不会有杂质混入,因而特别适合于制药生产的干燥。

(5)物料依靠进、出口床层高度差,自动流向出口,不需要输送装置。

(6)操作控制容易,床层温度均匀并可调节。

为避免普通流化床的沟流、死区和团聚等情况的发生,将机械振动施加于流化床上,形成振动流化床干燥器。振动能使物料流化形成振动流化态,可以降低临界流化气速,使流化床层的压降减小,提高流化效果。调整振动参数,可以使普通流化床的返混基本消除,形成较理想的定向塞流。振动流化床干燥器的不足是噪声大,设备磨损较大,对湿分含量大、团聚性较大的物料干燥不很理想,如图 6-4 所示。

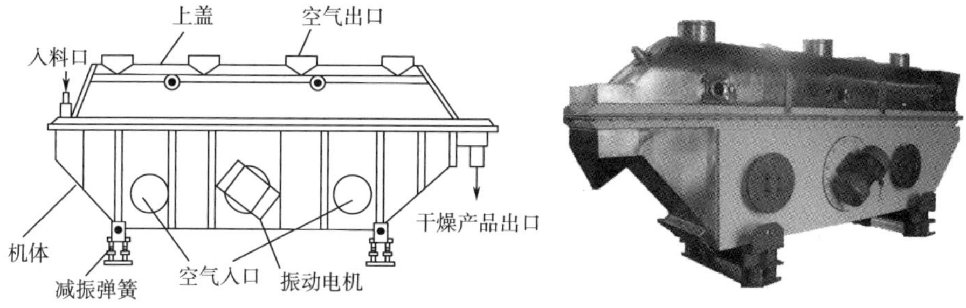


(1)示意图　　(2)实物图

图 6-4　振动流化床干燥器

### (三)喷雾干燥器

喷雾干燥器是将流化技术应用于流体物料干燥的一种有效的设备。干燥产品可根据工艺要求制成粉状、颗粒状,甚至空心球状,在制药工业中得到了广泛的应用。主要包括原料液供给系统、空气加热系统、干燥系统、气-固分离系统及控制系统,其中关键部分是干燥系统,包括雾化器、干燥室等,如图 6-5 所示。

#### 1. 工作原理

喷雾干燥利用雾化器将溶液、乳浊液、混悬液或膏状料液分裂成细小雾状液滴,在其下落过程中,与热气体接触进行传热传质,瞬间将大部分水分除去而成为粉末状或颗粒状的产品。成品以粉末状沉降于干燥室底部,连续或间断地从卸料器排出,或应用于不能借结晶方法得到固体产品的生物制品生产中,如某些抗生素类药物的干燥。

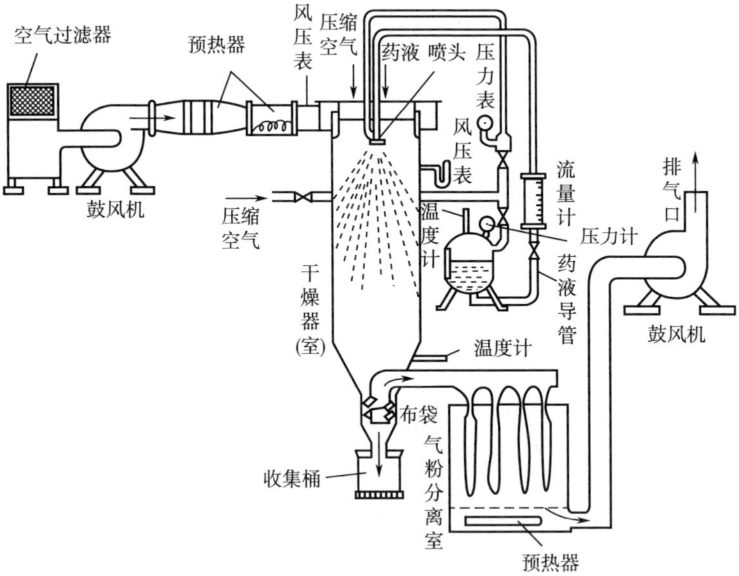


图 6-5　喷雾干燥器

2. 喷雾干燥器的特点

(1)干燥迅速,不改变物料的理化性质;干燥时间短,一般只需要 20~30s 就可以完成干燥过程,具有瞬间干燥的特点。

(2)由物料直接获得干燥产品,简化了蒸发、结晶、分离及粉碎等单元操作。

(3)恒速干燥阶段温度很低,约为 45℃,由于迅速干燥,最终产品的温度也不会高,适合于热敏性物料的干燥。

(4)环境卫生好,生产过程简单,操作控制方便,适宜于连续化、自动化生产。

(5)缺点是当热风温度低于 150℃时,热交换情况差,需要设备的体积较大,清洁工作量大,能耗高;回收粉尘的分离设备等辅助设备要求高;有时会发生黏壁现象。

**(四)中药浸膏喷雾干燥器**

中药浸膏喷雾干燥器是专门用来解决中药浸膏和植物撮液的干燥器,如图 6-6 所示。

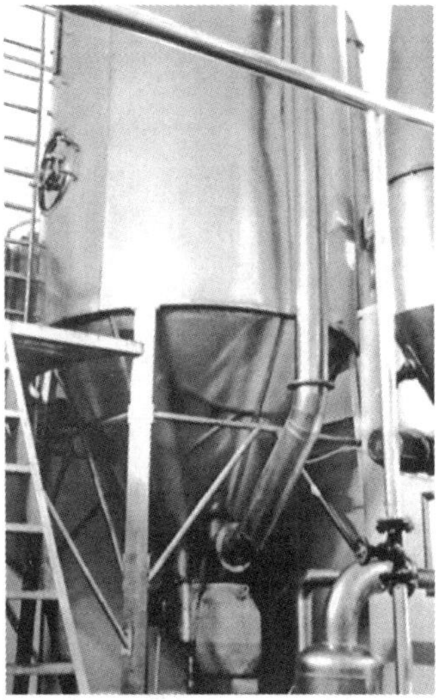

图 6-6　中药浸膏喷雾干燥器

其采用全封闭形式,所有部件均采用不锈钢制造,配有三级净化装置,过滤后的空气达十万级要求。筒体与顶部装有冷壁装置,使壁温<80℃,物料

在壁上停留也不会焦化变质,大大增加了收粉率(达95%以上),而且不会产生混药现象和黏壁现象。干燥后的物料颜色好且不变质,大大提高了工厂的经济效益,采用了三级空气净化,使进风达到10万级要求。整个体积是原标准离心喷雾器的3.5倍。

采用快开冲洗装置,适用于多品种生产要求;除尘采用了湿式除尘,使粉尘无外出,符合环保要求;采用气扫装置,效果好;雾化器采用变频调速;采用电气控制(PLC)控制,全程控制系统屏幕显示;可以配有冲洗装置;采用干空气密闭输送,如图6-7所示。

(1)扫壁系统　(2)控制系统　(3)冷冻除湿冷却系统

图6-7　喷雾干燥器

喷雾干燥器的操作规程如下所示。

1. 开车前的准备工作

(1)确认水、气、电已满足设备要求,所有紧固件紧固可靠,检查门已关紧。

(2)启动真空泵把药液抽到压料罐内,开启蒸汽阀门加热药液至60~80℃。

(3)检查各部位风管、人孔、收集桶及各连接处有无漏气现象,检查气刷运转是否灵活。

(4)打开蒸汽加热器进汽阀门和回水阀门,对喷雾干燥器进行预热。

(5)启动风机。

(6)开启电加热器。

(7)启动空压机,将压力提高到0.4MPa。

2. 喷料操作

(1)当进塔气温达到150~180℃时(可根据实际情况而定),压缩空气压力达到0.4MPa即可进行喷料。

(2)开启压料罐进气阀,调节压料罐内压力至0.18~0.2MPa,将药液压至喷嘴,进行喷雾干燥。

(3)开启气刷减速机,并开启密封体的进气,使气刷吹刷塔壁上积存的干粉。

(4)观察塔内喷料情况,若喷雾较少,则慢慢调大进料阀,使流量、风温适宜,并符合规定值为止。

3. 停车

(1)关闭电加热器和蒸汽加热器。

(2)关闭进料阀门,同时减压停止喷料。

(3)打开人孔,清扫塔壁。

(4)关闭压缩机和减速机。

(5)卸下收集桶,把干料粉装进密封性能好的容器内称量后保存。

(6)关闭电源。

4. 清洗

每批生产结束或发生严重黏壁现象及塔内干粉烧焦时,必须对塔壁进行清洗。

(1)塔壁的清洗　关闭塔进、出口风管的蝶阀,打开塔底出口风管底部的放水旋塞和人孔,用软管接上饮用水直接冲洗塔壁,必要时进入塔内用抹布把塔壁上的药膏全部擦掉。废水从旋塞处排掉。

(2)压料罐的清洗　将压料罐内装入饮用水,用抹布把罐壁清洗干净,废水从罐底放水阀门排出。

(3)料液管的清洗　将压料罐内装入饮用水,开启压缩机,用压缩空气将清水从料液管的进口压入,从喷嘴压出,直到喷嘴流出清水为止。

(4)喷嘴的清洗　将喷嘴拆下,分解各部件,逐一清洗后组装。

(5)清洗完毕后,打开进、出口风管的蝶阀,旋紧放水旋塞。

5. 维护和保养

(1)喷嘴的保养　喷嘴是喷雾干燥的关键部件,须特别注意爱护和保养。使用一段时间后要进行检查是否有磨损现象,如有严重磨损且影响雾化效果和产品质量时,予以更换。

(2)减速机的保养　减速机使用一段时间后(2~3 年),要进行拆卸检查,更换润滑油。如有严重磨损零件,要予以更换。

(3)电加热器的保养　电加热器使用半年后,要卸下进行检查、修理或更换。

(4)每次工作完毕,应用清水启动料液泵数分钟,洗尽残余物料。

(5)运行 2h 左右,将油水分离器底部放水阀门打开,放掉油水后再关闭。当空气湿度大时,要适当增加放水次数。油水分离器除因堵塞需及时清洗外,一般使用 6 个月后要用汽油清洗滤网 1 次。

(6)要经常清扫视镜上的药粉,以便观察塔内的喷雾情况。

(7)全套设备必须定期检查、维护,保持正常运转,仪器、仪表应保持清洁、干燥,设备周围和操作现场要经常打扫,保持整洁。

### (五)微波干燥器

微波干燥属于介电加热干燥。水分子是一种极性很大的小分子物质,属于典型的偶极子,介电常数很大,在微辐射作用下,极易发生取向转动,分子间产生摩擦,辐射能转化成热能,温度升高,水分汽化,物料被干燥。制药生产中常使用微波的频率为2450MHz。

微波干燥设备主要构成见图6-8。

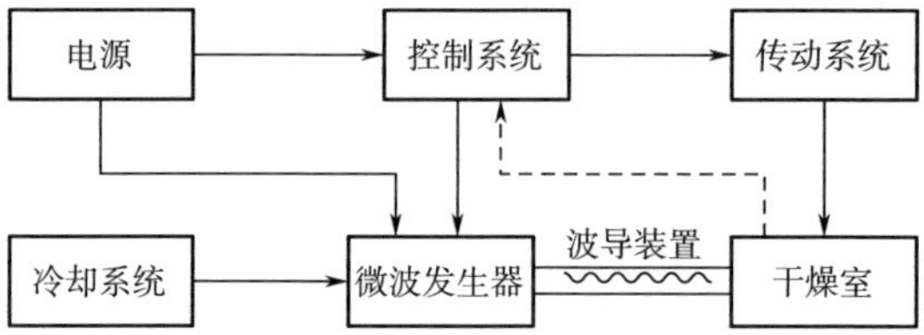


图6-8 微波干燥系统组成示意图

1. 微波干燥的工作原理

将湿物料置于高频电场内,湿物料的水分子在微波电场的作用下,被极化并沿着微波电场的方向整齐排列,由于微波电场是一种高频交变电场,当电场不断交变时,水分子会迅速随着电场方向的交互变化而转动,并产生剧烈的碰撞和摩擦,结果使一部分的微波能量转化成分子运动的能量,以热能的形式表现出来,使水的温度升高并挥发,从而达到干燥的目的。

2. 微波加热器的类型

(1)箱式微波炉　是利用驻波场的微波进行加热干燥的设备,如图6-9所示。由矩形谐振腔、输入波导、反射板、搅拌器等组成。矩形谐振腔是由金属构成的矩形中空六面体,其中一面装反射板和搅拌器,一面装支撑加热物料的底板,侧壁上设炉门和排湿孔。炉门结构有特殊要求,应密闭性好,微波能量泄漏控制在安全范

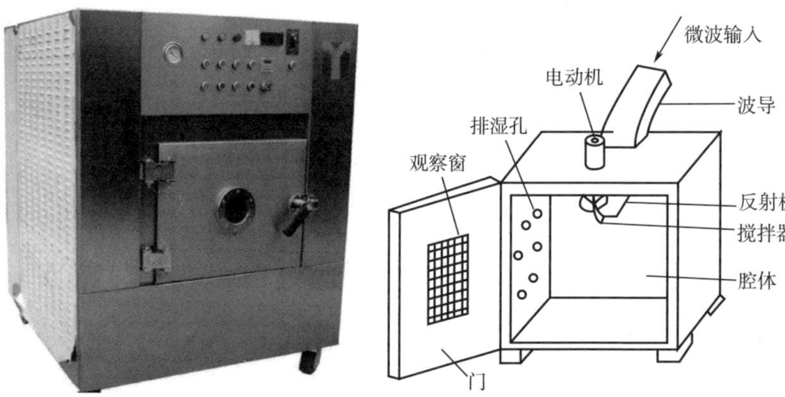


(1)实物图　(2)示意图

图6-9 箱式微波炉

围内。物料在微波炉内受热蒸发的水分，通过风机由排湿孔排出，否则影响干燥效率。

（2）平板形连续微波干燥器　连续微波干燥设备如图 6-10 所示。物料通过输送带不断送入，干燥制品由输送带不断送出，可实现连续化生产。

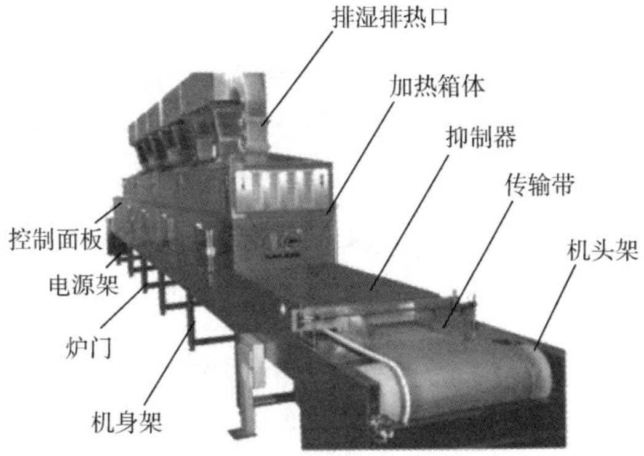


(1)实物图

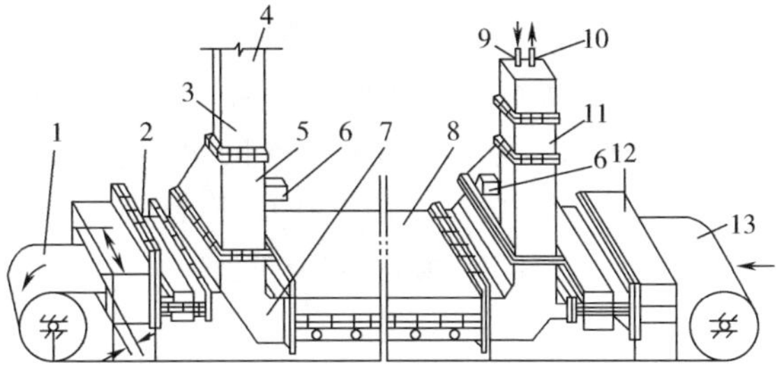


(2)结构图

图 6-10　平板形连续微波干燥器

1—输送器　2—抑制器　3—BJ22 标准波导　4—接波导输入口　5—锥形过滤器　6—接排风机　7—放大直角弯头　8—主加热器　9—冷水进口　10—热水出口　11—水负载　12—吸收器　13—进料端

### 3. 微波干燥器的特点

（1）干燥温度低　微波干燥与其他普通干燥相比，加热温度低，整个干燥环境的温度也不高，操作过程属于低温干燥。

（2）加热、干燥速度快　微波干燥与其他普通干燥相比，加热速度要快数十倍至上百倍；干燥中传质动力是压降，所以干燥速度非常快，干燥时间大大缩短，生产效率得以提高。

（3）产品质量好　由于是内外同时加热，很少发生结壳现象。适于干燥过程中容易结壳以及内部的水分难以去尽的物料。

（4）具有灭菌功能　微波能抑制或致死物料中的有害菌体，达到杀菌灭菌的效果。

(5)操控简单　能量的输入可以通过开关电源实现,操作简便,且加热速度和强度可通过功率输入的大小调节实现。

(6)设备体积小　由于生产效率高,能量利用率高,加热系统体积小,因此整个干燥设备体积小,占地面积少。

(7)安全性高　对于易燃易爆及温度控制不好且易分解的化工产品,微波干燥较安全。

(8)费用高　微波干燥的设备投入费用较大,微波发射器容易损坏,技术含量高,使得传热传质控制要求比较苛刻,而且微波对人体具有伤害作用,应用受到一定的限制。

目前较为普遍的应用方法是将微波干燥和普通干燥联合使用,如热空气干燥与微波干燥联合,喷雾干燥与微波干燥联合,真空冷冻与微波干燥联合等。

## 二、真空冷冻干燥

真空冷冻干燥简称冻干,是将物料预先冻结至冰点以下,使物料中的水分变成冰,然后降低体系压力,冰直接升华为水蒸气,因而又称为升华干燥。冷冻干燥特别是对热敏感、易氧化、在溶液中不稳定的药物均可使用,尤其适用于抗生素、激素、核酸、血液和一些免疫制品等对温度敏感的药物干燥,属于热传导式干燥器。

冷冻干燥的过程,如图 6-11 所示。需要干燥的物料先经冻结阶段,使水分结成冰,然后置于真空干燥箱中升华蒸发。通常在 0.5~1mmHg(1mmHg=0.133kPa)的真空度和-25℃下,才能保证冷冻干燥的顺利进行。

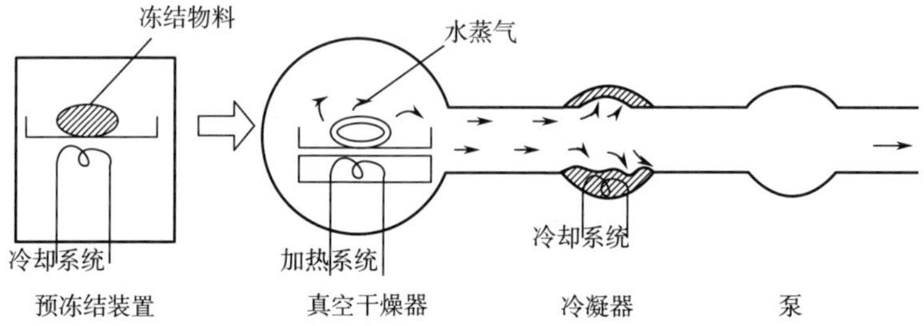


图 6-11　真空冷冻干燥过程

### (一)组成

冷冻干燥器主要由冷冻干燥箱、真空机组、制冷系统、加热系统、冷凝系统、控制及其他辅助系统组成。冷冻干燥器的设备要求高,干燥装置也比较复杂,如图 6-12 所示。

#### 1. 冷冻干燥箱

冷冻干燥箱是密封容器,是冷冻干燥器的核心部分。当进行干燥时,内部被抽成真空,箱内配有冷冻降温装置和升华加热搁板,器壁上有视窗。

图 6-12　真空冷冻干燥设备

2. 真空系统

真空条件下冰升华后的水蒸气体积比常压下大得多,要维持一定的真空度,对真空系统要求较高。一般采取的方法有两种:第一种是在干燥箱和真空泵之间加设冷凝器,使抽出的水分冷凝,以降低气体量;第二种是使用两级真空泵抽真空,前级泵先将大量气体抽走,达到预抽真空度的要求后,再使用主泵。前者用于大型冻干机,后者则用于小型冻干机。

3. 制冷系统

制冷系统用于干燥箱和水气凝华器的制冷。根据制冷的循环方式,制冷分为单级压缩制冷、双级压缩制冷和复叠式制冷。单级压缩制冷只使用一台压缩机,设备结构简单,但动力消耗大,制冷效果不佳。双级压缩制冷和复叠式制冷使用两台压缩机,双级压缩制冷使用低、高压两种压缩机。复叠式制冷则相当于高温和低温两组单级压缩制冷通过蒸发冷凝器互联而成,这种配置能获得较低的制冷温度,应用较广泛,但动力消耗较大。

4. 加热系统

加热系统的供热方式可分为热传导和热辐射,传导供热又分为直热式和间热式。直热式以电加热方式直接给搁板供热;间热式用载热流体为搁板供热。热辐射主要采用红外线加热。

**(二)冷冻干燥的优点**

(1)冷冻干燥在低温下进行,对热敏性物质特别适用,如蛋白质、微生物不会发生变性或失去生物活力,因此,在医药上得到广泛应用。

(2)低温下干燥时,物质中一些挥发性成分损失很小,适合一些化学产品、药品和食品干燥。

(3)冷冻干燥过程中,微生物生长和酶的作用几乎无法进行,因此能保持原来性状。

(4)在冻结状态下干燥,因此体积几乎不变,保持原来结构,不发生浓缩现象。

(5)干燥后的物质疏松多孔,呈海绵状,加水后溶解迅速完全,几乎立即恢复原来的性状。

(6)干燥在真空下进行,氧气极少,因此易氧化物质可以得到保护。

(7)干燥能排除95%~99%水分,干燥后产品能长期保存不变质。

因此,冷冻干燥在生物制品、医药工业、食品工业、科研和其他部门得到广泛应用。

**(三)冷冻干燥的缺点**

(1)由于对设备的要求较高,设备投资和操作的费用较大,动力消耗大。

(2)由于低温时冰的升华速度较慢,装卸物料复杂,导致干燥时间比较长,生产能力低。因此,这种方法的应用受到一定的限制。

**(四)真空冷冻干燥过程及设备**

真空冷冻干燥过程,分2个阶段:第一阶段,在低于熔点的温度下,使物料中固态水分直接升华,98%~99%水分在这一阶段除去。第二阶段,将物料温度逐渐升高,甚至高于室温,水分汽化除去,水分减少到0.5%。

冷冻干燥系统由4部分组成,即冷冻装置、真空装置、水气去除装置和加热部分(干燥室)。

用于生物制品的真空冷冻干燥机和真空冷冻干燥流程如图6-13、图6-14所示,预冷冻和干燥在一个箱内完成。待干燥物料放入干燥室内,开动预冷用冷冻机对物料冷冻,随之冷凝器和真空装置实现升华干燥操作。加热器用于冷凝器内化霜使用。第一阶段升华干燥结束后,开启加热循环油泵(11)对干燥室加热升温,使之水分汽化排出剩余部分。冷冻干燥系统为间歇式操作,设备结构简单、投资少、效率不高,适用于 $50m^2$ 以下的场合。

(1)外部图

(2)内部图

图6-13　真空冷冻干燥机

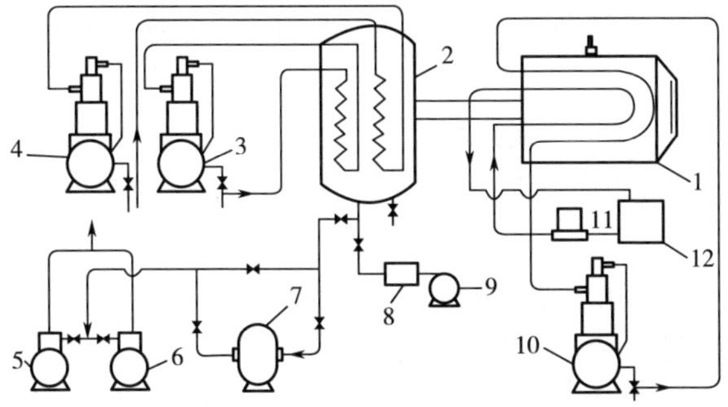


图 6-14　冷冻干燥机工作流程

1—干燥室　2—冷凝器　3,4—冷凝冷冻机　5,6—前级泵　7—后级泵　8—加热器
9—风扇　10—预冷用冷冻机　11—循环油泵　12—油箱

另一种为连续式冷冻干燥系统,即冷冻部分在速冻间完成,升华除水在干燥室内进行,系统效率高、产量大、设备复杂、投资较大。

冷冻干燥设备从 0.1$m^2$ 至上千平方米已形成系列化、标准化产品,生产过程逐步由间歇式向连续式转化,实现计算机控制,应用范围及领域不断扩大。如著名的丹麦 Atlas 公司生产的冻干机占世界用量近 1/3,德国的 Leybold 公司、日本的真空技术株式会社、东洋株式会社、美国的 Stokes 公司及 Virtis 公司等,都拥有先进的技术和设备。我国生产的 TH-FD50 型、DG 系列、SZDG 系列、ZLG 系列等冻干机也获得广泛应用。

## 习题

**一、名词解释**

1. 辐射干燥;2. 冷冻干燥;3. 喷雾干燥;4. 沸腾干燥。

**二、填空题**

1. 在间歇式干燥过程中,将湿物料__________放入干燥器内,待产品合格后__________取出。

2. 干燥操作是__________与__________同时进行的过程,干燥过程的速率由__________和__________共同决定。

3. 干燥速度是指于__________所能汽化的__________。

4. 气流干燥适用于颗粒直径__________的物料。

**三、选择题**

1. 蒸汽压缩式制冷,包括压缩、冷凝、膨胀和(　　)4 个阶段。

A. 做功　　B. 蒸发　　C. 洗涤　　D. 冷却

2. 为确保人类生存的地球环境不再恶化，(　　)将逐渐被新型的环保制冷剂所取代。

A. 水蒸气　　B. 二氧化碳　　C. 氨　　D. 氟利昂

3. 气流喷雾干燥设备，是依靠(　　)MPa 的压缩空气高速流过喷嘴时，将料液吸入并被雾化。

A. 0~0.3　　B. 0.25~0.6　　C. 0.3~1.0　　D. 1.2 以上

4. 在沸腾干燥过程中，呈沸腾状态的物料之间的关系是(　　)。

A. 相互接触并挤压在一起　　B. 相互分开漂浮在热气流中

C. 相互之间有黏结　　D. 被热气流吹散

**四、判断题**

1. 喷雾干燥的关键是料液的雾化，它关系到喷雾干燥的技术经济指标、产品质量。(　　)

2. 微波加热干燥，是一种介电加热干燥。(　　)

3. 水的三相变化温度，是与压力直接有关的。随着压力的降低，水的冰点变化不大，而沸点则迅速增加。(　　)

4. 微波干燥只适用于含极性分子的湿物料，否则没有干燥效果。(　　)

**五、问答题**

1. 什么是干燥？维持对流干燥操作顺利进行的必要条件是什么？

2. 在干燥操作中，采用什么方法可使湿空气的相对湿度降低？

3. 简述冷冻干燥的基本原理。

4. 简述微波干燥的基本原理。

# 项目七　粉碎、筛分、混合、均化设备

## 教学目标

**●知识目标**

熟悉粉碎、筛分、混合、均化的基本概念；熟悉粉碎、筛分、混合、均化设备的结构、工作原理、特点及适用场合。

**●能力目标**

掌握常用的粉碎、筛分、混合、均化设备的操作方法以及维护方法。

**●素质目标**

熟悉操作规程；培养安全、环保的意识。

**●课前思考**

粉碎的作用是什么？物料筛分的要求是什么？什么方式对物料混合效果比较好？均化的应用场合有哪些？

**●认知解读**

粉碎是药物生产必不可少的环节，使用万能粉碎机、球磨机等设备，运用撞击、挤压、截切等方式对物料进行粉碎；粉碎后的物料过筛，达到所需的粒度后，再进行混合。操作者应掌握筛分设备的结构、工作原理、性能特点，常用的粉碎、筛分、混合设备的操作要点、注意事项及维护保养方法。

## 任务一　粉碎设备

在制药生产中原料和辅料种类繁多，性质差异甚大，尤其是复方制剂中常常将几种乃至几十种物料混合一起粉碎，所得药粉的粗细更难以均匀一致，要获得均匀一致的物料，常需要将固体原药材或原药材提取物适度粉碎，以便以后生产。

粉碎的目的是便于提取，有利于药物中有效成分的浸出或溶出；有利于制备多种剂型，如散剂、颗粒剂、丸剂、片剂等均需事先对固体物料进行粉碎；便于各组分混合均匀以及调剂和服用，以适应多种给药途径；增加药物的表面积，有利于药物溶解与吸收，从而提高生物利用度，达到临床给药的目的。

粉碎是借助机械力或其他方法将大块固体物料破碎成适宜程度的碎块或细粉的操作过程，粉碎技术直接关系到药品的质量和应用性能。

粉碎的方法有单独粉碎与混合粉碎、干法粉碎与湿法粉碎及低温粉碎等。粉碎机按类型分为：机械式粉碎机、气流粉碎机、低温粉碎机、研磨机。

## 一、万能粉碎机

万能粉碎机利用活动齿盘和固定齿盘间的高速相对运动，使被粉碎物经齿冲击、摩擦及物料彼此间冲击等综合作用获得粉碎。

### （一）结构

万能粉碎机由机座、电机、加料斗、粉碎室、固定齿盘、活动齿盘、环形筛网、出料口等组成。固定齿盘与活动齿盘成不等径同心圆排列，对物料起粉碎作用。在粉碎过程中会产生大量粉尘，故设备一般都配有粉料收集和捕尘装置，如图 7-1 所示。

(1)示意图　　(2)实物图

图 7-1　齿盘的结构

### （二）工作原理

药物从加料斗借抖动装置以一定速度经入料口进入粉碎室。粉碎室的转子及室盖面是装有相互交叉排列的钢齿，转子上的钢齿能围绕室盖上的钢齿旋转，药物自高速旋转的转子获得离心力而抛向室壁，因而产生撞击作用。在两钢齿相互交错的高速旋转下，药物被粉碎。药物在急剧运行过程中也受到钢齿间的劈裂、撕裂与研磨的作用而被粉碎，待药物达到钢齿外围时已具有一定的粉碎度。借转子产生的气流作用通过室壁的环状筛板分离出来。细粉经环形筛由底部出料，粗粉在机内重复粉碎。在粉碎过程中会产生大量粉尘，所以常和粉尘捕尘装置配合使用。

万能粉碎机结构简单，操作维护方便、粉碎强度大，适用于多种干燥物料的粉碎，如结晶性药物、非组织性脆性药物以及植物药材的根、茎、叶等，但不宜粉碎含大量挥发性成分的物料、热敏性及黏性物料。

### （三）标准操作规程（以 20B 型万能粉碎机为例）

1. 外观检查

检查仪器外观是否完整、各外部螺栓紧固情况，定期检查旋转部分是否有足够的润滑油。

2. 检查粉碎室内是否有异物

注意铁屑(工业上用永磁滚筒除铁,原理是磁极组均匀分布在筒内四周,组成满圆磁系,磁系和筒体一起随皮带同速转动,物料由皮带运送到滚筒外,非磁性物料在滚筒前端卸下,铁磁物质受筒内磁场的吸引,仍吸附在皮带表面,随皮带运动到磁场以外掉落),检查各螺栓紧固情况,尤其是应定期检查活动钢齿的固定螺母是否松动。

3. 检查风布袋

检查风布袋是否畅通,排风捕尘是否正常。

4. 调整间隙

根据所需粒度,调整斜挡板与衬板的间隙。

5. 试运转

接通电源,试运转时间不少于 10min 并符合如下要求:无异常声响,无异常振动,运转平稳。开动机器空转,待高速转动时再加药物,加入的药物应大小适宜,必要时预先切成段、块、片,以免阻塞钢齿,增加电动机负荷(物料粉碎前必须经检查,不允许有金属)。

6. 其他工作

粉碎完毕后,粉碎室、机腔内必须清洗干净,并按规定做好记录(日期、时间、试验内容、设备工作情况、部门、使用人)。

**(四)维修与保养**

(1)定期检查所有外露螺栓、螺母并拧紧,根据使用频率添加润滑油。

(2)发现异常声响或其他不良现象,应立即停机检查。

(3)机器必须可靠接地。

(4)检查设备的密封胶垫是否损坏,漏粉时应及时更换。

(5)严禁金属进入粉碎机内。

(6)物料含水分不应超过 5%。

(7)主机电流,一般稳定在 40A 为好,但粉碎易黏膛药物时,电流应控制在 25~30A。

(8)停车时,让其空转 5min,使机内的原料全部吸出后,再停机。

(9)物料捕集室布袋及时清洗更换。

(10)若成品中有较大碎块,说明筛网破损,应更换。

## 二、球磨机

球磨机是物料被破碎之后,再进行粉碎的关键设备,是一种广泛使用的粉碎器械,特别适用于中药细料药的加工。

### (一)结构

球罐、研磨介质、轴承及动力装置等如图 7-2 所示。

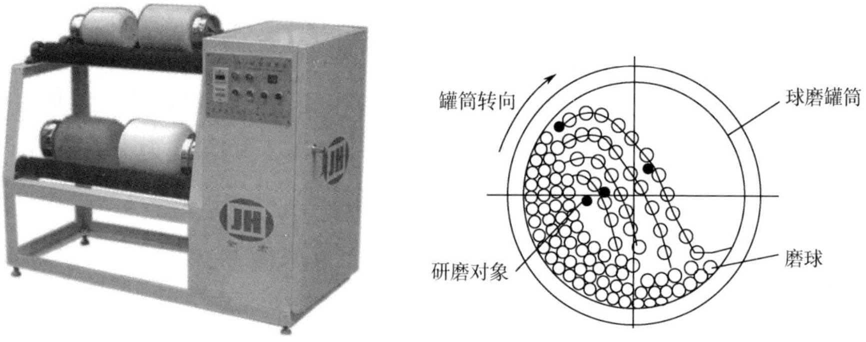


(1)实物图　　(2)示意图

图 7-2　球磨机

球罐一般呈圆柱形筒体,由铁、不锈钢或瓷制成,固定在轴承上,由电动机通过减速器带动旋转。研磨介质一般多为钢制或瓷制圆球,盛放于球罐内。

### (二)工作原理

由电机通过皮带轮带动罐体绕水平轴线回转,这时罐体内的研磨介质被带到一定高度后由于重力作用抛落,物料借助圆球落下时的撞击,劈裂作用以及球与球之间、球与球罐壁之间的研磨、摩擦从而被粉碎。

影响球磨机粉碎效果的因素主要是球磨罐体的回转速度。过缓和过快都无法让球磨介质向下抛落,达不到最佳粉碎效果。

通常球磨机的转速在 40~60r/min,正常工作转速下,研磨介质的落下角度为 45°,对于难粉碎物料,可适当调节转速使落下角度至 60°,以提高粉碎效率。

另外研磨介质的粒径、大小配比、填充率以及被粉碎物料用量、浓度均会影响球磨机的粉碎效果。

### (三)特点及应用

特点:球磨机粉碎程度高,适应性强,对多种类型物料如结晶性药物、吸湿性药物、浸膏、挥发性药物及贵重药物均可粉碎。设备有间歇式、连续式操作多种机型,结构简单、维修方便、密闭性好、无粉尘飞扬,但单位能耗大、粉碎时间长、效率低。操作时噪声较大,并伴有较强的振动。

应用:球磨机既可干法粉碎,又可湿法粉碎,还可在无菌条件下进行粉碎和混合。

## 任务二　筛分设备

筛分又称过筛,是将物料按粒径大小进行分级的操作过程,其原理是利用倾斜、振动及旋转等机械力的作用，使物料在筛网上产生旋转和振动，不断更新粉体与筛网的接触面，小于网孔的微粒通过，实现不同粒度粉末的分级。

筛分的目的是使粉末粗细分等级，获得均匀的粒子群，保证制药生产的顺利进行和药品的质量。此外，多种物料过筛还兼有混合的作用。

过筛设备的种类很多，可以根据对粉末细度的要求、粉末的性质和量来适当选用。通常将不锈钢丝、铜丝、尼龙丝等编织的筛网，固定在圆形或长方形的金属圈或竹圈上。按照筛号大小依次叠成套（也称套筛），最粗号在顶上，其上面加盖，最细号在底下，套在接收器上，应用时可取所需要号数的药筛套在接收器上，上面用盖子盖好，用手摇动过筛。此法多用于小量生产，也适用于筛选剧毒性、刺激性或质轻的药粉，避免细粉飞扬。大批量的生产则需采用机械筛具来完成筛分作业。

影响筛分效果的因素有：粉体的性质、粉体的运动方式与速度以及粉体层厚度等。

过筛常常要选择筛的型号，《中华人民共和国药典》（2020 版）规定了粒度检查常用的标准筛筛号，如颗粒剂粒度检查规定是通过一号筛，不能通过四号筛者为合格颗粒，不合格颗粒不得超过 5%；生产中又常常讲筛的目数，如粉碎成 100 目细粉，各号筛的孔径大小见表 7-1。

**表 7-1　各号筛的孔径大小**

| 筛号 | 筛孔内径（平均值）/μm | 目号 |
|---|---|---|
| 一号筛 | 2000±70 | 10 目 |
| 二号筛 | 850±29 | 24 目 |
| 三号筛 | 355±13 | 50 目 |
| 四号筛 | 250±9.9 | 65 目 |
| 五号筛 | 180±7.6 | 80 目 |
| 六号筛 | 150±6.6 | 100 目 |
| 七号筛 | 125±5.8 | 120 目 |
| 八号筛 | 90±4.6 | 150 目 |
| 九号筛 | 75±4.1 | 200 目 |

最粗粉：指能全部通过一号筛，但混有能通过三号筛不超过 20%的粉末。

粗粉：指能全部通过二号筛，但混有能通过四号筛不超过 40%的粉末。

中粉：指能全部通过四号筛，但混有能通过五号筛不超过 60%的粉末。

细粉：指能全部通过五号筛，并含能通过六号筛不少于 95%的粉末。

最细粉：指能全部通过六号筛，并含能通过七号筛不少于 95%的粉末。

极细粉：指能全部通过八号筛，并含能通过九号筛不少于 95%的粉末。

常用的筛分机械：固定筛、回转筛、摇动筛、振动筛。

旋涡振动筛（以下简称“旋振筛”）是一种高精度细粉筛分机械，其噪声低、效率高，快速换网需 3~5min，全封闭结构，适用于粒、粉、黏液等物料的筛分过滤。旋振筛是由直立式电机为激振源，电机上、下两端安装有偏心重锤，将电机的旋转运动转变为水平、垂直、倾斜的三维运动,再把这个运动传递给筛面。调节上、下两端的相位角,可以改变物料在筛面上的运动轨迹。

漩涡振动筛又称为圆形振动筛粉机,主要由筛网、上部重锤、下部重锤、弹簧、电机等组成,如图 7-3 所示。

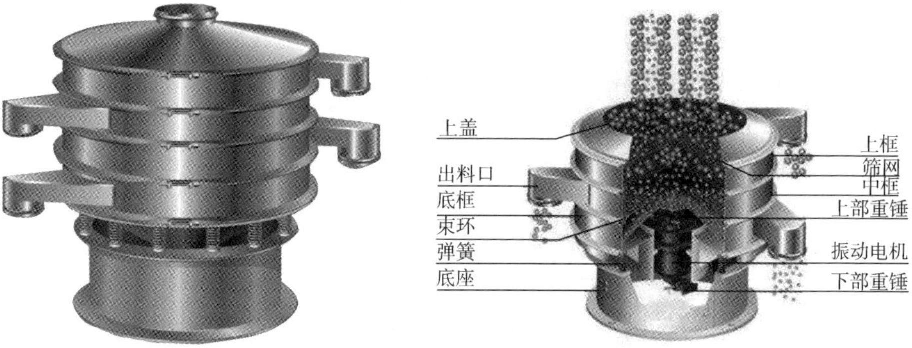


(1)实物图　　(2)结构图

图 7-3　旋振筛

旋振筛起动后,其动力装置即振动电机上下两端不同相位的偏心块,由于高速放置作用而产生一个复合惯性力,该惯性力强迫筛机振动体做复旋运动,筛框在振动力的作用下连续做往复运动,进而带动筛面做周期性振动,从而使筛面上的物料随筛箱一同定向踊跃式运动,其间,小于筛面孔径的物料通过筛孔落到下层,成为筛下物,大于筛面孔径的物料经连续跳跃运动后从排料口排出,最终完成筛分工作。旋振筛振动体的运动轨迹为一个复杂的空间三维曲线,此曲线在水平面上的投影为圆形,在两垂直面上的投影为两相同的椭圆。实际运用中,通过调整振动电机上下两端偏心块的相对相位,可以改变筛面上物料的运动轨迹,从而达到不同的筛分作业目的。

旋振筛操作规程有以下几点。

(1)外观检查　仪器外观是否完整,检查各外部螺栓紧固情况,定期检查旋转部分是否有足够的润滑油。

(2)开启设备　启动圆形振动筛按钮,机器可以正常振动。

(3)添加物料　将物料加在筛网中心部位,筛子产生振动,筛网上的粗料由上部排出口排出,筛分出的细料由下部排出口排出。加入物料保证在一定的速度,不要过快或过慢,使筛网中保持一定物料。筛网直径一般在 0.4~1.5m,每台由 1~3 层筛网组成。

(4)清理设备　将残余物料用吸尘器除去。

旋振筛的维修与保养如下所示。

(1)接上电源和试车之前,要对设备进行一次检查,检查各螺栓是否紧固,各零部件是否有损坏,损坏的则立即更换。设备运转 500h 后,机器上所有的螺帽、螺栓和紧固件都应彻底检查一遍,如有松动及时紧固,并对设备润滑部位进行润滑保养。

(2)不允许在未装筛子和夹子未紧固的情况下开机;不允许超负荷的情况下开机;不允许在设备运行时进行任何调整。

(3)振荡器安置距离已固定位置,勿任意变动。

(4)发现异常声响或其他不良现象,应立即停机检查,通知维修部门。

(5)机器必须可靠接地。

(6)设备的密封胶垫是否损坏,有损坏及时更换。

(7)严禁金属进入粉碎机内。发现筛网磨损,可更换新的筛网,以确保过筛效果。

(8)物料含水分不应超过5%。

(9)及时清理残留物料。

# 任务三　混合设备

混合是指多种固体粉末相互交叉分散的过程。混合是制备固体制剂的重要操作步骤,混合效果直接影响制剂的外观、含量分布及疗效。

生产中常用的混合多采用搅拌或容器旋转使物料产生整体和局部的移动而达到混合目的。

混合机械种类很多,通常按混合容器转动与否大体可分成不能转动的固定型混合设备和可以转动的回转型混合设备两类。

## 一、固定型混合设备

固定型混合设备是指物料在固定的容器内靠叶片、气流的搅捽作用进行混合的设备,以下以槽形混合机为例。

结构:槽形混合机主要由机座、混合槽、搅拌桨(多见S形、K形搅拌桨,有些设计为双搅拌桨)、减速器、电机及电器控制系统等部件组成,如图7-4所示。

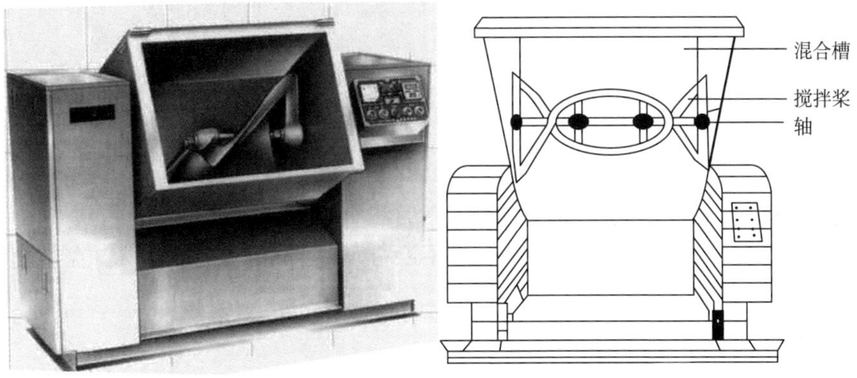


(1)实物图　(2)示意图

图7-4　槽形混合机

工作原理为主电机通过减速器带动搅拌桨旋转，使物料不停地向上下、左右、内外各个方向运动，呈翻滚状态，从而达到混合的目的，副电机可使混合槽绕水平轴转动，使混合槽倾斜 105°，便于卸料。混合时以对流混合为主，混合时间较长。

## 二、旋转型混合设备

旋转型混合设备是靠容器本身的旋转作用带动物料上下运动而使物料混合的设备。

**（一）V 形混合机**

1. 结构

V 形混合机系列产品为高效不对称混合机，它适用于医药、食品等行业的粉料或颗粒状物料的混合。该机结构合理、简单、操作密闭、进出料方便（人工或真空加料），筒体采用不锈钢材料制作，便于清洗，见图 7-5。

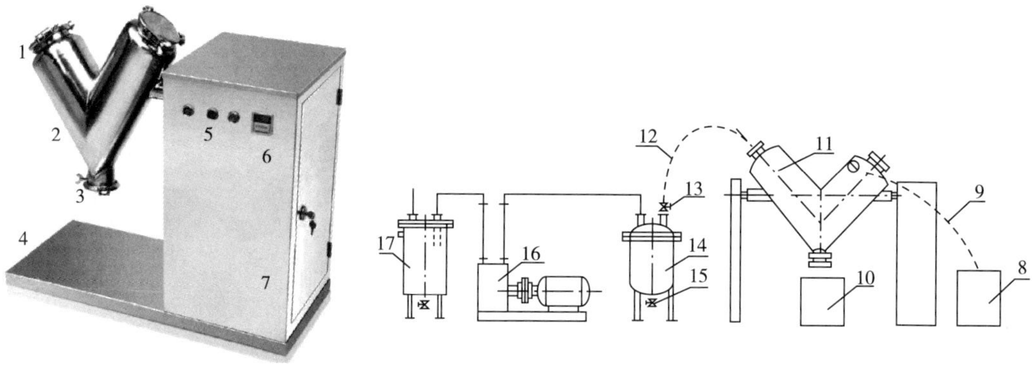


(1)实物图　　(2)示意图

图 7-5　V 形混合机

1—进料口　2—V 形料筒　3—出料口　4—机底座　5—启动开关　6—时间调控　7—转动减速箱（内部）
8—吸料桶　9—吸管　10—放料桶　11—混合机　12—抽真空管　13—球阀
14—缓冲罐　15—排污阀　16—水环真空泵　17—汽-水分离

2. 工作原理

电机通过传动带带动涡轮、蜗杆使 V 形混合机绕水平轴转动，物料在 V 形混合筒内旋转时，被反复分开和聚合，通过不断循环、对流混合等，使物料在较短的时间内达到均匀混合。

3. 操作要点

（1）空载启动电机，观察电机运转情况，停机。观察料筒运动位置，使加料口处于理想的加料位置。

（2）松开加料口卡，取下平盖进行加料，加料量不得超过额定装量；加料完毕后，盖上平盖，上紧卡。

(3)根据工艺要求，调整好时间继电器，启动机器混合。

(4)混合机器到设定的时间自动停机，若出料口位置不理想，可点动开机，将出料口调整到最佳位置，切断电源，方可打开出料阀出料。

(5)出料完毕，做好设备清洁与清场工作。

### (二)三维运动混合机

三维运动混合机是混合机的一种，该机用于制药、化工、食品生产中粉状、颗粒状物料的高均匀度混合。

#### 1. 结构

三维运动混合机主要由机座、混合筒、驱动系统、Y字形万向联轴节、电器控制系统等组成，如图7-6所示。驱动系统采用两级皮带传动加两级链传动组成传动链。

图7-6　三维运动混合机

#### 2. 工作原理

三维运动混合机在运行中，当主动轴转动时，万向节使料筒做轴向、径向和环向三维复合运动，由于混合筒体具有多方向运转动作，使各种物料在混合过程中，加速了流动和扩散作用，同时避免了一般混合机因离心力作用所产生的物料相对密度偏析和积累现象，混合无死角，能有效确保混合物料的最佳品质。

#### 3. 三维运动混合机操作规程

(1)开机前准备工作　空载启动电机，观察电机运转情况，停机；观察料筒运动位置，调整使加料口处于理想的加料位置；定期给两端转动轴承加油，以免卡死发生异常。

(2)松开加料口卡，取下平盖进行加料，加料量不得超过额定装量。加料时将装料布袋口放入混合罐口内，缓缓倒入，以免细粉太多，加料量为罐体1/3。加料完毕后，盖上平盖，上紧卡。

(3)根据工艺要求，调整好时间继电器，启动机器进行混合。

(4)开动机器，启动罐体按钮，混合机转动，混合5min后停车。若出料口位置不理想，可点动开机，将出料口调整到最佳位置，切断电源，方可打开出料口出料。

(5)出料完毕，做好设备清洁与清场工作。

#### 4. 维护与保养

(1)注意两端轴承座的润滑。

(2)发生故障应先停车后检查原因。

(3)经常检查各部位，紧固机体，不允许出现松动现象。

(4)检查设备的完好性,部件、配件是否齐全。

(5)日常维护通常在每天上班后、下班前 15~30min 由操作人员进行,通过设备的检查、清扫和擦拭,使设备处于整齐、清洁、安全、良好的状态。

(6)新设备在使用一个月后,要重新更换减速机机油,机油号为 3#锂基。

(7)轴承及链条要经常加润滑油。

三维运动混合机的均匀度可达 99.9%以上,最佳填充率在 60%左右,最大填充率可达 80%,高于一般混合机,混合时间短,混合时无升温现象,该机也属于间歇式混合操作设备。

# 任务四　均化设备

均化是一种提高液体中分散物分布均匀性的操作,如制备乳状液或悬浮液的操作。均化操作在制药工业上应用广泛,例如混悬型液体药剂、乳浊型液体药剂、乳浊型注射剂、软膏剂等的制造皆属于均化操作。

均化操作时伴随有粒径的减小,表现出粉碎、混合操作的特征,但均化所要求的混合程度和粉碎粒度(粒径在 0.1~10μm 或 0.01~0.1μm)更高,是一般搅拌器和粉碎机所不能达到的。一般是先进行粉碎和搅拌,然后均化。

因为使用不同的油、均化剂、相体积比例以及产品的理化性质要求不同,有多种制备乳剂的设备可供选择。目前制备乳剂的机械设备,可分为四类:机械搅拌、均质机、超声波均质机、胶体磨,其中以机械式均质机应用最多。

## 一、均质机

均质机是用于对黏度低于 0.2Pa·s,温度低于 100℃的液体物料(液-液相或液-固相)均质、均化的一种设备,主要应用于药品、食品、化妆品等产品的生产过程中的均质、均化工序,有粉碎和混合双重功能。目前在医药工业中,高压均质机用得最多,如图 7-7 所示。

高压均质机由高压泵和均质头两大部分组成。高压泵一般采用柱塞式往复泵,由活塞柱、进料阀和排料阀等部件组成,其结构与一般柱塞泵相同。

均质头是高压均质机的重要部件:均质头由手柄、调节弹簧、均质阀三部分组成,其中均质阀的组成部件有阀杆、阀座、撞击环。均质阀安装在细胞悬浮液的排出管路上,阀杆与阀座间形成狭缝,构成悬浮液流动通道。一般的高压均质机上都是由两级均质阀串联而成。

### (一)工作原理

细胞悬浮液被高压泵吸入后获得很高的静压力,在高压泵的作用下,以 100~400m/s 的速度直接冲击到阀杆上。破碎后的悬浮液沿阀座与阀杆之间的环形缝隙再次撞击到撞击环上,随后从细胞匀浆排料口排出,如图 7-8 所示。

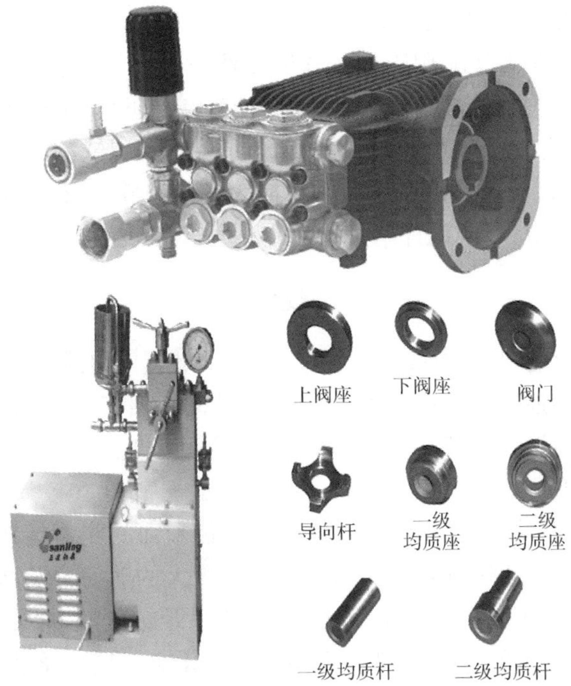


图 7-7　高压均质机

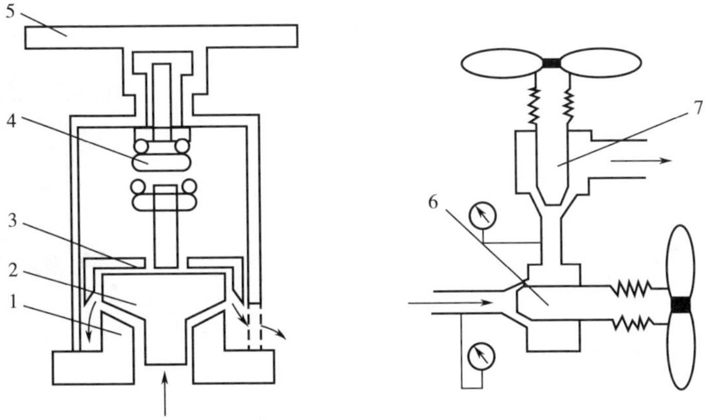


图 7-8　高压均质机结构

1—阀座　2—阀盘　3—挡板环　4—弹簧　5—调节阀柄　6—第一级阀　7—第二级阀

高压均质机的使用可提高产品的均匀度和稳定性，增加保质期，减少反应时间，从而节省大量催化剂或添加剂，改变产品的稠度，改善产品的口味和色泽等。可用于抗生素、抗酸剂、液浆制剂、静脉乳剂等产品生产。

### （二）高压均质机的使用与维护

（1）高压均质机不得空转，启动前应先接通冷却水。

（2）启动后调整压力到预定值，工作时要注意观察压力表，保证压力处于正常工作范围内。在压力稳定之前流出的料液回流，以保证均质的质量。

（3）机体连接轴处要有润滑油，以免机体前端的填料缺油。

（4）柱塞密封圈处于高温和压力的周期性变化条件下，很容易损坏，应保证柱塞冷却水的连续供应，以降低柱塞密封圈的温度，延长其使用寿命。

## 二、胶体磨

胶体磨主要由进料斗、外壳、定子、转子、调节装置等组成。凡与物料相接触的零部件全部采用高强度不锈钢制成，尤其关键的动、静磨盘进行了强化处理。因此具有良好的耐腐蚀性和耐磨性，使所加工的物料无污染。

### （一）工作原理

利用剪切、研磨及高速搅拌作用，依靠两个齿形面的相对运动磨碎，一个高速旋转，另一个静止，使通过齿面之间的物料受到极大的剪切力及磨擦力，同时又在高频振动、高速旋转等复杂力的作用下使物料有效地被分散、均化、粉碎、均质。用于糖浆、营养液、中成药、膏状药剂、生物制品、鱼肝油、花粉、蜂皇浆、疫苗、各种药膏、各种口服液、针剂、静滴液、胰酶制剂、乳剂、牧药等药品制备。

胶体磨有卧式和立式两种形式，立式如图 7-9 所示。胶体磨可根据物料的性质、需要细化的程度和出料等因素进行调节。调节时，通过转动调节手柄，由调整环带动定子轴向位移而使空隙改变。

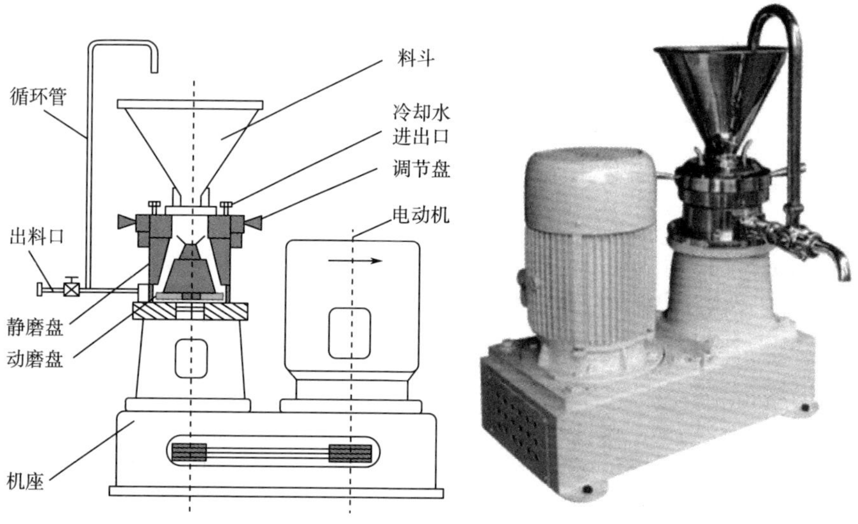


(1)示意图　　(2)实物图

图 7-9　立式胶体磨

由于胶体磨转速很高,物料一般要磨几次才能达到理想的均质效果,因此会加上回流装置。胶体磨的回流装置利用进料管改成出料管,在管上安装一蝶阀,在蝶阀的稍前一段管上另接一条管通向进料口。当需要多次循环研磨时,关闭蝶阀,物料则反复回流。当达到要求时,打开蝶阀则可排料。

对于热敏性材料或黏稠物料的均质、研磨,往往需要把研磨中产生的热量及时排走,以控制其温度,需通水冷却。

**(二)高剪切分散均化机介绍**

高剪切分散均化机可以高效、快速、均匀地将一个相或多个相分布到另一个连续相中,而在通常情况下各个相是互相不溶的。

由于转子高速旋转所产生的高切线速度和高频机械效应带来的强劲动能,使物料在定、转子狭窄的间隙中受到强烈的机械及液力剪切、离心挤压、液层摩擦、撞击撕裂和湍流等综合作用(如图 7-10 所示),从而使不相溶的固相、液相、气相在相应成熟工艺和适量添加剂的共同作用下,瞬间均匀精细地分散均化,经过高频的循环往复,最终得到稳定的高品质产品。

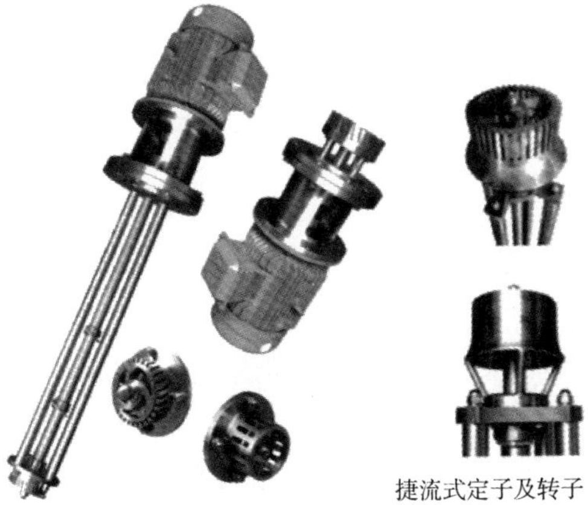


图 7-10　高剪切分散均化机

间歇式高剪切工作过程,如图 7-11 所示,移动式工作架如图 7-12 所示,具体内容如下。

(1)在高速旋转的转子产生的离心力作用下,物料从工作头的上下进料区域同时从轴向吸入工作腔。

(2)强劲的离心力使物料从径向进入定、转子之间狭窄精密的间隙中。同时受到离心挤压、撞击等作用力,使物料初步分散均化。

(3)在高速旋转的转子外端产生至少 15m/s 以上的线速度,最高可至 40m/s,并形成强烈的机械及液力剪切、液层摩擦、撞击撕裂。使物料充分分散、均化、均质、破碎、同时通过定子槽射出。

（4）物料不断高速地从径向射出，在物料本身和容器壁的阻力下改变流向，与此同时在转子区产生的上、下轴向抽吸力的作用下，又形成上、下两股强烈的翻动湍流。物料经过数次循环，最终完成分散、均化、均质过程。

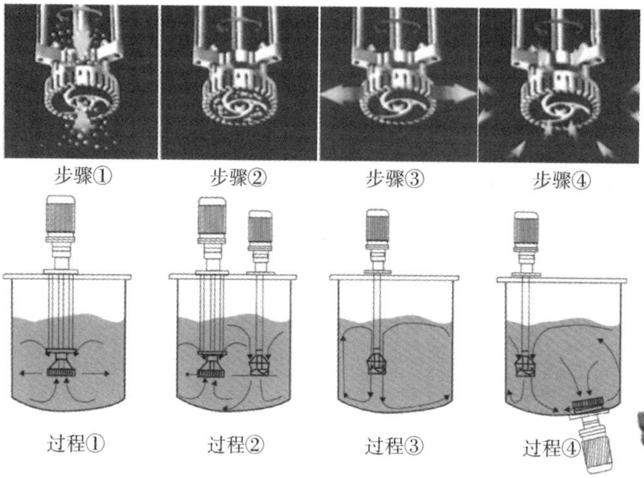


图 7-11　间歇式高剪切工作过程

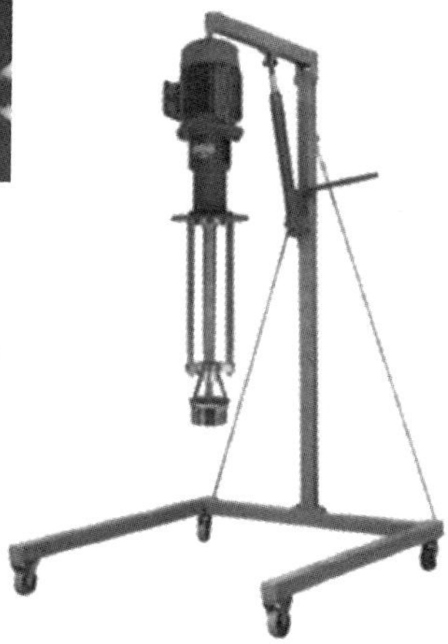

图 7-12　移动式工作架

## 习题

### 一、名词解释

1. 粉碎；2. 筛分；3. 混合；4. 均化。

### 二、填空题

1. 万能粉碎机是以__________力为主，伴有撕裂、研磨作用的粉碎设备。

2. 混合设备可分为固定型和旋转型两类，固定型混合设备有__________，旋转型混合设备有__________、__________。

### 三、选择题

1. 将物料按粒径大小进行分级的操作是（　　）。

A. 均化　　B. 搅拌　　C. 筛分　　D. 干燥

2. 流能磨的粉碎原理是（　　）。

A. 不锈钢齿的撞击与研磨作用

B. 机械面的相互挤压作用

C. 物料借助圆球落下时的撞击、劈裂作用以及球与球之间、球与球罐壁之间的研磨、摩擦等作用

D. 高速弹性流体使药物颗粒之间及颗粒与室壁之间发生碰撞

3. 热敏性物料粉碎的首选机械是(　　)。
A. 锤击式粉碎机　B. 万能粉碎机　C. 振动磨　D. 柴田式粉碎机
E. 气流粉碎机
4. 下列对粉碎机的叙述不正确的是(　　)。
A. 万能粉碎机不宜粉碎含大量挥发性成分的物料
B. 球磨机既可干法粉碎,又可湿法粉碎
C. 振动磨的缺点是振动的噪声大,对部件强度要求高
D. 气流粉碎机不适合低熔点、热敏性物料的粉碎
5. 为降低固体药物的粒径,增大表面积,需对物料进行(　　)。
A. 均化　B. 搅拌　C. 分级　D. 粉碎
6. 在粉碎过程中温度几乎不升高的机械是(　　)。
A. 锤击式粉碎机　B. 万能粉碎机　C. 流能磨　D. 振动磨

**四、判断题**

1. 球磨机筒体的转速越快对粉碎效果越好。(　　)
2. 气流磨又称为气流粉碎机、流能磨。(　　)

**五、问答题**

1. 固体药物粉碎的目的是什么?
2. 气流磨粉碎物料的原理是什么?适宜粉碎哪些粒径范围内的物料?
3. 简述胶体磨设备的使用要求。

# 项目八　压力容器、压力管路、蒸汽发生设备

## 教学目标

**●知识目标**

熟悉压力容器的结构及工作原理;熟悉压力管路的布置要求、蒸汽发生器的类别和作用。

**●能力目标**

掌握压力容器的使用方法;掌握蒸汽发生器的用途。

**●素质目标**

熟悉岗位要求;掌握操作规程;拥有安全意识。

**●课前思考**

制药生产中有哪些类别的压力容器?压力管路在生产中如何加以识别?蒸汽发生器的作用是什么?

**●认知解读**

压力容器、压力管路、蒸汽发生器在制药生产中起非常重要的作用,在安全方面尤其要加以注意。压力容器一般由筒体、封头、法兰、密封元件、开孔与接管、安全附件及支座等部分组成。物料在反应中除了要使用压力容器,还要通过压力管路加以输送,不同的物料输送管路会用不同颜色加以区分。在提纯生产中,需要用到大量蒸汽进行加热,而蒸汽发生器正是利用燃料或其他能源的热能把水加热成为热水或蒸汽的关键机械设备。

## 任务一　压力容器

### 一、概述

在制药生产过程中需要用到的化工设备种类繁多,内容结构也不同,其中有能承受一定压力的形状各不相同的壳体称为压力容器。压力容器的压力主要来源于压缩机、蒸汽锅炉、液化气体的蒸发压力及化学反应产生的压力等。

压力容器的特点如下所示。

(1)最高工作压力大于或等于0.1MPa(不含液柱静压力)。

(2)内直径(非圆形截面指断面的最大尺寸)≥0.15m,且容积≥0.025$m^3$。

(3)介质为气体、液化气体或最高温度≥标准沸点的液体。

## 二、压力容器的分类

压力容器的种类很多,从不同的角度,可以将它们分成不同的类别。

### (一)按压力容器的压力等级划分

化工容器都是承受气体或液体介质压力的,属于压力容器。当容器内部的工作压力大于外界压力时,称为内压容器;如果内部的工作压力小于外界的压力,则称为外压容器;如果内部的工作压力等于外界的压力,则称为常压容器。按国家标准将内压容器分为低压、中压、高压和超高压四个压力等级,具体划分如下。

(1)低压(代号L):$0.1MPa<p<1.6MPa$。

(2)中压(代号M):$1.6MPa\leqslant p<10MPa$。

(3)高压(代号H):$10MPa\leqslant p<100MPa$。

(4)超高压(代号U):$p\geqslant 100MPa$。

### (二)按在生产过程中的作用分类

1. 反应压力容器(代号R)

反应压力容器主要用于完成介质的物理、化学反应,如反应器、反应釜、分解塔、合成塔、变换炉、煤气发生炉等。

2. 换热压力容器(代号E)

换热压力容器主要用于完成介质的热量交换,如热交换器、冷却器、冷凝器、蒸发器、加热器等。

3. 分离压力容器(代号S)

分离压力容器主要用于完成介质的流体压力平衡和气体净化分离,如分离器、过滤器、缓冲器、洗涤塔、吸收塔、干燥塔等。

4. 储存压力容器(代号C,其中球罐代号为B)

储存压力容器主要用于盛装生产用的原料气体、液体、液化气等,如各种形式的储罐。

### (三)设计要求

化工设备首先应满足化学工艺过程的要求。除此之外,设备还必须保证在使用年限内能安全运行;必须便于制造、安装、维修与操作;必须有比较高的技术经济指标,应主要从安全性和合理性方面考虑。

1. 安全性要求

化工设备在使用年限内安全可靠是化工生产对化工设备最基本的要求。要达到这一目的,就必须对化工设备有以下几方面的要求:①强度。②刚度。③稳定性。④耐腐蚀性。⑤密封性。

2. 合理性要求

按照国家标准 GB 150—2011《压力容器》,GB/T 151—2014《热交换器》和《压力容器安全监察规程》以及有关部门规定的设计、制造必须遵守的技术条件等。

化工设备对材料有严格的要求,目前运用较多是低碳钢(如 Q235C、20R 等)、低合金钢,在腐蚀严重或产品纯度要求较高的场合,使用不锈钢或不锈钢复合板。在深度冷冻冷藏操作中,可用铜或铝来制造设备。非金属材料既可做衬里,又可做独立的构件,常用的有硬聚氯乙烯、玻璃钢、不透性石墨、化工陶瓷以及砖、板、橡胶衬里等。

## 三、组成

压力容器一般由筒体、封头、法兰、密封元件、开孔与接管、安全附件及支座等部分组成,如图 8-1 所示。

(1)实物图

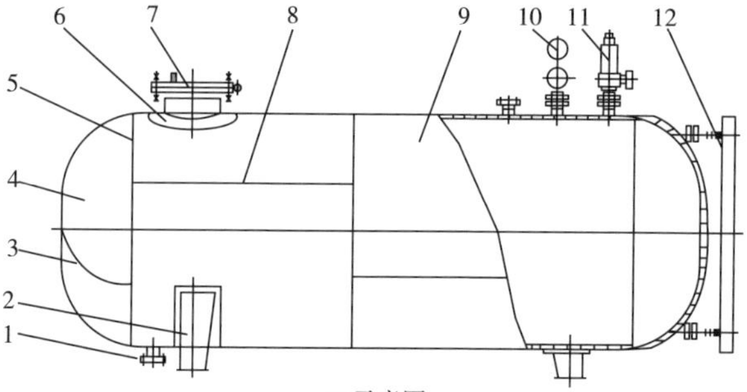


(2)示意图

图 8-1 压力容器

1—法兰 2—支座 3—封头拼接焊缝 4—封头 5—环焊缝 6—补强圈 7—人孔 8—纵焊缝 9—筒体 10—压力表 11—安全阀 12—液面计

### (一)筒体

筒体是储存物料或完成化学反应所需的压力空间,常见的筒体外形有圆柱形和球形两种。压力容器的筒体,大直径的通常是用钢板卷成筒节后焊接而成,对于小直径的压力容器一般采用无缝钢管制成。

### (二)封头

封头是化工设备的重要组成部分,封头与筒体一起构成化工设备的壳体。封头与筒体可以直接焊接,形成不可拆卸的连接;也可以分别焊上法兰,用螺栓和螺母锁紧,构成可拆卸的连接。常见的封头形式有半球形、椭圆形、锥形、碟形和平板等,其中半球形、碟形、椭圆形封头等较常见。

半球形封头如图 8-2(1)所示。与其他封头相比,在相同的直径和压力下,半球形封头所需的厚度最薄,节省材料。半球形封头多用于大型高压容器和压力较高的储罐上,对中、小直径的容器则很少采用,主要参数有内径 $D$ 和壁厚 $S$。

椭圆形封头由半个椭球壳和一个短圆筒(直边段)组成,如图 8-2(2)所示。椭圆形封头的深度比半球形封头小得多,易于冲压成型,是目前中、低压容器中应用较多的封头。

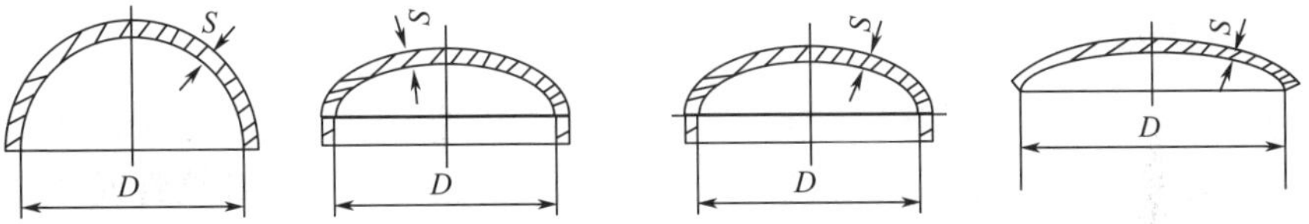


(1)半球形封头　(2)椭圆形封头　(3)碟形封头　(4)球冠形封头

图 8-2　常见凸形封头

### (三)法兰

法兰是法兰连接中的主要零件,而法兰连接是化工设备较为常见的一种可拆连接,法兰连接是由一对法兰、密封垫片和数对螺栓连接组成的一种可拆连接,如图 8-3 所示。由于法兰连接具有密封可靠、强度高、适用尺寸范围宽等优点,所以应用最普遍,但法兰连接制造成本较高,装配与拆卸较麻烦。

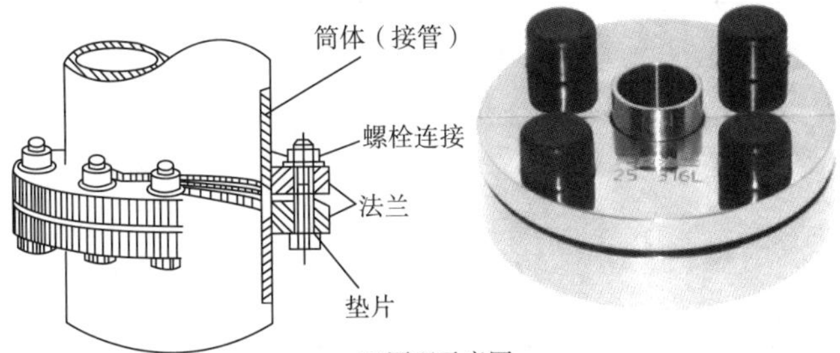


(1)原理示意图

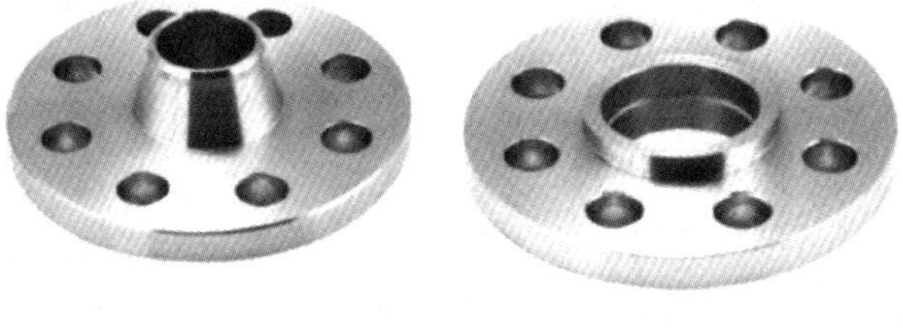

(2)实物图

图 8-3　法兰密封原理示意和实物图

法兰连接的结构及密封原理：采用法兰连接时，确保连接处密封的可靠性，是保证容器设备与装置正常运行的必要条件。在实际应用中，压力容器由于连接件或被连接件的破坏所引起的法兰密封失效是很少见的，较多的是因为密封不好而泄漏，故法兰连接的设计中主要解决的问题是防止介质泄漏。

**（四）开孔与接管**

由于生产工艺和结构的要求，需要在容器和设备上开孔并安装接管，如物料进、出口接管，测量和控制点接管、视镜、人孔、手孔等。

1. 物料进、出口接管

输送物料的工艺接管一般直径较大，常采用设备上焊接短管，利用法兰与外管路连接，如图 8-4(1)所示。接管长度根据设备外壁是否需要设置保温层和便于接管法兰的螺栓装拆等因素来确定，一般不小于 80mm。

2. 测量和控制点接管

为了控制和监测工艺操作过程，需设置测量温度、压力、液位的仪表和安全装置接口。这类接口的接管直径较小，可采用图 8-4(2)所示的内螺纹管或外螺纹管焊接在设备壳壁上，也可采用如图 8-4(1)所示的法兰连接。

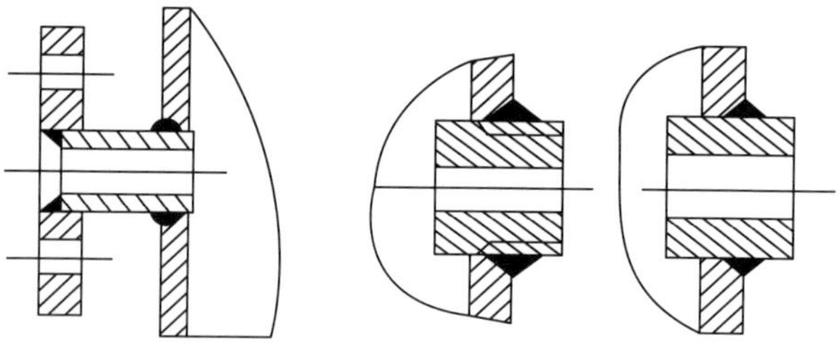

(1)法兰连接　　(2)螺纹连接

图 8-4　接管连接形式

3. 视镜

视镜的主要作用是用来观察设备内部的操作情况，也可用作物料液面指示镜，如图 8-5 所示。视镜有两种结构，图 8-6(1)为不带颈视镜，图 8-6(2)为带颈视镜。不带颈视镜结构简单，不易结料，有比较宽的观察范围。当视镜需要斜装或设备直径较小时，则需采用带颈视镜。为了便于观察设备内物料的情况，视镜应成对使用，一个视镜作照明用，另一个作观察用。

图 8-5　卫生级管道不锈钢视镜

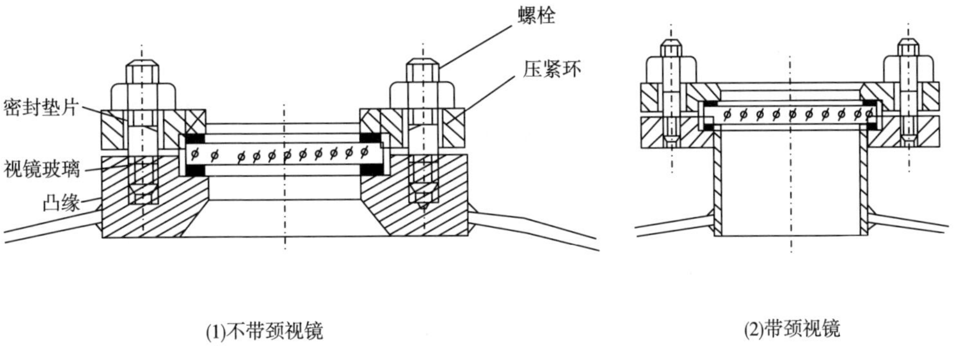


图 8-6　不同结构视镜

4. 人孔和手孔

人孔及手孔的安设是为了便于安装、拆卸、清洗和检修设备内部。人孔和手孔的结构基本相同，是在一个短筒节上焊上法兰，外面用一个法兰盖加以密封，如图 8-7 所示。手孔直径一般为 150~250mm，应使工人戴上手套并握住工具的手能很方便地通过，标准化手孔的直径有 150mm 和 200mm 两种。当设备直径超过 900mm 时，应开设人孔。人孔的形状有圆形和椭圆形两种，圆形人孔制造方便，应用较为广泛；椭圆形人孔制造较困难，但对壳体强度削弱较小。人孔的开孔尺寸尽量要小，以减少密封面和减小对壳体强度的削弱。人孔的开孔位置应以工作人员进出设备方便为原则，常用人孔的公称直径为 450mm 和 500mm。

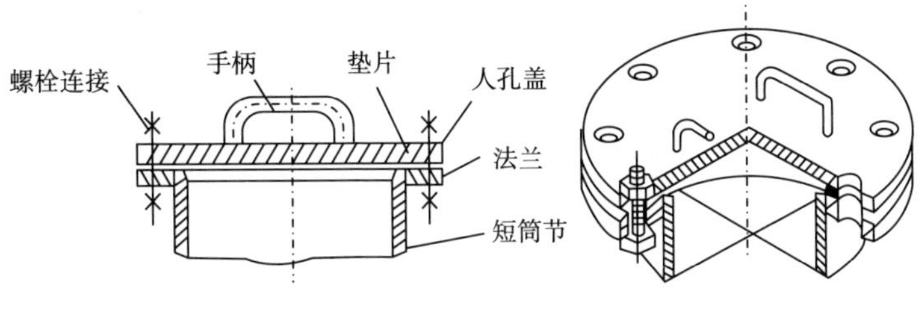


图 8-7　人(手)孔的基本结构

5. 开孔补强

容器壳体上开孔后，除削弱容器壁的强度外，在壳体与接管的连接处，因结构连续性被破坏，在开孔区域将形成一个局部的高应力集中区。较大的局部应力会给容器的安全操作带来隐患，因此压力容器通常采用局部补强结构，主要有补强圈补强、厚壁接管补强和整锻件补强三种形式，如图 8-8 所示。

(1)补强圈补强　补强圈补强是中低压容器应用最多的补强结构，补强圈贴焊在壳体与接管连接处，如图 8-8(1) 所示。它结构简单、制造方便，使用经验丰富,这种补强结构一般适用于静载、常温、中低压的容器。

(2)接管补强　接管补强是在开孔处焊上一段厚壁管,如图 8-8(2)所示。接管补强结构简单、焊接接头少、补强效果较好。

(3)整锻件补强　该补强结构是将接管和部分壳体连同补强部分做成整体锻件,再与壳体和接管焊接,如图 8-8(3)所示,只在重要压力容器中应用。

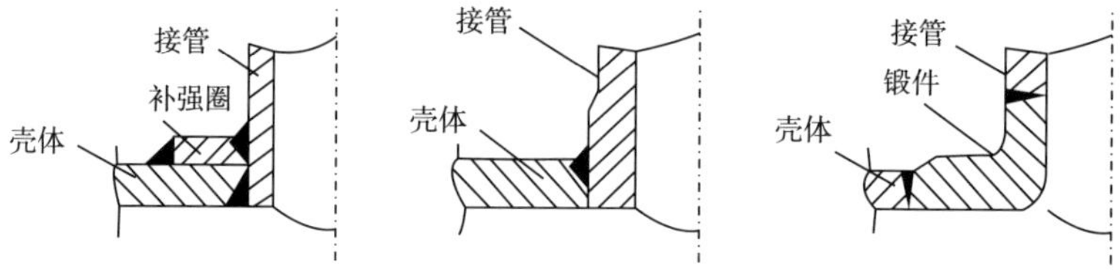


(1)补强圈补强　(2)接管补强　(3)整锻件补强

图 8-8　开孔补强形式

### (五)支座

容器的支座用来支撑容器的重量、承受操作时设备的振动、地震力及风载荷等,并将其固定在需要的位置上。支座的形式很多,按自身结构形式分为耳式支座、鞍式支座,如图 8-9 所示。

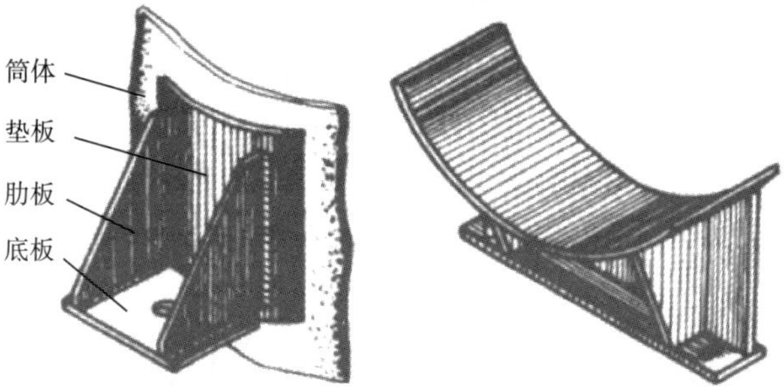


(1)耳式支座　(2)鞍式支座

图 8-9　支座

## 任务二　压力管路

化工生产中所用的各种管路总称为化工管路,它是化工生产装置中不可缺少的一部分。化工管路的功用是按工艺流程把各个化工设备和机器连接起来,以输送各种介质,如高温、高压、低温、低压、有爆炸性、可燃性、毒性和腐蚀性的介质等,因此,化工管路种类繁多。化工管路由管子、管件、管子连接件、管路附件、阀门等零部件组成。

## 一、化工管路

### (一)种类

#### 1. 金属管

(1)有缝钢管　有缝钢管可分为水、煤气钢管和电焊钢管两类。水、煤气钢管一般用普通碳钢制成,按其表面质量分为镀锌管(白铁管)和不镀锌管(黑铁管)两种。

(2)无缝钢管　无缝钢管按制造方法不同,可分为热轧无缝钢管和冷拔无缝钢管,强度均高,主要用在高压和较高温度的管路上或作为换热器和锅炉的加热管。在酸、碱强腐蚀性介质管路上,可采用耐酸无缝不锈钢管。

(3)铸铁管　可分为普通铸铁管和硅铁管两种。普通铸铁管主要用于埋在地下的给水总管、煤气总管、污水管等,它对泥土、酸、碱具有较好的耐腐蚀性能,但它的强度低、脆性大,所以不能用于压力较高或有毒、爆炸性介质的管路上。硅铁管可分为高硅铁管和抗氯硅铁管两种,高硅铁管能抵抗多种强酸的腐蚀,它的硬度高,不易加工,受振动和冲击易碎;抗氯硅铁管主要是能够抵抗各种温度和浓度盐酸的腐蚀。

#### 2. 非金属管

(1)塑料管　常用的塑料管为硬聚氯乙烯塑料管,它是以聚氯乙烯为原料,加入增塑剂、稳定剂、润滑剂等制成的,是一种热塑性塑料管。耐酸、碱的腐蚀较好。

(2)玻璃钢管　玻璃钢管是以玻璃纤维及其制品为增强材料,以合成树脂(如环氧树脂)为黏合剂,经过一定的成型工艺制作而成,主要用于酸碱腐蚀性介质的管路,但不能耐氢氟酸、浓硝酸、浓硫酸等。

(3)耐酸陶瓷管　耐酸陶瓷管的耐腐蚀性能很好,输送其他腐蚀性物料均可采用,但其承压能力低,性脆易碎。

### (二)管件

化工管路除了采用焊接的方法连接外,一般均采用管件连接,如改变管路的方向和管径大小以及管路的分支和汇合,都必须依靠管件来实现。管件按其材质和用途可分为 3 种类型。

#### 1. 水、煤气管件

水、煤气管件通常采用可锻铸铁或采用铸钢制作。

#### 2. 电焊钢管、无缝钢管和有色金属管的管件

这类管件包括弯头、法兰和垫片、螺栓等。对于大直径的中低压管没有压制弯头,一般是在安装现场焊制法兰及垫片。

#### 3. 铸铁管件

铸铁管件有弯头、三通、四通、异径管等,如图 8-10 所示。

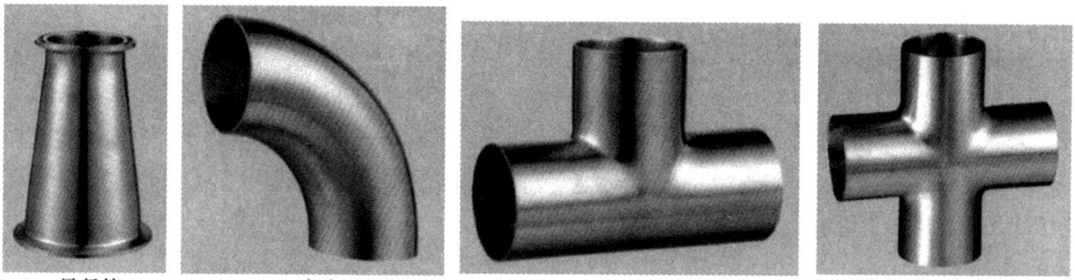
(1)异径管 (2)弯头 (3)三通 (4)四通

图 8-10 铸铁管件

### (三)管路的连接方法

#### 1. 螺纹连接

螺纹连接只适用于公称直径不超过 65mm、工作压力不超过 1MPa、介质温度不超过 373K[热力学温度(K)= 摄氏度+273.15]的热水管路和公称直径不超过 100mm、工作压力不超过 0.98MPa 的给水管路;也可用于公称直径不超过 50mm、工作压力不超过 0.196MPa 的饱和蒸汽管路。此外,只有在连接螺纹的阀件和设备时,才能采用螺纹连接。螺纹连接时,一般采用聚四氟乙烯填料,密封效果较好。

#### 2. 焊接

管路连接的主要形式,一般采用气焊、焊条电弧焊等。电焊的焊缝强度比气焊的焊缝强度高,并且比气焊经济,因此,优先采用电焊连接。

### (四)管路的保温

石油化工管路输送的流体多种多样,温度有高有低。凡要求输送的流体温度保持稳定,尽量减少热量或冷量损失;或当外界温度降低时,流体容易结晶凝结;外界温度升高时,液体容易蒸发的管路都应进行保温。同时,保温还能减少因凝结的液体积聚而造成的腐蚀,以及防止发生被管子烫伤的事故,并降低室温,改善操作环境。图 8-11 为常用的管路保温结构。

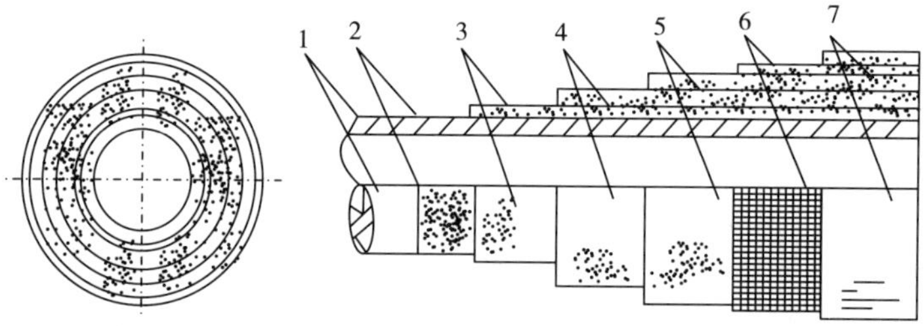

(1)剖面图 (2)示意图

图 8-11 常用管路保温结构

1—管路 2—红丹防腐层 3—第一层胶泥 4—第二层胶泥 5—第三层胶泥 6—铁丝网 7—保护层

1. 保温材料

保温的实质是减少管内外的热量传递,因此对保温材料就应当选用热导率小、空隙率大、体轻、受振动时不易损坏的材料。此外,还应不易吸水、来源广泛和价格便宜。

保温材料种类繁多,常用的有:石棉、矿渣棉、玻璃棉、硅藻土、膨胀珍珠岩、蛭石、多孔混凝土、聚氯乙烯和聚苯乙烯泡沫塑料等。

2. 保温方法

管路经吹洗和试压以后,首先应清除管路外表面的污垢和锈蚀物等,然后涂上防腐漆,防腐漆干后可以进行保温施工。

**(五)管路伴热**

凡输送因降温容易凝固或结晶的物料管路和因节流会自冷结冰的液化气管路,都应采用伴热的方法,以达到保温或加热的目的,即在输送管路旁敷设一个蒸汽管或加一个同心套管。伴热蒸汽管应紧靠输送管,加保温层后便成为一体,蒸汽管应从高处进汽,低处放冷凝水,管路应平直,每隔一定距离应设热补偿装置。

**(六)管路的涂漆**

石油化工生产装置中,为了便于区别各种类型的管路和防止腐蚀,在管子外表面或保温层的外面保护层上涂上带色的油漆。涂色的方式是不同管路采用不同的颜色,如果颜色相同的管路还须区分,则在底色上每隔 2m 涂上不同的色圈,用以区别,有时还用箭头标出介质的流动方向。常用化工管路的涂色见表 8-1。

**表 8-1　　常用化工管路的涂色**

| 管路类型 | 底色 | 色圈 | 管路类型 | 底色 | 色圈 |
|---|---|---|---|---|---|
| 过热蒸汽管 | 红 | | 酸液管 | 红 | 白 |
| 饱和蒸汽管 | 红 | 黄 | 碱液管 | 粉红 | |
| 蒸汽管(不分类) | 白 | | 油类管 | 棕 | |
| 压缩空气管 | 深蓝 | | 给水管 | 绿 | |
| 燃料气管 | 紫 | | 排水管 | 绿 | 红 |
| 氧气管 | 天蓝 | | 纯水管 | 绿 | 白 |
| 氨气管 | 黄 | | 凝结水管 | 绿 | 蓝 |
| 氮气管 | 黑 | | 消防水管 | 橙黄 | |

金属表面一般先涂防锈漆,再涂铅油或醇酸磁漆或酚醛磁漆。非金属表面可直接涂铅油或磁漆。埋入地下的管路应加沥青绝缘防腐层后再埋入地下,以免电化腐蚀。

## 二、阀门

阀门是化工管路上控制介质流动的一种重要附件，其主要作用有：切断或沟通管内流体流动的启闭作用；调节管内流量、流速的作用；使流体通过阀门后产生很大压降的节流作用。还有一些阀门能根据一些条件自动启闭，控制流体流向、维持一定压力、阻气排水或其他作用。

### （一）截止阀

截止阀是生产中使用最广的一种截断类阀门，它利用阀杆升降带动与之相连的圆形盘（阀头），改变阀盘与阀座间的距离达到控制阀门的启闭，如图 8-12 所示。截止阀安装时要注意流体流向，应使管路流体由下向上流过阀座口，即“低进高出”，目的是减小流体阻力，使开启省力，关闭状态下阀杆、填料函部分不与介质接触，保证阀杆和填料函不致损坏和泄漏。截止阀主要用于水、蒸汽、压缩空气及各种物料的管路，可较精确地调节流量和严密地截断通道，但不能用于黏度大、易结焦、含悬浮和结晶颗粒料的介质管路。

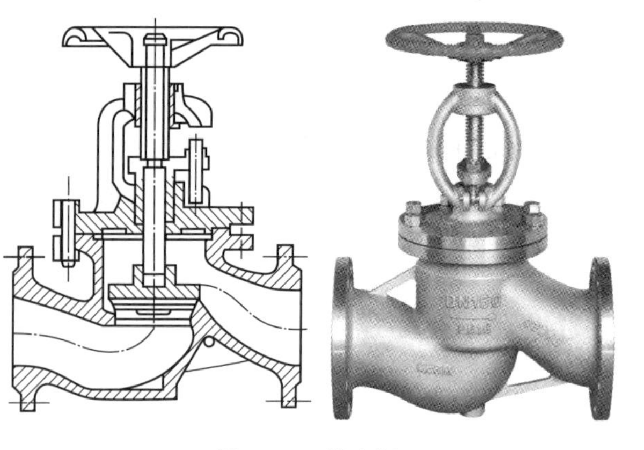

图 8-12　截止阀

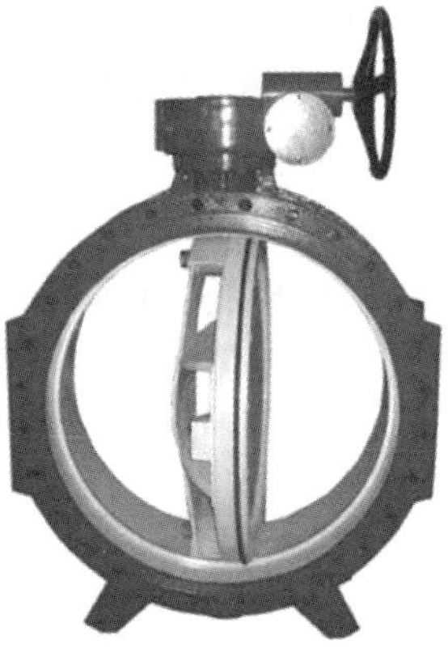

图 8-13　手动蝶阀

### （二）蝶阀

蝶阀是利用一个可绕轴旋转的圆盘来控制管路的启闭，转角大小反映阀门的开启程度。根据传动方式不同蝶阀分为手动、气动和电动三种，手动蝶阀如图 8-13 所示。旋转手柄通过齿传动带动阀杆，转动杠杆和松紧弹簧打开或关闭阀门。蝶阀安装时应使介质流向与阀体上所示箭头方向一致，这样介质的压力有助于提高阀门关闭时的密封性，有些蝶阀则不需注意方向性。蝶阀具有结构简单、开闭较迅速、流体阻力小、维修方便等优点，但不能精确调节流量，不能用于高温、高压场合，适用于大口径水、蒸汽、空气等管路。

### （三）闸阀

闸阀结构如图 8-14 所示，它是通过闸板的升降来控制阀门的启闭，闸板垂直于流体流向，改变闸板与阀座间相对位置即可改变通道大小，闸板与阀座紧密贴合时可阻止介质通过。闸阀可以手动开启也可以电动开启，适用于输送蒸汽、水等介质。

图 8-14　闸阀

**（四）球阀**

球阀结构如图 8-15 所示，其启闭件为带一通孔的球体，球体绕阀体中心线旋转达到启闭目的。

球阀操作方便，启闭迅速，流体阻力小，密封性好，适用于输送低温、高压及黏度较大的含悬浮和结晶颗粒的介质，如水、蒸汽、氨、油品及酸类，由于受密封材料的影响，不宜用于高温管路。

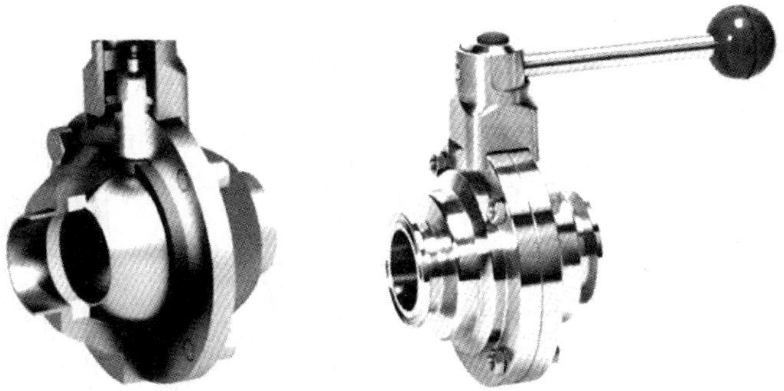

图 8-15　球阀

**（五）止回阀**

止回阀是利用阀前后介质的压力差而自动启闭，控制介质单向流动的阀门，又称止逆阀或单向阀。止回阀按结构不同分为升降式（跳心式）和旋启式（摇板式）两种，如图 8-16 所示。

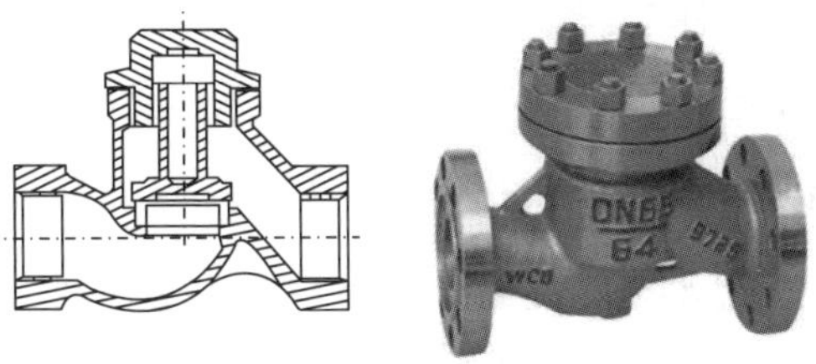

(1)升降式

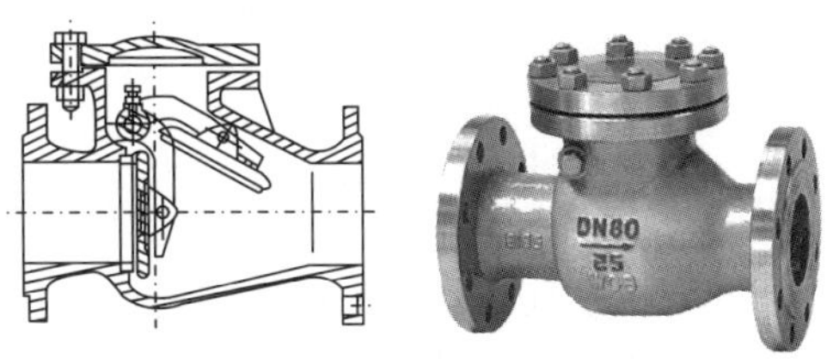

(2)旋启式

图 8-16　止回阀

止回阀常用灰铸铁、可锻铸铁或碳钢制造。止回阀可用于泵和压缩机的管路上、疏水器的排水管上，以及其他不允许介质反向流动的管路上。

### (六)安全阀

安全阀是一种安全保护用阀，由阀座、阀芯和加压装置组成，主要用于锅炉、压力容器和管道上，控制压力不超过规定值，它的启闭件受外力作用处于常闭状态，当设备或管道内的介质压力升高，超过规定值时自动开启，通过向系统外排放介质来防止管道或设备内的介质压力超过规定数值。安全阀属于自动阀类，是一种通过限压、泄压起到安全保护作用的重要附件。根据平衡内压的方式不同，安全阀分为杠杆重锤式[图 8-17(1)]和弹簧式[图 8-17(2)]两类。

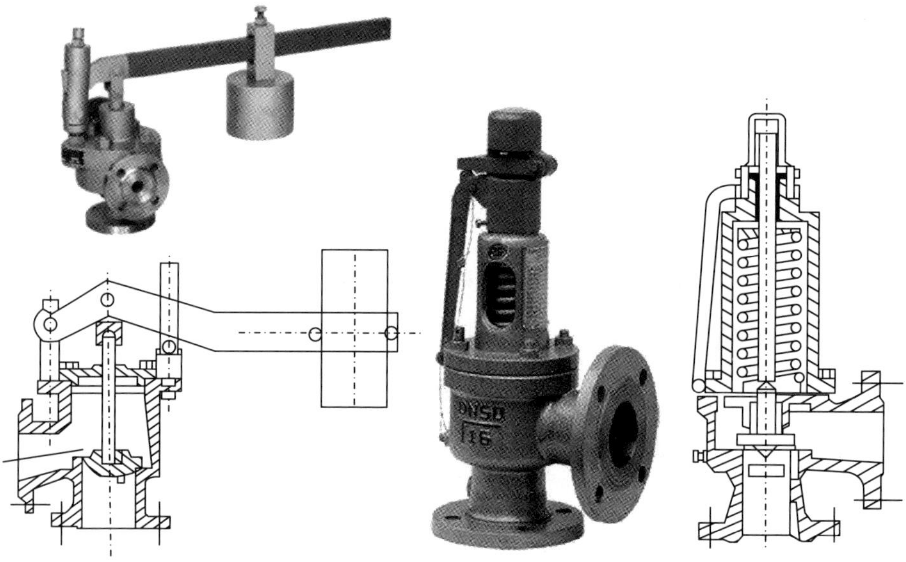

(1)杠杆重锤式　　(2)弹簧式

图 8-17　安全阀

# 任务三　蒸汽发生设备

## 一、概述

饱和蒸汽是制药公司生产的重要能源之一，饱和蒸汽具有传输方便、化学性能稳定、热穿透力强等特点，制药生产中的加热、灭菌、浓缩、干燥、热交换，包括空调、采暖都要用到蒸汽。制药行业对其生产过程中所用饱和蒸汽的品质要求较高，这就需要在蒸汽锅炉的运行、维护方面应用先进的技术措施，以保证不因蒸汽品质而影响药品质量。

蒸汽发生器是利用燃料或其他能源的热能把水加热成为热水或蒸汽的机械设

备。蒸汽发生器属于小型设备,是利用燃料或其他能源的热能把水加热成为热水或蒸汽的机械设备,其容积必须<30L,容积≥30L则属于《特种设备安全监察条例》中锅炉的范畴,市场上的蒸汽发生器大多数容积<30L,所以不归技术监督部门监管。蒸汽发生器主要是按照燃料分类的,可分为电蒸汽发生器、燃油蒸汽发生器、燃气蒸汽发生器等。

## 二、特性

### (一)出热速度

蒸汽发生器采用直流蒸汽发生技术,使自来水一流经热交换器就瞬间产生蒸汽。实现了即开即用,无需预热。开机5s即出蒸汽,温度高达192℃,压力可达12MPa。

### (二)变频控制

蒸汽发生器能够按照用气量的大小进行自动调节,可以真正做到按需分配,从而达到节能的目的。

### (三)"有炉无锅"

常规锅炉内储水达几千千克,一旦爆炸后果不堪设想,蒸汽发生器设计中,没有内胆"锅",不是密闭性的容器,整个设备内的热交换管路的容水量约30L,低于国家容器标准,也非密闭性,无爆炸风险,安全隐患小等。

### (四)免工免检

传统锅炉使用时,必须遵守锅炉生产商的操作流程,至少配备1~3名锅炉工,同时还需要每年年检。蒸汽发生器无需专人值守,无需年检,安全方便。

## 三、举例

### (一)燃气蒸汽发生器

工作原理:通过燃烧头,向锅炉的炉膛内喷射混合好的气体,通过燃烧头上的点火装置,把炉膛内充满的混合好的气体点燃。达到对锅炉的炉胆、炉管加热的效果。燃气锅炉的关键部件是燃烧头,天然气通过这里和空气混合,达到一定的比例后充分燃烧。通常会设计出多弯道燃烧室,让燃烧的气体在炉体内增加行程以提高热效率,配套用于生物化工行业中的发酵罐、反应釜、夹层锅、搅拌机、乳化机等设备。

### (二)电加热蒸汽发生器

电加热蒸汽发生器是一种自动连续地产生较高温蒸汽的微型锅炉,它主要由供水系统、自控系统、炉胆与加热系统和安全保护系统等组成,如图8-18所示。

工作原理:通过一套自动控制装置,确保运行过程中液体控制器或高、中、低电极探棒反馈控制水泵的开启、闭合、供水量、炉胆加热时间;由压力控制器调定的高压力蒸汽随着其不断输出,炉胆水位不断下降,当处于低水位(电子式)时,水泵自

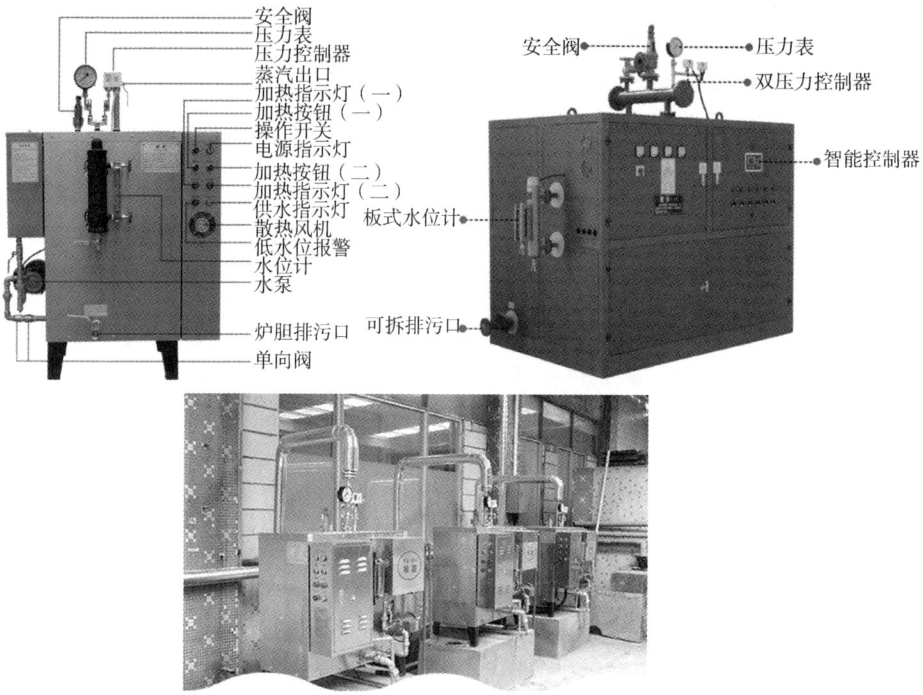


图 8-18　电加热蒸汽发生器

动补水，到高水位时，水泵停止补水；与此同时，炉胆内电热管继续加热，源源不断地产生蒸汽，顶端上部的指针式压力表即刻显示蒸汽压力数值，整个过程均可通过指示灯自动显示。

供水系统是全自动蒸汽发生器的“咽喉”，供水系统正常才能保证蒸汽发生器源源不断地供给用户蒸汽。当水源进入水箱后，打开电源开关，经自控信号的驱动，补水泵开始工作，水通过单向阀注入炉胆。当水箱断水或在水泵管路内有残余空气时，只进空气不进水，只要通过排气阀迅速排气，待有水喷出，关闭排气阀，水泵就能正常工作。本机采用较高压力和较大流量的多级旋涡泵，确保正常补水。

自控系统：液位控制器是发生器自控系统的中枢神经，电子式液位控制器通过3根高低不一的电极探棒控制液面（即水位的高低差），从而控制水泵的供水量和炉胆电热系统的加热时间，工作压力稳定，应用范围比较广。

炉胆与加热系统：炉胆本体均采用锅炉专用加厚钢板卷制加工而成，呈细长直立式。电加热系统采用的电热管由1根或多根不锈钢电热管弯曲组合而成，而其表面负荷一般在20W/$cm^2$左右。

安全保护系统：由于发生器正常工作时有较高的压力和温度，安全保护系统可使其在长期运行中安全、可靠、高效。采用高强度、高灵敏度的安全阀、单向阀、压力控制器，实施三级保护，产品还增加了水位玻璃管显示水位，使用起来非常安全。

**（三）全自动电热蒸汽锅炉介绍**

采用加厚6mm锅炉钢制作，经过超声波探伤严格检测，采用1.2mm不锈钢外观设计。炉胆设计为上下封头式，进水口和排污口为同一口径，减少炉胆结垢，增加使用寿命。采用电子控制，气压水位自动调节，自动加热并配有缺水及超压保护。采用步进式控制电热元件，减少锅炉对电网的冲击，从而使锅炉运行更加稳定。采用70mm高级玻璃纤维丝棉保温，热损失小、能耗低、热效率高。蒸汽温度最高达171℃。

## 习题

**一、名词解释**

1. 压力容器；2. 化工管路；3. 蒸汽发生器。

**二、填空题**

1. 压力容器一般由________、________、________、密封元件、开孔与接管、安全附件及支座等部分组成。

2. 化工管路由________、________、________、________、________等零部件组成。

3. 电加热蒸汽发生器主要由________、________、________和安全保护系统等组成。

**三、选择题**

1. 手孔及人孔的安设是为了（　　）设备内部。

A. 安装　　B. 拆卸　　C. 观察　　D. 检修

2. 常见的封头形式有球形、椭圆形、锥形、（　）和平板等。

A. 方形　　B. 碟形　　C. 环形　　D. 圆柱形

**四、判断题**

1. 蒸汽发生器是锅炉。（　　）

2. 常见的蒸汽发生器有燃气蒸汽发生器和电加热蒸汽发生器。（　　）

3. 阀门是化工管路上控制介质流动的一种重要附件。（　　）

**五、问答题**

1. 常见的压力容器由哪几部分组成？

2. 常用的阀门有哪几类？各适用于何种场合？

3. 常用的化工管路有哪几类？

4. 蒸汽发生器的工作原理是什么？

# 项目九　固体制剂生产设备

## 教学目标

**●知识目标**

熟悉颗粒剂、片剂、胶囊剂、丸剂的定义、特点与分类；熟悉制粒设备、压片设备、包衣设备的结构、工作原理；熟悉固体制剂制备的一般工艺过程。

**●能力目标**

掌握摇摆式颗粒机、高速混合制粒机、旋转式压片机、高效包衣机、胶囊机等设备日常操作和维护保养的方法。

**●素质目标**

熟悉操作规程；拥有责任意识；拥有安全意识。

**●课前思考**

固体制剂的分类有哪些？高速混合制粒机的工作原理是什么？软、硬胶囊加工设备有哪些？

**●认知解读**

固体制剂包括颗粒剂、片剂、胶囊剂、丸剂等。颗粒剂是药物与适宜的辅料制成的，具有一定粒度，呈干燥颗粒状。片剂通过压制后形成圆片状或异形片状。丸剂通常为球形或类球形制剂，是药材粉末与赋形剂制成的内服的固体制剂，可分为蜜丸、糊丸、蜡丸、水丸等。胶囊剂分成硬胶囊剂和软胶囊剂(胶丸)两类，多供口服使用。

制剂是指根据《中华人民共和国药典》(以下简称“中国药典”)的药品标准，用原料药物和辅料制成适合临床应用需要并符合一定质量标准的药剂。

《中国药典》(2020 年版)收录的固体制剂有散剂、丸剂、片剂、颗粒剂(冲剂)、膜剂、胶囊剂等 9 种。其中固体制剂大部分用于口服，服用与携带方便，物理、化学稳定性好，通常是临床首选剂型。制备过程的前处理经历相同的单元操作，以保证药物的均匀混合与准确剂量，而且剂型之间有着密切的联系；药物在体内首先溶解后才能透过生理膜，被吸收进入血液循环中。生产过程的洁净度要求不高，一般为 30 万级，远低于注射剂，因此成本低、产量大。

# 任务一 颗粒剂生产设备

## 一、制粒生产

颗粒剂是指药物与适宜的辅料制成具有一定粒度的干燥颗粒状制剂,可直接吞服,也可冲入水中饮服。根据在水中的状态,有可溶性颗粒剂、混悬颗粒剂、泡腾颗粒剂等。颗粒剂的制备主要涉及制粒技术。

制粒是把粉末、熔融液体、水溶液等状态的物料经加工制成具有一定形状与大小的粒状物的操作。除某些结晶性药物可直接压片外,一般粉末状药物均需事先制成颗粒才能进行压片,以保证压片过程中无气体滞留,药粉混合均匀,同时避免药粉积聚、黏冲等。

制粒的目的在于改善粉末的流动性及片剂生产过程中压力的均匀传递,防止各成分离析及改善溶解性能等,所以制粒是重要的单元操作。在药品生产中常用的制粒方法有湿法制粒、干法制粒、流化喷雾制粒等,其中湿法制粒目前应用最为广泛。要根据药物的性质选择制粒方法,为压片做好准备。

## 二、湿法制粒

湿法制粒是指在药物粉末中加入液体黏合剂(有时用中药提取的稠膏),借助黏合剂的架桥或黏结作用使粉末聚集在一起并混合均匀制成颗粒的方法。在制备中药片剂、冲剂时应用最多。湿法制粒主要包括挤压制粒、转动制粒和搅拌制粒。湿法制粒过程中经过表面润湿,因此具有小形美观、耐磨性较强、压缩成型性好等优点。

高效湿法混合制粒机是集混合与制粒于一体的先进设备。操作时先将粉料按比例放入锥形混合筒中,开动搅拌桨使粉体物料被充分分散,加入黏合剂或湿润剂后形成软材,在流动区内经切割刀分割成均匀的颗粒。高效混合制粒机操作简单、混合效果好、生产效率高、流动性好、易清洗、无污染、全密闭的操作应符合 GMP 要求,但品种范围选择受限制。

湿法混合制粒机每批操作时间约 10min,可生产 80~200kg 产品,其出口可与沸腾干燥机相接,易于实现自动化控制。带动铰刀的均为双速电机,因而控制黏合剂的浓度、铰刀转速、铰碎时间便可获得不同粒度的颗粒,适合于生产填冲胶囊的颗粒,也可制得松软的用于压片的颗粒。

湿法混合制粒机主要由机体、锅体、锥形料斗搅拌装置、制粒刀、进料装置、出料装置、开盖装置、控制系统及充气密封、充水清洗、夹套水冷却等辅助系统所组成,保证制粒全过程在良好的环境中完成。控制面板采用触摸式电脑控制系统,使操作更为方便直观,如图 9-1 所示。

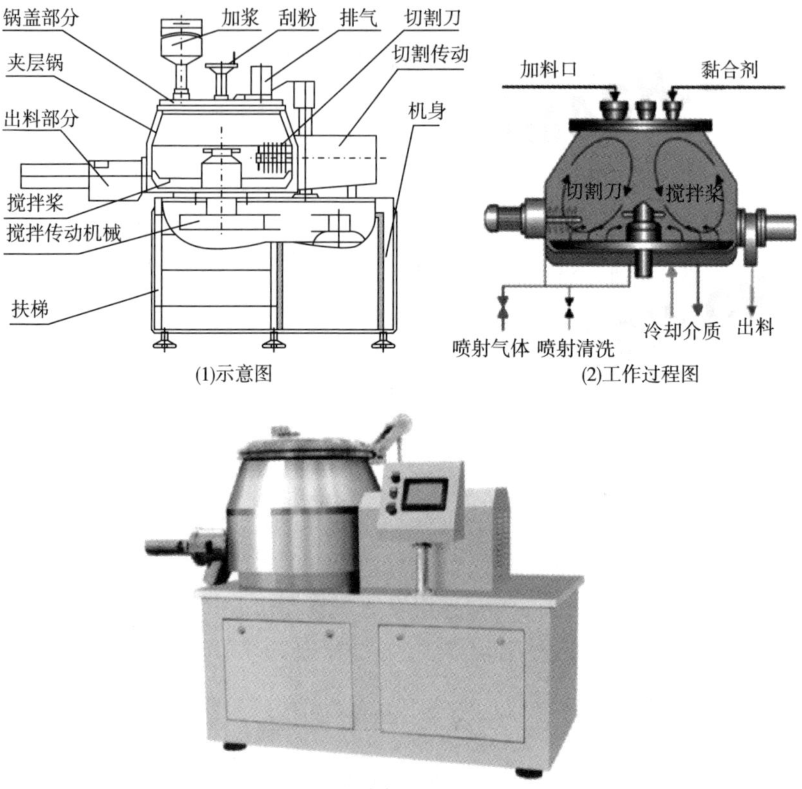


(1)示意图　(2)工作过程图

(3)实物图

图 9-1　湿法混合制粒机

## (一)工作原理

粉状物料从锥形料斗上方投入物料容器,待盖板关闭后,由于搅拌桨的搅拌作用,使粉料在容器内做旋转运动,同时物料沿锥形壁方向由外向中心翻滚,形成半流动的高效混合状态,物料被剪切、扩散达到充分混合。制粒时由于黏合剂的注入,使粉料逐渐湿润,物料性状发生变化,加强了搅拌叶和筒壁对物料的挤压、摩擦、捏合,物料逐步转变为疏松的软材,这些团粒结构的软材不是通过强制挤压而成粒,而是通过制粒刀的切割,软材在半流动状态下被切割成细小而均匀的颗粒。

## (二)操作方法

1. 生产前的检查步骤

(1)检查设备是否在清洁有效期内;过有效期的,按照有关规定对设备进行清洁。

(2)检查各机械部分、电器按钮及气、液开关各部分是否正常。

(3)接通压缩空气,调节压力至 0.4MPa,动力源与电气控制箱的连线安全可靠。

(4)打开供水阀门,排水口应有回水流出。

(5)接通总电源及操作电源,启动各系统操作控制按钮,检查各部分运作是否正常。

(6)手动检查卸料操作气缸动作是否正确,如动作不对,应调换气管。

(7)检查结束后挂设备“运行”标示牌。

2. 操作步骤

(1)打开供气系统使出料口关闭,按工艺要求设定控制程序各阶段时间及压缩空气气压。

(2)按工艺要求加入定量的原辅料,启动搅拌按钮,设定混合搅拌的工艺规定时间后,加入定量的黏合剂,完毕后应清洁台面及被药粉污染的部位,最后关好上盖。

(3)如图 9-2 所示,按要求先启动搅拌按钮,高速或低速搅拌,进行药粉湿混工艺,按规定时间,约 10s 后启动切割按钮,按工艺要求高速或低速进行切料(制料),完成切料工艺规定时间后按切割停止按钮、搅拌停止按钮,切割搅拌停止。

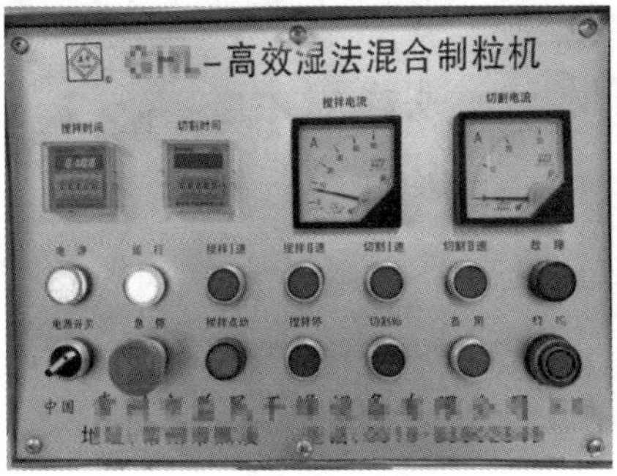


图 9-2　高效湿法混合制粒机面板

(4)如图 9-3 所示,按卸料开门按钮打开出料门,按点动按钮,使搅拌桨将物料完全推出,并使搅拌桨停止转动约 20s,方能开启上盖。卸料结束按卸料关闭按钮关闭出料门。

图 9-3　开关按钮

（5）打开设备，出现如图 9-4（1）界面，轻触“进入系统”出现图 9-4（2）界面，轻触“系统操作”进入图 9-4（3）界面。

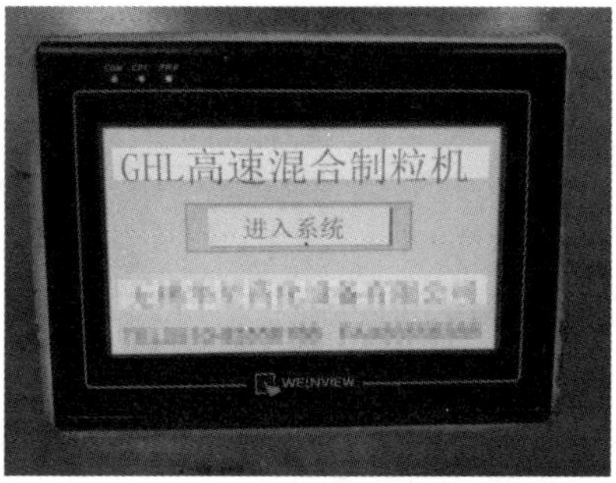


(1)主界面

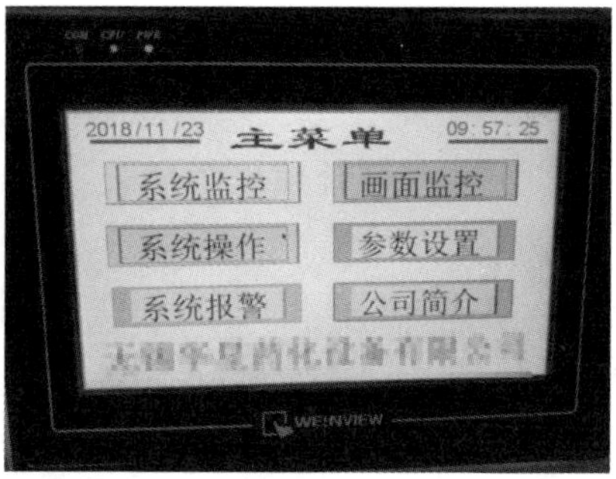


(2)主菜单

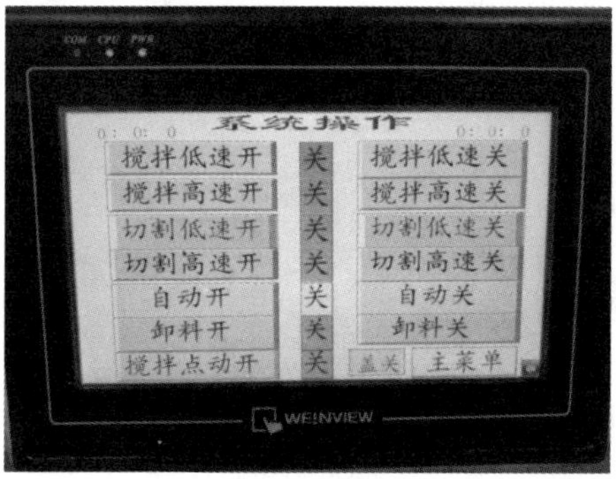


(3)系统界面

图 9-4　操作界面

（6）设备操作注意事项

①准备加料至整个制粒过程中应始终通气，整个工作过程中不应有中断通气的操作。

②物料锅盖上的排气孔和观察口均装有防护条，不可取下。

③因出料机构上的行程开关与电器箱的控制线路连接，出料口门打开时，电机不能启动，切勿操作出料活塞。

④混合电机的转速选择如下所示。

a. 低速可以直接启动。b. 若用高速应先选择低速，再调高速。c. 若正在高速运行时需选择低速，可直接按搅拌低速按钮。

⑤粉碎电机的转速选择如下所示。

a. 低速、高速均可直接启动，也可由低速到高速。b. 由高速转为低速时，低速按钮不起作用，需要先按切碎停止按钮，才能转换。

⑥设备处于运行状态时，设备操作者切勿离开操作现场，以免设备出现异常状

况时无人及时处理造成不必要的损失。

(7)设备维护内容及方法

①压缩空气过滤器每 6~12 个月拆开清洗内部全部构件,每次运转前除去下部积水。

②定期检查减速箱传动轴承等部位润滑状况,及时补充润滑油至规定刻度,一般间隔一年需更换润滑油并清洁涡轮蜗杆。

③经常检查各运行部位连接是否牢固,V 带是否过松,涡轮蜗杆是否有不正常磨损,设备运转过程中有无异响。一旦有故障发生,应及时予以排除。

## 三、干法制粒

干法制粒是把药物粉末直接压缩成较大片剂或片状物后,再重新粉碎成所需大小的颗粒的方法。该法不加任何液体,靠压力使粒子间产生结合力,物料可直接制粒,无需湿润、混合、干燥等过程,简化了工艺又提高了颗粒的质量。干法制粒工艺是近年来出现的新制粒技术,常用于热敏性物料、遇水易分解的药物以及容易压缩成型的药物的制粒。操作方法简单、省工省时、可实现全部过程自动化,但采用干法制粒时,会由于压缩引起晶型的转变及活性降低的问题。目前主要应用于中药、西药的颗粒、片剂、胶囊剂生产。

目前普遍采用轮转式干压机或滚筒平压制粒机完成。有两种方法来制粒:①压片法(重压法):粉末在重型压片机的作用下利用重力压实成胚片,再破碎胚片成颗粒。②滚压法:粉末在相同转速的两圆筒间隙中滚压成片状物,再把片状物破碎成颗粒。

工作原理:在密闭的容器中,将原料粉末连续输送到轧辊上,挤压成片,通过特别设计的旋转切刀和一定目数的筛网系统获得成品颗粒。该法不加入任何黏合剂,靠压缩力的作用使粒子间产生结合力。

举例:GZL-40 干式挤压制粒机,如图 9-5 所示由进料斗、输料机构、轧轮机构、切碎机构、整粒机构、水冷机构、液压系统、分级筛系统及控制机构容器等组成,利用原材料的结晶水直接干挤压成颗粒,简化了工艺,提高了产品的品质。本设备接触物料的地方全部用不锈钢制成,具有良好的耐腐蚀性,生产效率高,便于清洁,无交叉污染。

流化喷雾干燥制粒又称一步制粒或沸腾制粒。美国威斯康星州的 Wurster 博士提出流化床制粒技术,随后该技术迅速发展,并广泛用于制药、食品及化工工业。我国于 20 世纪 80 年代相继从 Aeromatec 公司、Glaft 公司、日本友谊株式会社引进流化床制粒设备。由于医药行业面临的 GMP 广泛认证,流化床在我国药厂已得到普遍应用。

流化喷雾制粒可以在同一台设备内即可完成混合、制粒、干燥的操作。可大大减少辅料用量,颗粒大小均匀、外形圆整、流动性好、可压性好、生产效率高,便于自

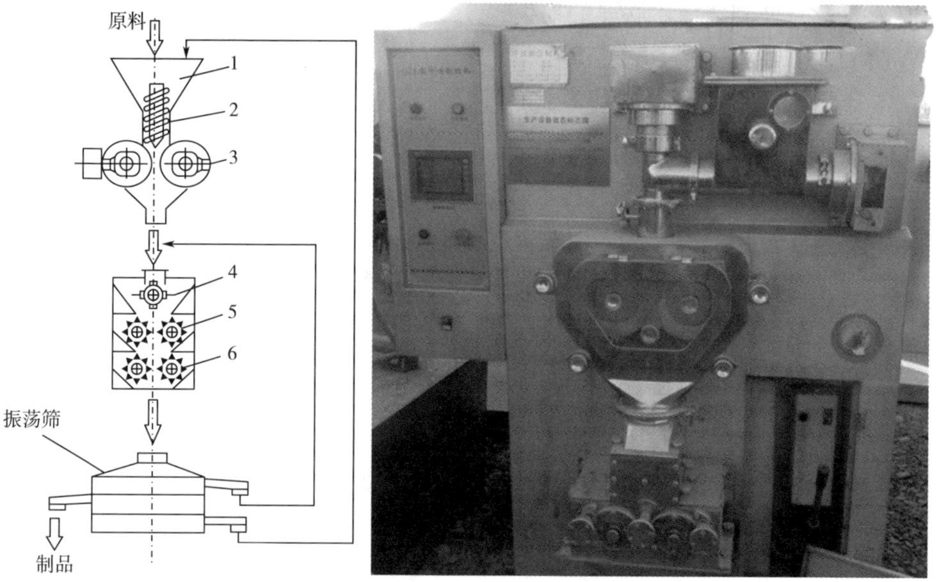


(1)示意图　　(2)实物图

图 9-5　GZL-40 干式挤压制粒机

1—料斗　2—加料器　3—压轮　4—粗碎轮　5—中碎轮　6—细碎轮

动控制;同时由于制粒过程在密闭的制粒机内完成,生产过程不易被污染,成品质量得到更好的保障。目前多用于无糖型、低糖型颗粒剂的制备。

流化喷雾干燥制粒设备由原料泵、雾化器、空气加热器、喷雾干燥制粒器等部分构成,如图 9-6 所示。

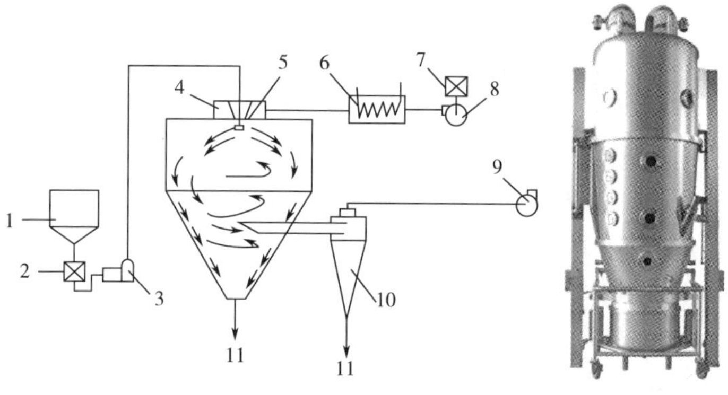


(1)示意图　　(2)实物图

图 9-6　流化喷雾干燥制粒设备

1—原料罐　2—过滤器　3—原料泵　4—空气分布器　5—雾化器　6—空气加热器　7—空气过滤器　8—鼓风机　9—引风机　10—旋风分离器　11—产品

制粒时,原料液经过滤器由原料泵输送到雾化器雾化为雾滴,空气由鼓风机经过滤器、空气加热器及空气分布器送入喷雾干燥制粒器的顶部,热空气与雾滴在干燥制粒器内接触、混合,进行传热与传质,得到干燥制粒产品。气体分布器通常为多孔倒锥体,上面覆盖着 60~100 目的不锈钢筛网。

该设备将混合、制粒、干燥在一套设备内完成,制得的颗粒质量较佳。自动化程度高,劳动强度低,操作周期缩短,从而提高了生产能力。整个操作都是在封闭的负压系统内工作,有效地避免了粉尘飞扬和污染,设备无死角,装卸快速安全,符合 GMP 规范,物料收得率可达 99%。喷雾制粒的产品从塔底出粒,但需要注意废气中夹带的部分细粉。因此在废气排放前必须回收细粉,以提高产品收率,防止环境污染。

# 任务二　片剂生产设备

片剂是由一种或几种药物与辅料均匀混合后压制而成的片状或异形片状的固体制剂。片剂始创于 19 世纪 40 年代,世界各国药典收载的制剂以片剂最多。片剂以口服普通片为主,也有含片、舌下片、口腔贴片、咀嚼片、分散片、泡腾片、速释片、缓释片、控释片与肠溶片等,可供内服或外用。

一种片剂的性质受处方和工艺的影响,而这两因素之间有很大的相关性,其生产工艺过程包括配料、造粒、压片、包衣、质检、包装等工序。片剂的生产方法有湿法制粒压片、干法制粒压片、直接压片。常见的片剂有:盐酸氨溴索片、阿司匹林片、维生素片等。片剂在世界各国药物制剂中占有重要地位,是目前临床应用最广泛的剂型之一。

优点:①剂量准确,含量均匀。②化学性质稳定。③服用、携带、运输方便。④生产机械化、自动化程度高,成本、价格较低。⑤种类多。

缺点:①溶出度较散剂、胶囊剂慢。②不适用于儿童、昏迷患者,挥发性成分易损失。

片剂的生产方法有粉末压片法和颗粒压片法两种。粉末压片法是直接将均匀的原辅料粉末置于压片机中压成片状,这种方法对药物和辅料的要求较高;颗粒压片法是先将原辅料制成颗粒,再置于压片机中冲压成片状,这种方法通过制粒过程使药物粉末具备适宜的黏性,大多片剂的制备均采用这种方法。片剂生产设备主要包括制粒设备、压片机、包衣机、抛光机及包装机等。

片剂生产工艺流程如图 9-7 所示。

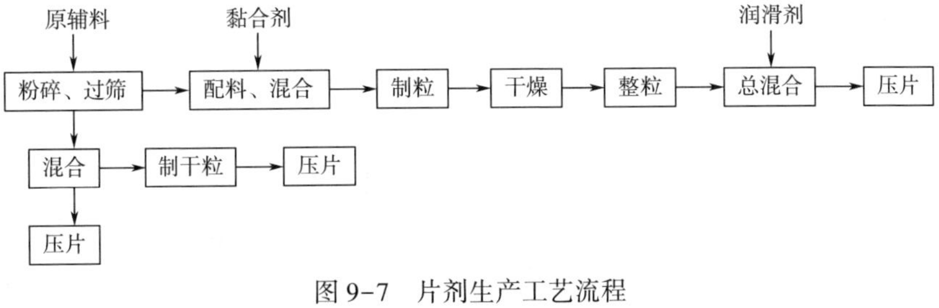


图 9-7　片剂生产工艺流程

## 一、压片生产设备

压片是片剂成型的主要过程,也是整个片剂生产的关键部分。压片操作由压片机完成,是将各种颗粒状或粉末状物料置于模孔内,用冲头压制成片剂。压片机基本结构是由冲模、加料机构、填充机构、压片机构、出片机构等组成。压片设备又分单冲压片机、旋转式压片机和全自动高速压片机。近几年开发的多层压片机、异形压片机等可供制备缓释片、异形片剂。

冲和冲模是压片机的基本部件,如图 9-8(1)所示,每副冲模由上冲、中模、下冲 3 个部件构成。上、下冲的结构相似,其冲头直径也相等,上、下冲的冲头和冲模的模孔相配合,可以在中模孔中自由上下滑动。冲模加工尺寸为统一标准尺寸,具有互换性。冲模的规格以冲头直径或中模孔径来表示,一般为 5.5~12mm,每 0.5mm 为一种规格,共有 14 种规格。

冲头的类型很多,如图 9-8(2)所示。冲头的形状决定于药片所需的形状。按冲模形状可分为圆形、异形(包括多边形及曲线形);冲头断面的形状有平面形、斜边形、浅凹形、深凹形及综合形等。

(1)示意图　　(2)实物图

图 9-8　压片机的冲和模

1—上冲　2,4—冲头　3—中模　5—下冲

### (一)单冲压片机

#### 1. 结构

单冲压片机由冲模、加料机构、填充调节机构、压力调节机构及出片控制机构等组成。

其动力装置是转动轮,可以为电动也可以为手摇,为上冲单向加压。冲模是直接实施压片的部分,决定了片剂的大小、形状和硬度。调节装置包括压力调节器、片重调节器和推片调节器等。压力调节器是用于调节上冲下降的深度;下冲杆附有上、下两个调节器,上面一个为出片调节器,负责调节下冲抬起的高度,使之恰好与模圈的上缘相平,从而把压成的片剂顺利地顶出模孔;饲粉器负责将颗粒填充到模孔,并把下冲顶出的片剂推至收集器中;下面一个是调节下冲下降深度(即调节片剂重量)的片重调节器。

单冲压片机只有一副上下冲,常用的电动单冲压片机的最大冲压力为4t,最大填充深度为27cm,产量在每分钟100片左右,适用于小批量、多品种的生产,如图9-9所示。

(1)实物图　　(2)结构图

图9-9　单冲压片机

1—齿轮　2—左偏心轮　3—中偏心轮　4—右偏心轮　5—手柄　6—飞轮　7—加料器　8—上冲　9—出片调节器　10—片重调节器　11—电机

2. 工作过程

加料、压片至出片是自动连续进行的,这个过程中,下冲杆首先降到最低,上冲离开模孔,饲料靴在模孔内摆动,颗粒填充在模孔内,完成加料。然后饲料靴从模孔上面移开,上冲压入模孔,实现压片。最后,上冲和下冲同时上升,将药片顶出冲模。接着饲料靴转移至模圈上面,把片剂推下冲模台而落入接收器中,完成压片的一个循环。同时,下冲下降,使模内又填满了颗粒,开始下一组压片过程,如此反复压片出片。单冲压片机每分钟能压制80~100片。

单冲压片机所制得片剂的质量和硬度(即受压大小)受模孔和冲头间的距离影响,可分别通过片重调节器和压力调节部分调整。片重轻时,将片重调节器向上转,使下冲杆下降,增加模孔的容积,借以填充更多的物料,使片重增加。反之,上升下冲杆,减小模孔的容积可使片重减轻。冲头间的距离决定了压片时压力的大小,上冲下降得越低,上、下冲头距离越近,则压力越大,片剂越硬;反之,片剂越软。

单冲压片机结构简单，操作和维护方便，可方便地调节压片的片重、片厚以及硬度。单冲压片机压片时是一种瞬时压力，这种压力作用于颗粒的时间极短，而且存在空气垫的反抗作用，颗粒间的空气来不及排出，会对片剂的质量产生影响。因此，单冲压片机制得的片剂容易松散，大规模生产时质量难以保证，而且产量也太小。因此，单冲压片机多作为实验室里做小样的设备，用于了解压片原理和教学，实验室用单冲压片机如图 9-10 所示。

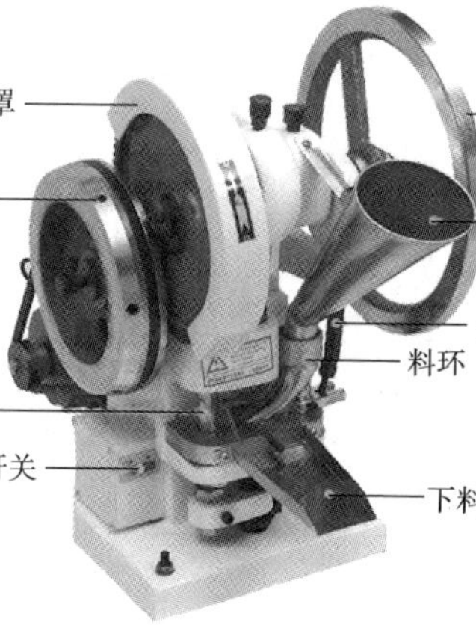


图 9-10　实验室用单冲压片机

**（二）旋转式压片机**

目前广泛采用的是旋转式压片机，又称为旋转式多冲压片机。旋转式压片机是基于单冲压片机的基本原理，又针对瞬时无法排出空气的缺点，在转盘上设置了多组冲模，绕轴不停旋转，变瞬时压力为持续且逐渐增加的压力，从而保证了片剂的质量。

旋转式压片机主要由动力部分、传动部分和工作部分组成，其核心部件是一个可绕轴旋转的三层圆盘，上层装着若干上冲，在中层与上冲对应的位置装着模圈，下层的对应位置装下冲；另有位置固定的上、下压轮以及片重调节器、压力调节器、饲粉器、刮粉器、推片调节器以及附属机构如吸尘器和防护装置等。圆盘位于绕自身轴线旋转的上、下压轮之间，此外还有片重调节器、出片调节器、刮料器、加料器等装置。

该机填料方式合理，由上、下冲头相对加压，压力分布均匀，片重差异较小，连续操作且生产效率较高。旋转式压片机是目前生产中应用较广的多冲压片机，虽然机型各异，但压制机构和原理基本相同。旋转式压片机通常按转盘上的模孔数分为 15 冲、19 冲、21 冲、27 冲、33 冲、35 冲、55 冲等；按转盘旋转一周对应填充、压片、出片等操作的次数，可分为单压、双压等。单压指转盘旋转一周时一个模孔出一片，双压指转盘旋转一周时一个模孔出两片，所以生产能力是单压的两倍。我国各大药厂大多采用 ZP15、ZP19 及 ZP33 等型号的旋转式压片机，如图 9-11 所示。

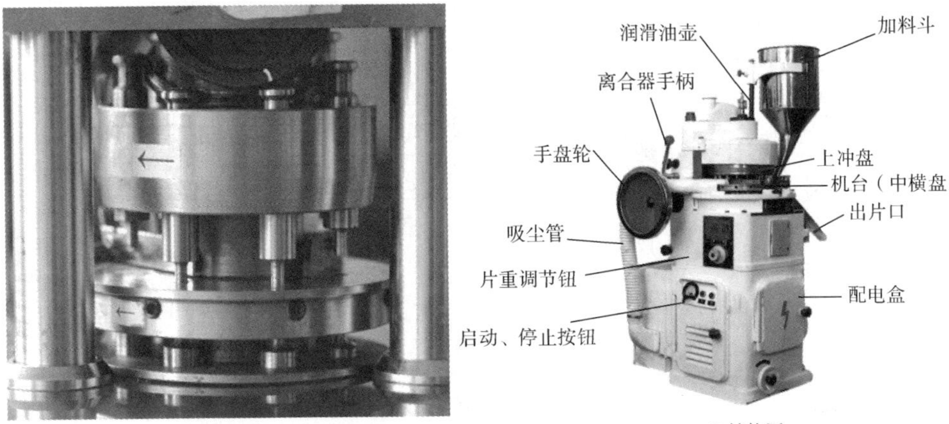


(1)实物图　　(2)结构图

图 9-11　旋转式压片机

上层的上冲随机台而转动，并沿着固定的上冲轨道有规律地上、下运动；下冲也随机台并沿下冲轨道做上、下运动；在上冲之上及下冲下面的固定位置分别装着上压轮和下压轮，在机台转动时，上、下冲经过上、下压轮时，被压轮推动使上冲向下、下冲向上运动，并对模孔中的颗粒加压；机台中层有一固定位置的刮粉器，颗粒由固定位置的饲粉器中不断流入至刮粉器并由此流入模孔；压力调节器用于调节下压轮的高度，从而调节压缩时下冲升起的高度，高则两冲间距离近，压力大；片重调节器装于下冲轨道上，用调节下冲经过刮粉器时的高度以调节模孔的容积，如图 9-12 所示：图 9-12(1)是常见的旋转式多冲压片机的结构示意图，图 9-12(2)(3)是工作原理示意图。图中将圆柱形机器的一个压片全过程展开为平面形式，以更直观地展示压片过程中各冲头所处的位置。

工作时，圆盘绕轴旋转，带动上冲和下冲分别沿上冲圆形凸轮轨道和下冲圆形凸轮轨道运动，同时模圈做同步转动。此时，冲模依次处于不同的工作状态，分别为填充、压片和退片。处于填充状态时，颗粒由加料斗通过饲料器流入位于其下方置于不停旋转平台之中的模圈中，这种填充轨道的填料方式能够保证较小的片重差异。圆盘继续转动，当下冲运行至片重调节器上方时，调节器的上部凸轮使下冲上升至适当位置而将过量的颗粒推出。通过片重调节器调节下冲的高度，可调节模孔容积，从而达到调节片重的目的。推出的颗粒则被刮料板刮离模孔，并在下一次填充时被利用。接着，上冲在上压轮的作用下下降并进入模孔，下冲在下压轮的作用下上升，对模圈中的物料产生较缓的挤压效应，将颗粒压成片，物料中空气在此过程中有机会逸出。最后，上、下冲同时上升，压成的片子由下冲顶出模孔，随后被刮片板刮离圆盘并滑入接收器。此后下冲下降，冲模在转盘的带动下进入下一

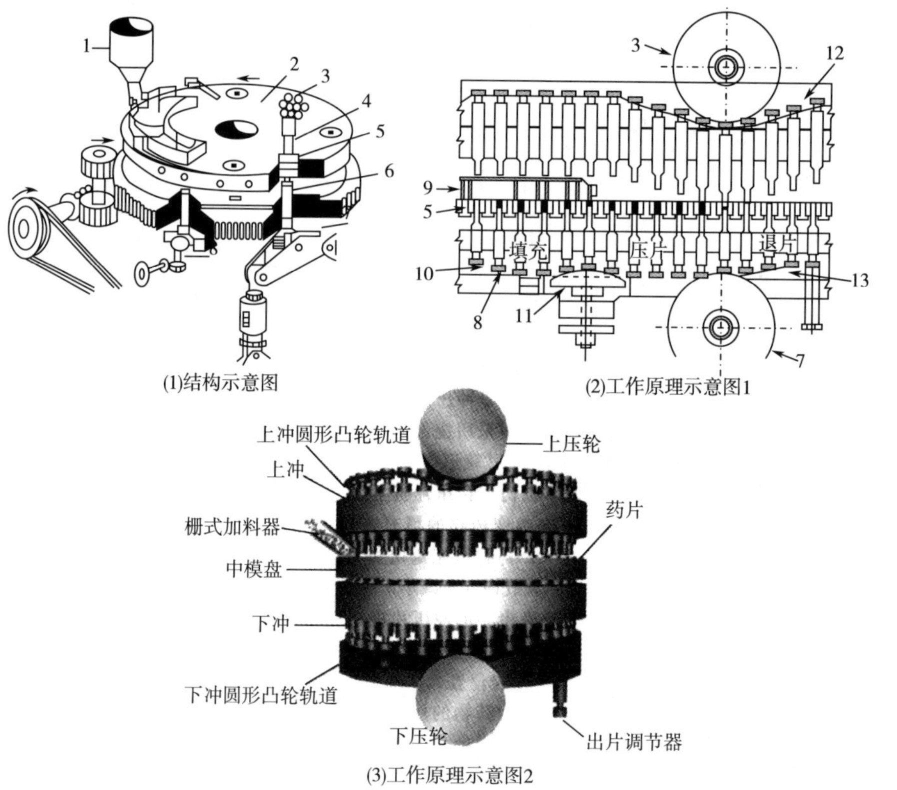


图 9-12　旋转式多冲压片机

1—加料斗　2—旋转盘　3—上压轮　4—上冲　5—中模　6—下冲　7—下压轮　8—片重调节器　9—栅式加料器　10—下冲下行轨道　11—重量控制用凸轮　12—上冲上行轨道　13—下冲上行轨道

次填充，开始下一次工作循环。下冲的最大上升高度由出片调节器来控制，使其上部与模圈上部表面相平。

### （三）全自动高速压片机

旋转式压片机已逐渐发展成为能以高速度压片的全自动高速压片机，冲头可达 122 个，每小时出片量 150 万片。如图 9-13 所示的压片机具有全封闭压力大、噪声低、转速快、生产效率高、质量好等特点。压片时采用双压，并由微机控制，实现对片重的自动控制、废片自动剔除，除可压制普通片外，还可以压制异形片。另外，机器在传动、加压、充填、加料、冲头导轨、控制系统等方面都明显优于普通压片机。它最适用于大型制药厂单一品种单层片大规模的生产，也适用于双层片、三层片的大规模生产，同时也可以用于生产双层夹心片。

1. 结构

结构主要包括传动部件、转台、导轨、加料器，填充和出片部件、片剂计数与剔除部件、润滑系统、控制系统、吸尘部件等。

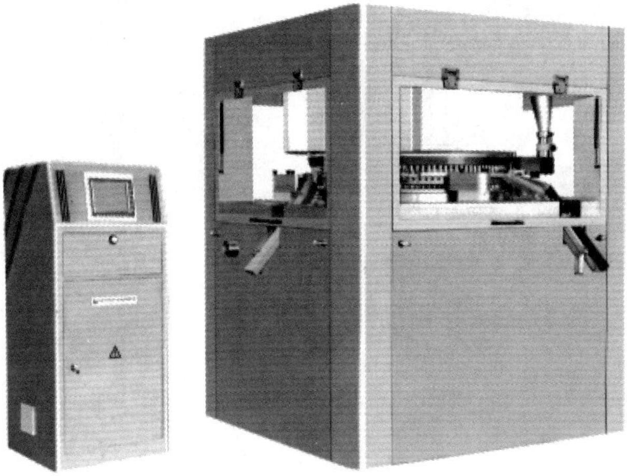

图 9-13 全自动三出料高速压片机

2. 工作原理

压片机的主电机通过交流变频无级调速器,并经涡轮减速后带动转台旋转。转台的转动使上、下冲头在导轨的作用下产生上、下相对运动。颗粒经填充、预压、主压、出片等工序被压成片剂。压片基本原理与旋转压片机相同,但在整个压片过程中,控制系统通过对压力信号的检测、传输、计算、处理等实现对片重的自动控制、废片自动剔除以及自动采样、故障显示和打印各种统计数据。

3. 特点

采用三仓隔离的设计方案,三侧加料、三侧压片、三侧出片的压片技术,冲模数量多,生产速度快,取消了液压系统,压轮采用机械结构支撑,避免了二次污染;由于上下压轮都采用独立的模块,它们的调整互不干涉,冲头不会抱死;下压轮的位置通过电机来控制,调整速度快。主机和电控系统完全分开设计,使电控系统远离主机,延长了电控系统的使用寿命,卫生和安全系数大大加强。与药品接触的零部件材质,如给料系统、冲盘及出片装置等全部采用不锈钢或无毒高分子材料,完全符合 GMP 要求。

整机无需手轮调整,充填驱动采用伺服电机,反应速度快,主压和预压机构采用同步电机控制,其位置通过编码器来测算,数据准确,降低了人工失误。能自动调整充填量,从而控制片重,可以监测单冲压力值,具有填充超限和冲头压力单值超限报警功能,具有片重超限剔除功能。

充填系统采用伺服电机来调整,反应速度快;调整精度可以达到 0.01mm,调整的精度高,适合于高速压片机的快速调整。充填量直接显示在触摸屏上面,无须再凭经验反复测算,如图 9-14 所示。

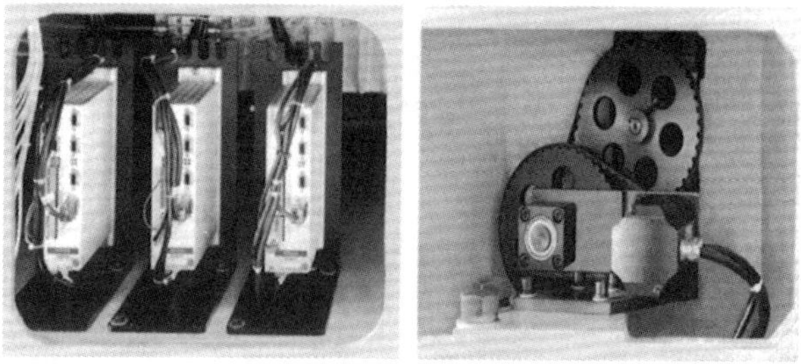

图 9-14　充填系统

双层轮填料系统，如图 9-15 所示。上叶轮可增加药粉流动性，均衡药粉密度，下叶轮用于充填和计量，保证充填的均匀性；伺服电机调节计量导轨来控制填料深度，保证计量准确。

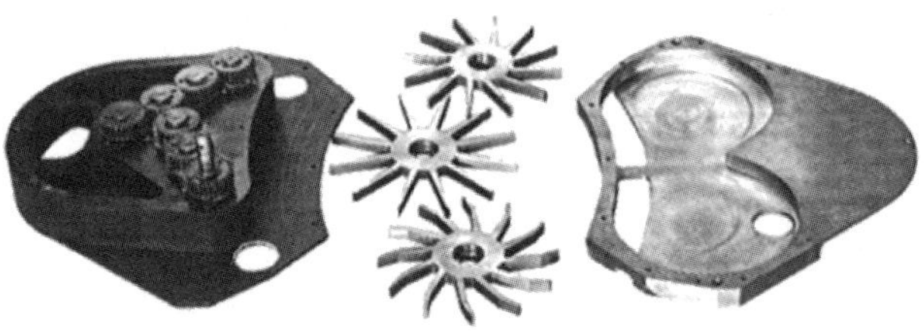

图 9-15　双层轮填料系统

电控柜独立于主机，如图 9-16 所示。电气控制区与生产区分离，安全与卫生系数大大提高；采用触摸屏自动控制，无手轮操作，生产高度自动化；可采用 PCC 贝加莱控制系统，反应快速、精确。所有生产信息均可显示、储存、提取并更改，可设置不同等级的用户密码保护。

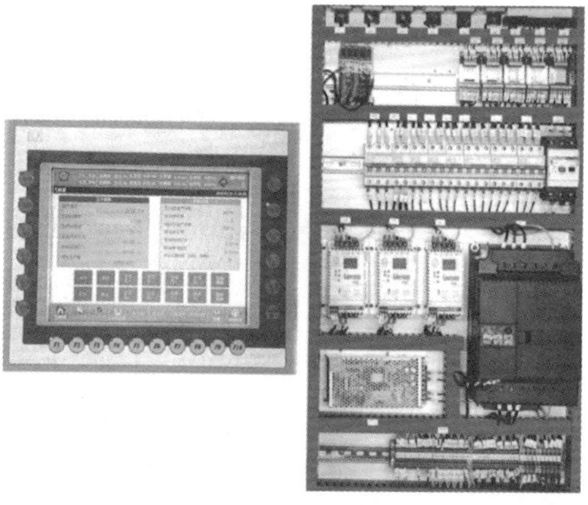

图 9-16　电控柜

主压系统、预压系统、填充系统、加料系统等采用模块化设计,结构简单,几个模块可随意调整或者拆卸,互不干扰,维修方便。主压和预压结构相同,如图 9-17 所示。上下主压和预压系统都可随意互相拆换,主压和预压压力都是 100kN,使药片的成型更容易。

图 9-17　压力系统

## 二、包衣生产设备

包衣是指一般药物经压片后,为了保证片剂在储存期间质量稳定或便于服用及调节药效等,在片剂表面包以适宜的物料,该过程称为包衣。片剂包衣后,素片(或片芯)外层包上了适宜的衣料,使片剂与外界隔离,可增加对湿、光和空气不稳定药物的稳定性;掩盖药物的不良臭和味;减少药物对消化道的刺激和不适感;达到靶向及缓、控释药的作用;防止复方成分发生配伍变化等目的。合格的包衣应达到以下要求:包衣层应均匀、牢固并与片芯不起作用,崩解时限应符合《中国药典》(2020 版)片剂项下的规定;经较长时期的贮存,仍能保持光洁、美观、色泽一致,并无裂片现象;不影响药物的溶出与吸收。根据使用目的和方法的不同,片剂的包衣通常分为糖衣、薄膜衣及肠溶衣等数种。

糖衣层由内向外的顺序为隔离层、粉衣层、糖衣层、有色糖衣层、打光层。包衣层所使用材料应均匀、牢固,与片芯不起作用,崩解时限应符合《中国药典》(2020 版)片剂项下的规定,不影响药物的溶出与吸收。经较长时期贮存,仍能保持光洁、美观、色泽一致,并无裂片现象。

目前国内常用的包衣方法主要有滚转包衣法、流化床包衣法和压制包衣法。

常用的包衣设备有普通(荸荠式)包衣机、高效包衣机、流化床包衣机。高效包衣机的锅型结构大致可分为网孔式、间隙网孔式和无孔式 3 类。

高效包衣机如图 9-18 所示，片芯(素片)在密闭的包衣滚筒内连续地做特定的复杂运动。由微机程序控制，按工艺顺序和选定的工艺参数将包衣液由喷枪喷洒在片心表面，同时送入洁净热风对药片包衣层进行干燥，废气排出，快速形成坚固、细密、光整圆滑的包衣膜。

高效包衣机由主机、热风柜、排风柜、电脑可编程控制器、气喷嘴装置、送液装置、薄膜溶液供液桶和出料装置等组成。

(1)实物图

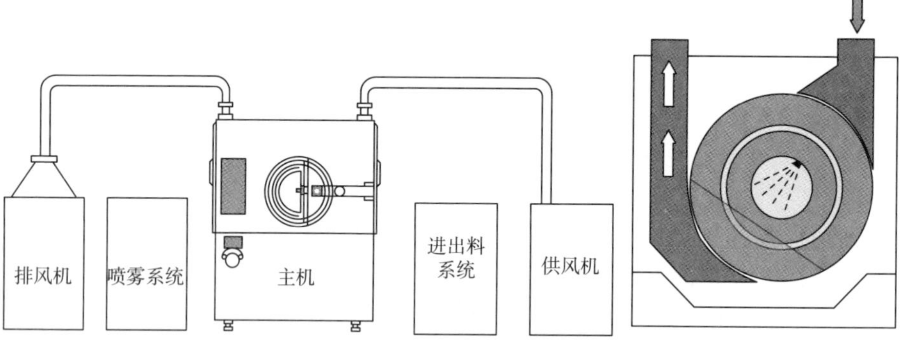


(2)示意图

图 9-18　高效包衣机

工作原理为被包衣的片芯在包衣主机的包衣滚筒内做连续复杂的轨迹运动。在这个过程中，由可编程控制器作为核心控制，按输入的工作程序和工艺参数，使包衣介质经过蠕动泵和气喷枪自动喷洒在片芯表面，热风柜按设定的程序和温度向片床供给 10 万级洁净的热风并对药片进行干燥，热风通过片芯从底部筛孔由排风柜把废气排出，使片芯表面快速形成坚固、细密、光滑圆整的表面薄膜。

包衣过程是在主机内完全密闭的空间中进行，无粉尘飞散，符合 GMP 生产车间的要求；简化了包衣工艺，包衣时间缩短，生产效率高，一批只需 2～3h 即可完成(包糖衣需 4～6h)；包衣生产自动控制，操作方便；包衣锅设有系统故障自诊断功能，可确保包衣生产的安全。对喷洒有机溶剂的溶液则已采取防爆措施，故适用于有机薄膜、水溶性薄膜、糖衣、缓释性薄膜的包衣。

# 任务三　胶囊剂生产设备

胶囊剂是指将药物或药物与辅料混合均匀后填装于空心硬质胶囊中或密封于软质胶囊中制成的固体制剂。胶囊剂不仅外形美观,服用方便,而且具有遮盖不良气味,提高药物稳定性,控制药物释放速度等作用,是目前应用最为广泛的药物剂型之一。

胶囊剂可分为硬胶囊剂和软胶囊剂两大类。

硬胶囊剂是将药物及适当的辅料(也可不加辅料)制成均匀的粉末或颗粒,填装于空心硬胶囊中而制成。硬胶囊剂生产过程包括两个步骤:空心胶囊壳的制备及药物填充。空心胶囊通常由专业生产厂制备,药物填充由胶囊填充机进行,是目前除片剂外应用最为广泛的一种固体剂型。目前,硬胶囊的尺寸已经标准化,空胶囊的规格由大到小分为000、00、0、1、2、3、4、5号共8种,如图9-19所示。一般常用的是0～5号,相对应的容积分别为0.75mL,0.55mL,0.40mL,0.30mL,0.25mL,0.15mL。

软胶囊剂(又称胶丸)是将一定量的药物(或药材提取物)溶于适当液体辅料中,再用压制法或滴制法使之密封于球形或椭圆形的软质胶囊中,如图9-20所示。

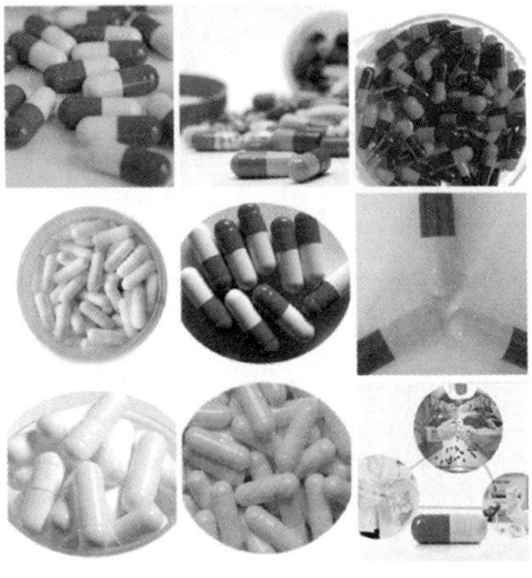

图9-19　硬胶囊

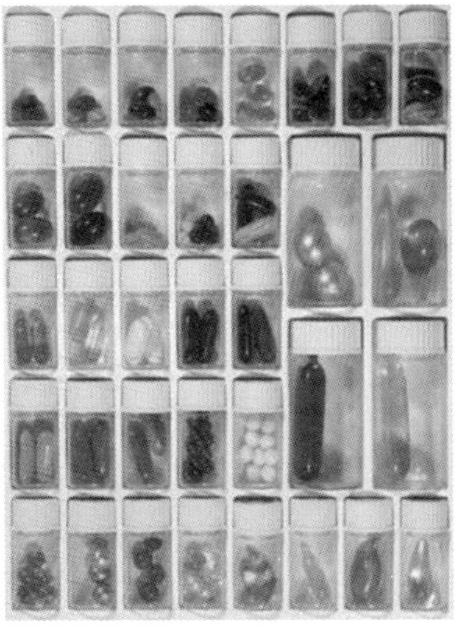

图9-20　软胶囊

## 一、硬胶囊剂生产设备

胶囊填充机是硬胶囊剂生产的关键设备,它可分为半自动及全自动两大类。由机架、胶囊回转机构、胶囊送进机构、粉剂搅拌机构、粉剂填充机构、真空泵系统、传动装置、电气控制系统、废胶囊剔除机构、合囊机构、成品胶囊排出机构、清洁吸尘机构组成。

由于每一个工作区域的操作工序均要占用一定的时间，因此主工作盘是间歇转动的。全自动胶囊填充机按其工作台运动形式可分为间歇运转式和连续回转式。目前根据回转台的工位又有 8、10、12 三种形式的机型，如图 9-21 所示。

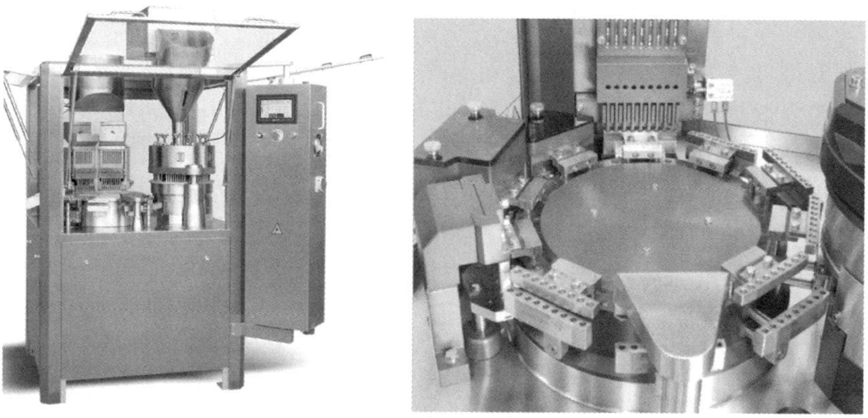

图 9-21　全自动胶囊机

工作过程如下：空胶囊供给 → 空胶囊定向排列 → 空胶囊的体帽分离 → 药物填充 → 剔除空胶囊 → 囊帽与囊体闭合 → 胶囊排出 → 清洁，共 8 个过程。

### (一) 空胶囊的排序和定向

定向装置，对杂乱胶囊进行排序，如图 9-22 所示。

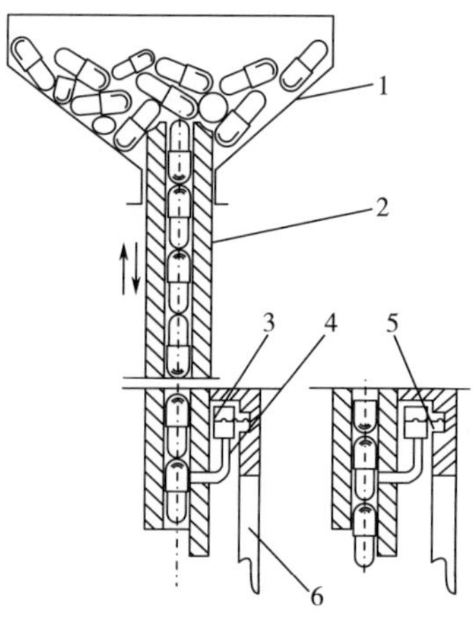


图 9-22　排序装置

1—贮囊斗　2—落料器　3—簧片架　4—卡囊簧片　5—弹簧　6—压囊爪

落料器的每个通道出口均有一个卡囊簧片。当排囊板在下行送囊时，卡囊簧片脱离开胶囊，胶囊靠自重从出口送出；当排囊板上行时，弹簧又将簧片架压回原来位置，卡囊簧片将下一个胶囊卡住，因此排囊板一次行程只能完成一个胶囊的下落动作，排囊板上端应避免尖锐边缘，以防止扎破胶囊。

**(二)定向排序原理**

第一步：推爪尖点位置高度高于帽，低于体的长度，推力点在体上，推爪始终作用在直径较小的胶囊体，随着推爪的运动，就发生了胶囊的调头运动，永远使胶囊体朝前而被水平推到定向囊座的右边缘。

第二步：压爪将胶囊再翻转 90°，垂直地推入囊板孔中，如图 9-23 所示。

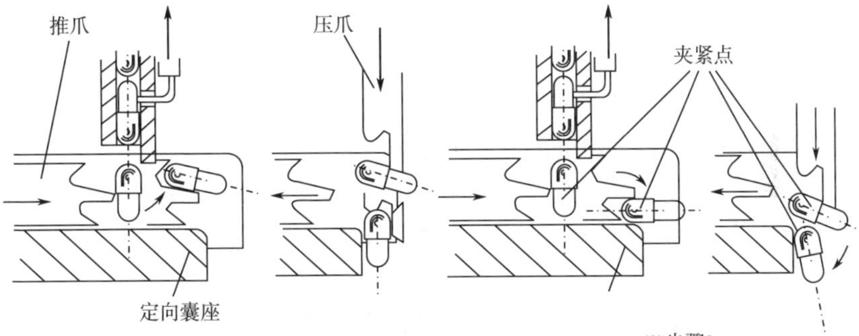


(1)步骤1　　(2)步骤2

(3)实物图

图 9-23　定向排序

**(三)空胶囊的体帽分离**

拔囊装置：利用真空吸力进行体帽分离，如图 9-24 所示，过程如下。

(1)真空负压强行将空胶囊整体吸入上囊板模孔中。

(2)上囊板模孔内的限位台阶挡住囊帽下行。

(3)模孔密封后加大了负压效果，囊体在惯性速度和负压作用下脱离囊帽至

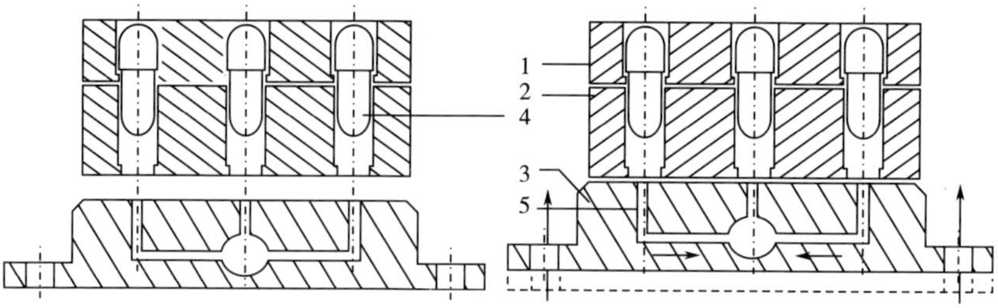


(1)接通真空前的状态　　(2)接通真空后的状态

图 9-24　体帽分离

1—上囊板　2—下囊板　3—真空气体分配板　4—未分离胶囊　5—真空管

下囊板模孔内。

**(四)体帽错位、填充药物**

定量填充装置是将药物定量填充进胶囊的装置。

当空胶囊体、帽分离后,上、下囊板孔的轴线随即错开,药物定量填充装置将定量药物填充于下方的胶囊体中,完成药物填充过程。

药物定量填充装置的类型很多,常见的有以下几种。

(1)冲程法定量装置的螺旋钻压进物料,依据药物的密度、胶囊的容积和剂量之间的关系,直接将粉末及颗粒定量填充到胶囊中。

(2)填塞式(模板定量)装置。

(3)间歇插管定量装置　将空心计量管插入贮料斗中,使药粉充满计量管,并用计量管中的冲塞将管内药粉压紧,然后计量管旋转到空胶囊上方,通过冲塞下降,将孔里的药料压入胶囊体中。

(4)活塞-滑块定量装置是容积定量,使物料自由流入体积固定的定量杯中,再经过滑块的孔道流入空胶囊中。

(5)真空定量装置。

**(五)剔除装置**

剔除装置剔除空胶囊,防止混入成品中,如图 9-25 所示。

工作过程中个别空胶囊可能会因某些原因使得体帽未能分开,这些空胶囊会滞留于上囊板孔中,但并未填充药物。防止这些空胶囊混入成品,应在胶囊闭合前将其剔除。剔除装置的核心构件为一个可上下往复运动的顶杆架,上面设有与囊板孔相对应的

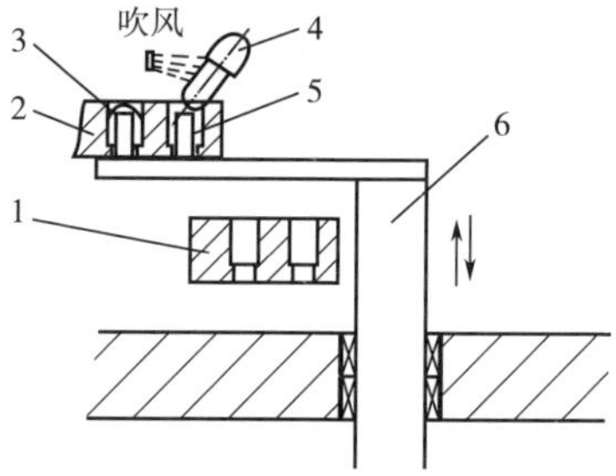


图 9-25　剔除装置的结构

1—下囊板　2—上囊板　3—胶囊帽

4—未拔开的空胶囊　5—顶杆　6—顶杆架

顶杆。

### (六)闭合胶囊装置

闭合胶囊装置将体、帽闭合,闭合胶囊,如图 9-26 所示。

### (七)出囊装置

出囊装置将闭合的胶囊吹入出囊滑道,并输送到包装工序,如图 9-27 所示。

### (八)清洁装置

清洁装置清洁设备,并进入下一周期循环操作,如图 9-28 所示。

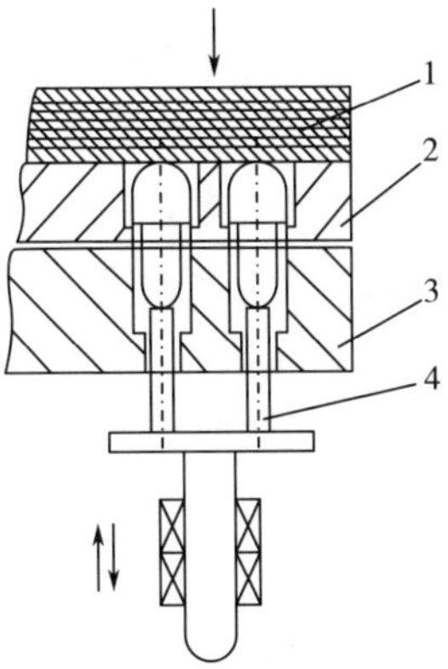


图 9-26　闭合胶囊装置

1—弹性压板　2—上囊板
3—下囊板　4—顶杆

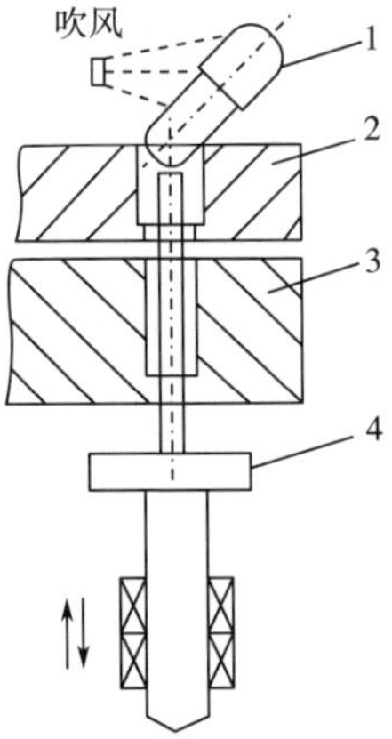


图 9-27　出囊装置

1—闭合胶囊　2—上囊板
3—下囊板　4—出料顶杆

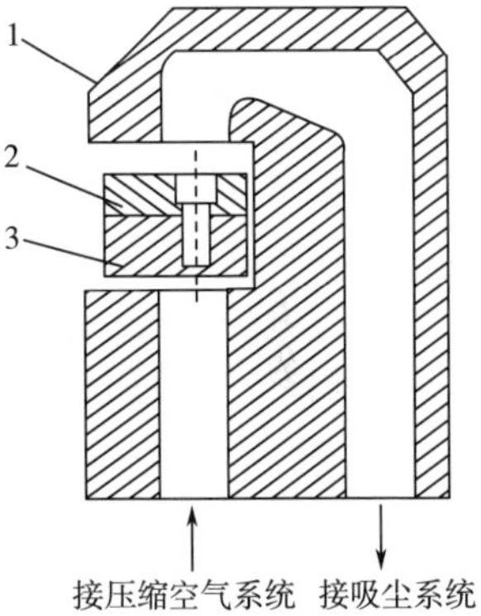


图 9-28　清洁装置

1—清洁装置　2—上囊板　3—下囊板

## 二、软胶囊剂生产设备

将一定量的药物和适宜的辅料混合均匀,密闭于球形、椭圆形或其他形状的软质囊材中。

成套的软胶囊剂生产设备包括明胶溶液制造设备、药液配制设备、软胶囊压(滴)制设备、软胶囊干燥设备、回收设备,如图 9-29 所示。

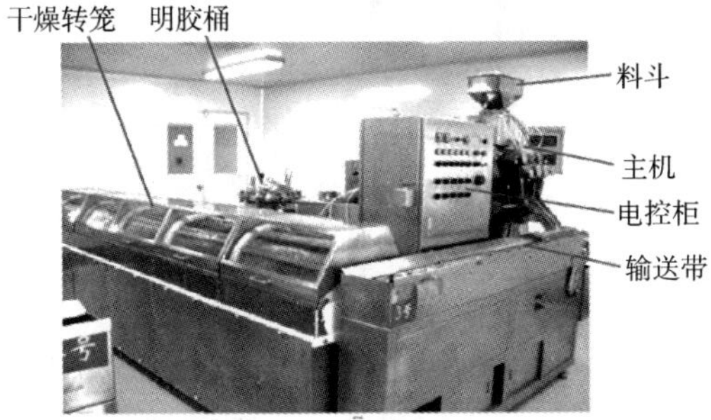


图 9-29　软胶囊设备

**(一)压制法**

压制法是将胶液制成厚薄均匀的胶片,再将药液置于两个胶片之间,用钢板模或旋转模压制软胶囊的一种方法。目前生产上主要采用旋转模压法(模具的形状可为椭圆形、球形或其他形状)。

**(二)滴制法**

滴制法由具有双层滴头的滴丸机完成。以明胶为主的软质囊材(一般称为胶液)与药液,分别在双层滴头的外层与内层以不同速度流出,使一定量的胶液将一定量的药液包裹后,滴入与胶液不相混溶的冷却液中,由于表面张力的作用使之形成球形,并逐渐冷却、凝固成软胶囊,如常见的鱼肝油胶丸等。滴制中,胶液、药液的温度、滴头的大小、滴制速度、冷却液的温度等因素均会影响软胶囊的质量。

1. 滚模式软胶囊机

滚模式软胶囊机又称为压囊机,是采用压制法制备软胶囊剂的。

滚模式软胶囊机是目前常用的压制法制备软胶囊的设备,主要由软胶囊压制主机、供料系统、输送机、干燥机、电控柜、明胶桶和药液桶等设备组成。

(1)结构　主要由软胶囊压制主机、输送机、干燥机、电控柜、明胶桶和药液桶等设备组成,如图9-30所示。

(1)实物图

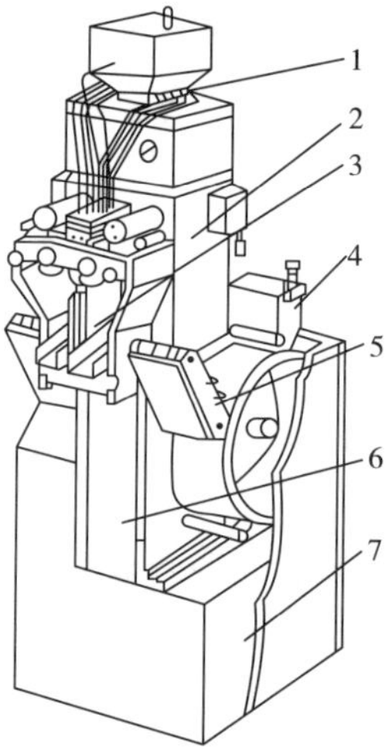


(2)示意图

图9-30　滚模式软胶囊机

1—供料斗　2—机头　3—下丸器　4—明胶盒　5—油辊　6—机身　7—机座

其中关键设备是软胶囊压制主机,主机关键部分是机头。机头上有两个滚模轴,轴上装有模子,左右两个模子组成一套模具。模子上模孔的形状、大小决定胶囊剂的形状和型号。两个滚模轴相对转动:右液模轴能够转动,但不能移动;左液模轴既能转动，又能横向水平移动。胶带均匀压紧于两个模子之间，如图 9-31 所示。

图 9-31　滚模轴

（2）生产过程　首先制备明胶带，调整明胶盒的加热前板，使其与胶带轮之间的间隙约为 0.9mm，然后，打开明胶盒的电加热管和输胶管的电加热套，打开电源开关，调节温度为 50～60℃。开动机器，胶液自明胶盒下方的涂胶机箱流出，均匀涂布在温度为 16～20℃的鼓轮上，经过鼓轮的冷却即成为具有一定厚度的均匀明胶带。药物溶液由贮液槽流入填充泵内再经导管进入温度为 37～40℃的成型器内，注入夹在两模具间的胶带中，注入的药液体积由填充系统的活塞控制。由于药液的注入使胶带膨胀，同时模具旋转压迫胶带使其闭合，药物即被封闭在胶带中。模具继续旋转将装满药液的胶囊切离胶带，软胶囊即成型，如图 9-32 所示。

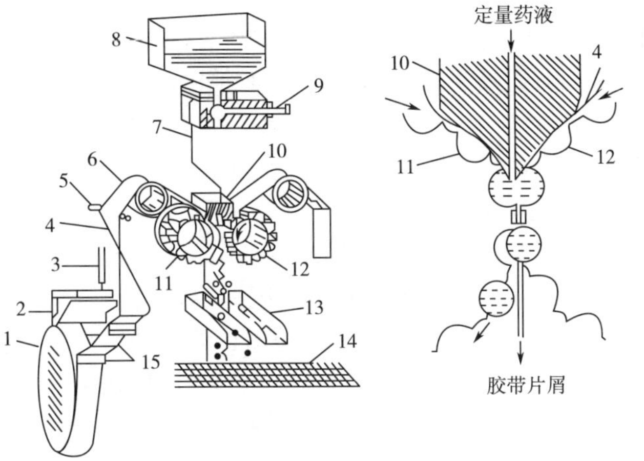


(1)结构与旋转压囊原理图　　(2)药液注入胶囊及封合原理图

图 9-32　滚模式软胶囊机结构与工作原理

1—鼓轮　2—涂胶机箱　3—输胶管　4—胶带　5—胶带导杆　6—送料轴　7—导管　8—药液贮槽　9—计量泵　10—楔形注入器　11，12—滚模　13—导向斜槽　14—胶囊输送机　15—油轴

2. 滴制式软胶囊机

滴制式软胶囊机即滴丸机，采用滴制法制备软胶囊剂。

（1）结构　该机主要由原料贮槽（药液贮槽和明胶液贮槽）、定量控制器、冷却器等组成，其关键部分是滴头，滴头是双层的，外层通入胶液（温度为75~80℃），内层则通入油状药物溶液（温度约为60℃），如图9-33所示。

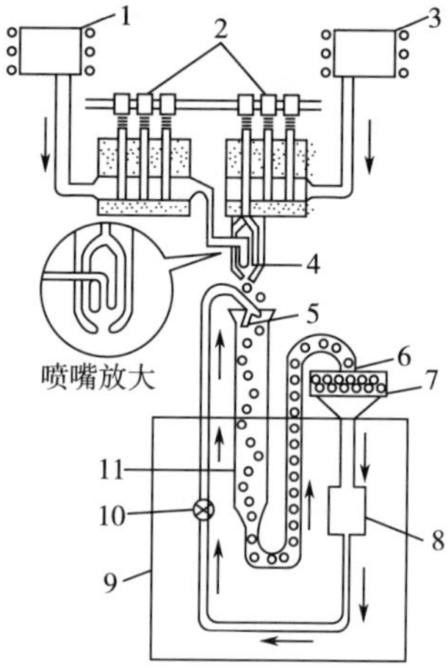


图9-33　软胶囊滴丸机结构与工作原理示意图

1—药液贮槽　2—定量装置　3—明胶液贮槽　4—喷嘴　5—液体石蜡出口　6—胶丸出口　7—过滤器　8—液体石蜡贮箱　9—冷却箱　10—循环泵　11—冷却柱

（2）生产过程　用明胶配成胶液（明胶40%+甘油20%+水40%），胶液与油类药液分别经滴丸机的双层喷头按不同速度定量喷出，先喷出胶液，后喷出药液，待停止药液后再停止喷胶液，胶液包裹着药液滴入不相溶的液状石蜡冷却液中，由于界面张力的作用收缩为球形，并逐渐变硬固化成胶囊。以明胶为主的软质囊材（即胶液）与药液，分别在双层滴头的外层与内层以不同速度流出，使定量的胶液将定量的药液包裹后，滴入与胶液互不相溶的冷却液（温度一般控制在5~50℃）中，由于表面张力作用使之形成球形，并逐渐冷却、凝固成软胶囊。滴制时，胶液与药液的温度、滴头的大小、滴制速度、冷却液的温度等因素均会影响软胶囊的质量。

滴丸机喷头将胶液与油状药液按不同速度喷出，胶液将油状药液包裹后，滴入另一种不相混溶的冷却液中。胶液接触冷却液后，由于表面张力作用而使之形成球形，并逐渐凝固成胶丸。

软胶囊滴丸机是利用滴制造粒的原理进行工作的设备，生产过程中的回料较少，故能有效地降低生产成本。常见的鱼肝油丸、维生素丸等软胶囊剂均可用该设备生产，缺点是生产速度较慢，且只能生产球形产品。而压制法生产规模大，能生产出不同形状的产品。

影响滴制法胶丸质量的因素主要有：明胶处方组分比例；明胶的黏度；药物、明胶及冷却液三者密度，同时应保持软胶囊在液状石蜡中有一定的沉降速度，有足够时间冷却成型。

# 任务四　丸剂生产设备

丸剂是指药物、药材细粉或药材提取物加适宜的黏合剂或其他辅料，制成球状或类似球状的固体制剂，直径小于 2.5mm 的丸剂又称为微丸剂。丸剂分为蜜丸、水蜜丸、水丸、糊丸和浓缩丸等类型。

## 一、丸剂的分类

(1)蜜丸是指药材细粉以蜂蜜为黏合剂制成的中药丸剂。

(2)水蜜丸是指药材细粉以蜂蜜和水为黏合剂制成的中药丸剂。

(3)水丸是指药材细粉以水(或以黄酒、醋、稀药汁、糖液等)为黏合剂制成的中药丸剂。

(4)糊丸是指药材细粉以面糊或米糊为黏合剂制成的中药丸剂。

(5)浓缩丸是指药材或部分药材提取的清膏或浸膏，与适宜的辅料或药物细粉，以水、蜂蜜或水和蜂蜜为黏合剂制成的中药丸剂(根据所用黏合剂不同，又可分为浓缩水丸、浓缩蜜丸和浓缩水蜜丸)。

(6)滴丸是指固体或液体药物加热熔融后溶解、乳化或混悬于适宜的基质中，再滴入不相混溶、互不作用的冷凝液中，由于表面张力的作用使液滴收缩成球状而制成的制剂。

(7)微丸(中药)是指直径约为 1mm，一般不超过 2.5mm 的小球状口服剂型，在制药工业中制备的微丸常在 500~1500μm，例如六神丸。

目前，丸剂的生产主要有塑制、泛制和滴制 3 种方法。丸剂的生产设备依据生产工艺不同而各异，主要有丸条机、制丸机(如蜜丸机、自动中药小丸机)、滚圆机等。

## 二、丸剂的制备方法

### (一)泛制法制备丸剂

泛制法是在转动的适宜容器或机械中，将药材细粉与赋形剂交替润湿、撒布，不断翻滚，逐渐增大的一种制丸方法。泛制法制丸工艺包括原辅料的准备、起模、成型、盖面和干燥等过程。泛制法主要用于水丸、水蜜丸、糊丸、浓缩丸等的制备。

泛制法工艺流程：药材粉末+辅料→[起模]→[成丸]→[盖面]→[干燥]→[选丸]→[包衣]→[质量检查]→[包装]。

1. 设备:泛丸机-包衣锅

泛丸机-包衣锅主要由机身、涡轮箱体、糖衣锅、加热装置、风机、电机等主要部分组成,如图 9-34 所示。

2. 工作原理

电机带动 V 带驱动涡轮、蜗杆减速器,带动包衣锅旋转,在离心力的作用下,使物料在锅内上下翻转,达到制丸和打光的效果。

图 9-34　糖衣锅

丸剂的泛制是在包衣锅内进行的,方法是将适量的混合药粉加入包衣锅内,然后使包衣锅旋转,再向锅内喷入适量的水或其他黏合剂,使药粉在翻滚过程中逐渐形成坚实而致密的小粒。此后间歇性地将水和药粉加入锅内,使小粒逐渐增大,泛制成所需大小的丸剂。

**(二)滴制法**

滴制法是利用一种熔点较低的脂肪性基质或水溶性基质,将主药溶解、混悬、乳化后利用适当装置滴入一种不相混溶的液体冷却剂中而冷却成丸剂的一种制备方法。药液与基质加入调料罐内,通过加热搅拌制成滴丸的混合溶液,通过压缩空气将其输送到滴液罐内,在动态滴制系统控制下,由滴头滴入冷却液中,料液在表面张力作用下充分适度地收缩成丸,使滴丸成型圆滑、丸重均匀。微丸可装入胶囊或压成片剂,或制成其他包装供临床使用。也可采用不同的处方及制备方法,将药物制成速释、缓释或其他用途的微丸制剂。滴制法制丸的一般工艺过程包括:配料(药物+基质)→混悬或熔融→滴制→冷却→洗丸→干燥→选丸→质量检查→包装。

滴丸机由四大系统组成,如下所示。

1. 药物调剂供应系统

由保温层、加热层、调料罐、电动搅拌机、油浴循环加热泵、药液自动输出开关、自动淋清洗装置、压缩空气输送机构等组成。作用是将药液与基质放入调料罐内,通过加热搅拌制成滴丸的混合药液，然后通过压缩空气将其输送到滴液罐内。

2. 动态滴制收集系统

滴液罐内的液位通过液位传感器控制与供料系统的连接，使滴液罐保持一定的液位。滴制时药液由滴头滴入冷却液中，在冷却柱上装有加热器，它使药滴在温度梯度降低的同时，使药滴在表面张力作用下充分适度地收缩成丸，使滴丸成型圆滑、丸重均匀。冷却柱内安装了线形压力传感器，通过调速控制输液泵的流量，使冷却剂在收集过程中保持了液面的动态平衡。另外，冷却柱具有升降功能，以便于滴头的安装和使滴头至液面具有适用于不同药液的最佳距离。

3. 循环制冷系统

为了保证滴丸的成型，避免滴制的热量及冷却柱加热盘的热量，造成冷却液温度受到影响，应采用进口组合的制冷机组，制冷机组控制制冷箱内冷却剂的温度，保证了滴丸的顺利成型。

4. PLC及触摸屏控制系统

采用触摸屏计算机控制技术，实现了整机的自动化生产工作。药液与基质加入调料罐内，通过加热搅拌，制成滴丸的混合药液，通过压缩空气将其输送到滴液罐内，在动态控制系统控制下，由滴头滴入冷却液中，滴料在表面张力作用下适度充分地收缩成丸，使滴丸成型圆滑、丸重均匀。

## 习题

**一、名词解释**

1. 颗粒剂；2. 片剂；3. 胶囊剂；4. 丸剂。

**二、填空题**

1. 软胶囊的制备方法主要有__________和__________两种。

2. 中药丸剂的制备方法主要包括__________和__________，中药滴丸则采用__________。

**三、选择题**

1. 荸荠式包衣机不能用于(　　)。

A. 包衣　　B. 制粒　　C. 包装　　D. 打光

2. 全自动压片机的片重自动控制装置自动测定每个片剂的(　　)。

A. 压力、厚度、硬度　　B. 含量、压力、硬度

C. 重量、厚度、硬度　　D. 重量、压力、硬度

3. 由筛筒、进料斗、出料筒、机座、变速传动机构和电机组成的是(　　)。

A. 泛丸机　　B. 卧式滚筒丸机

C. 离心式自动选丸机　　D. 制丸机

4. 压囊机的结构关键部分是(　　)。

A. 贮液槽　　B. 机头　　C. 鼓轮　　D. 胶囊输送机

5. 下列属于软胶囊制剂方法的是(　　)。

A. 滴制法　　B. 熔融法　　C. 乳化法　　D. 塑型法

6. 制丸机在生产过程中可通过更换(　　)来制出所需直径的药丸。

A. 送条轮　　B. 顺条器　　C. 进料口　　D. 出条口与制丸刀

## 四、判断题

1. 泛制法不能用于制备水蜜丸。(　　)

2. 软胶囊可以用压制法生产。(　　)

## 五、问答题

1. 简述流化喷雾制粒机的工作原理和操作方法。

2. 简述全自动胶囊填充机的主要工作过程(包括主要部件组成及作用)。

3. 简述泛丸机的结构。

4. 简述塑制法制备丸剂的工艺流程。

# 项目十　液体制剂生产设备

## 教学目标

**●知识目标**

熟悉注射剂、输液剂、口服液的概念；熟悉各种制剂生产的工艺；熟悉各种制剂生产设备的种类及其工作原理。

**●能力目标**

掌握各种制剂生产设备的操作方法和使用要点。

**●素质目标**

遵守设备操作规程；培养安全意识。

**●课前思考**

液体制剂的种类有哪些？注射剂的规格有哪些？输液剂的生产工艺过程是怎样的？

**●认知解读**

液体制剂包括注射剂、输液剂、口服液等。注射剂包括了静脉注射和肌肉注射，而输液剂仅通过静脉注射。输液剂的容量更大，注射剂的使用范围更大。对于不能口服给药的患者，采用注射治疗则是有效的给药途径。安瓿生产过程中有清洗和灭菌以及灌封等重要设备。使用超声波来清洗安瓿，没有死角，可保证注射剂的质量。

## 任务一　注射剂生产设备

生产工艺流程：安瓿洗涤→安瓿灭菌、灌封→整体灭菌→检漏→灯检→印包→装箱→入库。

水溶性注射剂又称水针剂，水注射剂，指药材经提取、纯化制成的供注入体内的无菌溶液（包括乳浊液和混悬液）以及供临用前配成溶液或混悬液的无菌粉末或浓溶液。按《中国药典》（2020 版）收载类型分为注射剂、注射用无菌粉末、注射用浓溶液。

水针剂生产是用注射用水作为溶剂溶解药物并灌封在安瓿瓶内的生产过程，又称小针。

按所用材质的不同，水注射剂使用的容器可分为玻璃容器和塑料容器两大类。

按分装剂量的多少，又可分为单剂量装容器、多剂量装容器和大剂量装容器。水注射剂使用的玻璃容器称为安瓿，常用规格有 1mL、2mL、5mL、10mL 和 20mL 5 种。

目前，我国水注射剂所使用的容器都采用曲颈易折安瓿（GB/T 2637—2016），制作安瓿一般采用中性玻璃。中性玻璃具有较高的化学及热稳定性，且耐酸、耐碱、耐腐蚀，内表面耐水性较高。多数安瓿用无色玻璃制成，有利于药液可见异物检查。对需避光的药品的小容量注射液，采用棕色玻璃制造安瓿。

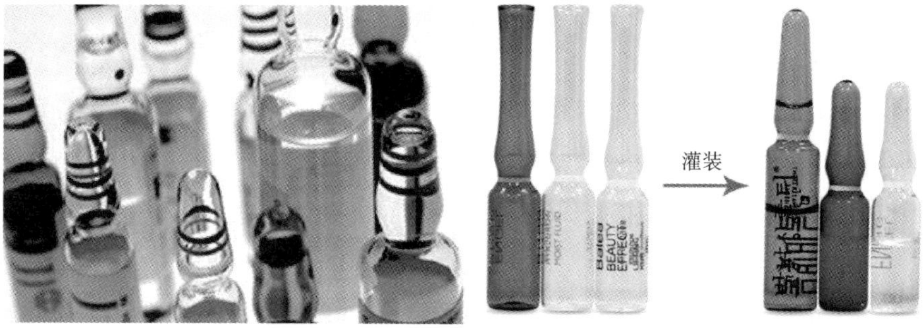


图 10-1　曲颈易折安瓿

易折安瓿在外观上分为色环易折安瓿和点刻痕易折安瓿两种，其外形如图 10-1 所示。

色环易折安瓿是将一种膨胀系数高于安瓿玻璃两倍的低熔点粉末熔固在安瓿颈部成环状，冷却后由于两种玻璃膨胀系数不同，在环状部位产生一个永久应力，用力一折即平整断裂，不易产生玻璃碎屑和微粒。点刻痕易折安瓿是在曲颈部分刻有一微细刻痕的安瓿，在刻痕上方中心标有直径为 2mm 的色点，折断时，施力于刻痕中间的背面，折断后，断面应平整。安瓿包装件应贮存在清洁、通风、干燥、无污染的室内，贮存期不宜超过 12 个月。

水针剂的生产过程有灭菌工艺及无菌工艺两种。目前我国的水针剂生产大多采用灭菌生产工艺，其特点是将已灌封的半成品经过高压蒸汽或水浴式灭菌从而达到成品无菌的要求。

按照小容量注射液生产工艺的需要，其生产设备包括以下几个部分：配液过滤设备、安瓿洗涤设备、安瓿灭菌干燥设备、灌封设备、灭菌检漏设备、灯检设备、安瓿印字包装设备。

目前安瓿的洗涤方法有喷淋式洗涤法、气水喷射洗涤法，超声波洗涤法。

## 一、喷淋式安瓿洗瓶机组

喷淋式安瓿洗瓶机组由喷淋机、甩水机、蒸煮箱、水过滤器及水泵等机件组成。喷淋机主要由传送带、淋水喷嘴及水循环系统 3 部分组成，如图 10-2 所示。

工作时，安瓿以口朝上的方式整齐排列于安瓿盘内，并在输送带的带动下，逐

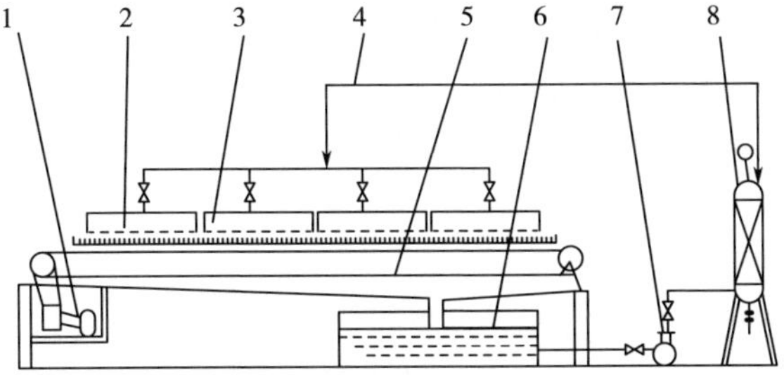


图 10-2　喷淋式安瓿洗瓶机组

1—电机　2—安瓿盘　3—淋水喷嘴　4—进水管　5—传送带　6—集水箱　7—泵　8—过滤器

一通过各喷嘴的下方。同时,水以一定的压力和速度由各组喷嘴喷出,所产生的冲淋力将瓶内外的污垢冲净,并将安瓿内注满水。由于冲淋下来的污垢将随水一起汇入集水箱,经过过滤器洗涤,进行水的过滤净化,从而可保证洗涤水清洁。此种冲淋机的优点是结构简单、效率高,缺点是占地面积大、耗水量大,个别安瓿可能会没有足够的清洁水经过,造成安瓿不能完全清洁。

喷淋式洗瓶机组生产效率较高,5mL 以下小安瓿洗涤效果好,操作时注意事项有以下几点。

①安瓿喷淋灌水机在生产中应定期检查循环水的质量,发现水质下降,要及时更换水箱的水,并清洗或更换滤芯。②注意控制淋水板喷水均匀,如堵塞、死角要及时排除,避免安瓿注不满水,影响洗涤质量。③甩水机的转速不宜过快,否则因离心力过大使电动机起动时间长,增加甩水时间。④禁止在安瓿盘未装满水的情况下,甩水操作。

## 二、气水喷射式安瓿洗瓶机组

### (一)结构

结构主要由供水系统、空气压缩及过滤系统、洗瓶机等几大部分组成,如图 10-3 所示。

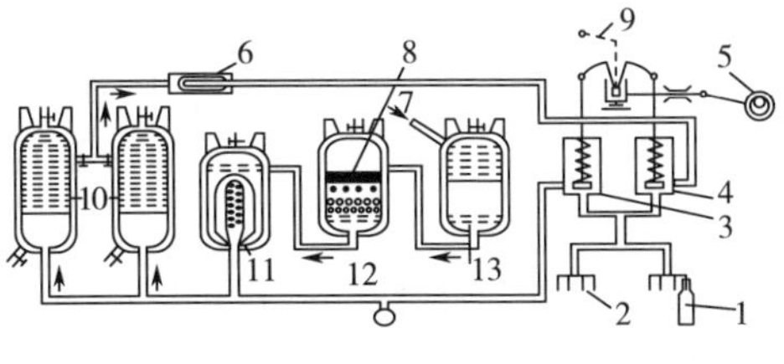


图 10-3　气水喷射式安瓿洗瓶机组工作原理

1—安瓿　2—针头　3—喷气阀　4—喷水阀　5—偏心轮　6—脚踏板　7—压缩空气进口

8—木炭层　9,11—双层涤纶袋过滤器　10—水罐　12—瓷环层　13—洗气罐

**（二）工作原理**

洗涤时，利用洁净的洗涤水及经过过滤的压缩空气，通过喷嘴交替喷射洗涤安瓿内外壁，将安瓿喷洗干净。采用“二水二气”的冲洗吹净方式，整个机组的关键设备是洗瓶机，而关键技术是洗涤水和空气的过滤，以保证洗瓶符合要求，适用于大规格安瓿和曲颈安瓿的洗涤。

**（三）使用注意事项**

洗涤用水和压缩空气必须预先经过过滤处理；压缩空气压力约为 0.3MPa、洗涤水由压缩空气压送，并维持一定的压力和流量，水温≥50℃。洗涤过程中水和气的交替分别由偏心轮与电磁水阀或电磁喷气阀及行程开关自动控制，操作中要保持喷头与安瓿动作协调，使安瓿进出流畅。

## 三、超声波安瓿洗瓶机

利用超声技术清洗安瓿是国外制药工业新发展起来的一项新技术，其清洗效果远远优于其他清洗手段。例如，超声波清洗法达到 100%，化学溶剂刷洗则为 90%，化学溶剂蒸气清洗为 35%，溶剂压力清洗为 30%，溶剂浸洗为 15%。超声波一方面破坏污物与清洗件表面的吸附，另一方面能引起污物层的疲劳破坏而被剥离。

在液体中传播的超声波能对物体表面的污物进行清洗。它具有清洗洁净度高、清洗速度快等特点。当将安瓿浸没在超声波清洗槽中时，它不仅保证外壁洁净，也可保证安瓿内部无尘、无菌，而达到洁净指标。特别是对盲孔和各种几何形状物体，洗净效果独特。

在超声振荡作用下，水与物体的接触表面将产生空化现象。所谓空化是在声波作用下，液体中产生微气泡，微气泡在超声波作用下逐渐长大，当尺寸适当时，产生共振而闭合。在小泡湮灭时自中心向外产生微驻波，随之产生高压、高温，小泡涨大时会摩擦生电，湮灭时又中和电荷，伴随有放电、发光现象，气泡附近的微冲流增强了流体搅拌及冲刷作用。

空化是指在超声波作用下，在液体内部所产生的无数的微气泡（空穴），并伴随局部高温、高压、放电、发光、发声现象。

**（一）结构**

结构主要由超声波洗涤槽、针鼓转盘、固定盘、出瓶机构等组成，如图 10-4 所示。

**（二）工作原理**

在水平卧装的针鼓转盘上设有 18 排针管，每排针管有 18 支针头，共有 324 支针头。在与转盘相对的固定盘上，于不同工位上设有管路接口，以通入水或空气。当针鼓转盘间歇转动时，各排针头座依次与循环水、压缩空气、新鲜蒸馏水等接口相通。

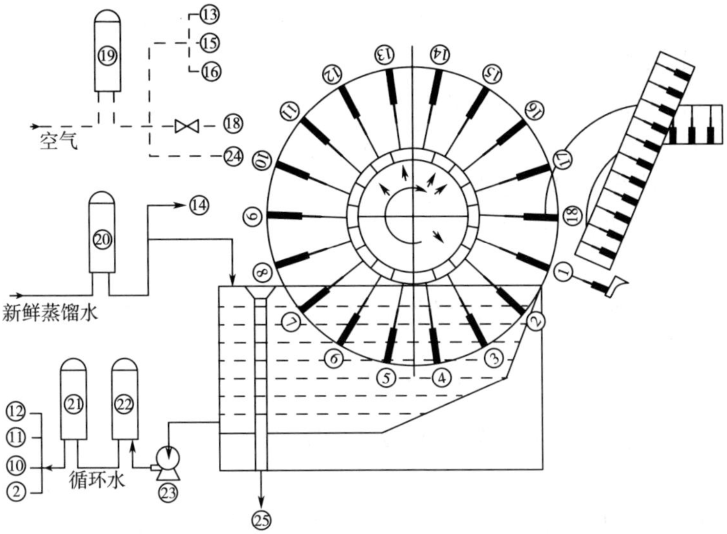


图 10-4　18 工位连续回转超声波安瓿洗瓶原理图

1—引瓶　2—注循环水　3,4,5,6,7—超声清洗　8,9—空位　10,11,12—循环水冲洗
13—吹气排水　14—注新蒸馏水　15,16—吹入净化气　17—空位　18—吹气送瓶
19,20,21,22—过滤器　23—循环泵　24—吹除玻璃屑　25—溢流回收

安瓿斗呈 45°倾斜,下部出口与清洗机的主轴平行,并开有 18 个通道。借助于推瓶器,每次可将 18 支安瓿推入针鼓转盘的第 1 个工位。

洗涤槽内设有超声振荡装置,并充满洗涤水。洗涤槽内还设有溢流装置,故能保持所需的液面高度。新鲜蒸馏水(50℃)由泵输送至 0.45μm 微孔膜过滤器,经除菌后送入洗涤槽。除菌后的新鲜蒸馏水还被引至工位 14 的接口,用来冲净安瓿内壁。洗涤槽下部出水口与循环泵相连,利用循环泵将水依次送入直径 10μm 滤芯的粗过滤器和直径 1μm 滤芯的细过滤器,以除去超声清洗下来的污垢。过滤后的水以一定的压力(0.18MPa)分别进入工位 2、10、11 和 12 的接口。

空气由无油压缩机输送至 0.45μm 微孔膜过滤器,除菌后的空气以一定的压力(0.15MPa)分别进入工位 13、15、16 和 18 的接口,用于吹净瓶内残水和推送安瓿。工作时,针鼓转盘绕固定盘间歇转动,在每一停顿的时间段内,各工位分别完成相应的操作。在第 1 工位,推瓶器将一批安瓿(18 支)推入针鼓转盘。在第 2~7 工位,安瓿首先被注满循环水,然后在洗涤槽内接受超声清洗。第 8、9 两个工位为空位。在第 10~12 工位,针管喷出循环水对倒置的安瓿内壁进行冲洗。在第 13 工位,针管喷出净化压缩空气将安瓿吹干。在第 14 工位,针管喷出新鲜的蒸馏水对倒置的安瓿内壁进行冲洗。在第 15 和 16 工位,针管喷出净化压缩空气将安瓿吹干。第 17 工位为空位。在第 18 工位,推瓶器将洗净的安瓿推出清洗机。可见,安瓿进入清洗机后，在针鼓转盘的带动下，将依次通过 18 个工位，逐步完成清洗安瓿的各项操作。特点为自动操作，生产能力大，尤其适用于大批量生产。

**（三）机组操作要点**

（1）禁止直接启动和关闭直流电机，应使用调压器由最小值调至额定使用值，关闭时由额定使用值调到最小值再切断电源。

（2）应经常排出水箱的污水，补充洁净纯化水。

（3）随时检查进瓶通道内的落瓶情况，及时清除玻璃屑，防止其卡、阻进瓶通道。

（4）定时向链条、凸轮摆杆转动处加油，以保持良好的润滑状态。

## 四、安瓿灌封机

注射液灌封是注射剂装入容器的最后工序，也是注射剂生产中最重要的工序，灌封区域环境及灌封设备对注射剂质量有直接的影响。因此，灌封区域是整个注射剂生产车间的关键区域，要保持较高的洁净度。同时，灌封设备的合理设计对注射剂质量也有直接的影响。

拉丝灌封机是目前安瓿灌封的主要设备。根据安瓿规格的不同，拉丝灌封机有 1~2mL、5~10mL 和 20mL 3 种机型，3 种机型不能通用，但其结构特点差别不大，且灌封过程基本相同。灌封设备由传送部分、灌注部分和封口部分组成，其中最重要的是封口部分，如图 10-5 所示。安瓿灌封的工艺过程主要包括安瓿的排整、灌注、充氮和封口等工序。现以 1~2mL 安瓿灌封机为例介绍安瓿灌封机的结构与工作原理。

**（一）传送部分**

传送部分的作用是在一定的时间间隔（灌封机动作周期）内，将定量的安瓿按一定的距离间隔排放于灌封机的传送装置上，并由传送装置输送至灌封机的各个工位，完成相应的工序操作，最后将安瓿送出灌封机。

固定齿板有上、下两条，安瓿上、下两端恰好被搁置其上并与水平保持 45°倾角，以便灌注药液。移瓶齿板有上、下两条，由固定齿间距相同的齿形板构成，齿形为椭圆形，以防在送瓶过程中将瓶撞碎，如图 10-6 所示。

偏心轴在旋转一周的周期内，前 1/3 周期用来使移瓶齿板完成托瓶、移瓶和放瓶的动作；后 2/3 周期内，安瓿在固定齿板上滞留不动，以完成药液的灌注和安瓿的封口。

当偏心轴带动移瓶齿板运动时，先将安瓿从固定齿板上托起，然后越过其齿顶，将安瓿移过 2 个齿距。偏心轴每转一周，安瓿右移 2 个齿距，依次经过灌药和封口两个工位，最后将安瓿送入出瓶斗。

**（二）灌注部分**

注射灌液机构由针头、针头托架及针头托架座组成。针头固定在针头架上，一

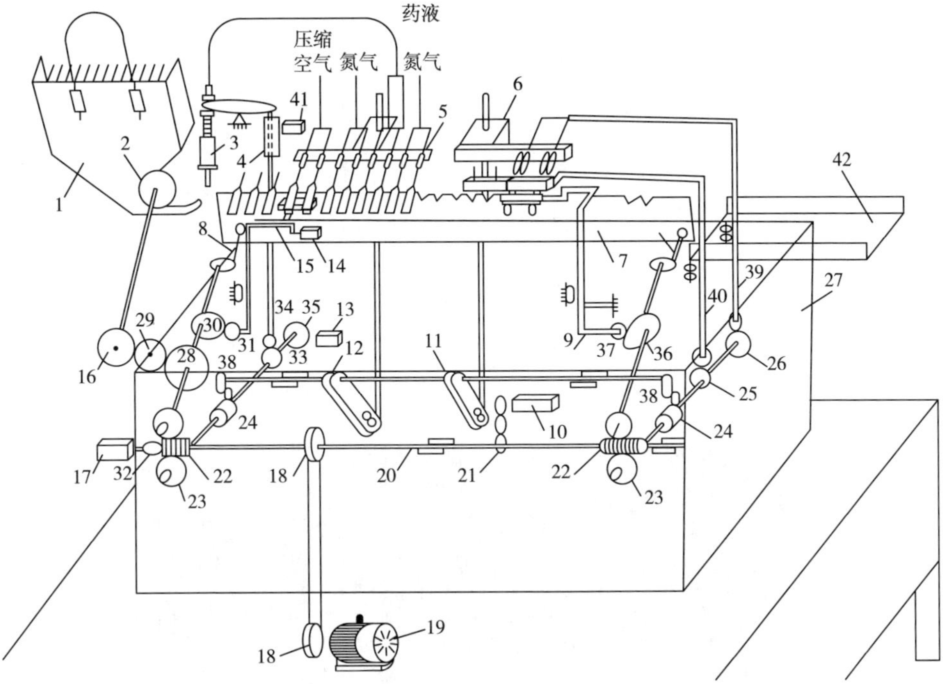


图 10-5　安瓿灌封机

1—进瓶斗　2—梅花盘　3—针筒　4—导轨　5—针头架　6—拉丝钳架　7—移瓶齿板　8—曲轴　9—封口压瓶机构　10—移瓶齿轮箱　11—拉丝钳上、下拨叉　12—针头架上下拨叉　13—气阀　14—行程开关　15—压瓶装置　16,21,28—圆柱齿轮　17—压缩气阀　18—皮带轮　19—电动机　20—主轴　22—蜗杆　23—涡轮　24,25,30,32,33,35,36—凸轮　26—拉丝钳开口凸轮　27—机架　29—中间齿轮　31,34,37,39—压轮　38—摇臂压轮　40—火头让开压轮摇臂　41—电磁阀　42—出瓶斗

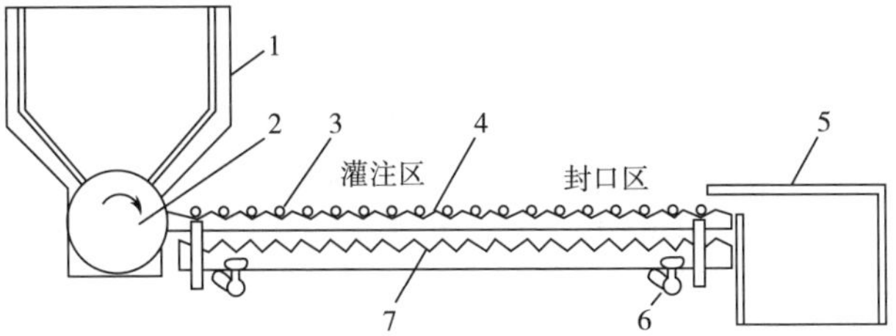


图 10-6　安瓿灌封机传送部分

1—安瓿斗　2—梅花盘　3—安瓿　4—固定齿板　5—出瓶斗　6—偏心轴　7—移瓶齿板

起沿针头架座上的圆柱导轨做上下滑动。充气针头与灌液针头并列安装在同一针头托架上，一起动作，如图 10-7 所示。

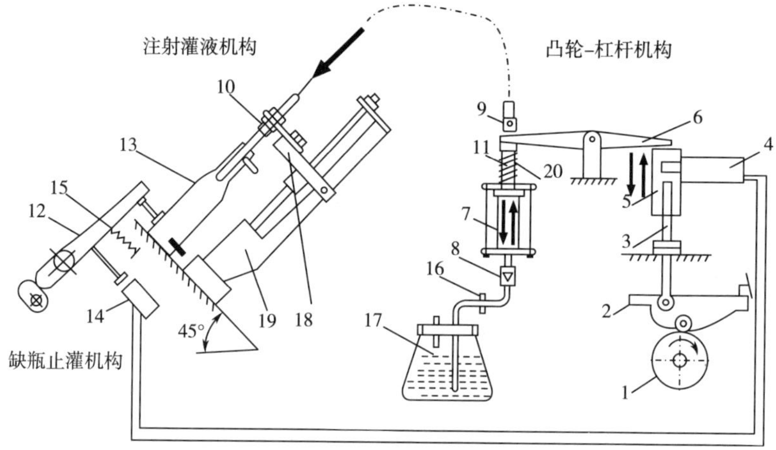


(1)示意图

(2)实物图

图 10-7 安瓿灌封机灌注部分

1—凸轮 2—扇形板 3—顶杆 4—电磁阀 5—顶杆座 6—压杆 7—针筒 8,9—单向玻璃阀 10—针头 11—压簧 12—摆杆 13—安瓿 14—行程开关 15—拉簧 16—螺丝夹 17—贮液罐 18—针头托架 19—针头托架座 20—针筒芯

注射灌液机构提供针头进出安瓿灌注药液的动作,一般针剂在药液灌装后需注入惰性气体如氮气,以保持制剂的稳定性。充气针头与灌装药液针头并列安装在同一针头托架上,灌装完药液后立即充入氮气。

凸轮-杠杆机构由轮、扇形板、顶杆、顶杆座及针筒等构件组成。整个传动系统包括:凸轮的连续转动,通过扇形板转换为顶杆的上、下往复移动,再转换为压杆的上下摆动,最后转换为筒芯在针筒内的上下往复移动。

安瓿的充气和灌药都是两个为一组同时完成的,先后的次序是:压缩空气→第一次充氮气→灌注药液→第二次充氮气。

缺瓶止灌机构由摆杆、行程开关、拉簧及电磁感应器组成，如图 10-8 所示。当送瓶机构因某种故障致使在灌液工位出现缺瓶时，拉簧将摆杆下拉，直至摆杆触头与行程开关触头相接触，行程开关闭合，致使开关回路上的电磁阀动作，使顶杆失去对压杆的上顶动作，从而达到了止灌的作用，以免药液的浪费和污染。

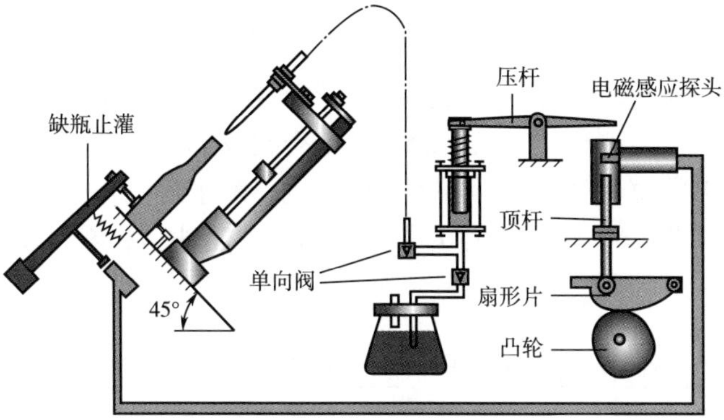


图 10-8　缺瓶止灌机构

### （三）封口部分

封口部分主要由压瓶装置、加热装置和拉丝装置组成，如图 10-9 所示。封口是用火焰加热已灌注药液的安瓿颈部，使其熔融后密封。加热时安瓿需自转，使颈部均匀受热熔化。为确保封口不留毛细孔隐患，我国要求安瓿灌封机必须采用拉丝封口工艺，即用拉丝钳将瓶颈上部多余的玻璃靠机械动作强力拉走，加上安瓿自身的旋转动作，可以保证封口严密不漏，且使封口处玻璃厚薄均匀，而不易出现冷爆现象。

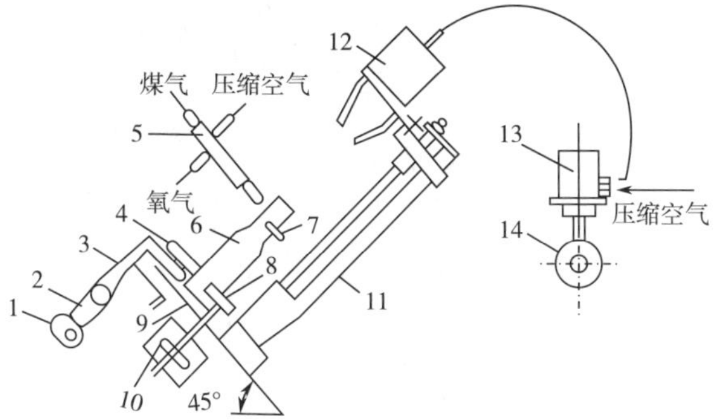


图 10-9　封口部分

1—压瓶凸轮　2—摆杆　3—拉簧　4—压瓶滚轮　5—燃气喷嘴　6—安瓿　7—固定齿板　8—滚轮　9—半球形支头　10—涡轮蜗杆箱　11—钳座　12—拉丝钳　13—气阀　14—凸轮

安瓿到达封口工位，被压瓶滚轮压住不能移动，但安瓿可绕自身轴线转动。

高温火焰加热使安瓿的瓶颈处于熔融状态，同时气动拉丝钳沿钳座导轨下移钳住安瓿头,然后上移拉成丝头。当拉丝钳上升到一定位置时,钳口再次启闭,二次拉断丝头(当气缸活塞杆向前时,钳爪张开;气缸活塞杆往后时,钳爪闭合)。

注意:拉丝钳的启闭由偏心凸轮及气动阀机构控制;加热火焰由煤气、氧气及压缩空气的混合气体燃烧而得,火焰温度约1400℃。

## 五、安瓿洗、烘、灌封联动机

安瓿洗、烘、灌封联动机可以减少药液暴露在空气中的机会,其可以将安瓿瓶的清洗、干燥灭菌、药液灌封等工序的设备组合在一起。联动机由超声波清洗机、隧道灭菌箱和多针拉丝安瓿灌封机3部分组成。除了可以连续操作之外,每台单机还可以根据工艺需要,进行单独的生产操作。安瓿洗、烘、灌封联动机工作流程及结构如图10-10所示。

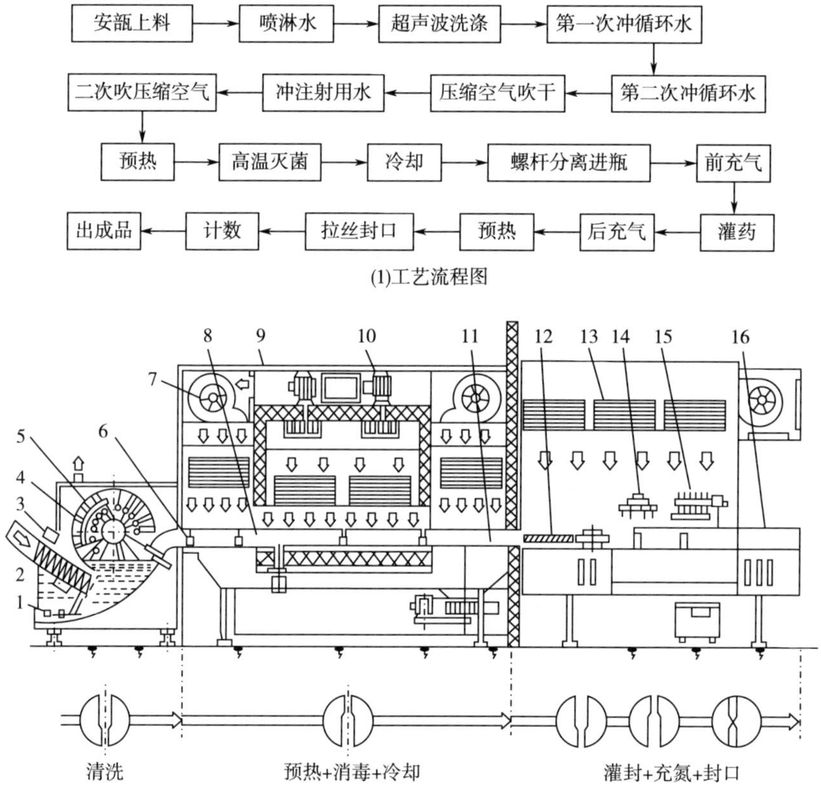


(2)示意图

图10-10 安瓿洗、烘、灌封联动机

1—水加热器 2—超声波换能器 3—喷淋水 4—冲水、气喷嘴 5—转鼓 6—预热器 7,10—风机 8—高温灭菌区 9—高效过滤器 11—冷却区 12—不等距螺杆分离 13—洁净层流罩 14—充气灌药工位 15—拉丝封口工位 16—成品出口特点:①采用先进的超声波清洗、多针水气交替冲洗、热空气层流消毒、层流净化、多针灌装和拉丝封口等先进生产工艺和技术,减少了半成品的中间周转,减少污染机会,符合 GMP 要求。②适合于 1mL、2mL、5mL、10mL、20mL 5 种安瓿规格,通用性强,但安瓿的洗、烘、灌封联动机部件结构复杂,对操作人员要求较高。③全机采用了先进的电子技术和微机控制,整个生产过程达到自动平衡、监控保护、自动控温、自动记录、自动报警和故障显示。

## 六、真空检漏设备

真空检漏的目的是检查安瓿封口性,以保证安瓿封口后的密闭性。

工作原理是将置于真空密闭容器中的安瓿于 0.09MPa 的真空度下保持 15min 以上。使封口不严密的安瓿内部也处于相应的真空状态,其后向容器中注入着色水(红色或蓝色水)将安瓿全部浸没于水中,着色水在压力作用下将渗入封口不严密的安瓿内部,使药液染色从而与合格的、密封性好的安瓿得以区别。

## 七、灯检设备

注射剂生产过程中难免会带入一些异物,如未滤去的不溶物、容器或滤器的剥落物以及空气中的尘埃等,这些异物在体内会引起内微肿,也会阻塞血管及产生肿块等异常情况。需进行注射剂的澄明度检查。通过一定照度的光线照射,用人工或光电设备可判别经过灭菌检漏后的安瓿是否存在破裂、漏气、装量过满或不足等问题。空瓶、焦头、泡头或有色点、浑浊结晶、沉淀以及其他异物等不合格的安瓿可得到剔除。以前企业是通过人工灯检,即通过目测,依靠待测安瓿被振摇后药液中微粒的运动从而达到检测的目的,但耗时较长,人员易疲劳,检测效果不理想。而现在主要运用光电检测的方法,典型的设备是安瓿异物光电自动检查仪,如图 10-11 所示。

安瓿异物光电自动检查仪的工作原理是利用旋转的安瓿带动药液一起旋转,当安瓿突然停止转动时,药液由于惯性会继续旋转一段时间。在安瓿停转的瞬间,以光束照射安瓿,在光束照射下产生变动的散射光或投影,背后的荧光屏上即同时出现安瓿及药液的图像。利用光电系统(通常为高精度工业照相机)采集运动图像中微粒的大小和数量的信号,并排除静止的干扰物,再经电路处理可直接得到不溶物的大小及多少的显示结果,再通过机械动作可准确地将不合格安瓿剔除。

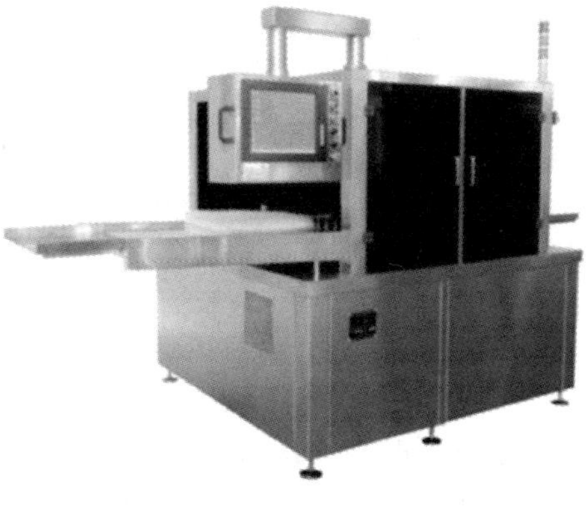

图 10-11　安瓿异物光电自动检查仪

# 任务二　输液剂生产设备

输液剂即大量注射剂(或称大输),是指由静脉以及肠道以外的其他途径滴注入体内的大剂量注射,一般输入的剂量在100mL以上甚至数千毫升。输液剂的包装容器目前常用的是玻璃瓶、塑料瓶和塑料袋3种。输液剂的制备主要采用可灭菌生产工艺,即先将配制好的药液灌封于包装容器内,再用蒸汽热压灭菌。输液剂的生产过程以及质量要求基本与溶液型注射剂相同,但由于输液剂的量远大于注射剂,其生产过程中还有些专用的设备。

## 一、输液剂的种类

电解质输液包括等渗电解质溶液、碱性溶液、高渗溶液。营养复方类包括:氨基酸、脂肪乳、维生素、矿物质、葡萄糖、蛋白质等输液剂以及右旋糖酐、淀粉衍生物、代血浆和血液替制品。药物输液包括:左氧氟沙星、甲硝唑等,如图10-12所示。

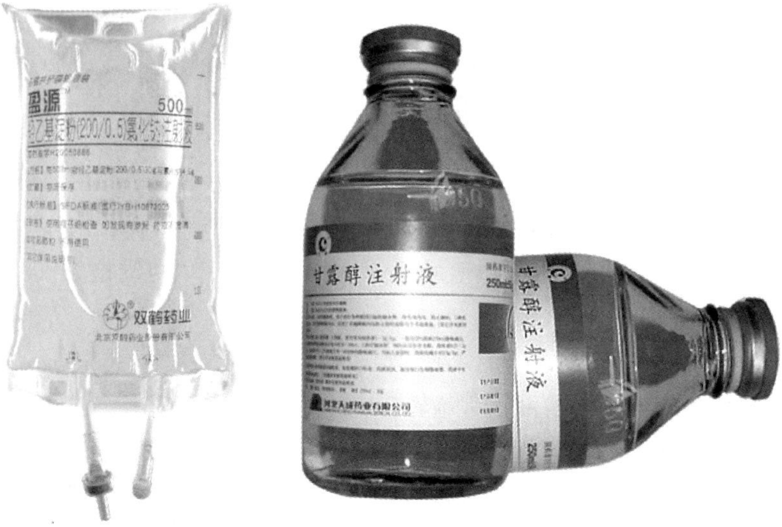


图10-12　输液剂

## 二、输液剂的质量要求

输液剂的质量要求与注射剂基本上是一致的。由于输液剂的注射量大且直接注入静脉,因而对静脉注射液和静脉滴注液提出如下要求。

(1)应调节适宜的pH　输液剂的pH应力求接近人体血液的pH,避免pH过低或过高引起肌体酸碱中毒。

(2)应具有适宜的渗透压　溶血性试验应符合规定,输液剂的渗透压应调节成等渗或高渗,低渗溶液的大量输入可产生溶血现象。

(3)澄明度应符合有关规定　输液剂中不得含有可见的异物,同时也要控制微粒数。

(4)应无菌、无热原、无毒性　输液剂输入体内不应引起血液异常变化,不得有溶血、过敏和损害肝、肾功能等毒副作用。

(5)输液剂中不得添加任何抑菌剂。

配液是保证药品质量的首要环节。配液工序应具备空气净化条件,防止外界空气污染。配液设备的材料应无毒、防腐蚀,接触药液的零件表面光洁,无积液死角,清洗方便。我国输液剂配液工艺用得最普遍的是采用先浓配,再稀配。配液容器多采用优质不锈钢。稀配的设备容积按每批产量确定,然后再按浓度计算出浓配罐的容积。配液后采用与灌装产量相匹配的不锈钢管道及输送泵和粗、精两道过滤,将输液药品送入灌装工序的储液槽。粗过滤是除去药液中的活性炭和粗颗粒,精过滤是除尽药液中的不溶性物质,一般采用 0.22mm 除菌级滤芯,保证药液质量。

配料罐是带有搅拌的密闭的不锈钢罐体,内壁抛光。适合各种物料的溶解,充分混合。外带夹套,可分别通入冷热介质,有利于罐内物料的混合。先进的高效配液设备还包括自动配料控制器,能迅速准确地控制配料过程。它的工作原理是采用称重法,由置于配料罐支座的感应器将物料重量转换成应变信号,迅速送入控制器内,控制器按预先输入的配料参数,启动与料斗连接的加料阀门,精确加料至设定值,保证可靠连续的配料顺序,出现故障自动报警。一次配料完成后自动打印配料操作记录、物料和配方文件、生产日期和批号、物料使用情况和系统状态分析。整个配料过程准确无误、卫生、安全。

## 三、输液剂生产设备

输液剂生产使用联动线。玻璃输液瓶由理瓶机理瓶经转盘送入外洗(瓶)机,刷洗瓶外表面,然后由输送带进入玻璃瓶清洗机(滚筒式洗瓶机或箱式洗瓶机),玻璃瓶直接进入灌装机,装满药液后立即封口(盖膜机、胶塞机、翻胶塞机、轧盖机)和灭菌。灭菌以后灯检、贴标签、打批号、装箱,进入流通领域成为医疗产品。

国内大容量注射剂容器大多数采用平口玻璃瓶内衬涤纶薄膜、翻口橡胶塞、铝盖加封的包装形式,为第一代大容量注射剂产品。大容量注射剂生产联动线的流程为:玻璃大容量注射剂瓶用理瓶机以转盘送入外洗瓶机,刷洗瓶外表面,然后由输送带送入玻璃瓶清洗机,洗净的玻璃瓶直接进入灌装机,灌满药液立即封口(经盖膜、胶塞机、翻胶塞机、轧盖机)和灭菌。

### (一)胶塞清洗设备

随着 GMP 的实施,我国原先采用的开口夹层搪玻璃蒸煮罐已经逐渐被市场淘汰,目前常用的胶塞清洗机有两种基本形式:一种是容器形机组,另一种是水平多室圆筒形机组。具有对胶塞进行清洗、硅化、灭菌、干燥、冷却、自动出料的特点,能自动记录各步骤状态及自动打印状态参数,并能对设备自身进行在线清洗和在线灭菌。由可编程控制器程序控制,主要用于大输液剂的丁基橡胶塞和西林瓶橡胶塞的清洗。

**(二)理瓶机**

目前,国内使用的大多数输液剂仍采用玻璃瓶灌装,且一般容器均为多次性使用,洗瓶工序是输液剂生产中的一个重要工序,洗涤质量的好坏直接影响产品质量的优劣。理瓶机常见的有圆盘式理瓶机及等差式理瓶机。

圆盘式理瓶机如图 10-13 所示。低速旋转的圆盘上搁置着待洗的玻璃瓶,固定的拨杆将运动着的瓶子拨向转盘周边,经由周边的固定围沿将瓶子引导至输送带上。

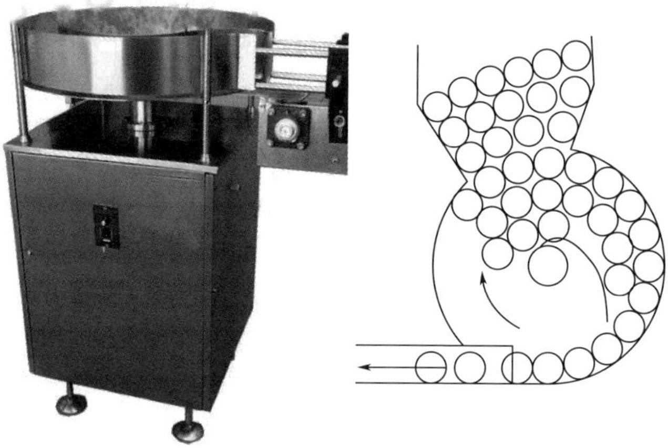

图 10-13　圆盘式理瓶机

**(三)箱式洗瓶机**

箱式洗瓶机整机是个密闭系统,是由不锈钢或有机玻璃罩子罩起来工作的,如图 10-14 所示,有带毛刷和不带毛刷两种清洗形式。由于我国玻璃瓶制造和贮运过程易受到污染,因此我国的箱式洗瓶机大多配置了毛刷粗洗工序。

其特点为洗瓶量大,倒立式装夹进入各洗涤工位,瓶内不挂余水。冲刷准确可靠,密闭条件下工作符合 GMP 要求。

**(四)输液灌装机**

灌装机有许多形式,按运动形式分为直线式间歇运动、旋转式连续运动。按灌装方式分为常压灌装、负压灌装、正压灌装和恒压灌装 4 种。按计量方式分为流量定时式、量杯容积式、计量泵注射式 3 种。这几种机型的灌装设备计量误差均在

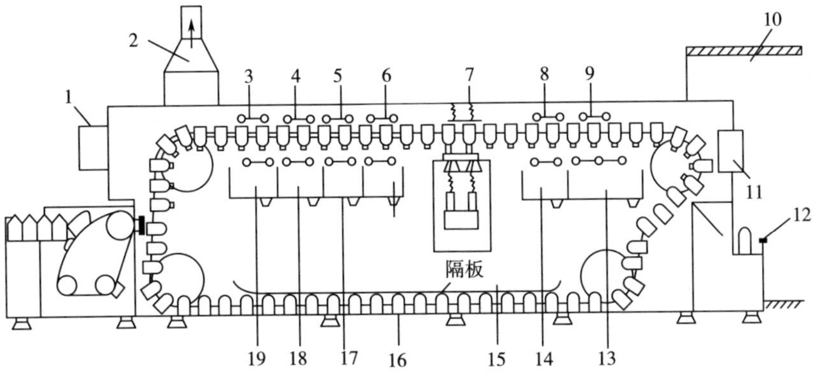


图 10-14　箱式洗瓶机

1,11—控制箱　2—排风管　3,5—热水喷淋　4—碱水喷淋　6,8—冷水喷淋　7—喷水毛刷清洗　9—蒸馏水喷淋　10—出瓶净化室　12—手动操纵杆　13—蒸馏水收集槽　14,16—冷水收集槽　15—残液收集槽　17,19—热水收集槽　18—碱水收集槽

2%以内。灌装设备通常加装终端过滤器,灌装易氧化药液时,设备应有充氮装置。

### 1. 量杯式负压灌装机

该机由药液计量杯、托瓶装置及无级变速装置三部分组成,如图 10-15 所示。

图 10-15　量杯式负压灌装机

盛料桶中有 10 个计量杯,量杯与灌装套用硅橡胶管连接,玻璃瓶由螺杆式输瓶器经拨瓶星轮送入转盘的托瓶装置,托瓶装置由圆柱凸轮控制升降,灌装头套住瓶肩形成密封空间,通过真空管路抽真空,药液负压流进瓶内。原理:采用计量杯以容积定量,药液超过量杯缺口,则药液自动从缺口流入盛料桶内,即为计量粗定位;精确调节是通过计量调节块在计量杯中所占的体积而定,旋动调节螺母使计量

块上升或下降，而达到装量准确性。吸液管与真空管路接通，使计量杯的药液负压流入玻璃瓶中。

2. 计量泵注射式灌装机

通过注射泵对药液进行计量并在活塞的压力下将药液填充于容器中。填充头有2头、4头、6头、8头、12头等。机型有直线式和回转式两种。计量泵以活塞的往复运动进行填充，常压灌装，以容积计量。计量调节时首先粗调活塞行程，达到灌装量，装量精度由下部的微调螺母来调节，它可以达到很高的计量精度。

以12泵灌装机为例，如图10-16所示。输送带上洗净的玻璃瓶每12个一组由两星轮分隔定位，V形卡瓶板卡住瓶颈，使瓶口准确对准充氮头和进液阀出口。灌装前，先由12个充氮头向瓶内预充氮气，灌装时边充氮气边灌液。充氮头、进液阀及计量泵活塞的往复运动都是靠凸轮控制。从计量泵泵出来的药液先经终端过滤器再进入进液阀。

图10-16　12泵灌装机

灌装前先预充氮气，灌装时边充氮气边灌液。由于采用容积式计量，计量调节范围较广，从100~500mL可按需要调整，改变进液阀出口形式可对不同容器进行灌装，如玻璃瓶、塑料瓶、塑料袋及其他容器。因为是活塞式强制填充液体，可适应不同浓度液体的灌装。无瓶时计量泵转阀不打开，可保证无瓶不灌液。药液灌注完毕后，计量泵活塞杆回抽时，灌注头止回阀前管路中形成负压，灌注头止回阀能可靠地关闭，加之注射管的毛细管作用，可靠地保证了灌装完毕不滴液。计量泵注射式灌装机与药液接触的零部件少，没有不易清洗的死角，清洗消毒方便。计量泵既有粗调定位，控制药液装量，又有微调装置控制装量精度。

直线式灌装机玻璃瓶为间歇运动，产量不是很高。回转式灌装机为连续作业，产量相对较高。

**（五）封口设备**

药液灌装后必须在区域内立即封口，故封口设备应与灌装机配套使用，免除药品的污染和氧化。目前我国使用的封口形式有翻边形橡胶胶塞和“T”形橡胶塞，胶塞的外面再盖铝盖并轧紧,封口完毕。胶塞表面包涂有未经硫化的硅橡胶膜,耐高温灭菌。封口机械有塞胶塞机、翻胶塞机、轧盖机等,如图 10-17 所示。

图 10-17　封口设备

1. 塞胶塞机

塞胶塞机主要用于 T 形塞对 A 类玻璃瓶封口,可自动完成输瓶、螺杆同步送瓶、理塞、送塞、塞塞等工序。

工作过程为输瓶、螺杆同步送瓶、理塞、抓塞、扣塞头、瓶中抽真空、塞塞。当夹塞爪抓住 T 形塞,玻璃瓶瓶托在凸轮作用下上升,密封圈套住瓶肩,形成密封区间。真空吸孔使瓶内形成负压;瓶子继续上升,夹塞爪对准瓶口中心,在外力和瓶内负压吸力下将塞插入瓶口,如图 10-18 所示。

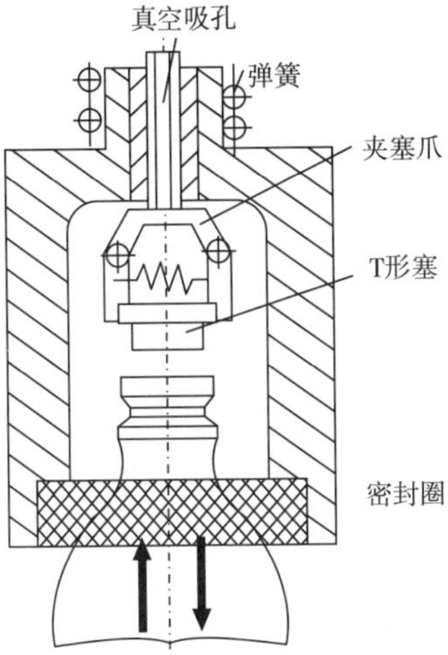


图 10-18　塞塞工作原理

图 10-19　三刀式玻璃轧盖机

2. 轧盖机

轧盖机由振动落盖装置、掀盖头、轧盖头等组成,能够进行电磁振荡输送和整理铝盖、挂铝盖、轧盖,如图 10-19 所示。轧盖时瓶子不转动,而轧头绕瓶旋转。轧头上设有三把轧刀,呈正三角形布置,轧刀收紧由凸轮控制,轧刀的旋转是由专门的一组皮带变速机构来实现,包括理盖、上盖、撤盖、轧盖等工序,转速和轧刀的位置可调。

### (六)塑料袋装大容量注射剂生产设备

塑料袋装大容量注射剂有 PVC 软袋装和非 PVC 软袋装两种。PVC 软袋装采用高频焊、焊缝牢固可靠、强度高、渗漏少。PVC 膜透气、透水性强,可保存和输送血液,因此多用于血袋。因为气水透过率高,不宜包装小容量注射剂和含氧敏感性药品的大容量注射剂。

非 PVC 多层共挤膜是由 PP、PE 等原料以物理兼容组合而成。20 世纪 80 年代末和 90 年代初得到迅速发展,并形成第三代大容量注射剂包装用膜。世界上知名的大容量注射剂厂家,均有此包装形式的大容量注射剂产品,非 PVC 软袋大容量注射剂包装材料柔软、透明、薄膜厚度小,因而软包装可通过自身的收缩,在不引进空气的情况下,完成药液的人体输入,使药液避免了外界空气的污染。

## 习题

**一、名词解释**

1. 注射剂;2. 输液剂;3. 口服液。

**二、填空题**

1. 溶液型注射剂包括______________、______________、______________等。

2. 目前我国液体制剂用安瓿的规格有:______、______、______、______和______ 5 种。

3. __________是整个注射剂生产车间的关键部位,应保持较高的洁净度。

4. 口服液联动方式有__________和__________。

5. 安瓿灌封的工艺过程一般包括安瓿的__________、__________、__________和__________等工序。

**三、选择题**

1. 口服液制剂的特点,不确切的说法是(　　)。

A. 采用单剂量包装,服用方便,易于保存,省去煎药的麻烦

B. 由于是液体制剂,吸收快,起效迅速

C. 每次服用量小,口感好,易为患者,特别是儿童患者所接受

D. 加工过程复杂,疗效优于其他口服制剂

2. 口服液制剂灌封机是用于易拉盖口服液玻璃瓶的自动定量灌装和封口的设备,灌封过程不包括(　　)。

A. 送瓶　　B. 灌液　　C. 加盖　　D. 自动贴签

3. 在安瓿灌封中充氮气的目的是(　　)。

A. 防止药品氧化　　B. 防止药品向外溢出

C. 帮助安瓿预热　　D. 帮助安瓿定位以便拉丝

4. 下列对安瓿洗、烘、灌封联动机的描述不正确的是(　　)。

A. 由超声清洗机、隧道灭菌箱和多针拉丝安瓿灌封机组成

B. 可以连续操作,但每台单机不可以单独操作

C. 整机结构紧凑,节省空间,但是价格昂贵

D. 部件结构复杂,对操作者水平要求较高,且维修困难

5. 超声波直线清洗机有卡瓶现象时应立即按下电器箱上的(　　),再停止纯水、洁净压缩空气。

A. 送瓶控制　　B. 出瓶控制　　C. 紧停开关　　D. 翻瓶控制

6. 安瓿的充气和灌药都是两个一组同时完成的,先后的次序是(　　)。

A. 压缩空气→第一次充氮气→灌注药液→第二次充氮气

B. 压缩空气→灌注药液→充氮气

C. 第一次充氮气→压缩空气→灌注药液→第二次充氮气

D. 第一次充氮气→灌注药液→压缩空气→第二次充氮气

**四、判断题**

1. 针剂灭菌必须在灌封后2h内进行,稀配溶液在灌注前4h内配制。(　　)

2. 口服液的质量要求不如水针剂、输液剂严格。(　　)

**五、问答题**

1. 常用水针剂生产设备有哪些?其结构、原理是什么?

2. 超声波安瓿洗瓶机的结构和原理是什么?

3. 安瓿灌封机的结构和原理是什么?

# 项目十一　半固体制剂生产设备

## 教学目标

**●知识目标**

熟悉软膏剂和气雾剂、喷雾剂的概念和制备方法；熟悉半固体制剂设备的结构、工作原理。

**●能力目标**

掌握真空乳化搅拌机组、气雾剂灌装生产线等设备的日常操作和维护保养方法。

**●素质目标**

掌握设备操作规程；拥有责任意识；拥有安全意识。

**●课前思考**

半固体制剂有哪些？软膏剂的制备方法有哪些？常见的喷雾剂有哪些？

**●认知解读**

半固体制剂的种类很多，有软膏剂、栓剂等。常见的软膏剂主要用于创面的保护，也可用于全身治疗。眼膏剂是无菌溶液型或混悬型膏状的眼用半固体制剂。气雾剂是借助抛射剂的压力将药物以雾状气溶胶喷出，可在呼吸道、皮肤或其他腔道起局部或全身作用。喷雾剂多用于舌下、鼻腔、黏膜给药。

外用膏剂是指采用适宜的基质将药物制成专供外用的半固体或近似固体的一类剂型，外用膏剂包括软膏剂、膏药、橡胶膏剂、贴膏剂、糊剂、涂膜剂等，如图 11-1 所示。

图 11-1　外用膏剂

外用膏剂的透皮吸收机理：药物通过皮肤进入血液循环，包括释放、穿透及吸收进入血液循环3个阶段。

# 任务一　软膏剂生产设备

软膏剂是指药物与油脂性、水溶性或乳剂基质混合制成均匀的半固体外用制剂。广泛应用于皮肤科与外科，软膏剂使用方便，可直接涂布在病变部位，并可保留一定的时间，有利于药效的发挥。软膏剂中的某些药物透皮吸收后，也能产生全身治疗作用。软膏剂不适宜用于急性损伤的皮肤。

其中乳剂型基质的软膏剂称为乳膏剂，软膏剂基质中的油脂性基质常用的有凡士林、石蜡、液状石蜡、硅油、蜂蜡、硬脂酸、羊毛脂等，水溶性基质主要有聚乙二醇，乳膏剂基质可分为水包油型（钠皂、三乙醇胺皂类、十二烷基硫酸钠和聚山梨酯类等）与油包水型（钙皂、羊毛脂、单甘油酯、脂肪醇等）。

软膏剂基质应均匀、细腻，涂于皮肤或黏膜上应无刺激性，应具有适当的黏稠度，应易涂布于皮肤或黏膜上，不熔化，黏稠度随季节变化应很小。除另有规定外，软膏剂应遮光密闭贮存，乳膏剂应密封，置25℃以下贮存，不得冷冻。

## 一、软膏剂的分类

### （一）按分散系统分类

（1）溶液型软膏剂是指药物溶解在基质中而制得的软膏。

（2）混悬型软膏剂是指药物以固体微粒状分散在基质中而制成的软膏。

（3）乳剂型软膏剂又称乳膏，指药物分散在乳剂基质中而制成的软膏，药物大多是溶解在乳剂基质中的，也有的是混悬在乳剂基质中。

### （二）按药物作用深度分类

（1）局限在表皮使用。

（2）透过表皮在皮肤内发挥作用。

（3）穿透真皮层进入体循环，发挥全身作用。

### （三）软膏剂的质量要求

（1）选用适宜基质，要有适当的黏稠性，易涂布于皮肤或黏膜上面并不熔化。

（2）均匀、细腻，无刺激性及其他不良反应。

（3）可加入乳化剂、保湿剂、防腐剂、抗氧化剂、透皮吸收促进剂等附加剂。

（4）黏稠性适当，易于涂布。

（5）性质稳定，无酸败、异臭、变硬、油水分离等变质现象。

（6）用于溃疡创面的应无菌。

（7）除另有规定，软膏剂应遮光密闭贮存。

（8）包装材料不与药物发生物理或化学反应。

## 二、软膏剂的基质

软膏剂由药物和基质组成,基质不仅是软膏剂的赋形剂,同时也是药物的载体,对软膏剂的质量及药物的释放与吸收都有重要影响。软膏剂基质的选用,应根据医疗要求及皮肤患处的生理病理状况而定。目前常用的基质可分为油脂性基质、乳剂型基质和水溶性基质 3 类。

## 三、软膏剂制备设备

### (一)软管种类和规格

软膏剂出厂后有一定的保质期,因此对灌装使用的软管有严格要求。软管材料与膏剂基质不能发生理化作用,不能经挤压后有回吸现象,管内壁要求干净清洁,管壁要求不透气,管外壁能容易涂上色彩鲜艳的图案和商标,而且不易脱落。

常用的软管有内壁涂膜铝管、塑料管和复合材料管。过去曾用过的铅锡管包装材料已被淘汰。内壁涂膜薄顶铝管是用高纯度铝冲制成管状,经车螺纹、切割,再经退火处理,具有既有较好强度,又容易挤压,不会回吸等优点。管内壁选用 SO-1 环氧酚醛型药用管内壁涂料,无毒、无味,采用二次喷涂工艺,经干燥、固化,形成防腐膜。铝管经印刷、捻盖后装盒。

塑料管价格便宜,耐腐蚀性好,但管壁有透气性,管内软膏的水分和芳香族物质不能长期保存,外壁印刷困难,容易脱落,管壁挤压后有回吸作用,影响软膏剂的质量,故应采用优质(外表面印刷的)塑料管。

复合材料管是针对塑料管所存在的缺点,经改进的新型材料。管壁由七层材料组成:最里层为聚乙烯塑料,涂胶水,粘上很薄的铝箔,再涂胶水,粘上印好图案的纸,再涂胶水,粘上透明的塑料。这样的复合材料管耐腐蚀、强度较好、透气性很低,又可印上色彩鲜艳、不易脱落的商标图案,回吸性也小。目前复合材料管成本较高,多用于附加值高的产品。药用软管常用规格及尺寸见表 11-1。

**表 11-1　药用软管常用规格及尺寸**

| 规格/g | 直径/mm | 管长/mm |
|---|---|---|
| 2 | 11 | 50 |
| 4 | 13 | 62 |
| 10 | 16 | 84 |
| 14 | 19 | 96 |

软管可以自制或外加工,制管的生产条件需符合卫生要求,灌装前需检验和消毒。

### (二)配料

表皮外用软膏剂的配料、灌注需在 300000 级净化条件下操作,眼膏剂及除直肠外的腔道用软膏剂需在 100000 级下操作。凡士林等基质需消毒和过滤处理。

软膏剂的油脂性基质(凡士林)在使用前需经灭菌处理,可用反应罐夹套加热至 150℃保持 1h,起到灭菌和蒸除水分的作用。过滤采用多层细布抽滤或压滤方法,去除各种异物。

乳剂药膏的油相配制是将油或脂肪混合物的组分放入带搅拌的反应罐中进行熔融混合,加热至 80℃左右,通过 200 目筛过滤。水相配制是将水相组分溶解于蒸馏水中,加热至 80℃,同样过筛过滤。

固体药物原料可直接加入配制罐内,也可加入水相或油相后再加入配制罐,根据生产工艺需要而定,但固体药物的细度有一定的要求,尤其是眼用药膏,常用的粉碎设备是气流粉碎机、胶体磨等。

配料设备从过去一般的不锈钢或搪瓷反应罐发展到现在使用的不锈钢真空均质配料罐。乳膏剂配料流程如图 11-2 所示。

灌装机有单管灌装机和多管灌装机。根据所用管子材料不同,灌装机封尾部分有可折叠式和热封式两种。工作流程为:配制合格的软膏,定量装入管子内并封尾,同时在管子尾部轧上批号后,送到装盒机上,装盒机将管子和说明书装入小盒。一般药厂再用手工包装成中盒和大纸箱,盖上生产批号和日期,经抽样检查合格后送进成品库。国外软膏剂生产过程已形成全部自动化生产流水线。

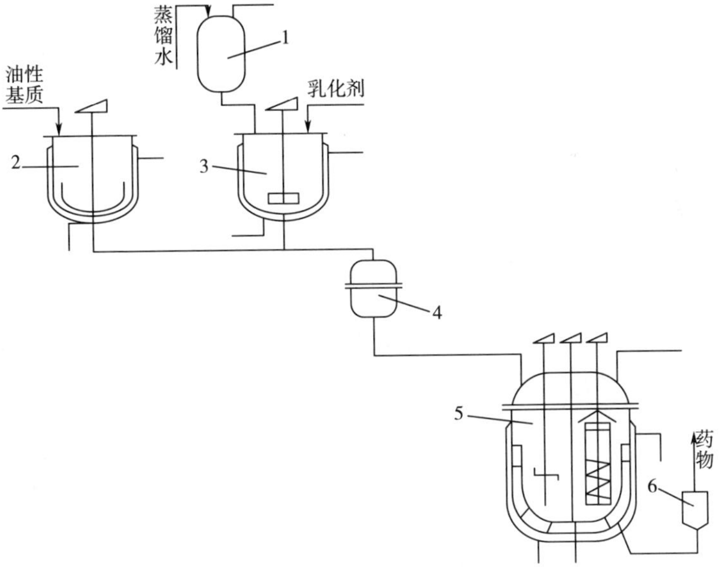


图 11-2　乳膏剂配料流程

1—高位水槽　2—油相罐　3—水相罐　4—过滤器　5—真空均质制膏机　6—加料器

1. 熔合法:配料锅

(1)用途　主要用于制备基质,如图 11-3 所示。

（2）工作原理　将各基质和主药依次投入锅内后，进行充分加热、保温和搅拌，使各组分混合均匀。

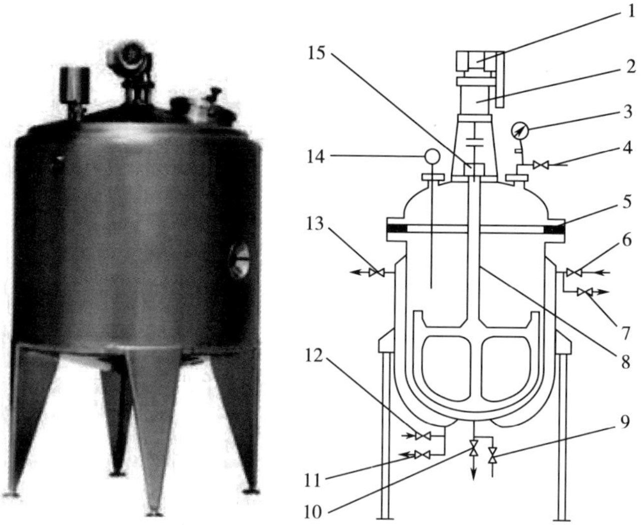

(1)实物图　　(2)结构图

图 11-3　配料锅

1—电机　2—减速器　3—真空表　4—真空阀　5—密封阀　6—蒸汽阀　7—排水阀　8—搅拌器　9—排污阀　10—出料阀　11—排气阀　12—进水阀　13—放气阀　14—温度计　15—密封装置

2. 研合法：三辊研磨机

工作原理为机器上三个辊的转速、转向各不相同，从加料处至出料处的辊速依次加快；物料在辊间的间隙可调节，从加料处至出料处逐渐减小。物料在辊间被压缩、剪切、研磨而被粉碎混合，同时第三个辊还可沿轴线方向往返移动，使软膏受到辊辗与研磨，更加均匀细腻。第三个辊后端与其平行处有一刮板，可将研磨好的膏体刮下，如图 11-4 所示。

图 11-4　三辊研磨机

3. 乳化法：真空乳化搅拌机组、胶体磨和制膏机

（1）真空乳化搅拌机组　可用于软膏剂的加热、溶解、乳化，整套设备包括油相锅、水相锅、乳化锅、真空泵和控制系统。可搅拌、乳化高黏度物料，加料及出料都可用真空泵完成，操作简便。机器由不锈钢制造，清洗方便。

真空乳化搅拌机组如图 11-5 所示。可用于软膏剂的加热、熔解、均质乳化。

本机组主要由预处理锅、主锅、真空泵、液压系统、电器控制系统等组成，均质搅拌采用变频无级调速，加热采用电热和蒸汽加热两种，乳化快，操作方便。

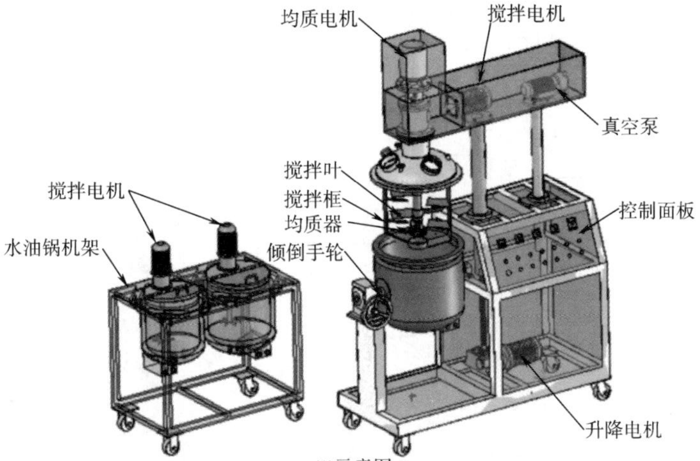


(1)示意图

(2)实物图

图 11-5　真空乳化搅拌机组

①结构：主锅、油锅、水锅、电气控制系统、真空系统、机架。

②工作原理：油相和水相物料分别在水、油锅中通过加热、搅拌进行混合反应后，由真空泵吸入乳化锅，通过乳化锅内上部的中心搅拌、聚四氟乙烯刮板始终刮净挂壁黏料，使被刮取的物料不断产生新界面，再经过框式搅拌器的剪切、压缩、折叠，使其搅拌、混合而向下流往锅体下方的均质器处，再通过高速旋转的转子与定子之间所产生的强力剪切、冲击、乱流等过程，物料在切缝中被切割，迅速破碎成20nm～2μm 的微粒，短时间内完成物料的微粒化、乳化、调匀。

(2)胶体磨　软膏剂要求固体粒度越细越好，通常在配料后再经胶体磨研磨加工。国内常用的胶体磨有两种：一种是立式胶体磨，另一种是卧式胶体磨。

胶体磨主要由转子和定子组成，膏体自转子和定子之间的间隙通过，靠两个锥面以3000r/min的高速相对转动，膏体在很大的剪切力、摩擦力、离心力作用下产生高频振动和漩涡，从而有效地粉碎膏体，同时起到很好的混合、均质和乳化作用。

立式胶体磨如图11-6所示，膏体自料斗进入胶体磨，在转子和定子的间隙通过时被研磨，研磨后的膏体在离心盘的作用下自出口排出。

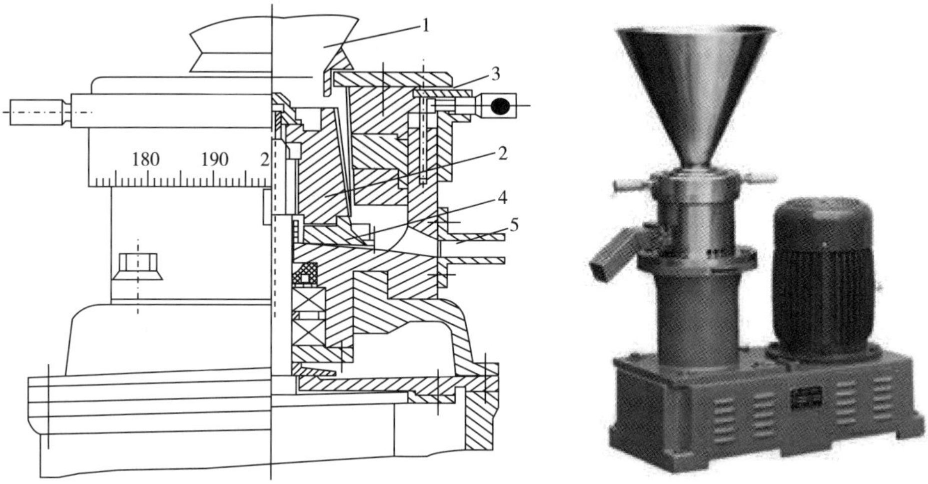


(1)结构图　　(2)实物图

图11-6　立式胶体磨

1—料斗　2—转子　3—定子　4—离心盘　5—出口

胶体磨与膏体接触部分由不锈钢制成，耐腐蚀。定子和转子间的间隙由调节圈调整，用来控制流量和细度。在研磨高黏度物料时，会产生大量的热，可用外夹套通冷却水降温。胶体磨的轴封在高速下工作容易磨损，常用聚四氟乙烯、陶瓷环或硬质合金做成。

胶体磨是高速精密机械，磨齿之间的间隙极小，严禁有金属等杂物进入，料液可通过18目滤网进入磨内，起到保护胶体磨的作用。胶体磨在运行过程中尽量避免停车，由于物料黏度较大，当磨腔内充满物料时，启动转矩很大，往往难以启动。每次使用完毕应立即清洗，各个零件擦拭干净，不可留有余料。

胶体磨转子和定子是配对研磨，如果长期使用后发现表面磨损严重，应更换转子和定子，重新配对研磨，同时注意调节圈上零度刻度线位置予以修正。平时要定期向润滑系统中注入润滑油，以确保机械正常运转，延长其使用寿命。

（3）制膏机　制膏机是配制软膏剂的关键设备，所有物料都在制膏机内搅拌均匀、加温和乳化。要求制膏机操作方便，搅拌器性能好，便于清洗。好的制膏机能制出细腻、光亮的软膏。

简单的制膏机包括不锈钢罐、搪瓷罐，装有锚式或框式搅拌器。为了清洗方便，罐盖用可移动的轻便不锈钢平盖，但目前已很少使用。

## 四、软膏剂灌封设备

**(一)常用组件**

金属管、塑料管、复合管。

**(二)灌封工序**

送管→软管清洁→对标定位→充惰性气体(选用)→灌装→封尾→打码→成品送出。

灌装机按自动化程度可分为手工灌装机、半自动灌装机和全自动灌装机;按膏体定量装置可分为活塞式和旋转式容积定量;按膏体开关装置可分为旋塞式和阀门式;按软管操作工位可分为直线式和回转式;按软管材质可分为金属管、塑料管和通用灌装机;按灌装头数可分为单头、双头或多头灌装机。以下以GZ型自动灌装机为例进行介绍。

GZ型自动灌装机由上管机构、灌装机构、光电对位装置、封口机构、出管机构五个部分构成,该机各工位管座的俯视图见图11-7,各管座置于管链式传送机构带动的托杯上。

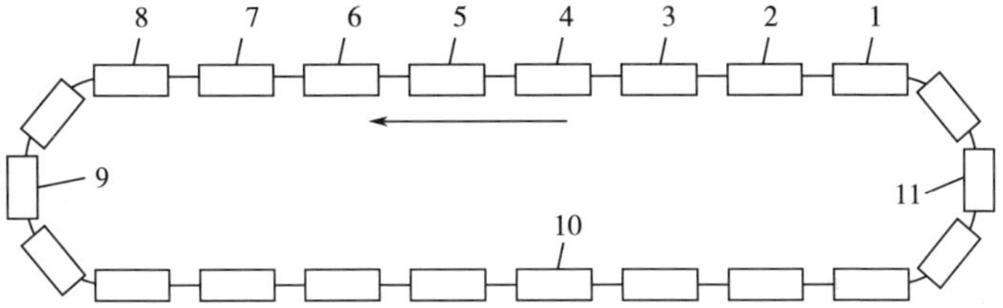


图11-7　灌装机管座俯视图

1—灌装　2—对位　3,7—轧平　4,6—折叠　5—翻平　8—轧花　9—出管　10—送管　11—清洗

### 1. 上管机构

由操作人员将空管放入两侧空管输送道,空管输送道可根据空管长度调节其宽度。空管在输送道的斜面下滑,出口处被挡板挡住,由进管抬高凸轮带动升高的杠杆,空管被杠杆抬高头部,越过挡板,进入翻身器。翻身器由进料凸轮控制,通过翻身器连杆和摆杆,推动翻身器翻转90°。空管以管尾朝上的方向被滑入管座。管座链轨道上装有翻身器撞板,可调节距离,以保证空管从翻身器上正确地滑入管座。

### 2. 灌装机构

该机构确保膏体能定量装入空管。灌装机构由升高头、释放环和探管装置、泵阀控制机构、活塞泵、吹气泵、料斗6部分来完成。

### 3. 光电对位装置

光电对位装置的作用是使软膏管在封尾前,管外壁的商标图案都排列成同一个方向,该装置主要由步进电机和光电管完成。空管放入空管输送道经翻身器插入管座时,每支管子商标图案无方向性。在轧尾前应使其方向排列一致,使产品的外观质量提高。

软管上的色标要求与软管的底色反差要大。在步进电机座上还装有一个行程开关,起过载保护作用。当提升套卡住,输管链轴仍然转动,这样产生一个扭力,推动法兰脱开摆动杠杆,碰到行程开关触头,切断电源,迫使设备停转。

光电控制线路主要由二极管、三极管、集成电路和光学元件组成。由凸轮控制的晶体管接近开关,发出同步工作信号,通过驱动线路,控制步进电机慢转、快转和停止。

### 4. 封口机构

依据软管材质,有对塑料管的加热压纹封尾和对金属管的折叠式封尾。折叠式封口机构在封口机架上配有三套平口刀站、二套折叠刀站、一套花纹刀站。封口机架除了支撑六套刀站外,还可根据软管不同长度调整整套刀架的上下位置。

封口机构通过两对弧齿圆锥齿轮、一对正齿轮将主轴上的动力传递到封口机构的控制轴上,依靠一对封尾共扼凸轮和杠杆把动作传送到封尾轴,在封尾轴上安装着各种刀站。刀站上每套刀架有两片刀,同时向管子中心压紧。

封口的前后顺序,如图 11-8 所示。图中 1、3、5 是由平口刀站完成,2、4 是由折叠刀站完成,6 是由花纹刀站完成。平口刀站上前后两把刀片,向中间轧平管尾,轧尾的宽度可以调节。

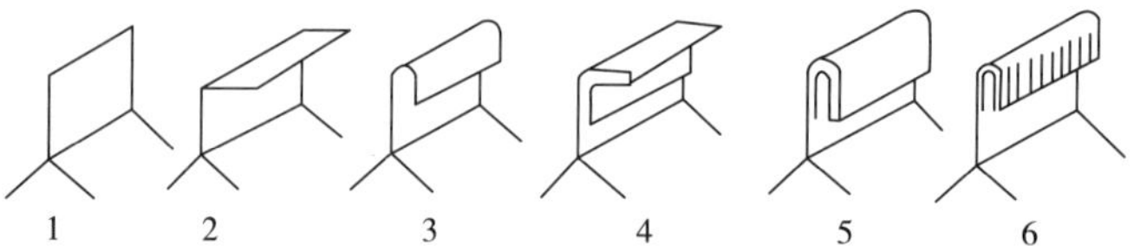


图 11-8　软管轧尾

折叠刀站如图 11-9 所示。前折叠装置上的摆杆控制刀片合拢,刀片上的弹簧可调节夹紧力,要求在没有管子时,前刀片折叠面比后刀片低 0.1mm。后折叠装置由摆杆控制推杆上的尼龙滚柱,折弯管子尾部。推杆上的弹簧可调节夹紧力。

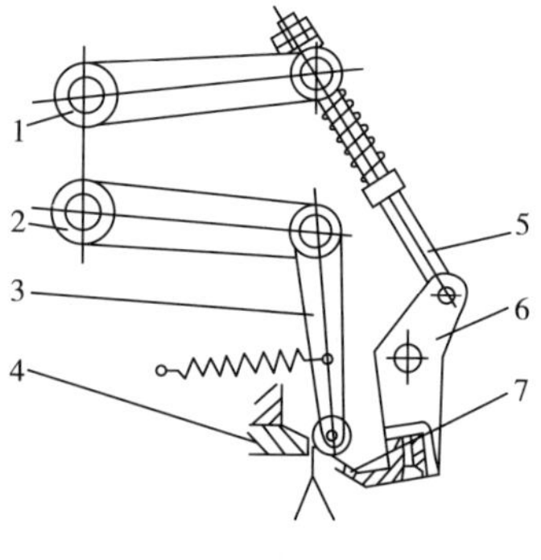


图 11-9　折叠刀站

1,2—摆杆　3—推杆　4—后刀片　5—调节螺杆　6—前刀片挂脚　7—前刀片

花纹刀站的动作基本同于平口刀站,只是刀片上刻有花纹,加强管子封尾的牢度。前花纹刀片要与后花纹刀片上的凹凸部分互相啮合。六套刀架站工作

位置要根据管子长度、折边宽度做耐心细致的调节。

5. 出管机构

封尾后的软管由凸轮带动出管顶杆，从管座中心顶出，并翻落到斜槽，滑入输出输送带，送到包装工序。推出顶杆的中心位置必须与管座的中心基本一致，才能顺利出管。

**(三)软膏剂配制工艺操作规范**

软膏剂的工艺制备流程图，如图 11-10 所示。

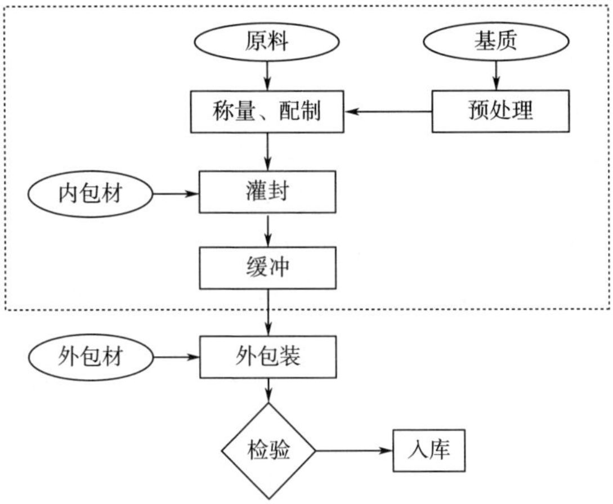


图 11-10　软膏剂的工艺制备流程图

1. 生产前准备

(1)检查操作间、工具、容器、设备等是否有清场合格标志，并核对是否在有效期内。

(2)根据要求选择适宜软膏剂的配制设备，设备要有“合格”标牌，“已清洁”标牌，并对设备状况进行检查，确证设备正常。

(3)检查水、电供应是否正常，开启纯化水阀放水 10min。

(4)检查配制容器、用具是否清洁干燥，可用 75%乙醇溶液对乳化罐、油相罐、配制容器、用具进行消毒。

(5)根据生产指令填写领料单，从备料称量间领取原、辅料，并核对品名、批号、规格、数量、质量无误后，进行下一步操作。

(6)操作前检查加热、搅拌、真空是否正常，关闭油相罐、乳化罐底部阀门，打开真空泵冷却水阀门。

(7)挂本次运行状态标志，进入配制操作。

2. 配制操作

(1)配制油相　加入油相基质，控制温度在 70℃。待油相开始熔化时，开动搅拌至完全熔化。

(2)配制水相　将水相基质投入处方量的纯化水中,加热搅拌,使溶解完全。

(3)乳化　保持上述油相、水相的温度,将油相、水相通过带过滤网的管路压入乳化锅中,启动搅拌器、真空泵、加热装置。乳化完全后,降温停止搅拌、真空静置。

(4)根据药物的性质,在配制水相、油相或乳化操作时加入药物。

(5)静置　将乳膏静置24h后,称重,送至灌封工序。

**(四)生产结束**

(1)按《操作间清洁标准操作规程》《真空乳化搅拌设备清洁标准操作规程》,对场地、设备、用具、容器进行清洁消毒,经检查合格,发清场合格证。

(2)如实填写生产操作记录。

**(五)生产工艺管理要点**

(1)一般软膏剂的配制操作室洁净度要求不低于30万级;用于深部组织创伤的软膏剂制备的暴露工序操作室洁净度要求不低于10万级;室内相对室外呈正压,温度18~26℃、相对湿度45%~65%。

(2)与药品直接接触的设备表面光滑、平整、易清洗、耐腐蚀,不与所加工的药品发生化学反应或吸附所加工的药品。

(3)使用前检查各管路、连接是否泄漏,确定夹套内有足够量水时才能开启加热。

(4)油相熔化后才能开启搅拌,搅拌完成后要真空保温贮存。

(5)一般情况下油相、水相应用100目筛过滤后混合。

(6)生产过程中所有物料均应有明显的标示,防止发生混药、混批。

# 任务二　眼膏剂生产设备

## 一、定义

眼膏剂是指药物与适宜基质(一般为油脂性基质)均匀混合,制成无菌溶液型或混悬型膏状的眼用半固体制剂。在眼中保留时间长、疗效持久,减轻眼睑对眼球的摩擦,有助于角膜损伤的愈合,但其较油腻,需无菌制备及避光灭菌密封贮存。

常用的基质配比:凡士林8份、液体石蜡1份、羊毛脂1份(质量比)。

## 二、眼膏剂的质量检查

检查项目为粒度、金属性异物、重量差异、装量、微生物限度。用于眼部手术或创伤的眼膏剂还应进行无菌检查。

国家标准中关于眼膏剂有以下规定。

(1)制备眼膏剂应在无菌的环境中进行,注意防止微生物污染。所用的器具、容器等应用适宜的方法清洁、灭菌。基质应熔化后过滤，并经150℃灭菌至少1h。

(2)眼膏剂中所用的药物，可先配成或研细过筛使颗粒细度符合要求，再与基质研和均匀；选用的基质应便于药物分散吸收，必要时可加抑菌剂等附加剂。

(3)眼膏剂应均匀、细腻，易涂于眼部，对眼部无刺激性。

(4)眼膏剂所用的包装容器应紧密，易于防止污染、方便使用，并不应与药物或基质发生理化作用。

(5)眼膏剂应置于遮光、灭菌的容器中密封贮存。

# 任务三　气雾剂生产设备

## 一、定义及特点

气雾剂是指含药溶液、乳状液或混悬液与适宜的抛射剂共同封装于具有特制阀口系统的耐压容器中制成的制剂。使用时，借助抛射剂的压力将内容物以定量或非定量形式喷出，药物喷出多为雾状气溶胶，可在呼吸道、皮肤或其他腔道起局部或全身作用。气雾剂现已成为药物制剂中不可缺少的一种剂型。

气雾剂以速效、高效为特色，在治疗呼吸系统、心血管系统、外科出血、烧伤等方面均收到了显著的效果。特别是在定量吸入、全身治疗等方面的深入研究，充分显示其优越性。

## 二、分类

### (一)呼吸道吸入用气雾剂

吸入用气雾剂是指药物与抛射剂呈雾状喷出时随呼吸吸入肺部的制剂，可发挥局部或全身治疗作用。目前，定量吸入气雾剂(MDI)已经获得广泛应用，在治疗呼吸道疾病如慢性阻塞性肺病的应用中尤其广泛，目前全世界每年开出的MDI处方超过5亿张，且增长趋势十分明显。

### (二)空间消毒用气雾剂

主要用于杀虫、驱蚊及室内空气消毒、空气清新剂等。空间消毒用气雾剂要求喷出的粒子极细(直径不超过50μm)，一般10μm才能在空气中悬浮较长的时间，雾滴细小且分布均匀，有利于扩散，容器成本较高，制备过程较为复杂，所用抛射剂多为丙烷、丁烷等，可造成空气二次污染，仅限小范围使用。

### (三)皮肤和黏膜用气雾剂

皮肤用气雾剂主要起保护创面、清洁消毒、局部麻醉及止血等作用，局部治疗为主，如治疗烧伤、消毒、跌打损伤等；腔道黏膜用气雾剂，常用O/W型泡沫气雾剂，主要作用部位如口腔、鼻腔等，主要用于治疗各种炎症，如鼻炎、口腔和咽喉炎以及心绞痛等，起局部或全身作用，应温和无刺激性。

根据释药形式可分为溶液型、混悬型、凝胶型、泡沫型及成膜型等气雾剂。随着气雾剂剂型不断完善及应用范围增加,类似剂型也发展迅速,如雾化剂,由雾化器及雾化吸入用溶液组成,治疗用药物多以溶液形式给予,可以和治疗用药物浓度一致,也可采用浓缩液,临用前稀释,多用于抗生素、祛痰药或哮喘治疗药物。

气雾剂的主要优点有:①具有速效和定位作用。②能增加药物的稳定性。③可避免胃肠道的破坏和肝脏首过作用。④可以用定量阀门准确控制剂量。

气雾剂也有以下缺点:①由于气雾剂需要耐压容器、阀门系统和特殊的生产设备,所以生产成本高。②抛射剂有高度挥发性因而具有致冷效应,多次使用于受伤皮肤上可引起不适与刺激。③氟氯烷烃类抛射剂在动物或人体内达到一定浓度都可致敏心脏,造成心律失常。④破坏臭氧层。

## 三、气雾剂制备系统

气雾剂制备系统是由阀门系统、耐压容器、药物和附加剂、抛射剂等组成的完整的压力包装,当阀门打开时,内容物以预定的压力、以控制的方式释放气雾剂组成,见图 11-11,工作原理见图 11-12。

药物的附加剂包括:潜溶剂、稳定剂、抗氧化剂、防腐剂、表面活性剂等,同时应避免刺激性物质掺入。

阀门系统是气雾剂制品中最重要的组成部分之一。气雾剂中药物粒径大小、填充速率、雾型、剂量重现性和产品效果都取决于阀门的结构。阀门系统中的关键元件是橡胶密封圈。常用的材料有氯丁胶、丁基胶、丁腈胶和其他特种橡胶。

气雾剂要求耐压容器与药物有极好的相容性。铝被用作大多数吸入型气雾剂的耐压材料。这种材料重量很轻,基本不与内容物发生反应。内壁涂有环氧树脂的铝对气雾剂的适用范围更广。

为了使气雾剂能以雾状喷出,需要抛射剂作为喷射药物的动力。同时起着药物的溶剂或稀释剂的作用。截至 20 世纪 70 年代,氟氯烷烃类(CFC),简称氟利昂

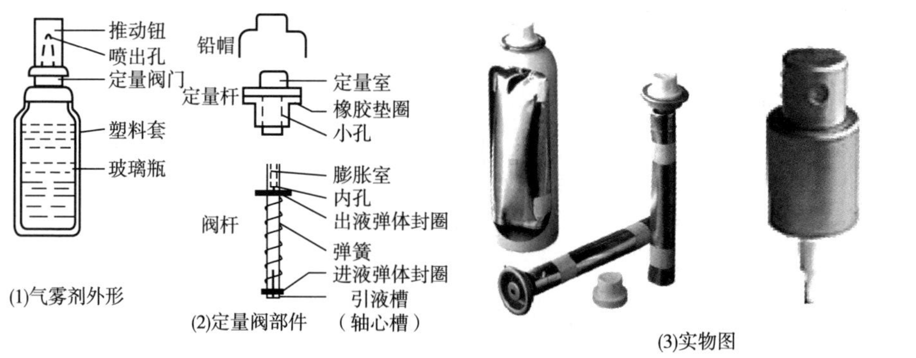


图 11-11 气雾剂组成

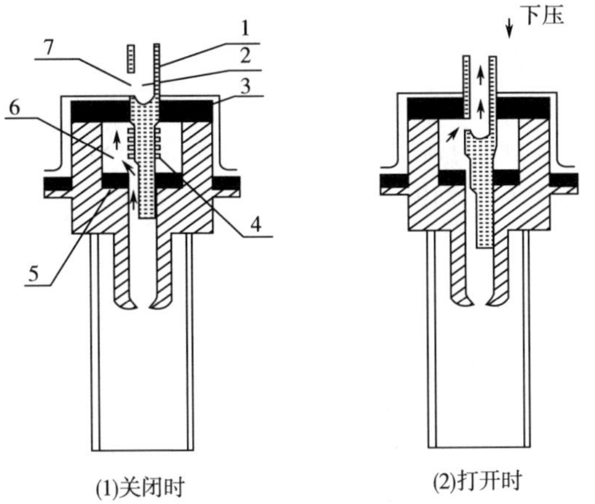


图 11-12　气雾剂的工作原理

1—阀杆　2—膨胀室　3—出液弹体封圈　4—弹簧　5—进液弹体封圈　6—定量室　7—内孔

占据了气雾剂抛射剂的主导地位。氟利昂因其独特的性质及优越的抛射驱动性能,一直被公认为是最理想的抛射剂,但在《蒙特利尔议定书》中对氟利昂提出了禁用。同时,我国药品监督管理局在 2006 年 6 月做出规定:自 2007 年 7 月 1 日起停止使用氟氯烷烃类物质作为生产气雾剂的药用辅料。找到氟利昂的替代品十分重要。目前氟利昂的替代品主要有碳氢化合物、二甲醚、氢氟烷烃等。

**(一)耐压容器**

1. 玻璃容器

耐压性、耐撞击性差。

2. 金属容器

耐压性良好、药物的稳定性易受影响。

3. 塑料容器

良好的耐压性、抗撞击性和防腐蚀性,但塑料本身的通透性较高,其添加剂会影响药物的稳定性,且价格高。

**(二)阀门系统**

1. 封帽

通常为铝制品,将阀门固封在容器上,必要时涂上环氧树脂等薄膜。

2. 阀门杆(轴芯)

常由尼龙或不锈钢制成。顶端与推动钮相接,上端有内孔和膨胀室,下端还有一段细槽或缺口以供药液进入定量室。

(1)内孔(出药孔)　阀门沟通容器内外的极细小孔,关系到气雾剂喷射雾滴的粗细。内孔位于阀门杆旁,平常被弹性封圈封在定量室之外,使容器内外不沟通。当揿下推动钮时,内孔进入定量室与药液相通,药液即通过内孔进入膨胀室,然后从喷嘴喷出。

(2)膨胀室　在阀门杆内,位于内孔之上,药液进入此室时,部分抛射剂因汽化而骤然膨胀,使药液雾化、喷出,进一步形成细雾滴。

3. 橡胶封圈

通常由丁腈橡胶制成,分进液和出液两种。进液封圈紧套于阀门杆下端,在弹簧下面,它的作用是托住弹簧,同时随着阀门杆的上下移动而使进液槽打开或关闭,且封闭定量室下端,使杯室药液不致倒流。出液弹性封圈紧套于阀门杆上端,位于内孔下面、弹簧上面,它的作用是随着阀杆的上下移动而使内孔打开或关闭,同时封闭定量室的上端,使杯内药液不致逸出。

4. 弹簧

套于阀杆,位于定量杯内,提供推动钮上升的弹力,由不锈钢制成。

5. 定量杯(室)

由塑料或金属制成,决定剂量的大小。由上下封圈控制药液不外逸,喷出准确的剂量。

6. 浸入管

由塑料制成,容器内药液向上输送到阀门系统的通道,向上的动力是容器的内压,使药液通过阀门杆的引液槽进入阀门系统的定量室。喷射时,按下揿钮,阀门杆在揿钮的压力下顶入,弹簧受压,内孔会进入出液橡胶封圈以内,定量室内的药液由内孔进入膨胀室,部分汽化后自喷嘴喷出。同时引流槽全部进入瓶内,封圈封闭了药液进入定量室的通道。揿钮压力除去后,在弹簧的作用下,又使阀门杆恢复原位,药液再进入定量室。

7. 推动钮

常用塑料制成,装在阀门杆的顶端,推动阀门杆以开启和关闭气雾剂阀门,上有喷嘴,控制药液喷出的方向。不同类型的气雾剂,应选用不同类型的喷嘴推动钮。

8. 进液弹体封圈

作用:托住弹簧,同时随着阀杆的上下移动而使进液槽打开或关闭,且封闭定量杯下端使杯内药液不致倒流。

9. 出液弹体封圈

作用:随着阀杆的上下移动而使内孔打开或关闭,同时封着定量杯的上端,使杯内药液不致倒流。

## (三)气雾剂的制备工艺

容器、阀门系统处理与装配 → 药物配制 → 分装和填充抛射剂(压灌法和冷灌法) → 质量检查。

1. 容器、阀门系统的处理与装配

搪塑玻璃瓶洗净烘干,塑料涂层包裹,外表应平整、美观。

2. 阀门系统的处理与装配

橡胶制品:75%乙醇浸泡24h,除去色泽并消毒;塑料、尼龙零件:洗净,浸泡在95%乙醇中备用;不锈钢弹簧:1%~3%氢氧化钠煮沸10~30min,水洗至无油腻,95%乙醇中浸泡。阀门结构装配,定量室与橡胶垫圈套合,阀门杆装上弹簧与橡胶垫圈和封帽等。

3. 药液配制与分装

溶液型气雾剂应制成澄清药液,药物溶于抛射剂及潜溶剂中。混悬型气雾剂应将药物微粉化并保持干燥状态;药物以细微颗粒(一般粒径在5μm以下,不超过10μm)分散于抛射剂中,常加入润湿剂、分散剂和助悬剂。乳剂型气雾剂应制成稳定乳剂,定量分装在备好的容器内,抛射剂是内相,药液为外相,乳剂呈泡沫状喷出。

4. 抛射剂的填充

压灌法:药液室温下灌入容器内,装上阀门并轧紧,压装机压入定量抛射剂。

冷灌法:药液冷却至-20℃,抛射剂冷却至沸点以下至少5℃,灌入容器中。

制造设备:半自动气雾剂灌装生产线由气动灌液机、气雾阀封口机、充气机、气动增压泵组成,灌装量600~1200罐/h,如图11-13所示。

图11-13　半自动气雾剂灌装生产线

图11-14　QGA-4型气雾剂灌装生产线

举例:QGA-4型气雾剂灌装生产线,由灌装机、充气机、封口机、增压泵、输瓶机组成,灌装量2500~4000瓶/h,如图11-14所示。

(1)冷灌法　冷却药液,分装;灌装低温的液化抛射剂(或药液、抛射剂同时灌装);安装阀门,扎紧。

①药液借助冷灌法装置中的热交换器冷却至-20℃左右,抛射剂冷却至沸点以下至少5℃。先将冷却的药液灌入容器中,随后加入已冷却的抛射剂(也可两者同时加入)。立即将阀门装上并轧紧,操作必须迅速完成,以减少抛射剂损失。冷灌法速度快,对阀门无影响,成品压力较稳定,但需制冷设备和低温操作。

②特点:开口灌装,不影响阀门,抛射剂有损失;需低温设备;不适于乳剂或含水气雾剂。

③主要注意事项

a. 容器及阀门的洁净处理:金属制容器成型及防腐处理后,需按常规洗净、干燥或气流吹净备用。阀门在组装前,均需用热水冲洗干净,尤其是弹簧需用碱水煮沸后热水冲净。冲洗干净后的零件置于一定浓度乙醇中备用。

b. 配制药液并在无菌条件下灌入容器中。

c. 在容器上安置阀门和轧口。

d. 在压力条件下将液化的抛射剂压入容器中。

(2)压灌法　如图11-15所示,先将配好的药液(一般为药物的乙醇溶液或水溶液)在室温下灌入容器内,再将阀门装上并轧紧,然后通过压装机压入定量的抛射剂(最好先将容器内空气抽去)。液化抛射剂自进口经砂棒过滤后进入压装机。操作压力以68.65~105.975kPa(表压)为宜。压力偏低时,抛射剂钢瓶可用热水或红外线等加热,达到工作压力。当容器上顶时,灌装针头伸入阀杆内,压装机与容器的阀门同时打开,定量的液化抛射剂压灌入容器内。

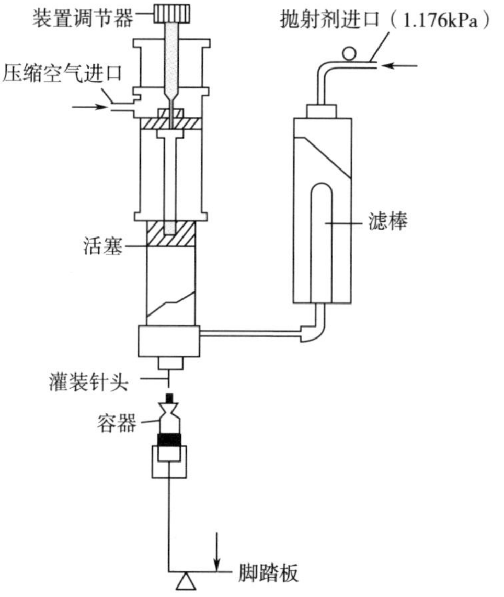


图11-15　压灌法

## 习题

**一、名词解释**

1. 软膏剂;2. 气雾剂;3. 喷雾剂。

**二、填空题**

1. 半固体制剂包括________、________、________、________、________等。

2. 气雾剂由＿＿＿＿＿＿、＿＿＿＿＿、＿＿＿＿＿、＿＿＿＿＿和＿＿＿＿＿组成。

3. 软膏剂的生产方法有＿＿＿＿＿、＿＿＿＿＿、＿＿＿＿＿。

**三、选择题**

1. 气雾剂按医疗用途可分为(　　)。

A. 口服用　　B. 直肠用　　C. 空间消毒用

D. 皮肤和黏膜用　　E. 呼吸道吸入用

2. 抛射剂在气雾剂中起(　　)。

A. 动力作用　　B. 压力来源作用　　C. 决定体积大小作用

D. 药物溶剂作用　　E. 药物稀释剂作用

3. 抛射剂的用量可直接影响(　　)。

A. 喷射能力　　B. 硬度　　C. 雾粒的大小

D. 疏松度　　E. 蒸气压的大小

**四、判断题**

1. 软膏剂是指药物与油脂性或水溶性基质均匀混合制成的半固体外用制剂。(　　)

2. 眼膏剂是指药物与适宜基质(一般为油脂性基质)均匀混合,制成的无菌溶液型或混悬型膏状的眼用半固体制剂。(　　)

**五、问答题**

1. 简述软膏剂的制备过程。

2. 简述气雾剂的制备过程。

# 项目十二　中药制剂生产设备

## 教学目标

**●知识目标**

熟悉中药的分类；熟悉中药的加工方法以及常用加工设备的结构、工作原理。

**●能力目标**

掌握洗药机、润药机、多功能提取罐等设备的操作与维护方法。

**●素质目标**

掌握设备操作规程；拥有安全意识。

**●课前思考**

常见的中药有哪些？中药与西药的生产过程有何不同？什么是炮制？

**●认知解读**

中药的生产有悠久的历史。任何药物供临床使用之前都必须制成适合于医疗或预防应用的形式，称为剂型，有片剂、注射剂、气雾剂、丸剂、散剂、膏剂等。中药生产与西药相比，通常需要进行前处理，期间有炮制加工生产过程，然后再加工成颗粒剂、片剂、丸剂等制剂。提取是中药制剂生产中的重要环节，即将固体药材中的可溶物从固体组织、细胞中转移到提取溶剂中来，从而得到含有活性成分的提取液。常用的设备有渗漉罐和提取罐。

## 任务一　中药生产工艺和设备简介

中药的发明和应用，在我国有着悠久的历史，有着独特的理论体系和应用形式。人们习惯把凡是以中国传统医药理论为指导，通过采集、炮制、制剂，并说明作用机制，指导临床应用的药物，统称为中药。中药主要来源于天然药及其加工制品，如图 12-1 所示。中药饮片是指药材经过炮制后可直接用于中医临床或制剂生产使用的处方药品。由于中药以植物药居多，故有“诸药以草为本”的说法。因此，自古把中药称为“本草”。

中药制剂与西药制剂不同，有其特殊性，中药制剂原料绝大多数为植物、动物及矿物质天然产物，品种繁多，成分复杂，原料在应用之前必须进行必要的加工处理，如清洗、软化、切制、炮制等，使药材的药性、疗效、毒副作用、性状等发生变化，

图 12-1　中药材

以达到中药制剂所需的质量标准。

中药工业化生产包括中药材的预处理及炮制、中药材有效成分的提取与中药浸膏的生产、中药制剂的生产等。传统的中药制剂多由中药材粉末制成，提取生产所占比例较低；而随着大量中药新剂型的开发和投入生产，尤其是在“中药注射剂”“中药冻干粉针剂”等现代中药制剂的生产过程中，有效成分的提取、分离纯化是一个极其重要的组成部分，各中药生产企业大多建立了相应的提取车间。

## 一、中药材的预处理及炮制

中药材前处理加工是中药企业的基础加工环节，中药材前加工设备能适应其发展要求。中药材前处理是根据原料药材或饮片的具体性质，在选用优质药材基础上将其经适当的清洗、浸润、切制、选制、炒制、干燥等，加工成具有一定质量规格的中药材中间品或半成品。中药材前处理主要生产工艺包括净制、切制、炮制、干燥等过程。中药材前处理加工的目的是生产各种规格和要求的中药材或饮片，同时也可为中药有效成分的提取与中药浸膏的生产提供可靠的保证。

## 二、中药材有效成分的提取工艺

常见提取工艺如蒸发、蒸馏、干燥、过滤、固膜、吸附、层析等；设备如中药提取罐、水沉醇提设备等，随着技术的不断进步，采用快速、高效的中药前处理技术和装备是实现制药行业高效和低碳化的重要途径。如前处理过程中的提取技术，包括多级逆流提取法、微波提取法、超声提取法、超临界提取法等；浓缩技术如减压浓缩、多效升降膜低温浓缩等；干燥技术如微波干燥、低温振动干燥等；灭菌技术如微波瞬时灭菌等，以上工艺实现自动化连续生产，能够大大降低能量的损耗，节省大量的溶剂、热能和电能，提高能量的利用率和生产效率。新的制药前处理技术及新型设备能够大大降低制药过程中的能耗，并提高生产效能。

## 三、中药浸膏、制剂的生产设备

制药设备的集成化是未来设备发展的一个趋势，目前的制药机械还是单元化操作为主,随着新版GMP的推进以及自动化程度的提高,强调对药品质量保证的程度也将更加严格,因此,制药设备应能将过程控制思想引入设备的设计与制造,从而实现药品制造过程的质量可视化,以全面保证药品的质量。中药从最初的清洗、切制到提取、浓缩、干燥及灭菌过程,药物从一个环节流入下一环节的过程中对于药物的参数可视化及取样点位的设置都应综合考虑,以期更好地掌控各中间体的变化规律及质量状况,从而保证最终产品的质量。

新的制药设备相继出现,如超临界流体提取、超声提取、微波提取、超高压技术、冷冻浓缩、膜浓缩、吸附分离浓缩、红外干燥、冷冻干燥、辐射灭菌等现代先进技术和设备等。中药现代化的生产还是以通用型设备为主,可通过对设备的完善与改造,配合一些先进的工艺、理念来适应中药产业现代化大发展。

# 任务二　中药前处理设备

## 一、中药前处理工艺

前处理工艺:中药材—挑选—洗药—切制—炮炙—烘干—粉碎—筛分—包装。

将净选后的中药进行软化,再切成片、段、块等的切制品,一般通称为生片。

将净药材或生片经炒制、烫制、煨制、煅制等或加入液态辅料(如黄酒、米醋、姜汁、蜂蜜等)使其渗入组织内部,再经炒制、蒸制、煮制等所得饮片称为制品。

## 二、中药炮制的目的

使饮片达到一定的净度和纯度,消除或减少中药的毒性或副作用,改变和增强饮片固有的疗效,适用于中药制剂和贮藏。

## 三、中药材的预处理

**(一)非药用部分的去除**

(1)去茎与去根。

(2)去枝梗。

(3)去粗皮。

(4)去皮壳。

(5)去毛。

(6)去芦　一般指根头、根茎、残茎等部位。

(7)去心　一般指去除药材的木质或种子的胚芽。

(8)去核　一般指去除种子,是药材加工中一项传统操作。

(9)去头尾足翅。

### (二) 杂质的去除

1. 挑选

手工或机械。

2. 筛选

筛选是根据药材所含的杂质和形状大小不同,选用不同的筛,以筛除药材中的沙石、杂质,或将大小不等的药材过筛分开,以便分别进行炮制或加工处理。如用振荡式筛药机。

3. 风选

风选是利用药材和杂质的轻重不同,借风力清除杂质。

4. 洗、漂

将药材用水洗或漂以除去杂质,洗漂时应该注意掌握时间,勿使药材在水中过久,以免损失药效,并应注意及时干燥,防止霉变。

## 四、中药前处理设备

### (一) 中药材净选设备

药材通过挑选、风选、水洗、筛选、剪切、刮削、剔除、刷、搽、碾串及泡洗等方法去除杂质和分离药材非有效部位,使其达到一定净度标准,以保证用药剂量准确的操作方法。一般包括风选、水洗、过筛等过程。

1. 风选设备

利用药材和杂质的轻重不同,借风力清除杂质。如果实种子类药材除去残留果壳、谷糠等,如图 12-2 所示。

图 12-2　风选机

2. 洗药机

洗药机是通过将中药材翻滚、碰撞、用饮用水对药材喷射洗涤以去除药材表面泥沙、细菌、杂质等的设备,适用于一定规格尺寸以上的根茎类、皮类、种子、果实类、矿物质类及大部分菌类药材的清洗。目前洗药机以滚筒式为主,也有履带式、刮板式等。

(1) 滚筒式洗药机　由回转滚筒、电动机、导轮、冲洗管、防护罩、水泵等组成,如图 12-3 所示,XY-800 型洗药机如图 12-4 所示。

工作原理为原药材从加料槽加入回转滚筒,内部带有筛孔的回转滚筒在回转时与高压水泵喷淋水产生相对运动,吸附在药材上的杂质随水经筛孔排出,滚筒内

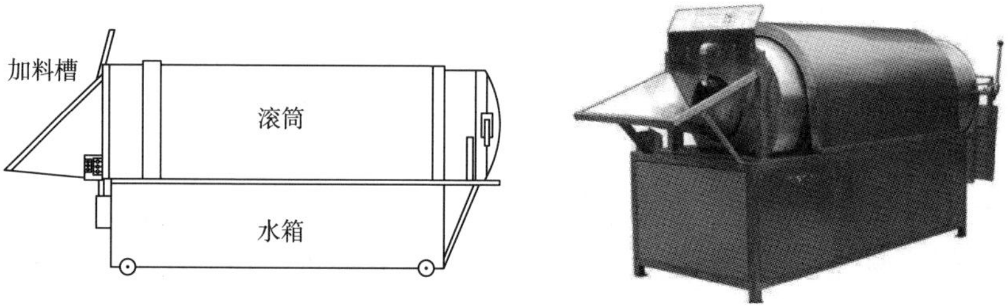


(1)结构图　　(2)实物图

图 12-3　滚筒式洗药机

有内螺旋导板推进物料,洗净后的药材从另一端排出。

图 12-4　XY-800 型洗药机

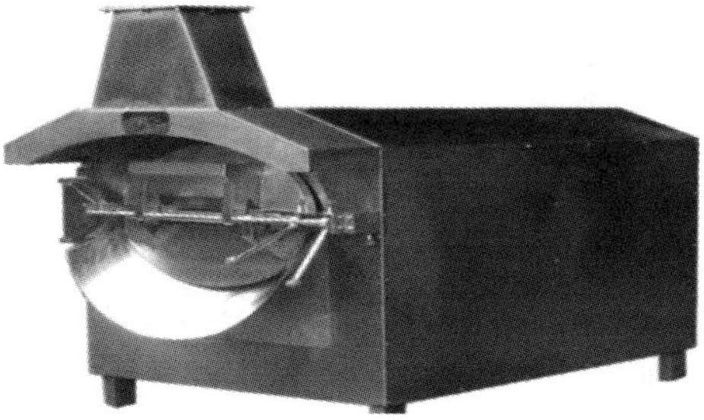

图 12-5　刮板式洗药机

(2)刮板式洗药机　利用三套旋转的刮板将浸入水槽内的弧形滤板上的药材搅拌,并向前推进。杂质通过弧形滤板的筛孔落于槽底。不能洗涤小于 20mm 的颗粒药材,如图 12-5 所示。

3. 过筛设备

用途:切制后去除饮片中碎屑。药材净选除去夹杂的泥沙、石屑等。前处理筛选常用往复式摆动筛。物料在筛中以往复直线运动为主,而以振动为辅。摆动频率常在 600 次/min 以下,如图 12-6 所示。

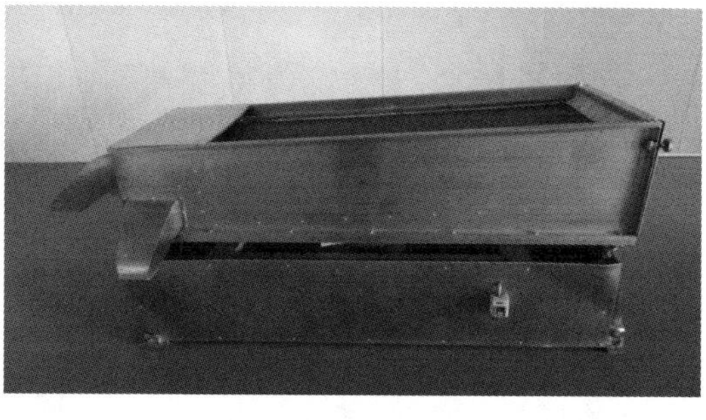

图 12-6　过筛机

**(二)中药材润药机切制设备**

1. 润药机

润药机有真空和加压润药机,如图 12-7 所示。药材切制前,对干燥的原药材均需软化处理,一般采用冷浸软化和蒸煮软化。冷浸软化可分为水泡润软化、水湿润软化;蒸煮软化可用热水蒸煮处理。为加速药材的软化,可以加压或真空操作。润药机主要有卧式罐和立式罐两种。

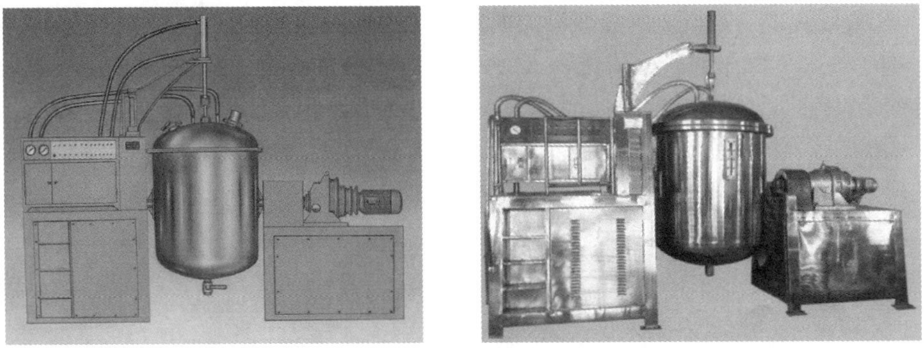

图 12-7　润药机

2. 切药机

图 12-8　直切式切药机

切制是将净选后的中药材进行软化(水冷浸或蒸煮等)再切成一定规格的片、段、块等。切制品一般通称为生片。药材切制的目的是便于煎出药效,便于进一步加工制成各种剂型,便于进行炮制,便于处方调配和鉴别。将制作饮片的药材浸润,使其软化的设备为润药机。对根、茎、块、皮等药材进行均匀切制的设备为切药机,切药机有直切式、往复式、旋转式、旋料式、转盘式和刨片式。直切式切药机如图 12-8 所示。

(1)往复式切药机　由加料盘、传送带、压辊、刀片、曲轴、皮带轮、变速箱、机座等组成,刀架通过连杆与曲轴相连,如图 12-9 所示。

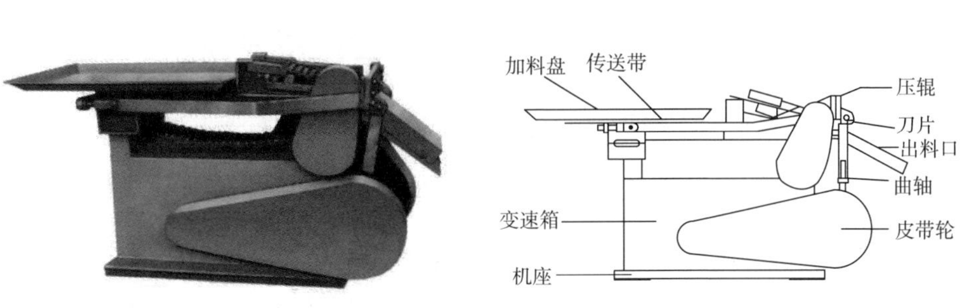


(1)实物图　　(2)结构图

图 12-9　往复式切药机

当电动机转动带动皮带轮旋转时，皮带轮上的曲轴带动连杆和切刀做上下往复运动。药材通过传送带输送，在刀床处受到压辊的挤压作用被轧紧，通过刀床送出，在出口受到刀片的截切，切段的长度由传送带的传送速度确定。

(2)旋转式切药机　圆盘刀盘式内侧有三片切刀。切刀前侧有一固定的方形开口的刀门。上、下履带完成送料入刀门，成品由护罩底部出料，如图 12-10 所示。旋转式切药机适用于对根、茎、草、皮、块状及果实类药材的切制。不宜切坚硬、球状及黏度过大的药材。

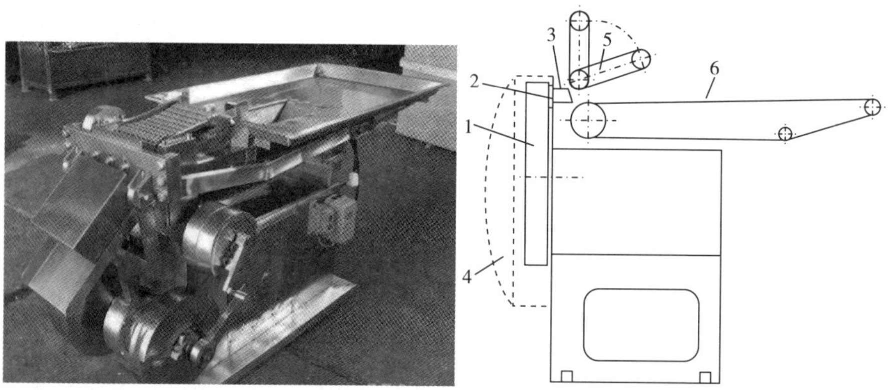


(1)实物图　　(2)示意图

图 12-10　旋转式切药机

1—刀盘　2—切刀　3—刀门　4—护罩　5—上履带　6—下履带

### (三)炮炙机械

炮炙机械是指根据中医药理论制定的法则和规定的工艺，加温改变净药材形态和性状的机械，包括蒸煮设备、炒药机、煅药机械等。蒸煮设备内置多孔栅板，以水或水蒸气为蒸煮介质，以蒸汽或电能为热源，有可倾式蒸煮锅、蒸汽型蒸药箱、电热型蒸药箱等；炒药机分为转筒式、转鼓式、立式等；煅药机械可以分为中温和高温煅药炉，高温煅药炉的温度≥600℃且<1200℃。

1. 中药蒸煮锅

蒸汽夹套加热保温，并通入锅内底部的蒸汽分布器，分布器上方放置不锈钢板网，将需要蒸制的药材放于板网上，分布器将蒸汽均匀喷入药材以达到蒸制的目的，如图 12-11 所示。

例：可倾式夹层锅由锅体、支架、涡轮、蜗杆等部件组成，锅体可做 80°以内的转动，本设备为敞口式浓缩，主要用于制药、食品等行业对料液的煎煮和浓缩，该设备与物料接触部分为不锈钢 SUS304，具有较好的耐腐蚀性能，经久耐用，符合 GMP 要求，同时也可增加搅拌装置，如图 12-12 所示。

图 12-11　中药蒸煮锅

图 12-12　可倾式夹层锅

## 2. 滚筒式炒药机

(1)结构　由炒药筒、电机、涡轮-蜗杆传动系统等组成,如图 12-13 所示。

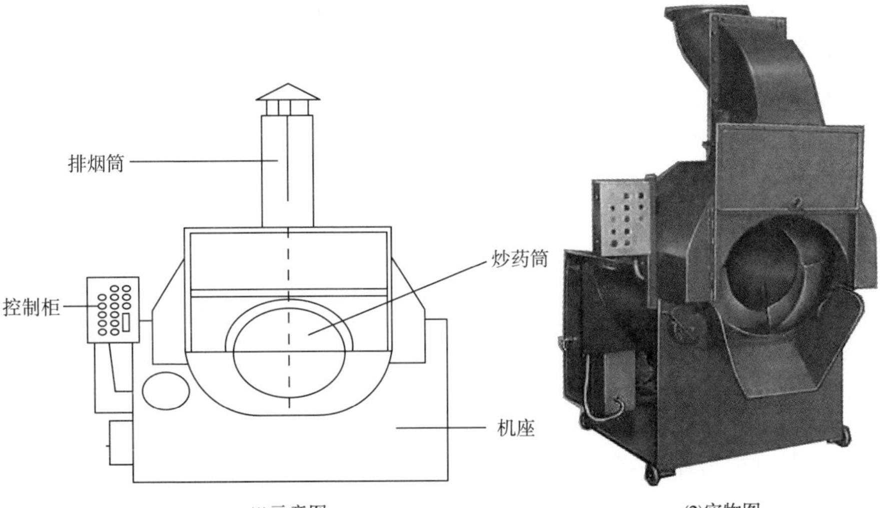


(1)示意图　(2)实物图

图 12-13　滚筒式炒药机

(2)工作原理　炒药机有卧式滚筒式和立式平底搅拌式,可用于饮片的炒黄、炒炭、砂炒、麸炒、盐炒、醋炒、蜜炙等。通过加热旋转的滚筒,并利用滚筒内的叶片炒板,使物料翻动以便对药材进行炮制。炒制结束,反向旋转炒药筒,由于炒板的作用,药材即卸出。

# 任务三　提取设备

## 一、溶剂提取的基本原理

中药材的活性成分各异，而一般中成药的提取生产大多是处理由几种、十几种，甚至几十种药材组成的复方中药，即按处方把许多药材混合在一起进行活性成分的提取。在这种情况下，我们可以把药材看成由可溶物（活性成分）和惰性载体（药渣）所组成，药物的浸提过程就是将固体药材中的可溶物从固体组织、细胞中转移到提取溶剂中来，从而得到含有活性成分的提取液。因此，药物提取的实质就是溶质由固相到液相的传质过程。

## 二、提取方法分类

药材中的活性成分大多为其次级代谢产物，如生物碱、黄酮、皂苷、香豆素、木脂素、酯、多糖、菇类蛋白及挥发油等，含量很低，为了适应中药现代化要求，必须对其进行提取分离、纯化，进而利用现代制剂技术，生产临床所需的各种剂型的药品。

将药材中所含的某一活性成分或多种活性成分（成分群）分离的工业过程即提取过程。从药材中提取活性成分的方法有溶剂提取法、升华法和压榨法等。

提取方法的选择应根据药材特性、活性成分、理化性质、剂型要求和生产实际等综合考虑。目前，水蒸气蒸馏法、升华法和压榨法的应用范围十分有限，大多数情况下采用的是溶剂提取法，其相应的技术特点如表 12-1 所示。

**表 12-1　　不同溶剂提取法的技术特点**

| 方法 | 作用方式 | 常用溶剂 | 作用特点 |
|---|---|---|---|
| 煎煮法 | 加热 | 饮用水 | 溶剂达到沸点，间歇操作，煎煮液成分复杂，需进一步精制 |
| 浸渍法 | 加热或不加热 | 乙醇 | 静态浸出，温浸或冷浸均未达到溶剂沸点，间歇操作，浸渍液可根据溶剂达到沸点 |
| 渗漉法 | 一般不加热 | 乙醇或酸碱水 | 连续操作，渗漉液可根据需要进一步精制 |
| 回流法 | 加热 | 乙醇 | 达乙醇沸点，间歇操作，回流液可根据需要进一步精制 |
| 超临界流体萃取法 | 萃取 | 超临界 $CO_2$ | 溶剂为超临界状态，连续操作 |
| 超声强化提取法 | 超声振荡 | 水或乙醇 | 提取液成分极性相近，可根据需要进一步精制 |
| 微波辅助提取法 | 微波辐照 | 水或乙醇 | 水分子达到沸点，间隙操作 |

## 三、常用的提取设备

提取设备是药物提取生产的关键，随着机械制造、材料、化工仪表、自动化等相关领域的发展和进步，国内的提取设备无论在设计制造还是生产安装上，都有了很大的进步，能满足制药工业需求。目前应用较多的提取设备主要是渗漉罐、浸提罐和提取浓缩机组、超临界流体萃取设备。

### （一）渗漉罐

渗漉法是往药材粗粉中不断添加浸取溶剂使其渗过药粉，从下端出口流出浸取液的一种浸取方法。渗漉时，溶剂渗入药材的细胞中溶解大量的可溶性物质，浓度增加，密度增大后向下移动，而上层的浸取溶剂或稀浸液则置换位置，造成良好的浓度差，使扩散较好地自然进行，故浸取效果优于浸渍法，提取也较完全。

渗漉是一种静态的提取方式，一般用于要求提取比较彻底的贵重或粒径较小的药材，有时对提取液的澄明度要求较高时也采用此法。渗漉提取一般以有机溶剂居多，有的药材提取也可采用稀的酸、碱水溶液作为提取溶剂。渗漉提取前往往需先将药材进行浸润，以加快溶剂向药材组织细胞内的渗透，同时也可以防止在渗漉过程中料液产生短路现象而影响收率，也能缩短提取的时间。

渗漉提取的主要设备是渗漉罐，可分为圆柱形和圆锥形两种，其结构如图 12-14 所示。渗漉罐结构形式的选择与所处理的药材的膨胀性质和所用的溶剂有关。对于圆柱形渗漉罐，膨胀性较强的药材粉末在渗漉过程中易造成堵塞，而圆锥形渗漉罐因其罐壁的倾斜度能较好地适应其膨胀变化，从而使得渗漉生产可以正常进行。同样，在用水作为溶剂渗漉时，易使得药材粉末膨胀，则多采用圆锥形渗漉罐，

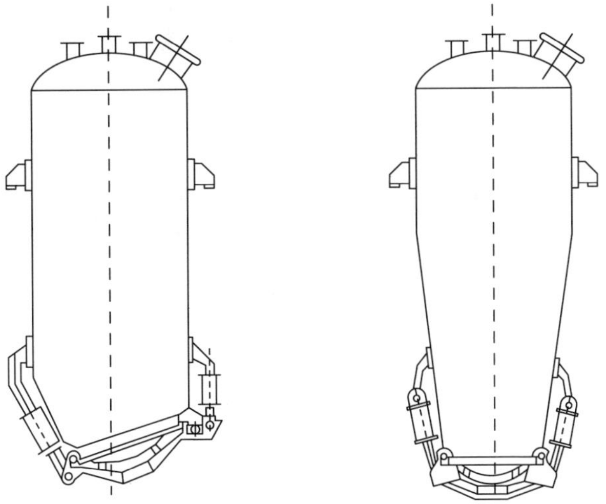

图 12-14　圆柱形渗漉罐（左）和圆锥形渗漉罐示意图（右）

而用有机溶剂作为溶剂时药材粉末的膨胀变化相对较小，故可以选用圆柱形渗漉罐。

本设备由筒体、锥体、椭圆形封头（或平盖）、气动出渣门、气动操作台等组成，如图 12-15 所示。具有溶剂分布均匀、出渣方便等特点。

图 12-15　圆锥形渗漉罐实物图

**（二）提取罐**

提取罐作为常用的提取设备是制药企业非常重要的设备之一，该设备通常采用蒸汽夹套加热，在较大的提取罐中，如 $10m^3$ 提取罐，可以考虑罐内加热装置；对于动态浸提工艺，因为通过输液泵使罐体内液体进行循环，因此设置罐外加热装置也比较方便。对于提取药物中的挥发性成分，需要用水蒸气蒸煮时还可以在罐内设置直接蒸汽通气管，以获得药物中的挥发性成分。

1. 分类

提取罐按照罐体形状不同分为底部正锥式、斜锥式、直筒式、蘑菇式、倒锥形、翻斗式及罐底能加热式等多种，如图 12-16 所示。

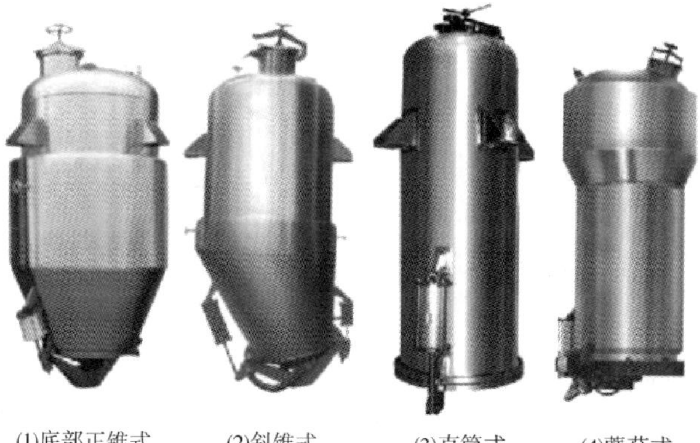

(1)底部正锥式　(2)斜锥式　(3)直筒式　(4)蘑菇式

图 12-16　多种提取罐

正锥式提取罐为传统形式，所占建筑空间较小，为提取车间广泛使用。出渣门上设有底部加热，使药材提取更加完全。在改进出液方式和增加搅拌装置后可应用于动态提取系统，如图 12-17 所示。

直筒式提取罐是比较新颖的提取罐，其最大的优点是出渣方便，缺点是对出渣

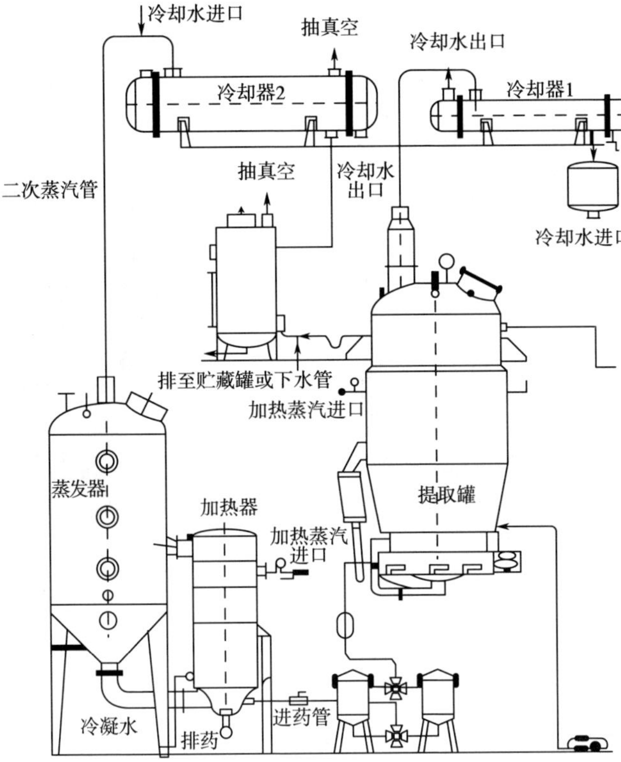


图 12-17　动态提取系统

门和气缸的制造加工要求较高。

斜锥式提取罐是目前常用的提取罐，制造较容易，罐体直径和高度可以按要求改变。缺点是在提取完毕后出渣时，有可能产生搭桥现象，需在罐内加装出料装置，通过上下振动以帮助出料。

蘑菇式提取罐上部大，沸腾缓冲空间大，不易跑料；下部小，药液受热传递快，加热时间短，提取效率较高。

按照提取过程性质不同分为静态多功能提取罐和动态多功能提取罐。

2. 结构及工作过程

结构主要由罐体、加料口、出渣门、气动装置、夹套等组成，如图 12-18 所示。罐体一般采用不锈钢材料制造，规格有 $0.5m^3$、$1m^3$、$1.5m^3$、$2m^3$、$3m^3$、$6m^3$ 等。

夹层可通入蒸汽加热或通水冷却。

在底部则是由一个气动装置控制开闭的活动底，提取完毕后，先将液体自底部放净，然后打开活动底并放出固体残渣。

提取罐的上部则有固体加料口、溶剂加料口、挥发油成分馏出口、仪表接口等。罐体中心轴线处还设有提升气缸，它带动提升轴上下运动时，侧杆施力于残渣，用

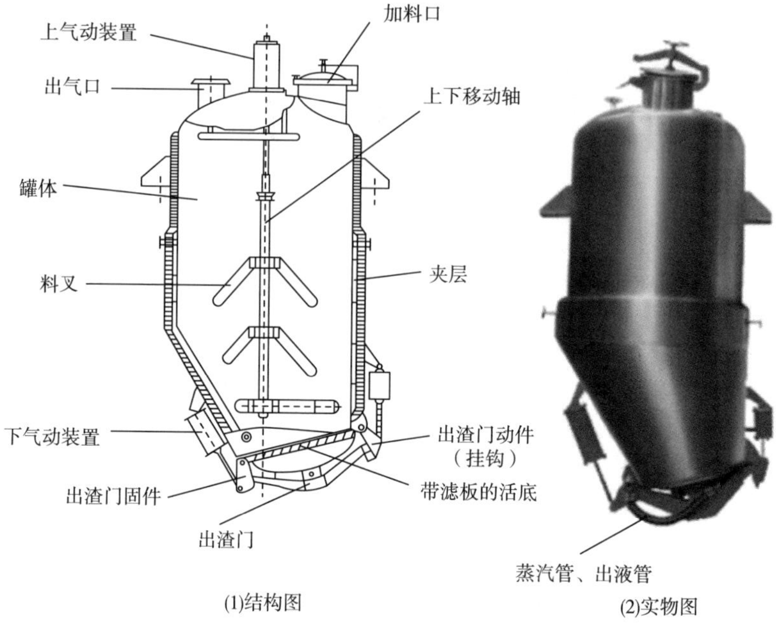


图 12-18　提取罐结构

机械力破坏固体的架桥作用而使药材顺利出渣。

3. 特点

压力、温度可调节；系统密闭，可在一般区域完成提取工作；可完成水煎煮提取、热回流提取、强制循环提取、挥发油提取、有机溶剂回收等操作。

4. 工作原理

药材经加料斗进入罐内，加水浸没药材，浸泡适宜时间，加热至微沸并维持规定的时间。提取完毕后，浸出液从罐体下部经滤板过滤后排出，保存或直接进入浓缩程序，药渣再依法煎煮提取 1~2 次，合并各次滤液即得。

在提取过程中，为了提高浸出效率，可进行强制循环提取，但不适用于含淀粉多或黏性大的药材的提取。放出提取液，经过管道过滤器过滤后再用泵从上部打回罐体内循环。

5. 操作要点

(1)检查准备　检查投料门、排渣门；检查设备各机件、仪表、电气线路、控制系统。

(2)操作

①打开压缩空气阀，关闭并锁紧排渣门，关掉压缩空气阀。

②清洗：用饮用水冲洗罐内壁、底盖。

③投料:液料总量不得超过罐体体积的2/3。

④浸泡。

⑤提取:开启夹套蒸汽阀和直接加热蒸汽阀,待罐内料液沸腾后,调至微沸,保持规定时间。

⑥放料。

⑦重复第二次、第三次提取。

⑧出渣。

6. 应用

提取罐一般是和辅助设备配套使用,如图12-19所示,其多功能包括常温浸渍、加温浸渍、热回流、挥发油提取等操作,一般的多功能提取罐底部都装有搅拌器,实现动态提取。

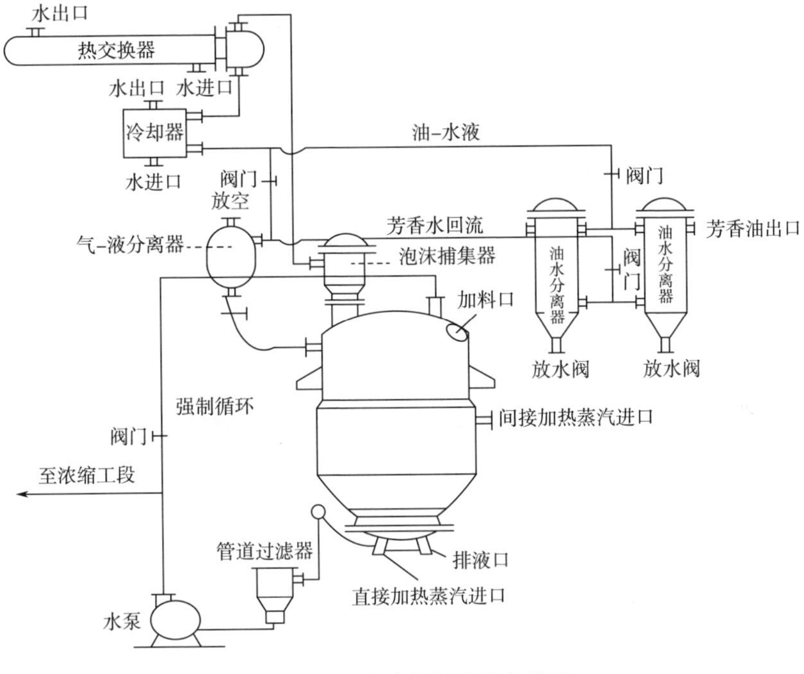


图12-19　多功能提取罐流程图

举例:新型倒锥式提取罐如图12-20所示。外形上小下大,呈倒锥状,尤其利于溶剂循环提取,提取溶剂能够均匀地从罐底部向上运动,而且由于从罐底部向罐顶部逐渐变小,很好地避免了溶剂流动短路的现象。罐底部面积大,出液面积大,出液快,不易堵。出渣方便,加热效果好。

底部采用双层过滤板设计,分为过滤支撑板和主过滤板。双层过滤板可以打开,方便观察,易于清理。

(1)实物图　　(2)结构图

图 12-20　新型倒锥式提取罐

进料采用加料漏斗和大口径蝶阀,蝶阀带有涡轮-蜗杆关闭装置。

其具有多种加热方式和控制提取温度的功能,可以实现多种工艺流程,如普通煎煮、动态回流、连续逆流提取。

目前中药提取车间一般采用多功能提取罐间歇分次提取的传统工艺,虽然操作简单,但后续蒸发浓缩工序要消耗大量的能源,生产效率很低。现在保留了单罐间歇分次提取的操作方式,应用于罐组间,处于不同提取次数的提取液间,依次套用提取的方法,实现了间歇逆流提取,在不改变提取效果的情况下,使提取溶剂用量大大减少,动态有效成分浓度显著提高,如图 12-21 所示。

多功能提取罐的工作原理如下所示。

(1)若干同容积提取罐组成一组,每个提取罐第一次的提取液输送至储液罐,进入后序蒸发浓缩工序,第二次提取液作为溶剂进入下一罐新药材中。

(2)每个提取罐第三次的提取液作为溶剂用于下一个提取罐的第二次提取。

(3)每个提取罐第四次的提取液作为溶剂用于下一个提取罐的第三次提取。

(4)依此类推,直至罐内药材被充分提取,清除药渣,提取罐重新添加药材,再次进入下一个循环。无论提取罐是三次提取或者四次提取操作,最后所用溶剂均为纯水。

(5)当提取罐组中某一罐出现操作故障,可以将其暂时关闭,通过辅助管路阀门可以重新编排剩余罐组的提取工艺,不会造成整个提取过程的中断。

机组装置中新型倒锥式提取罐,其盛装药材和储存药液的功能完全分离,提取罐可 100%满装中药材,0.5$m^3$ 罐可装药材约 200kg,同比生产能力提高 3 倍。

**(三)球形煎煮罐**

球形煎煮罐又名蒸球,是在动态旋转的状态下完成煎煮工作,以防止黏锅、煳锅等现象发生。多用于动物药材,如阿胶生产过程中驴皮的煎煮、鹿胎胶的煎煮等,如图 12-22 所示。

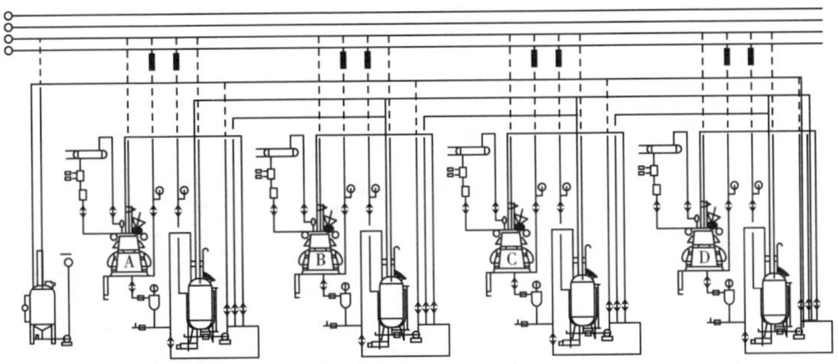


(1)结构图

(2)实物图

图 12-21　多功能提取罐组多级套用逆流提取罐

图 12-22　球形煎煮罐

采用新型高效的高速离心干燥机,操作简单稳定,容易实现控制自动化。

## 四、中药提取新技术设备

超临界萃取技术、微波萃取技术、超细加工技术、高速逆流色谱分离技术、分子蒸馏技术发展迅猛,这些技术是中药现代化的方向。

### (一)超临界提取设备

如图 12-23 所示,超临界流体提取是利用超临界态流体作为在临界温度和临界压力附近具有特殊性能的溶剂进行提取的一种新的分离方法。超临界态流体兼有气、液两重性的特点,即密度接近于液体,而黏度和扩散系数又与气体相似,因而它不仅具有与液体溶剂相当的提取能力,而且具有优良的传质效果。

图 12-23　超临界提取设备

如水在密闭高压容器中,温度达到 374.4℃,压力达到 22.2MPa,此时水的温度称为临界温度,相对应的压力称为临界压力。临界温度和临界压力构成了水的临界点,超过临界点的水称为超临界水——超临界流体,是介于液体和气体的一种状态。

最常用的超临界流体:二氧化碳,其处于临界温度与临界压力,具备气体般的低黏度、高扩散系数和液体般的高密度及良好的溶解能力。

优点:①提取速度快,效率高。②提取温度低,无氧化作用,药材成分不易分解。③可选择性地提取药材中的成分。④工艺简单,溶剂可以循环利用。

适用范围:亲脂性、相对分子质量较低、热敏性、易氧化的物质。由于二氧化碳具有较低的临界温度和适宜的临界压力,其操作压力一般为 8~30MPa,温度在 30~80℃,且无色、无味、无毒、不易燃、化学惰性、膨胀性低、价格低廉,故目前生产上常用二氧化碳作为超临界流体提取中药材中的有效成分。

提取过程:$CO_2$—压缩室—临界温度、临界压力—[制成超临界流体]—[$CO_2$ 进入提取器原料中]—[可溶性成分溶解于 $CO_2$ 流体中]—[$CO_2$ 提取液减压下进入分离器]—[$CO_2$ 气体脱溶,回到气体压缩罐中]—[溶质分离提取出来]。

应用:咖啡豆脱咖啡因;烟草脱尼古丁;咖啡香料的提取;啤酒花中有用成分的提取;从大豆中提取豆油;蛋黄脱胆固醇;中药有效成分的提取。

### (二)微波提取设备

微波协助提取设备一般要求带有功率选择功能,有控制温度、压力、时间附件的微波制样设备。一般由聚四氟乙烯材料制成专用密闭容器作为提取罐,它不仅能够允许微波自由通过,而且具有耐高温、高压,不与溶剂反应的优点,如图 12-24 所示。

特点:①微波穿透力强,在物料内外部同时均匀、迅速加热,提取时间短、收率高。②药材不需要干燥等预处理。③热效率高,节省能源。④溶剂用量少,可降低排污量。

图 12-24　微波提取设备

### (三)超声波提取

超声波具有“空化现象”“机械振动”以及“热效应”等特性,“空化现象”可使提取介质中的微小气泡压缩、爆裂,加速天然药用成分的溶出;“机械振动”和“热效应”进一步强化了溶出成分的扩散,使药用成分在提取介质中快速达到所需浓度,大大缩短提取时间,提高产品质量,是当前浸出提取中最具前途的提取技术。

设备可采取在提取罐顶开法兰孔,吊装中置浸没式超声波换能器,实现一罐多功能化,如图 12-25 所示。装置由超声波电源(发生器)和浸入式振合结构、管线、减速机动态转位装置组成,并配有连接法兰(活接卡环)、密封垫片,可实现远距离遥控操作,并能防爆、防湿,适用于多种溶剂,生产安全可靠、操作简单易学、安装和维修方便等。

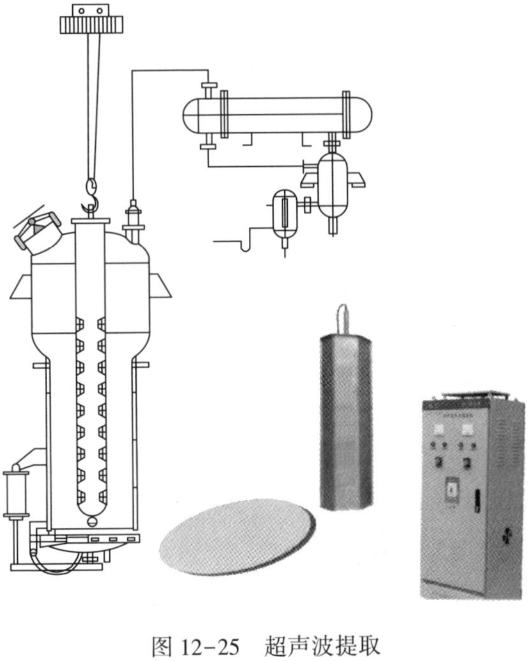

图 12-25　超声波提取

超声波提取装置结构特点如下所示。

(1)采用它激式超声波电源,线路简洁,转换率高,采用浸入式振合结构,高频连接电缆的长度任意选定,方便安装并能适用各种工况。一般采用在 18~40Hz 低频范围,空化效应较强。

(2)浸入式振合结构截面形式有三角形、正方形、五角形。由超声波提取装置减速机驱动的凸轮机构,使振合结构在工作中做一定角度的摆动,使物料在提取装置内分布更均匀,能更快、效率更高地提取出有效物质。

(3)浸入式振合结构中的超升基元振子采用复合阵组合,分极连接,独立工作。

(4)浸入式振合结构和超声频率电源分体设置,并在电控箱上设计分段指示浸入式振合各段工况,便于操作和维修。

超声波提取生产线与常规提取生产线相比较,如下所示。

(1)超声波提取温度 40~60℃,不会破坏热敏性药物。

(2)超声波提取效率高,比传统提取方法提高 20%~50%,节省药材资源。

(3)超声波提取时间缩短,提取充分,提高了生产效率,节约了能源,增加了产量。

## 五、常用中药制剂设备的操作与维护

### (一)旋转式切药机的操作与维护保养

1. 检查准备

(1)检查各紧固件是否松动,运行部位是否清洁无障碍物。

(2)未接通电源前,应仔细检查电器系统是否完好。

(3)连通电源,先空转,检查各转动部位是否润滑灵活、正常,有无异响,如果发现有噪声及时停车排除。

(4)填写并挂上运行状态卡。

2. 操作

(1)根据药物的软硬程度,调整上、下链条的夹角,调整上、下链条后部辊上的螺栓,使链条松紧适宜,输送链条必须清洁无异物。

(2)将待切药材铺在链条上,旋转主机开关,机器运转正常。

(3)当药材堵塞时,将离合手柄推至倒车位置,待药材疏松后,将手柄推至正常位置。

(4)切制完毕,关闭电源,清理调整挡板及刀盘上的杂物和机器表面灰尘。

(5)清洗切药机至合格。

3. 维修保养

(1)经常检查变速箱油孔的油位是否达到要求。

(2)经常检查刀片的锋利程度,发现磨钝或缺口时,应及时修磨。

(3)经常检查设备零部件是否松动,三角带松紧调整是否适宜,旋转刀盘是否有异声、异物。

(4)要注意上、下链条的清洁,上、下链条松紧的调整是否适宜,严防链条轴轴向窜动,损坏零件。

4. 注意事项

(1)如切制含淀粉量大、黏性大、纤维多的药材时,可适量喷水,以助切制。

(2)润滑链条,要用植物油。

(3)加油时,油必须清洁过滤。

(4)操作时不准戴手套。

**(二)洗药机的操作与维护保养**

1. 检查准备

(1)打开饮用水水源总阀及水箱阀门,将水箱放满水。

(2)开启循环水泵,关闭水箱阀门,使粗洗与精洗喷淋管平稳地喷出水来。

(3)开启滚筒正转按钮,空车试运转,检查有无异常现象。

(4)填写并挂上运行状态卡。

2. 操作

(1)将待洗药材连续均匀地放在滚筒中,药材经滚筒转动先粗洗后精洗,从另一侧出来。

(2)及时更换水槽中脏水,并不断加饮用水补充。

(3)药材没洗净时,先停车,后开启滚筒倒转按钮,药材在滚筒里倒转,然后停车再正转。

(4)药材清洗结束后,关闭循环水电机和滚筒用电机电源及饮用水阀门。

(5)清洗水箱及箱内滤网。

(6)按清洁规程清洁设备。

3. 维修保养

(1)经常检查洗药机水槽中的滤网,如有破损应及时更换。

(2)本机每年保养一次,每半年换一次油,在涡轮、蜗杆轴和滚轮轴的轴承位置加钙基润滑脂。

## 习题

**一、名词解释**

1. 中药饮片;2. 炮制;3. 蜜丸;4. 水丸。

**二、填空题**

1. 中药炮制的目的是使饮片达到一定的净度和纯度;消除或减少中药的

________或________;改变和增强饮片固有的疗效;适用于中药制剂和贮藏。

2. 中药工业化生产包括__________________、__________________与__________________、__________________等。

3. 中药材浸提一般根据药材有效成分的性质,按照“__________、__________、__________、__________”的原则选择浸出溶剂。

4. 生产上常用__________作为超临界流体提取中药材中的有效成分。

5. 中药制剂的浸出通常采用________和________等。

**三、选择题**

1. 下列对于提取设备叙述错误的是(　　)。

A. 煎煮法不利于对湿、热不稳定物料的提取

B. 渗漉法提取时溶剂通常为不同浓度的乙醇

C. 超临界流体 $CO_2$ 具有低密度和高黏度的特性,作为提取溶剂具有比较好的提取效率

D. 热回流提取浓缩机使用中提取与浓缩同步进行,时间短、效率高

E. 超声波提取时不需要加热,适用于热敏性物质的提取

2. 有关提取过程叙述正确的是(　　)。

A. 强制浸出液的循环流动不利于提高浸出效果

B. 多功能提取罐可用于水煎煮、热回流、挥发油提取等,但不能进行有机溶剂回收

C. 蒸馏法与超临界流体提取法均可用于中药挥发油的提取

D. 二氧化碳在超临界状态下具有低密度、高黏度的性质

E. 微波热效率不高,提取时间长

3. 下列对超临界提取法描述错误的是(　　)。

A. 提取速度快,效率高　　B. 适合于含热敏性组分的物料

C. 提取产品中没有溶剂残留　　D. 设备投资少,收益大

E. 可采用无毒气体作溶剂

4. 下列哪种方法不适于贵重药材和有效成分含量低的药材的提取(　　)。

A. 煎煮法　　B. 回流法　　C. 渗漉法　　D. 浸渍法

E. 超声提取法

5. 中药制剂的浸出以水为溶剂时或遇到膨胀性大的药材时应用哪种渗漉器?(　　)

A. 圆锥形渗漉　　B. 圆柱形渗漉　　C. 不锈钢渗漉　　D. 连续热渗漉器

**四、判断题**

1. 中药材前处理的主要生产工艺包括净制、切制、炮制、干燥等过程。(　　)

2. 超临界流体提取是利用超临界态流体在临界温度和临界压力附近具有特殊性能的溶剂进行提取的一种新的分离方法。(　　)

**五、问答题**

1. 简述中药前处理工艺流程。
2. 简述超临界提取在生产中的应用。

# 项目十三　制水设备

## 教学目标

**●知识目标**

熟悉饮用水、纯化水、注射用水的制备方法；熟悉常见制水设备及其工作原理。

**●能力目标**

掌握常见制水设备的使用和维护方法；掌握电渗析设备要明确工作原理，并定时进行维护。

**●素质目标**

掌握设备操作规程；拥有安全意识。

**●课前思考**

制药用水的种类及各自适用范围有哪些？考虑如何把原水的固体杂质、溶解在水中的各类杂质以及所含有的热原、细菌等除去？离子交换设备的基本原理是什么？基本装置是什么？如何进行操作？等。

**●认知解读**

水也是药品生产不可缺少的重要辅料。按国家标准，制药用水根据使用的范围不同分为饮用水、纯化水、注射用水及灭菌注射用水。要求最高的为灭菌注射用水。制水通常有前处理、中间处理、后处理3个阶段。常用反渗透(RO)和连续电除盐(EDI)的方法进行工业用水制备。

## 任务一　制药用水制备简介

水是药物生产中用量大、使用广的一种辅料，用于生产过程及药物制剂的制备。《中国药典》(2020版)中所收载的制药用水根据使用的范围不同分为饮用水、纯化水、注射用水及灭菌注射用水。制药工业中所用的水，特别是用来制造药品的水的质量，直接影响药品的质量。因此它必须同药品生产的其他原辅材料一样，达到药典规定的质量指标。

GMP规定制药用水分为：饮用水、纯化水、注射用水、灭菌注射用水。

### 一、饮用水

饮用水为天然水经净化处理所得的水，其质量必须符合GB 5749—2006《生活饮用水卫生标准》。饮用水可作为药材净制时的漂洗、制药用具的粗洗用水。除另有规定外,也可作为饮片的提取溶剂。

## 二、纯化水

纯化水为饮用水经蒸馏法、离子交换法、反渗透法或其他适宜的方法制备的制药用水。不含任何附加剂,其质量应符合纯化水项下的规定。纯化水有多种制备方法,应严格监测各生产环节,防止微生物污染,确保使用的水质。

应用:①纯化水可作为配制普通药物制剂用的溶剂或试验用水;口服、外用制剂配制用溶剂或稀释剂。②可作为中药注射剂、滴眼剂等灭菌制剂所用饮片的提取溶剂。③非灭菌原料药精制工艺用水。④纯化水不得用于注射剂的配制与稀释。

## 三、注射用水

注射用水为纯化水经蒸馏所得的水,应符合细菌内毒素试验要求。注射用水必须在防止细菌内毒素产生的设计条件下生产、贮藏与分装,其质量应符合注射用水项下的规定。为保证注射用水的质量,应减少原水中的细菌内毒素,监控蒸馏法制备注射用水的各生产环节,并防止微生物的污染。应定期清洗与消毒注射用水系统。

应用:①无菌制剂的配料用水。②作为配制注射剂、滴眼剂等的溶剂或稀释剂及容器的精洗。

注射用水的贮存方式和静态贮存期限应经过验证,确保水质符合质量要求,例如可以在80℃以上保温或70℃以上保温循环或4℃以下的状态下存放,并在制备12h内使用。

## 四、灭菌注射用水

灭菌注射用水为注射用水按照注射剂生产工艺制备所得,不含任何添加剂,其质量应符合灭菌注射用水项下的规定。

应用:①注射用灭菌粉末的溶剂。②注射剂的稀释剂。

灭菌注射用水灌装规格应适应临床需要,避免大规格、多次使用造成的污染。

制药用水制备的系统设计、材质选择、制备过程、贮存、分配和使用均应符合GMP的要求。制水系统应经过事先验证,并建立日常监控、检测和报告制度,有完善的原始数据记录备查。制水系统应定期清洗与消毒。

《药品生产质量管理规范》对制药用水要求摘录如下所示。

第九十六条　制药用水应当适合其用途,并符合《中华人民共和国药典》的质量标准及相关要求。制药用水至少应当采用饮用水。

第九十七条　水处理设备及其输送系统的设计、安装、运行和维护应当确保制药用水达到设定的质量标准，水处理设备的运行不得超出其设计能力。

第九十八条　纯化水、注射用水储罐和输送管道所用材料应当无毒、耐腐蚀；储罐的通气口应当安装不脱落纤维的疏水性除菌过滤器；管道的设计和安装应当避免死角、盲管。

第九十九条　纯化水、注射用水的制备、贮存和分配应当能够防止微生物的滋生。纯化水可采用循环水，注射用水可采用70℃以上的保温循环水。

第一百条　应当对制药用水及原水的水质进行监测，并有相应的记录。

第一百零一条　应当按照操作规程对纯化水、注射用水管道进行清洗消毒，并有相关记录。

发现制药用水微生物污染达到警戒限度、纠偏限度时应当按照操作规程处理，见表13-1、表13-2。

**表13-1　　纯化水质量对照表**

| 项目 | 《中国药典》(2020版) | 《欧洲药典》(8.0版) | 《美国药典》(38版) |
|---|---|---|---|
| 制备方法 | 纯化水为符合官方标准的饮用水，经蒸馏法、离子交换法、反渗透法或其他适宜的方法制备的制药用水 | 纯化水为符合官方标准的饮用水，经蒸馏法、离子交换法、反渗透法或其他适宜的方法制备的制药用水 | 纯化水的原水必须为饮用水、无任何外源性添加剂、采用适当工艺制备 |
| 性状 | 无色澄明液体，无臭 | — | — |
| pH/酸碱度 | 酸碱度符合要求 | — | — |
| 氨 | ≤0.3μg/mL | — | — |
| 不挥发物 | ≤1mg/100mL | — | — |
| 硝酸盐 | ≤0.06μg/mL | ≤0.2μg/mL | — |
| 亚硫酸盐 | ≤0.02μg/mL | — | — |
| 重金属 | ≤0.1μg/mL | ≤0.1μg/mL | — |
| 铝盐 | — | 不高于10μg/L<br>用于生产透析液时需控制此项目 | — |
| 易氧化物 | 符合规定 | 符合规定 | — |
| 总有机碳 | ≤0.5mg/L | ≤0.5mg/L | ≤0.5mg/L |
| 电导率 | 符合规定 | 符合规定 | 符合规定(三步法测定) |
| 细菌内毒素 | — | < 0.25EU/mL；用于生产渗析液时需控制此项目 | — |
| 微生物限度 | 需氧菌总数≤100CFU/mL | 需氧菌总数≤100CFU/mL | 菌落总数≤100CFU/mL |

表 13-2　　注射用水质量对照表

| 项目 | 《中国药典》(2020 版) | 《欧洲药典》(8.0 版) | 《美国药典》(38 版) |
|---|---|---|---|
| 制备方法 | 注射用水为纯化水经蒸馏所得的水 | 注射用水通过符合官方标准的饮用水制备,或者通过纯化水蒸馏制备 | 注射用水的原水必须为饮用水;无任何外源性添加物;采用适当的工艺制备(如蒸馏法或纯化法),制备方法需得到验证 |
| 性状 | 无色澄明液体、无臭 | 无色澄明液体 | — |
| pH/酸碱度 | 5.0~7.0 | — | — |
| 氨 | ≤0.2μg/mL | — | — |
| 不挥发物 | ≤1mg/100mL | — | — |
| 硝酸盐 | ≤0.06μg/mL | ≤0.2μg/mL | — |
| 亚硝酸盐 | ≤0.02μg/mL | — | — |
| 重金属 | ≤≤0.1μg/mL | ≤0.1μg/mL | — |
| 铝盐 | — | 不高于 10μg/L;<br>用于生产透析液时需控制此项目 | — |
| 易氧化物 | — | — | — |
| 总有机碳 | ≤0.5mg/L | ≤0.5mg/L | ≤0.5mg/L |
| 电导率 | 符合规定(三步法测定) | 符合规定(三步法测定) | 符合规定(三步法测定) |
| 细菌内毒素 | <0.25EU/mL | < 0.25EU/mL | < 0.25EU/mL |
| 微生物限度 | 需氧菌总数≤100CFU/mL | 需氧菌总数≤100CFU/mL | 菌落总数≤ 100CFU/mL |

纯化水系统的验证与确认是十分重要的,系统的设计、安装、运行都需经过确认。确认包含设计确认(DQ)、安装确认(IQ)、运行确认(OQ)及性能确认(PQ),整个确认过程中可能还会有工厂验收测试(FAT)、现场验收测试(SAT)。

# 任务二　制药用水设备

制药用水包括直接接触药品的水、器具最后一次洗涤用的纯化水、无菌制剂配料用的注射用水,以及在线灭菌用的纯蒸汽。

## 一、水的纯化

为适应制药工业的要求,不同来源的饮用水需要经逐级提纯水质,以达到药典规定的纯化水标准，以下是纯化水系统流程，如图 13-1 所示，通常采用的纯化技术包括：前处理技术、脱盐技术和后处理技术。

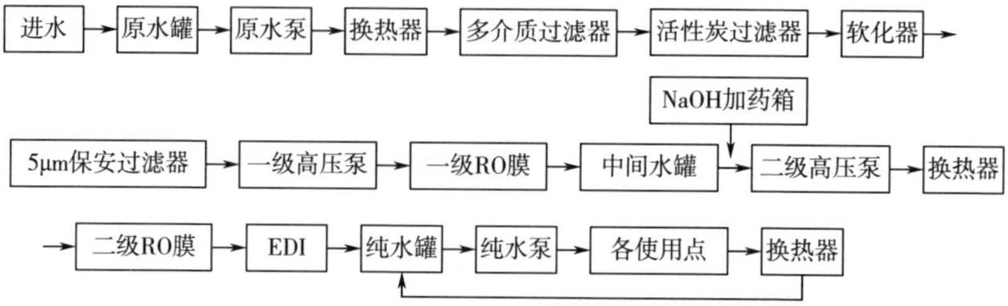


(1)流程图

(2)实物图

图 13-1　纯化水系统

### (一)预处理技术

1. 目的

去除原水中的悬浮物、胶体、微生物；去除原水中过高的浊度和硬度。

2. 常用方法

(1)物理方法　澄清、砂滤、活性炭吸附、微滤等。

(2)化学方法　加药杀菌、混凝、络合、离子交换(软化)等。

(3)电化学方法　电凝聚。

3. 设计要求

(1)水源中悬浮物含量较高需设置砂滤(多介质过滤器)，选用多介质过滤器和软化器，则要求有反洗或再生功能，装卸方便，配制、贮存、输送须防腐。

(2)水源硬度高，需增加软化工序。

(3)水源中有机物含量较高，需增加凝聚和活性炭吸附，选用活性炭过滤器，要求设有有机物存放地，并有反洗、消毒功能。

(4)水源中氯离子较高，为防止对后工序中的离子交换、反渗透的影响，需加氧化-还原处理(通常加 $NaHSO_3$)。

(5)水源中 $CO_2$ 含量高时，需采用脱气装置。

(6)水源中细菌较多时,需采用加氯、臭氧或紫外灭菌。

纯化水处理包括预处理、中间处理和后处理三个阶段:预处理包括多介质过滤、活性炭过滤、软化处理、精密过滤和保安过滤。中间处理包括脱盐处理,根据原水中各类盐的数量,通常采用电渗析、离子交换、反渗透技术除盐,或三者的不同组合。后处理阶段,原水经过前处理和脱盐,纯度基本达标,但仍然会有少量细菌存在,通常采用紫外杀菌、臭氧杀菌、微孔过滤等方法最终除去细菌。

**(二)纯化水系统各部件及其作用**

1. 多介质过滤器

多介质过滤器里一般用不同直径的石英砂分层填装,较大直径的介质通常位于过滤器顶端,水流自上而下通过逐渐精细的介质层,如图 13-2 所示,主要用于过滤去除原水中的大颗粒、悬浮物、胶体及泥沙等,降低原水浊度对膜系统的影响,正常检测出水浊度应≤1NTU。

(1)结构图　　(2)实物图

图 13-2 多介质过滤器

多介质过滤器使用前要进行反洗和正洗,运行时多介质过滤器内必须完全充满水。多介质过滤器每运行 2d,需反洗 1~2 次(先反洗后正洗,正洗完毕后再运行)。

常用过滤介质:石英砂、无烟煤、果壳活性炭、锰砂,如图 13-3 所示。

(1)石英砂　　(2)无烟煤　　(3)果壳活性炭　　(4)锰砂

图 13-3 常用过滤介质

### 2. 活性炭过滤器

活性炭过滤器里一般为颗粒活性炭(如果壳活性炭、褐煤活性炭或无烟煤活性炭),如图 13-4 所示。主要用于过滤去除水中的游离氯、色度、微生物、有机物以及部分重金属等有害物质,以防止对反渗透膜造成影响。正常检测出水余氯≤0.1mg/L。

由于活性炭截留住大部分有机物和杂质并吸附在其表面,需定期采取巴氏消毒来保证活性炭的吸附作用。活性炭过滤器用前要进行反洗和正洗,运行时活性炭过滤器内必须完全充满水。活性炭过滤器每运行 2d,需反洗、正洗 1~2 次(先反洗,后正洗)。因复合膜不耐余氯,活性炭过滤器是除余氯的,因此,绝不能用未经过活性炭过滤器过滤的水进入反渗透膜,否则膜的损坏无法恢复。

活性炭过滤器因具有吸附作用,当使用一段时间后活性炭吸附作用会下降甚至分散成小颗粒排出,每年需要检查活性炭的量,减少的情况下应补充。同时应关注出水余氯是否符合标准,异常时应考虑更换新的活性炭。

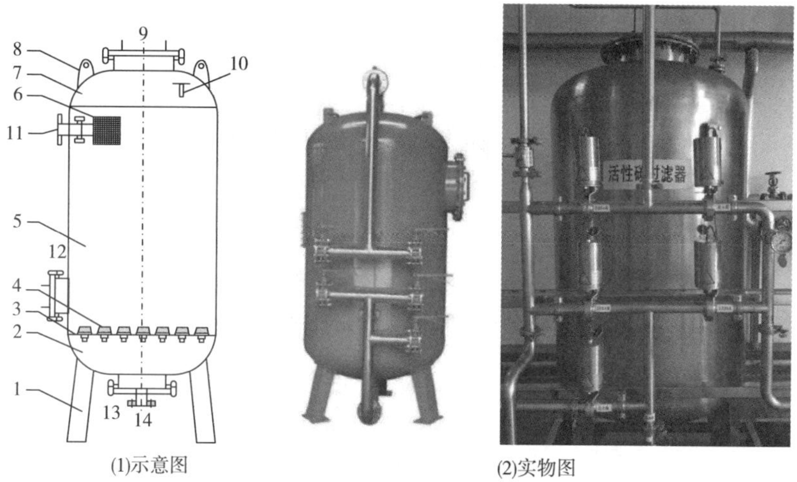


(1)示意图　　(2)实物图

图 13-4　活性炭过滤器

1—支脚　2—下封头　3—多孔滤板　4—水帽　5—筒体　6—上布水器　7—上封头　8—吊耳　9—上人孔　10—排气口　11—进水口　12—卸料孔　13—下人孔　14—出水口

### 3. 软化处理技术——软化器

软化器里一般为树脂,如图 13-5 所示,主要为纳型树脂中可交换的钠离子交换出原水中的钙、镁离子从而降低水的硬度,防止在反渗透膜表面结垢。因软化器需要吸盐再生,通常配备两个,当一个进行再生时,另一个可以继续运行。正常检测出水硬度应≤200mg/L,实际检测结果<75mg/L,属于极软水。软化器能自动完成反洗、再洗、冲洗、运行工作。

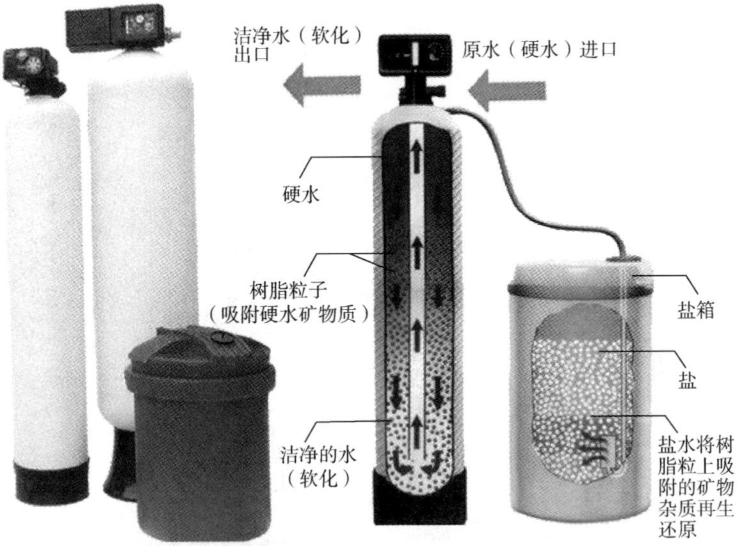


(1)示意图

(2)实物图

图 13-5　软化器

树脂使用一段时间后会出现损耗及交换能力下降，甚至老化，应根据水的硬度检测来评估树脂的软化能力。

4. 精密过滤

精密过滤是采用 3~5μm 的精密滤芯，滤芯材质一般为 PP 棉，主要作用是截留>5μm 的颗粒进入反渗透系统，这种颗粒经高压泵加速后可能击穿反渗透膜组件，造成大量漏盐的情况，同时划伤高压泵的叶轮，如图 13-6 所示。

精密过滤器的滤芯一般 90d 或每个过滤器压力下降的数值大于 0.1MPa 时更换或清洗一次。滤芯有陶瓷滤芯、聚丙烯纤维（PP）熔喷滤芯、线绕滤芯、折叠式微孔滤芯等，如图 13-7 所示。

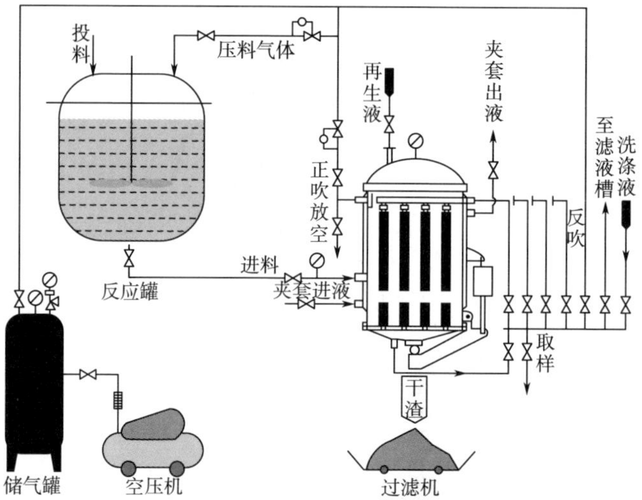


(1)结构图

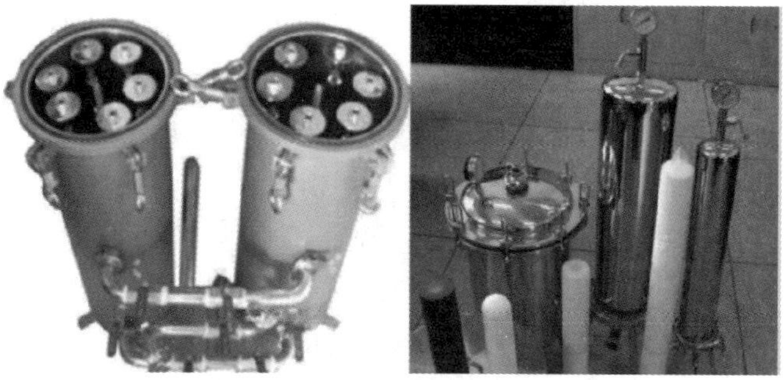

(2)实物图

图 13-6　精密过滤器

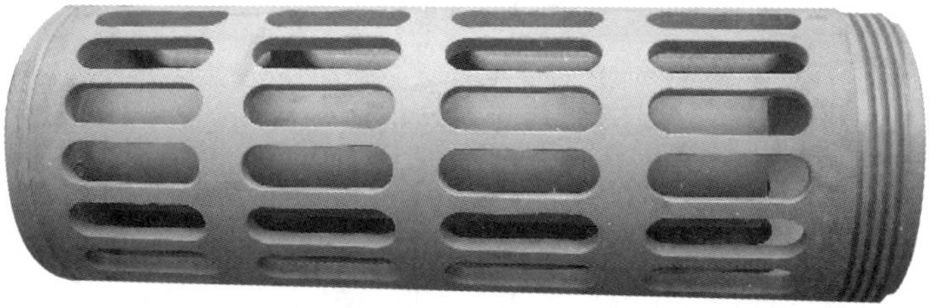

图 13-7　滤芯

5. 保安过滤

保安过滤是原水过滤的最后一道屏障，保安过滤器是保障处理系统安全的过滤器,又称滤芯过滤器,如图 13-8 所示。

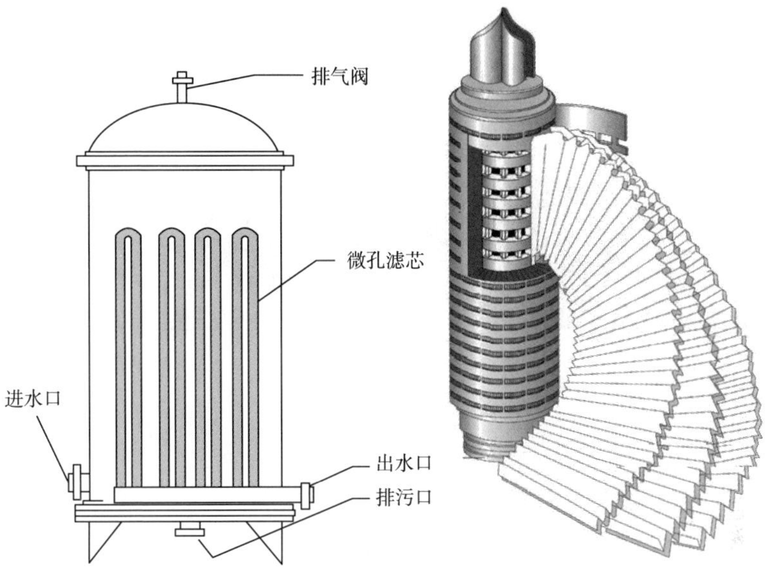


(1)结构图　(2)实物图

图 13-8　保安过滤

一般情况下保安过滤器放置在石英砂、活性炭、树脂等之后,是去除大颗粒杂质的最后保障,以防止反渗透膜被损坏。从广义上讲,精密过滤器也属于保安过滤器。

保安过滤器的滤芯一般 90d 或每个过滤器压力数值下降大于 0.1MPa 时更换或清洗一次。滤芯的清洗方法:3%~5% NaOH 泡 12h 以上,冲洗干净,再用 3%~5%盐酸泡 12h 以上,冲洗干净,晾干待用。

6. 反渗透

反渗透除脱盐外,还能去除大部分微生物、胶体,如图 13-9 所示。反渗透膜材质为聚酰胺,脱盐率高达 99%,最大的优点为除菌效果好,但对余氯的限制要求较高。在压力驱动下,可以去除水中溶解盐类,同时去除一些有机大分子及微小颗粒、细菌、内毒素等。正常情况下反渗透膜在开启前及运行后都需要冲洗,以去除膜表面的污垢,并且目前多数配置为耐高温膜,可通过巴氏消毒对膜进行维护。

反渗透膜寿命较长,但当水出现质量下降或产水量下降时(正常的清洁、消毒都是按周期进行),就要考虑是否是反渗透膜出了问题。最常用的就是化学清洗,但化学清洗最大的缺点就是清洗完后无法确定膜中是否有化学物质残留,需谨慎使用。

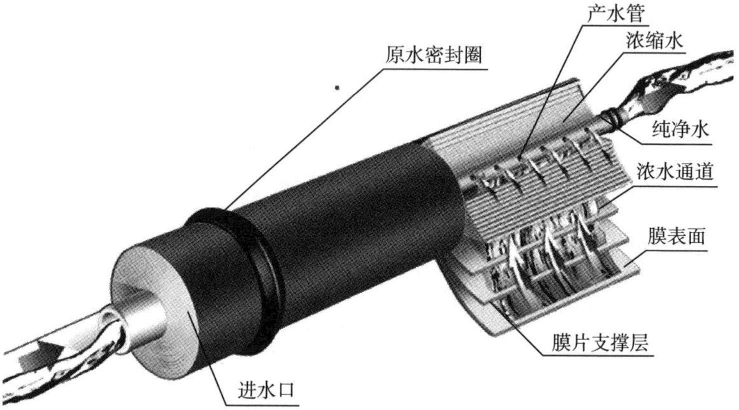


(1)示意图

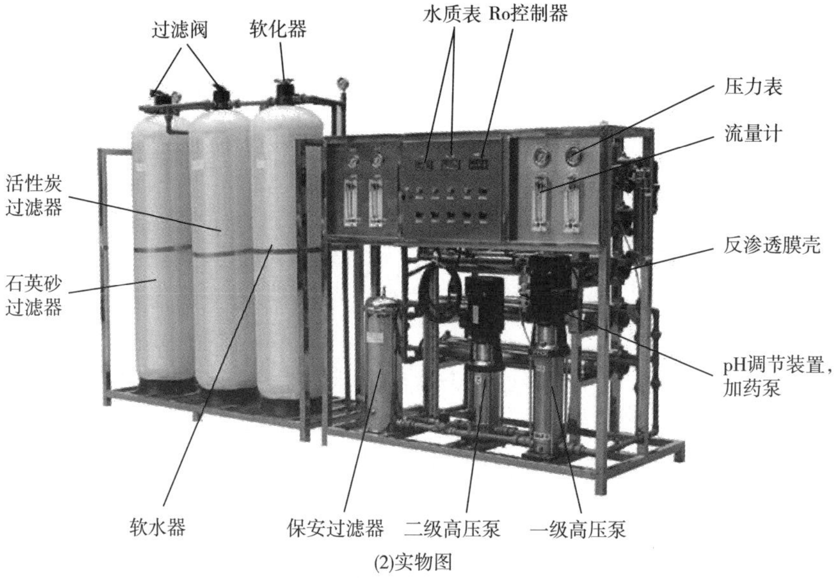


(2)实物图

图 13-9　反渗透

7. NaOH 加药装置

在二级反渗透膜前加入 NaOH 溶液，用以调节进水的 pH，使二级反渗透进水中二氧化碳气体以离子形式溶解于水中，并通过二级反渗透去除，如图 13-10 所示。

8. EDI 装置

利用混合离子交换树脂吸附水中的阴、阳离子，同时这些被吸附的离子又在直流电场的作用下，分别透过阴、阳离子交换膜而被去除，如图 13-11 所示。

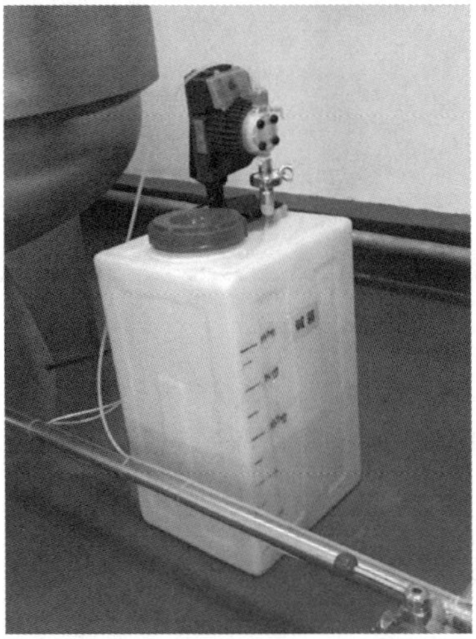

图 13-10　NaOH 加药装置

图 13-11　EDI 装置

阴、阳离子交换膜之间构成淡水室，阴离子膜和阳离子膜之间构成浓水室；淡水室和浓水室中间夹着阴、阳离子树脂，离子交换树脂吸附水中的离子，再通过直流电场驱动离子交换树脂所吸附的离子穿过离子交换膜，从而降低淡水室水的离子浓度，增加浓水室水的离子浓度。

同时，电位的势能又将一部分水电解成氢离子和氢氧根离子，从而使树脂得以连续再生。

9. 呼吸器

材质为疏水性材料（PTEF 和 PVDF），滤芯 0.2μm，可有效防止生产中可能在滤芯表面产生的冷凝水，保证滤芯的干燥通畅，通常用夹套加温。滤芯需要进行完整性测试，如图 13-12 所示。

图 13-12　呼吸器

呼吸器滤芯需每年进行更换并检测。

10. 换热器

换热器可以是板式或列管式，主要用于预处理部分及反渗透装置及 EDI 装置、分配系统的消毒。预处理部分一般为板式换热器，反渗透、EDI 及分配系统一般为列管式换热器（便于清洗和有利于抑制微生物的繁殖），如图 13-13 所示。

(1)实物图

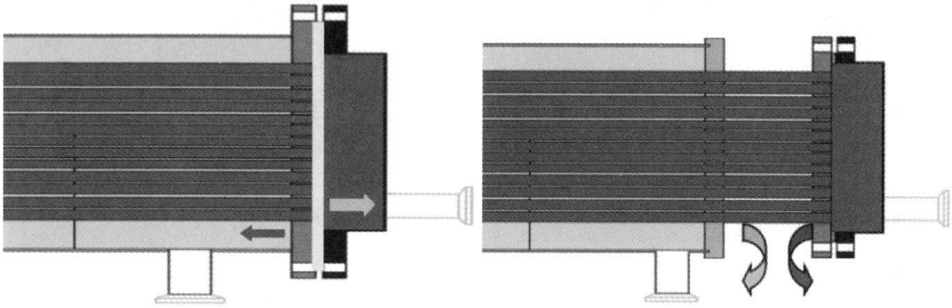

(2)示意图

图 13-13　换热器

**(三)注射用水制备系统**

《中国药典》(2020版)中规定,注射用水是使用纯化水作为原料水,通过蒸馏的方法来获得,制备流程如图13-14所示。注射用水的制备通常通过以下三种蒸馏方式获得:①单效蒸馏。②多效蒸馏。③热压式蒸馏。

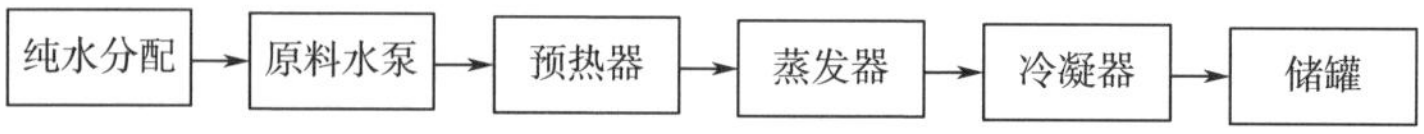


图 13-14　注射用水制备流程

1. 多效蒸馏水机

多效蒸馏设备通常由两个或更多的蒸发换热器、分离装置、预热器、冷凝器、阀门、仪表和控制部分等组成,如图13-15所示。一般的系统有3~8效,每效包括一个蒸发器、一个分离装置和一个预热器。

工作原理是让经充分预热的纯化水通过多级蒸发和冷凝,排出不凝气体和杂质,从而获得高纯度的注射用水。

在一个多效蒸馏设备中,经过每效蒸发器产生的纯化的蒸汽(纯蒸汽)都是用于加热原料水,并在后面的各效中产生更多的纯蒸汽,纯蒸汽在加热蒸发原料水后经过相变冷凝成为注射用水。

由于在这个分段蒸发和冷凝的过程当中,只有第Ⅰ效蒸发器需要外部热源加

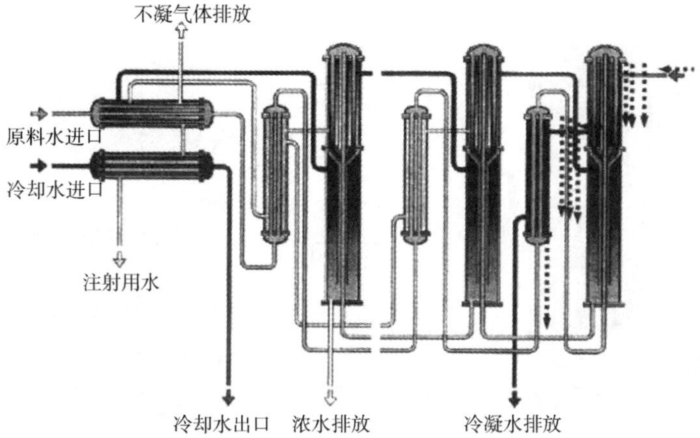

(1)示意图

(2)实物图

图 13-15　多效蒸馏水机

热,经最后一效产生的纯蒸汽和各效产生的注射用水的冷凝是用外部冷却介质来冷却的,所以在节约能源方面效果非常明显,效数越多节能效果越好。

多效蒸馏水机可去除热原,利用内毒素的不挥发性,通过蒸发-冷凝-再蒸发-再冷凝的多次过程,最后将内毒素从冷凝水中排除;为了防止内毒素随水蒸气的雾滴进入注射用水中,蒸馏器内部设有气-液分离装置(重力分离、螺旋分离),如图 13-16 所示。

在注射用水回水口安装水温、电导率、TOC 等水质在线监测装置,利用自控系统,当在线监测不达标时,自动排放。避免不合格水送入储罐。

利用自控系统对水温进行控制,当分配系统水温达到最低温度设定值时,蒸汽自动开启加热,达到最高温度设定值时,蒸汽关闭停止加热,并且多效蒸馏水机出水口也通过冷凝器进行降温,保证出水温度的恒定,如图 13-17 所示。

2. 纯蒸汽发生器

纯蒸汽通常是以纯化水为原料水,通过纯蒸汽发生器或多效蒸馏水机的第Ⅰ效蒸发器产生的蒸汽。纯蒸汽冷凝时要满足注射用水的要求。软化水、去离子水

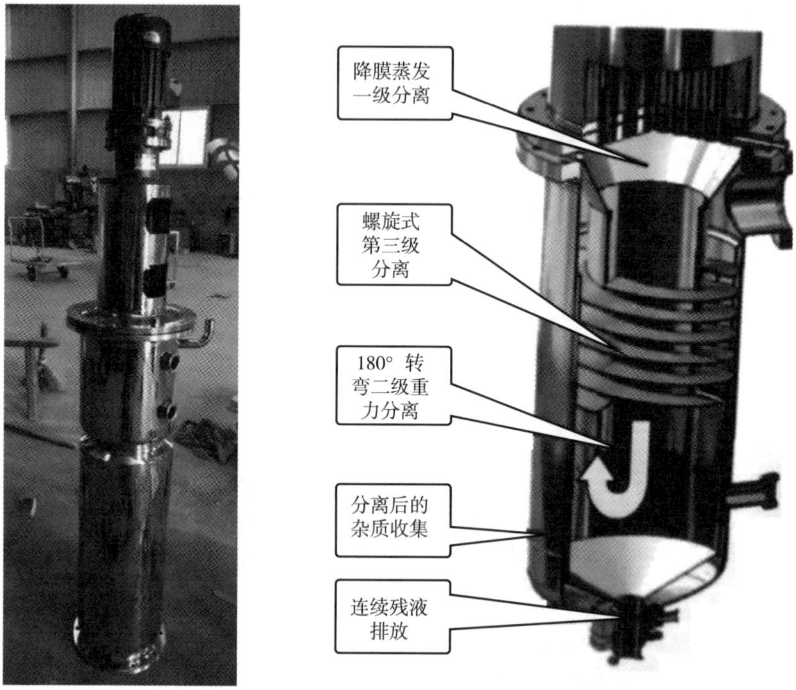


(1) 实物图　　(2) 示意图

图 13-16　蒸馏器

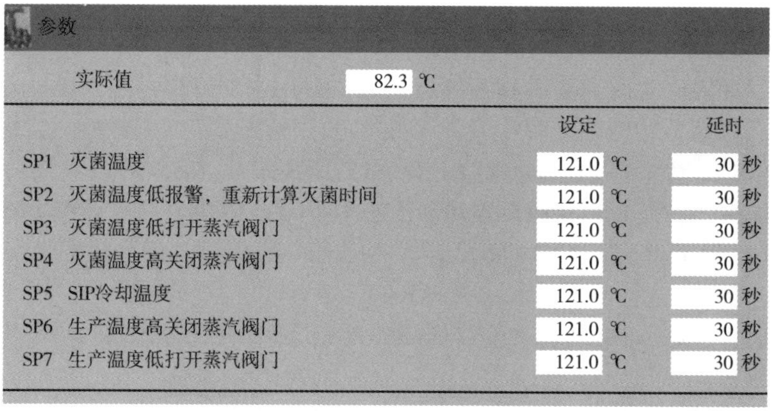
参数

实际值　82.3 ℃

| | 设定 | 延时 |
|---|---|---|
| SP1　灭菌温度 | 121.0 ℃ | 30 秒 |
| SP2　灭菌温度低报警，重新计算灭菌时间 | 121.0 ℃ | 30 秒 |
| SP3　灭菌温度低打开蒸汽阀门 | 121.0 ℃ | 30 秒 |
| SP4　灭菌温度高关闭蒸汽阀门 | 121.0 ℃ | 30 秒 |
| SP5　SIP冷却温度 | 121.0 ℃ | 30 秒 |
| SP6　生产温度高关闭蒸汽阀门 | 121.0 ℃ | 30 秒 |
| SP7　生产温度低打开蒸汽阀门 | 121.0 ℃ | 30 秒 |

图 13-17　蒸馏参数

和纯化水都可作为纯蒸汽发生器的原料水，经蒸发、分离（去除微粒及细菌内毒素等污染物）后，在一定压力下输送到使用点。

纯蒸汽发生器通常由一个蒸发器、分离装置、预热器、取样冷却器、阀门、仪表和控制部分等组成，如图 13-18 所示。分离空间和分离器可以与蒸发器安装在一个容器中，也可以安装在不同的容器中。

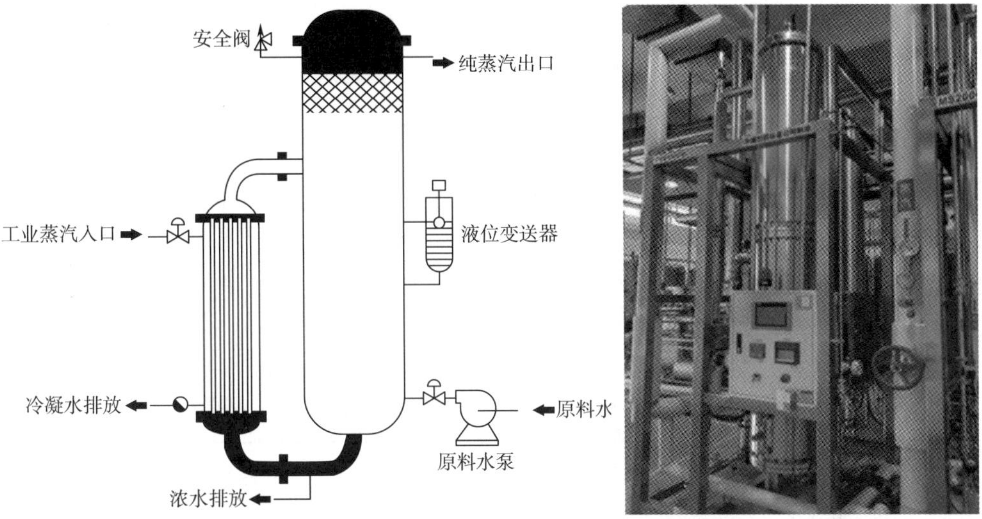


(1)示意图　　(2)实物图

图 13-18　纯蒸汽发生器

原料水通过泵进入蒸发器管程与进入壳程的工业蒸汽进行换热，原料水蒸发后通过分离器进行分离变成纯蒸汽，由纯蒸汽出口输送到使用点。纯蒸汽在使用之前要进行取样和在线检测，并在要求压力值的范围内输送到使用点。

纯蒸汽可用于湿热灭菌和其他工艺，如设备和管道消毒的冷凝物直接与设备或物品表面接触，或者接触到用以分析物品性质的物料。纯蒸汽还用于洁净厂房的空气加湿。

制药用水在制备过程中，需检测控制以下几个方面，如图 13-19 所示。

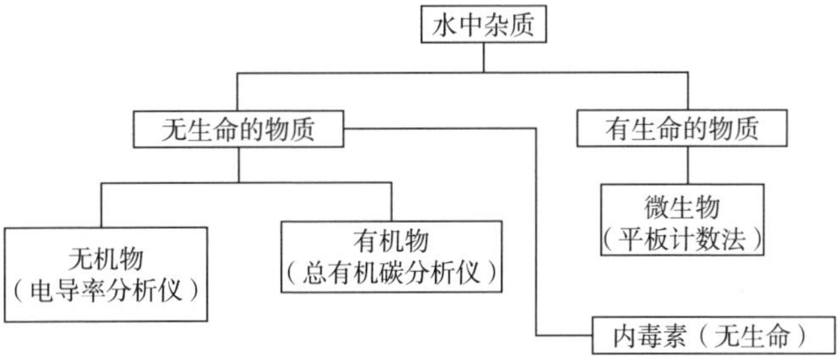


图 13-19　检测控制的环节

## 二、检测

### （一）在线监测

通过重点监测水系统电导率、TOC，可以有效监测水的质量，见表 13-3。

表 13-3　　电导率及 TOC 在线监测

| 中间水名称 | 监测项目 | 内控要求 | 监测频次 |
| --- | --- | --- | --- |
| 一级反渗透水 | 电导率/25℃ | <20μS/cm | 1 次/2h |
| 二级反渗透水 | | <5μS/cm | |
| EDI 出水 | | <2μS/cm | |
| 纯化水分配回水 | | <2.5μS/cm | |
| 多效蒸馏水机蒸馏水 | | 1.0μS/cm | |
| 多效蒸馏水机原料水(纯化水) | | 3μS/cm | |
| 注射水分配回水 | TOC | 1.0μS/cm | |

### (二)微生物控制

纯化水、注射水、纯蒸汽都有微生物限量标准,而纯化水微生物的取样、检测具有滞后性(一般需要 7d),这样就需要对整个水系统进行定期的清洁与消毒,见表 13-4。

表 13-4　　微生物检测标准

| 名称 | 检测项目 | 警戒限 | 行动限 | 标准要求 |
| --- | --- | --- | --- | --- |
| 纯化水 | 微生物 | 40CFU/mL | 80CFU/mL | 100CFU/mL |
| 注射用水 | | 4CFU/100mL | 8CFU/100mL | 10CFU/100mL |

警戒限:当微生物数量超过警戒限时,岗位要注意监测,并观察对比其余时间取样结果。

行动限:当微生物数量超过行动限时,要及时查找原因,必要时进行清洁消毒。

#### 1. 清洁

整个纯化水系统有原水罐、中间水罐、纯化水罐,如图 13-20 所示。每一个水罐都需要定期去清洁。原水罐因存储原水,原水杂质较多,清洁周期可一季度一清洁,而中间水罐和纯化水罐储存的水较为洁净,故半年清洁一次即可,清洁效果需进行验证评估。

水系统中的精密过滤器因需去除杂质,同样也需定期进行清洁,清洁完成需在系统消毒前进行,以此保证清洁不会污染管道。

#### 2. 消毒

纯化水系统消毒的方式有很多,如系统配备紫外灯、臭氧等,但目前应用最广

图 13-20　水罐实物图

泛的还是巴氏消毒，只需将蒸汽通过换热器将水加热保温至 80℃并保持一段时间即可杀灭大部分细菌。

系统的消毒一般也分为几个模块：预处理模块（一般包含原水罐、多介质过滤器、活性炭过滤器、软化器）、一级反渗透膜、二级反渗透膜、EDI、分配系统（纯化水罐及分配管道）。每个模块的消毒周期及消毒时间也需要经过验证。

3. 注射水灭菌

注射用水储罐及其输送管道每季度用过热水（不低于 121℃）循环灭菌 30min。

注射用水循环系统因故障出现停机状况，必须用过热水（不低于 121℃）灭菌，重新制水后对各总送水点、总回水点全项检测，不等检验结果，生产过程可正常使用，如检测结果不合格，执行《偏差管理规程》。

# 任务三　制水方法

## 一、超滤

### （一）超滤的基本原理

超滤技术（UF）现已在饮用水制备、海水和苦咸水淡化、城市污水回收、工业废水处理、食品工业、制药工业等领域得到了广泛应用。尤其在水处理方面因其具有能耗低、操作压力低、分离效率高、通量大、可以回收回用有用物质、操作相对简单等特点，成为水处理工程中普遍采用的膜分离技术。

超滤技术是一种能够将溶液进行净化、分离或者浓缩的膜透过分离技术，介于微滤和纳滤。在一定的压力下，当水流过膜表面时，只允许水、无机盐及小分子物质透过膜，而阻止水中的悬浮物、胶体、蛋白质和微生物等大分子物质通过。膜孔大小、形状和膜表面的化学性质,对分离起主要作用。

超滤的基本原理及设备,如图 13-21 所示。在一定压力差作用下,含高分子质量溶质 A 和低分子质量溶质 B 的混合溶液流过膜表面时,溶剂和小于膜孔的低分子质量溶质(如无机盐类)透过膜,成为渗透液被收集。大于膜孔的高分子质量溶质(如有机胶体)被截留而作为浓缩液被回收,从而达到溶液净化、分离和浓缩的目的。凡是能截留相对分子质量在 $500 \sim 1 \times 10^6$ 以下的膜分离过程,称为超滤。只能截留更大分子质量(分散颗粒)的膜分离过程,称为微滤。

(1)实物图

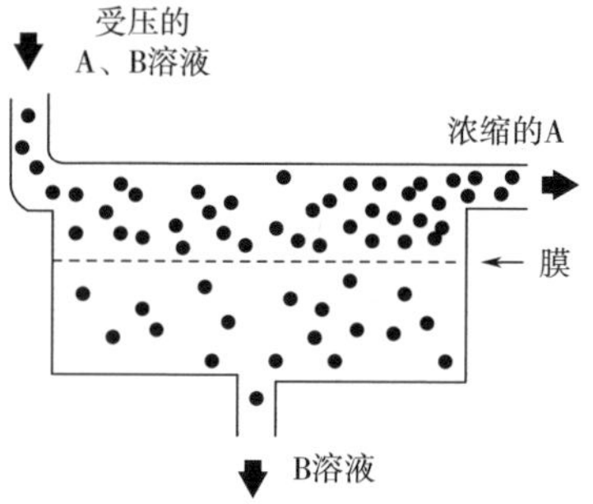


(2)原理图

图 13-21　超滤设备和原理

**(二)超滤膜的性能**

膜的种类很多,常用膜有微孔膜、不对称膜、复合膜等。膜材料有醋酸纤维素、聚醚砜、聚丙烯腈等。超滤孔的直径大小为 1~50nm,可截留相对分子质量大于 500 的生物大分子。在水处理领域中,用于制取电子工业用的超纯水和医药工业中的注射剂、眼药水等各种工业用水以及饮用水。在制药生产中,用于对热敏性物质的分离提纯。

## 二、超滤装置及流程

膜分离装置包括膜组件、泵及辅助装置,其中膜组件是核心。膜组件是将膜以某种形式组装在一个单元设备内，以便料液在外加压力作用下实现溶质与溶剂的分离。工业上常用的膜组件，有板框式、管式、螺旋卷绕式、中空纤维式、毛细管式和槽条式等。

### (一) 板框式膜组件

板框式膜组件由导流板、膜、支撑板交替重叠组成。支撑板相当于过滤板，两侧表面有窄缝，内腔有供透过液通过的通道，支撑板的表面与膜相贴，对膜起支撑作用，导流板起料液的导流作用，如图 13-22 所示。系紧螺栓式板框反渗透膜组件，如图 13-23 所示。

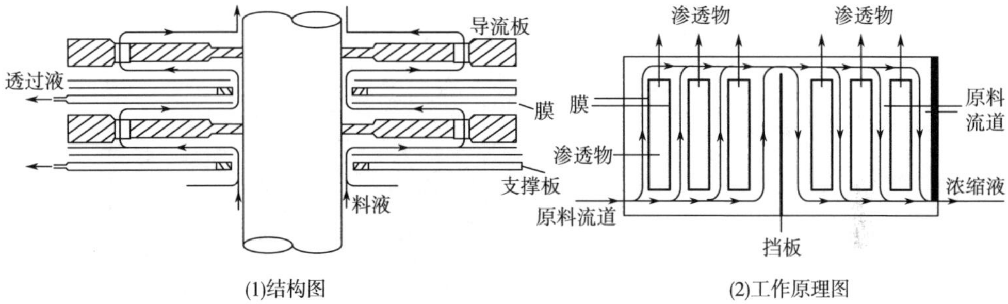


图 13-22　平板式膜组件

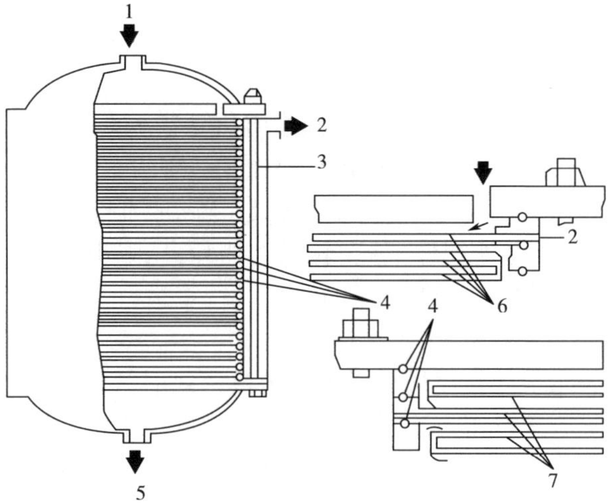


图 13-23　系紧螺栓式板框反渗透膜组件

1—海水　2—膜透过水　3—系紧螺栓　4—O 形密封环　5—浓缩咸水　6—膜　7—多孔板

板框式膜组件的特点：①制造、组装较简单。②膜的更换、清洗与维护较容易，因而更换膜的费用较少。③料液流通截面积大，不易堵塞。④因安装要求及液体湍流时造成的波动等原因,对膜的机械强度要求较高。⑤密封边界线长,密封要求高,需支撑材料,故设备费用较大。⑥由于膜组件的流程较短,液流状态较差,容易造成浓差极化。

### (二)管式膜组件

将膜和支撑体均制成管状,二者装在一起。或直接把膜刮制在支撑管上,再将一定数量的管以一定方式联成一体而组成,如图 13-24 所示。

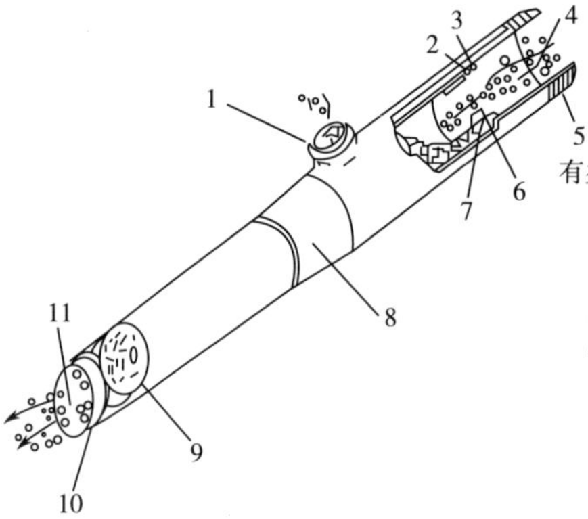


(1)结构图

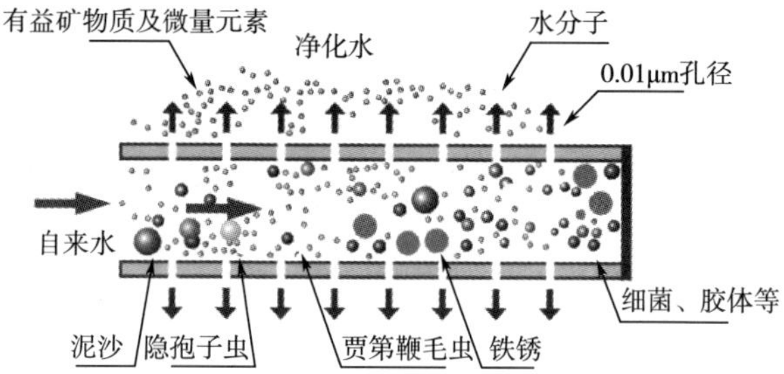


(2)工作原理图

图 13-24 管式膜组件

1—透过液 2—隔离件 3—垫圈 4—原液 5—端接头 6—弹性环衬套 7—密封保护罩 8—罩壳 9—环氧加强玻璃纤维支撑管 10—膜 11—浓缩液

按膜附着在支撑管的内侧或外侧,分为内压管式和外压管式组件。按管式组件中膜管的数量,分为单管式和列管式两种。

特点:①管子较粗,流速范围大,故浓差极化较易控制。②进料液的流道较大,故不易堵塞,可处理含悬浮固体、黏度较高的物料,压强损失小。③易安装、易清洗、易拆换。④单位体积容纳的膜面积较小。

### (三)螺旋卷绕式膜组件

螺旋卷绕式膜组件的支撑材料插入三边被密封的信封状膜袋,另一开放边与一根多孔中心产品收集管密封连接。在膜袋外部的原水侧,垫一层网眼式间隔材料,把膜、多孔支撑体、原水侧间隔材料依次叠合。绕中心产品收集管紧密地卷起来,形成一个膜卷,再装进圆柱形压力容器内,成为卷式膜,如图 13-25 所示。

使用时,料液沿隔网流动,与膜接触,透过膜的透过液沿膜袋内多孔支撑体流向中心管,由中心管导出。

优点:①单位体积具有的膜面积大。②结构紧凑。③换膜容易。④设备费用较低。

缺点:①膜面流速为 0.1m/s 左右,故浓差极化不易控制。②易污染,料液需要

(1)实物图

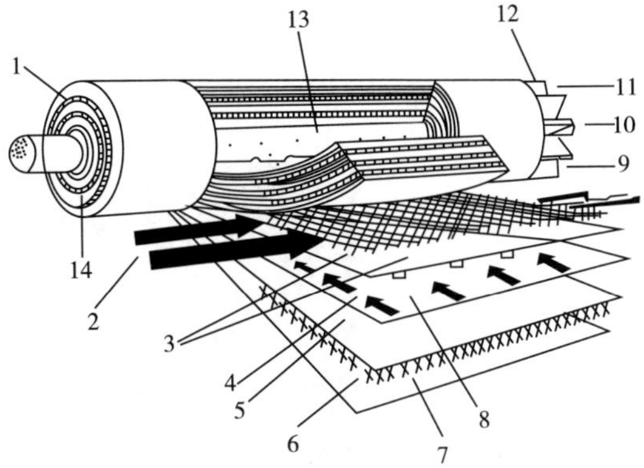


(2)结构图

图 13-25　螺旋卷绕式膜组件

1,14—进料　2—料液穿过流道隔离件流动　3,5—膜　4—透过液收集器材　6—料液流道隔离件　7—外套　8—透过液流动通道　9,11—浓缩液　10—透过液出口　12—防套筒伸缩装置　13—透过液收集孔

预处理。③压力降大。④流道窄,故易堵塞,不易清洗。

### (四)毛细管式膜组件

毛细管式膜组件由许多直径 0.5mm 到几毫米的毛细管组成,如图 13-26 所示。

其特点:①与管式膜组件相比,无需支撑材料,故拥有高的填充密度,即单位体积能容纳较大的膜面积。②操作压力受到一定限制。③系统对操作条件的变化较敏感。④由于多数情况下为层流,易发生浓差极化。⑤长径比较大,容易堵塞,故料液必须经适当的预处理。

(1)实物图

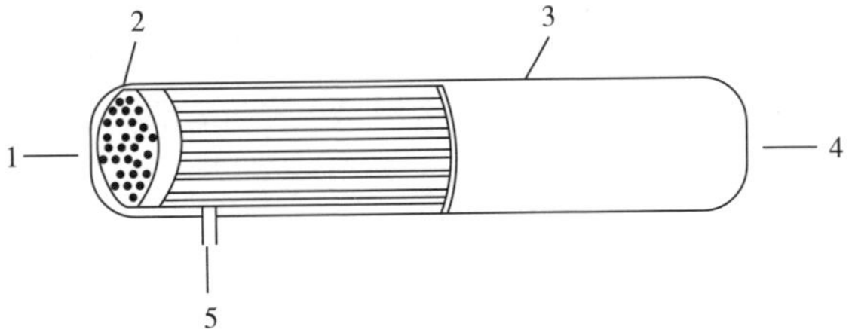


(2)结构图

图 13-26　毛细管式膜组件

1—料液　2—毛细管　3—外壳　4—浓缩液　5—过滤液

### (五)中空纤维式膜组件

中空纤维式膜组件由很多中空纤维组成,纤维直径更细,外径 50~100μm,内径 15~45μm。众多的中空纤维与中心进料管捆在一起,如图 13-27、图 13-28 所示。

图 13-27 中空纤维式膜组件

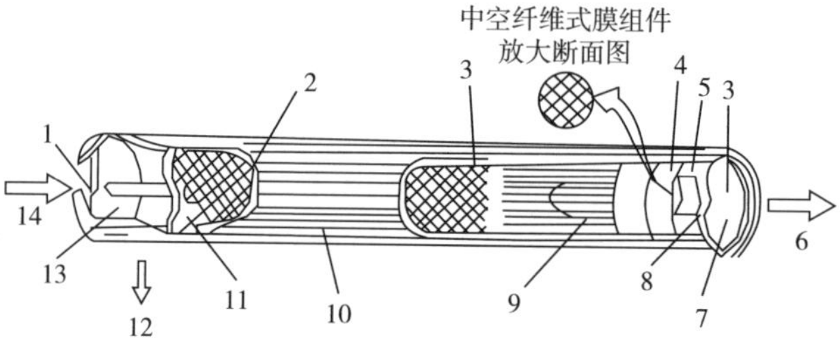


图 13-28 中空纤维式膜组件的结构

1,8—O 形环密封 2—流动网格 3,11—中空纤维膜 4—环氧树脂管板 5—支撑管 6—净化水出口 7,13—端板 9—供给水分布管 10—外壳 12—浓缩水出口 14—供给水进口

料液进入中心管,并经中心管上下孔均匀流入管内,透过液沿纤维管从左端流出,浓缩液从中空纤维中的间隙流出后,沿纤维束与外壳间的环隙从右端流出。

特点:①无需支撑材料,故单位体积具有极高的膜面积。②可逆向清洗。③动力消耗较低。④纤维长径比极大,故流动阻力也极大,透过水侧的压强损失大。⑤去除膜面污垢较困难,只能采用化学清洗,因此料液需预处理。⑥单根纤维损坏时需调换整个膜件。

## 任务四 反渗透

### 一、反渗透基本理论

反渗透是利用反渗透膜只能选择性地透过溶剂(通常是水)的性质,对溶液施加压力以克服溶液的渗透压,使溶剂通过反渗透膜从溶液中分离出来的过程。反渗透膜可截留相对分子质量 100~200 的溶质,如水中的各种无机离子、胶体物质和大分子溶质,其过程简单、能耗低,故应用日益广泛。

### (一)反渗透基本原理

淡水与盐水用一张能透过水的半透膜隔开,水分子透过膜从淡水侧向盐水侧透过,盐不能透过膜到淡水侧。渗透一直进行到溶液侧压力高到足以使水分子不再流动为止。平衡时,压力为溶液的渗透压,这个过程称为渗透,以此原理为基础,反渗透过程如图 13-29 所示。

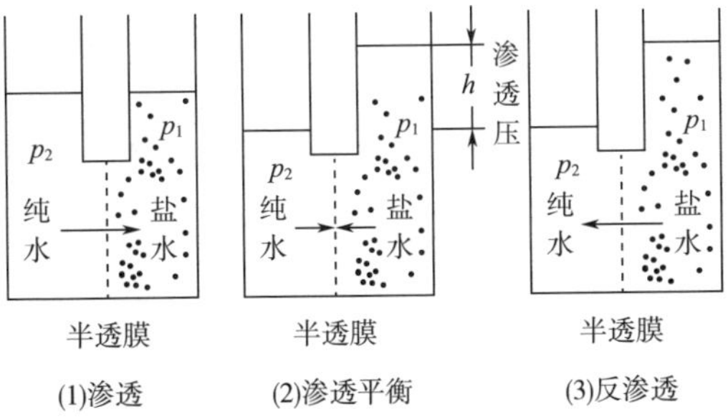


图 13-29　渗透及反渗透过程的基本原理

### (二)反渗透膜的种类及特点

1. 种类

反渗透膜材料与超滤膜材料相似,多为有机高分子材料。除醋酸纤维素外,聚酰胺、芳香酰胺也是常用的反渗透膜材料,但超滤膜常用的聚醚砜和无机材料则少用于反渗透膜。

工业应用的反渗透膜有 3 种:高压海水脱盐反渗透膜、低压苦咸水脱盐反渗透膜和超低压反渗透膜。

2. 特点

(1)一定的机械强度　能承受 8.5MPa 压力,需周期清洗。由于膜,特别是表层相当脆弱、易破,因此,应尽量减少料液及透过液流道上的阻力。

(2)流体力学结构　应尽量减小膜污染和浓差极化影响,易污染的组件需要昂贵复杂的预处理系统。

(3)经济性　组件要求寿命长、造价低,便于更换。

### (三)典型流程

反渗透装置也是由膜组件构成,常见流程主要有 4 种,以海水淡化为例说明。

1. 一级流程

在有效横断面保持不变的情况下,原液一次通过反渗透装置就能达到要求,如

图 13-30 所示。

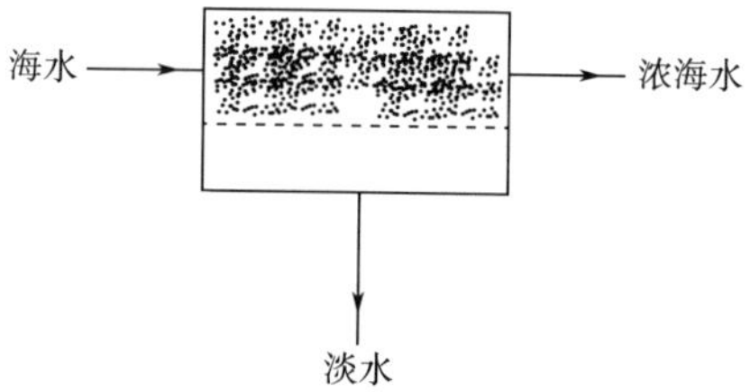


图 13-30　一级反渗透工艺流程

2. 一级多段流程

浓缩过程中，若一次浓缩达不到要求，可采用多段浓缩流程方式，如图 13-31 所示。

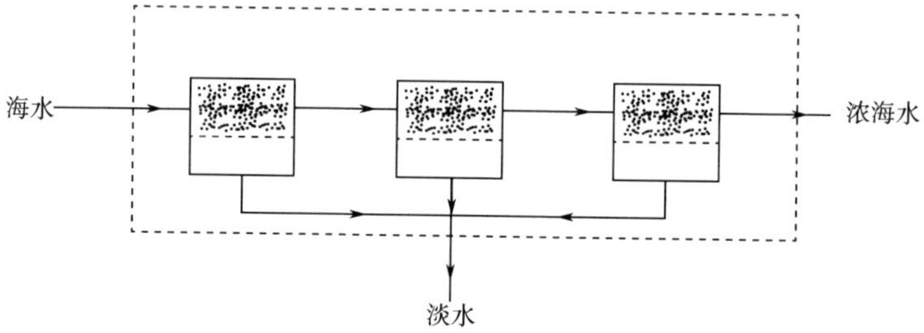


图 13-31　一级多段反渗透工艺流程

3. 二级流程

把一级流程得到的产品送入另一个反渗透单元中，再次进行淡化，如图 13-32 所示。

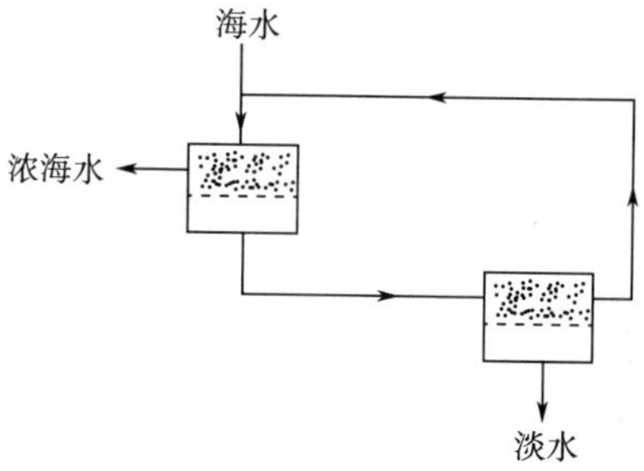


图 13-32　二级反渗透工艺流程

4. 多级流程

若要求达到很高的分离程度,可采用多级流程,如图 13-33 所示。

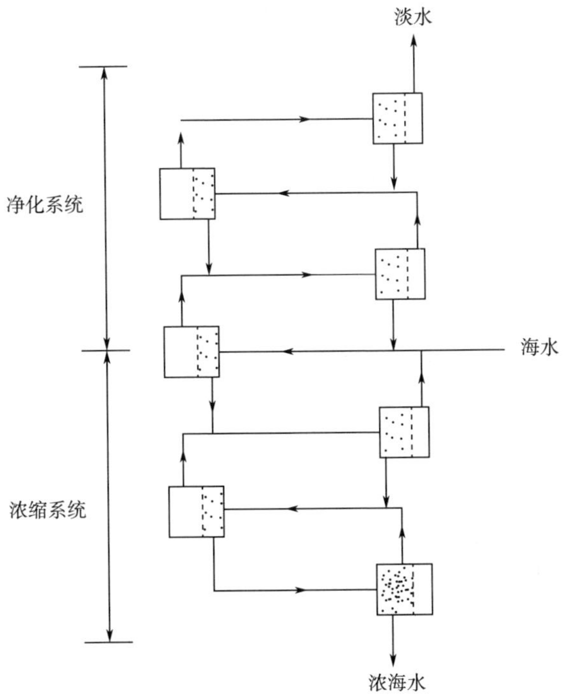


图 13-33　多级反渗透工艺流程

**(四)浓差极化对反渗透操作的影响**

(1)膜表面处的溶液浓度升高,使操作压力也相应升高。

(2)渗透压升高,使操作压力相应升高。

(3)膜的传质阻力增加,膜的渗透通量下降。

**(五)反渗透装置操作要点及有关注意事项**

1. 反渗透装置操作要点

(1)运行操作　当反渗透运行时,打开电源开关,启动运行按钮,反渗透可编程控制器(PLC)发出工作指令,高压泵自动开启,相应的工作阀门打开运行,机器上的仪表开始进入工作状态,检查各工作点是否有异常情况(故障指示灯正常时均不亮),如无异常,反渗透即可投入正常运行。

(2)关机操作　分为系统正常关机和非正常关机两种情况。

①系统正常关机:停机前首先慢慢打开浓水阀,随后用反渗透(RO)水低压(0.3~0.5MPa)冲洗膜元件 5min,至浓水电导率达到进水电导率后,关闭高压泵电源及所有运行阀门,保证设备必须注满水,设备进入关机状态。

②系统非正常关机:若遇紧急特殊情况,如突然停电、停水或无法估计的事件发生,则首先关闭高压泵,依次关闭纯水泵、药泵、原水泵,随后关电源,然后关闭所有的阀门和水源。

(3)系统清洗　当产水量比初始降低10%~20%或脱盐率下降至原90%时,应对系统进行清洗。常用清洗液为柠檬酸,用反渗透水配制,柠檬酸浓度约2%,用分析纯柠檬酸调节pH至3.0。

(4)停机操作　①当工作结束后,按关机键按钮。②取下运行标识牌,按照相应清洁标准操作规程进行清洁检查,合格后,挂上“清洁合格证”状态标识牌。

2. 注意事项

(1)操作压差越大,渗透通量越大,但浓差极化增大,能耗也增大,并容易产生沉淀。

(2)温度升高有利于降低浓差极化的影响,但能耗增大,且对高分子膜的使用寿命有影响,因此,应在常温或略高于常温条件下操作。

(3)料液流速尽量提高,以减小浓差极化。

(4)膜的污染程度随浓缩程度越高越严重,需及时清洗。

### (六)反渗透操作的应用

随着反渗透膜的开发和膜组件的工业化,反渗透技术的应用已从最初的脱盐工业扩大到医药、食品、化工、环保等各个领域,如表13-5所示。脱盐和制造超纯水的研究和应用最成熟、规模最大,其他应用正处于开发中。

**表13-5　　反渗透膜应用的研究情况**

| 应用领域 | 应用举例 |
|---|---|
| 脱盐 | 生产饮用水、海水脱盐、苦咸水脱盐、城市废水处理 |
| 生产超纯水 | 半导体生产用水、医药用水 |
| 发电厂和公用事业 | 锅炉进水 |
| 化工和石油化工 | 工艺用水的生产和再使用、废液处理和水再利用、水/有机液体的分离、电镀漂洗水的回用和金属回收 |
| 食品加工 | 牛奶加工、糖液浓缩、果汁和蔬菜汁加工、废水处理 |
| 纺织工业 | 染料和上浆剂的回收、水的再利用 |
| 纸浆和造纸 | 废液处理和水再利用 |
| 生物技术/医药 | 发酵产品的分离、回收和提纯 |

### (七)超滤与反渗透的比较

超滤与反渗透都以压力降为推动力,超滤为0.1~0.5MPa,反渗透为2~10MPa。可截留的分子的相对分子质量,超滤>500,反渗透<500。超滤的滤液流量

大,反渗透的滤液流量小。超滤的机理是靠筛分,反渗透则靠扩散。超滤是分离溶液中所含微粒和大分子,反渗透则分离溶剂。

## 二、EDI 单元

目前,制药用水较先进的制备工艺是电去离子(Electrodeionization,EDI)技术,电去离子技术是一项新型高效的膜分离技术。

电去离子技术实际上是在电析器的淡水室中填入混床树脂,EDI 装置将离子交换树脂填充在阴/阳离子交换膜之间形成 EDI 单元。EDI 单元中阴离子交换膜只允许阴离子透过,而阳离子交换膜只允许阳离子透过,如图 13-34 所示。

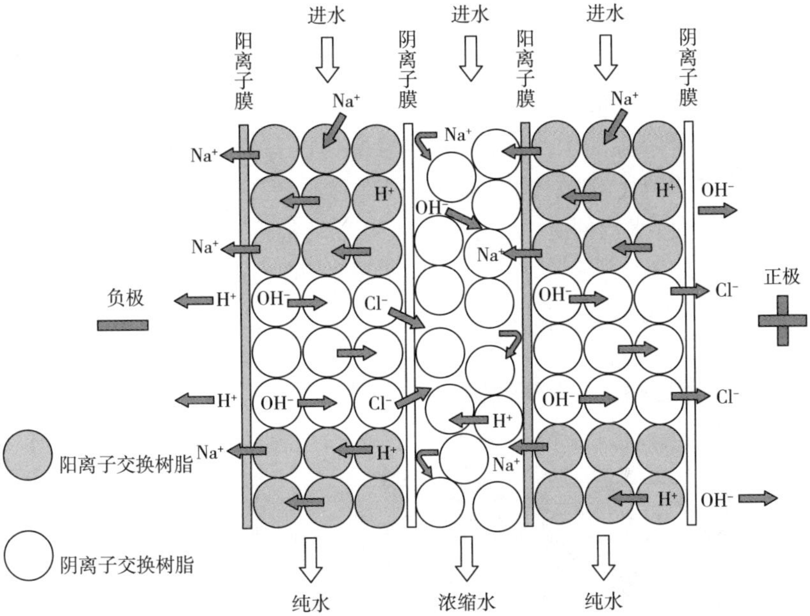


图 13-34　EDI 工作原理

在 EDI 中,既有离子交换的工作过程,又有电渗析的工作过程,还有树脂的再生过程,这 3 个过程同时发生,使得 EDI 能够连续、稳定地实现水的深度脱盐,提供高纯水或者超纯水。

EDI 系统中的设备主要包括反渗透产水箱、EDI 给水泵、EDI 装置及相关的视门、连接管道、仪表及控制系统等。目前 EDI 技术适合于低含盐量水溶液的深度脱盐,通常是作为反渗透的后级处理工艺,提供电阻率在 5~16Ω · m 的高纯水及超纯水。

EDI 技术制水的特点:①离子交换树脂用量少,仅为普通离子交换法的 1/20。②纯度高,出水水质电阻率高且稳定。③可连续运行及自动再生,可 24h 不间断供水,不需停产再生树脂,故水质稳定。④无需酸碱处理,更无酸碱废水处理问题。⑤运行成本低,操作简单及维护方便。⑥占地空间小,模块式组合可扩充。EDI 单元不能去除水中所有的污染物,主要是去除离子或可离子化的物质,单元不能完全纯化进水,系统中的污染物通过浓缩水排掉。EDI 在实际操作中是有温度限制的,大多数 EDI 单元是在 10~40℃进行操作。

EDI 单元必须避免水垢的形成,还有受热或氧化退化。预处理及反渗透装置能明显地降低硬度、有机物、悬浮固体和氧化剂,从而达到可以接受的水平。EDI 单元主要用一些化学剂消毒,包括无机酸、碳酸钠、氢氧化钠、过氧化氢等。特殊制造的 EDI 模块可以采用 80℃左右的热水消毒。

## 三、循环水系统

循环水系统是为生产设备实施水冷却而配置的,以水作为冷却介质,并循环使用的一种冷却水系统,如图 13-35 所示。

冷水流过需要降温的生产设备(常称为换热设备,如换热器、冷凝器、反应器)后,温度上升,如果马上排放,冷水只用一次(称直流冷却水系统),因此应使升温冷水流过冷却设备,水温回降,可用泵送回生产设备再次使用,冷水的用量大大降低,常可节约 95%以上。冷却水占工业用水量的 70%左右,因此,循环冷却水系统起了节约大量工业用水的作用。

图 13-35　循环冷却水系统

### (一)组成

1. 冷却塔

热水与冷空气直接接触的场所。

2. 风机

加速空气流动,使热水与冷空气充分交换。

3. 循环水泵

循环水泵为冷却水的循环提供动力。

4. 热交换器

冷却水与工艺介质进行热交换的场所。

5. 管网

冷却水流通的管道，包括蓄水池（储存水）。

降温处理冷却水的冷却物一般常采用冷却池或冷却塔，其工作过程：循环水由水泵输送到供水总管，再分别进入各台需要降温处理的生产设备，流过需冷却的部位后汇集到回水总管，经过冷却水塔上方的布水管向下喷淋。冷却水塔顶部的风机运转时，在填料层中回水并与空气流进行充分热交换后流回储水池中。

（二）分类

冷却设备有敞开式和封闭式之分，因而循环冷却水系统也分为敞开式和封闭式两类。敞开式系统的设计和运行较为复杂。

1. 敞开式

冷却设备有冷却池和冷却塔两类，都主要依靠水的蒸发降低水温。冷却塔常用风机促进蒸发，冷却水常被吹失。故敞开式循环冷却水系统必须补给新鲜水。由于蒸发，循环水浓缩，浓缩过程将促进盐分结垢，补充水有稀释作用，其流量常根据循环水浓度限值确定。通常补充水量超过蒸发与风吹的损失水量，因此必须排放一些循环水（排污水）以维持水量的平衡，如图 13-36 所示。

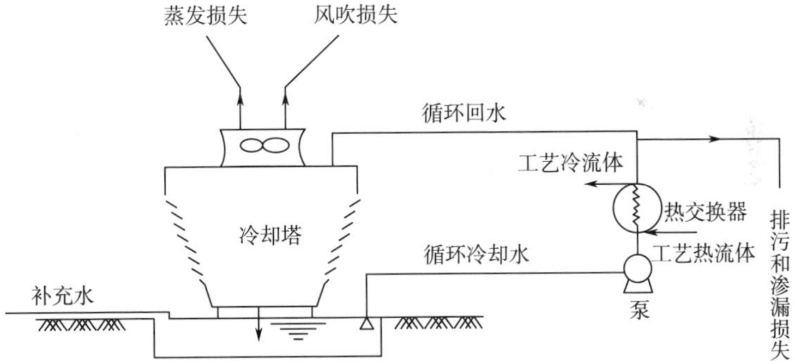


(1)流程图

(2)实物图

图 13-36　敞开式循环冷却水系统

## 2. 封闭式

采用封闭式冷却设备，循环水在管中流动，管外通常用风散热。除换热设备的物料泄漏外，没有其他因素改变循环水的水质。为了防止在换热设备中造成盐垢，有时冷却水需要软化。为了防止换热设备被腐蚀，常加缓蚀剂；采用高浓度、剧毒性缓蚀剂时要注意安全，检修时排放的冷却水应妥善处置，如图 13-37 所示。

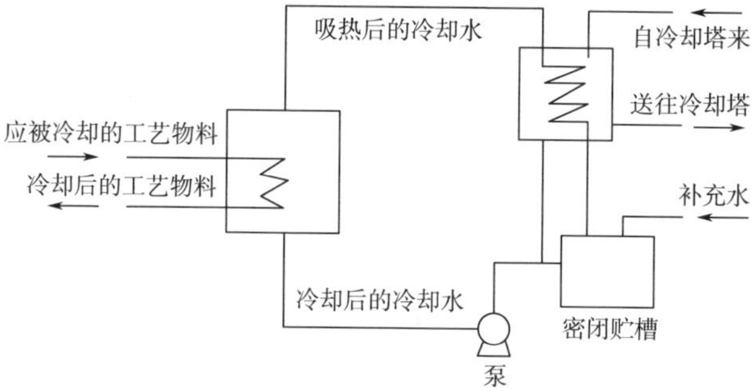


(1)流程图

(2)实物图

图 13-37　封闭式循环冷却水系统

### (三)工作原理

将管式换热器置于塔内，通过流通的空气、喷淋水与循环水的热交换保证降温效果。由于是闭式循环方式，能够保证水质不受污染，很好地保护了主设备的高效运行，提高了使用寿命。外界气温较低时，可以停掉喷淋水系统，起到节水效果。

### (四)主要操作内容和注意事项

(1)循环水系统启动前，必须确定机组循环水系统和公用循环水系统检修工作已全部完成，各密闭性试验已合格，系统各阀门状态已恢复至正常状态。

(2)循环水系统启动前必须对相应机组的循环水系统管道进行注水排空，若有相邻机组的循环水系统在运行，则采用相邻机组的循环水进行注水，若没有其他循环水系统运行，则启动冲洗水泵对机组循环水系统管道注水。

(3)启动循环水泵前应确定泵的绝缘合格,检查泵的冷却水、润滑油及泵出口蝶阀电源及油位正常,电机加热器若需手动投退,则推出电机加热器。

(4)启动泵后应加强泵及系统检查,若发现异常须紧急停止循环水泵,可按动泵旁的紧急停泵按钮停泵。

(5)启动泵后,调节机组凝汽器循环水的出口开度,保持循环水的母管压力在0.1MPa 左右。

(6)检查机组循环水的母管二次滤网是否投入,没有则投入二次滤网并启动自动控制模式。

## 四、恒压供水系统

工业生产中恒压供水对于保证制药生产非常关键。如果用水量常随时间的变化而发生变动,出现水压降低供不应求或供过于求的现象,可能造成水管爆裂和用水设备的损坏。传统调节供水压力的方式,多采用频繁启/停电机控制和水塔二次供水调节的方式,前者产生大量能耗,而且对电网中其他设备造成影响,不断启停也会影响设备寿命;后者则需要大量占地与投资,且由于是二次供水,不能保证水质的安全与可靠性。恒压供水系统采用压力传感器、PLC 和变频器作为中心控制装置,实现所需功能。

具体流程:输配电设备网中安装在管网干线上的压力传感器,用于检测管网的水压,将压力转化为 4~20mA 的电流或者是 0~10V 的电压信号,提供给变频器。

变频器是水泵电机的控制设备,能按照水压恒定的需要将 0~50Hz 的频率信号供给水泵电机,调整其转速,变频器功能强大,即预先编制好参数集,将使用过程中所需设定的参数数量减小到最小,参数的缺省值因应用宏的选择而不同。系统采用 PID 控制的应用宏,进行闭环控制。变频器根据恒压时对应的电压设定值与从压力传感器获得的反馈电流信号,利用 PID 控制宏自动调节,改变频率输出值来调节所控制的水泵电机转速,以保证管网压力恒定的要求。

恒压供水系统是采用压力传感器、PLC 和变频器作为中心控制装置确保供水水压持续恒定的。相对于传统供水系统,恒压供水系统有技术先进、水压恒定、操作方便、运行可靠、节约电能、自动化程度高等优势。

变频调速式运行十分稳定可靠,没有频繁的启动,启动方式为软启动,设备运行十分平稳,避免了电气、机械冲击,也没有水塔供水带来的二次污染。变频恒压供水系统的供水部分主要由水泵、电动机、管道和阀门等构成,如图 13-38 所示。

变频恒压供水系统通常由异步电动机驱动水泵旋转来供水,并且把电机和水泵做成一体,通过变频器调节异步电机的转速,从而改变水泵的出水流量而实现恒压供水的。因此,供水系统变频的实质是异步电动机的变频调速。异步电动机的变频调速是通过改变定子供电频率来改变同步转速而实现调速的。

变频恒压供水系统同其他供水方式相比较,除了具有显著的节能效果外,还有

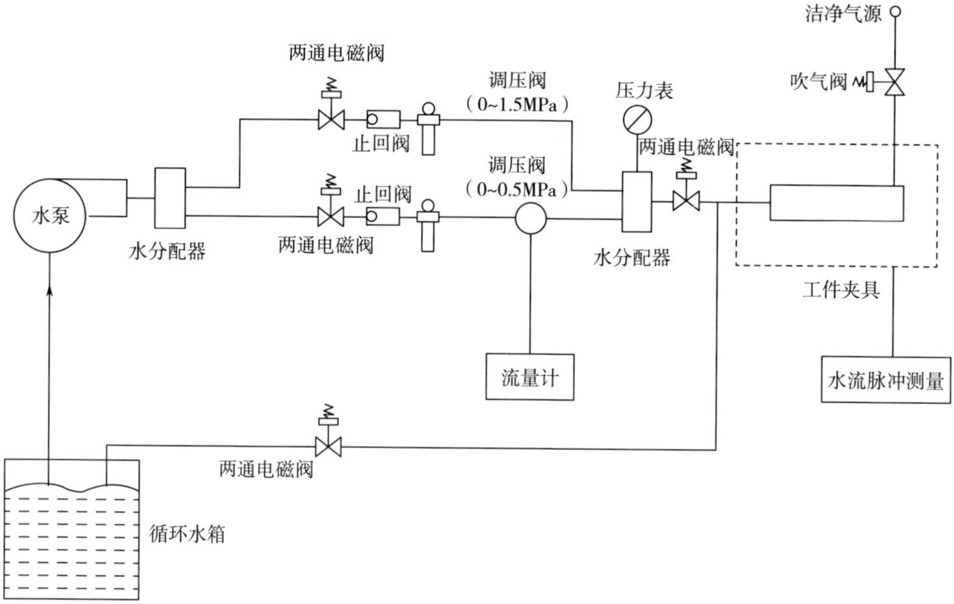


图 13-38　恒压供水系统

以下优势。

（1）恒压供水技术因采用变频器改变电动机电源频率而达到调节水泵转速，改变水泵出口压力的方法，与靠调节阀门控制水泵出口压力相比，具有降低管道阻力，大大减少截流损失的功能。

（2）由于变量泵工作在变频工况，在其出口流量大于额定流量时，泵转速降低，减少了轴承的磨损和发热，延长了泵和电动机的机械使用寿命。

（3）水泵电动机采用软启动方式，按设定的加速时间加速，避免电动机启动时的电流冲击，对电网电压造成的波动小，同时也避免了电动机突然加速造成泵系统的喘振。

（4）实现了恒压自动控制，不需要操作人员频繁操作，降低了人员的劳动强度，节省了人力。

## 习题

**一、名词解释**

1. 反渗透膜；2. 纯化水；3. 注射用水。

**二、填空题**

微滤、__________与反渗透，都是以压力降为推动力，使水通过膜的分离过程，它们组成了可分离溶液中__________、__________、__________的三级膜的过程。

**三、选择题**

1. 离子交换法制备纯化水时,其工艺流程正确的是(　　)。

A. 阴床→阳床→混合床　　B. 阴床→混合床→阳床

C. 混合床→阴床→阳床　　D. 阳床→阴床→混合床

2. 下列对电渗析制水设备说法错误的是(　　)。

A. 电渗析器主要由隔板、离子交换、电极等部件组成

B. 离子交换膜对电解质离子具有选择透过性

C. 阳离子交换膜只能通过阴离子,不能通过阳离子

D. 在正、负两个电极端的仓室里,阴离子和阳离子的浓度增加且不为电中性,故称为极水

3. 对多效蒸发器的特点说法错误的是(　　)。

A. 耗能低　　B. 产量高　　C. 质量优　　D. 冷凝水不结霜

4. 下列不是列管式五效蒸馏水器主要结构的是(　　)。

A. 列管蒸发器　　B. 内置发夹型换热器

C. 冷凝器　　D. 压缩机

5. 纯化水用于(　　)。

A. 配制灭菌制剂　　B. 制粒

C. 注射剂内包材料清洗　　D. 配制滴眼剂

6. 反渗透装置常用的有两种:一种是螺旋卷绕式,另一种是中空纤维式,其结构与微孔滤膜完全一样,其孔径范围为(　　)。

A. 0.025~14μm　　B. 0.001~0.02μm

C. 0.0001~0.001μm　　D. 2nm

7. 注射用水用于(　　)。

A. 洗瓶　　B. 固体制剂制粒

C. 输液用配料水　　D. 配制半固体制剂

**四、判断题**

1. 常用的过滤介质有石英砂、无烟煤活性炭、果壳活性炭、锰砂等。(　　)

2. 电去离子(Electrodeionization,EDI)技术实际上是在电渗析器的淡水室中填入混合床树脂,EDI 装置将离子交换树脂填充在阴/阳离子交换膜之间形成 EDI 单元。(　　)

**五、问答题**

1. 简述制药用水的种类及适用范围。

2. 简述注射用水 3 种制备工艺流程。

# 项目十四　制氮设备

## 教学目标

**●知识目标**

熟悉药品生产对氮气的要求；熟悉制氮设备对制氮质量的影响；熟悉制氮工艺的运用。

**●能力目标**

掌握制氮操作方法以及注意事项；掌握氮气机的日常维护以及卫生情况。

**●素质目标**

熟悉岗位要求；掌握操作规程；拥有安全意识。

**●课前思考**

如何运用工艺以及设备操作方法使氮气的品质得到更大限度的提高。

**●认知解读**

氮气作为化工行业较为受欢迎的一种气体，其化学性质稳定，经常被用于保护气。变压吸附制氮技术又称为PSA制氮技术，是一种气体分离技术，利用气体分子吸附能上的差异将混合气体分离。

氮气是一种无色、无味、无毒和不可燃的惰性气体。在空气中的体积百分比为78%，利用其惰性的特点，广泛用于防止氧化、防止燃烧及爆炸，应用在制药、食品、机械、电子等行业中。在注射剂、冻干粉针剂、口服液及其他需要充氮的制剂过程中，氮气的应用相当广泛，如氮气在冻干粉针剂中可保护原粉。有的医药企业虽对氮气进行了简单的处理，但难以达到药品生产GMP对氮气的纯度、洁净度等要求，氮气的质量直接关系到药品的质量。药品生产对氮气的要求：①纯度高：一般达99.9%~99.99%。②不含尘埃。③能在生产过程中保持恒压供给。④不含有热原。⑤微生物数量不超过国家标准。

## 任务一　变压吸附制氮

制药生产中，目前使用的制氮方法是变压吸附制氮技术。空气中的主要组分是氮和氧，因此可选择对氮和氧具有不同吸附作用的吸附剂，使氮和氧分离从而制成氮气。

变压吸附制氮是利用吸附剂-碳分子筛在不同压力下对氧、氮的吸附能力大小不同而达到空气分离目的的一种常温气体分离技术。

## 一、原理

以空气为原材料，利用碳分子筛对氮和氧的选择性吸附，把空气中的氮和氧分离。这两种气体在碳分子筛表面下的扩散速率不同，较小直径的氧气扩散较快，较多地进入分子筛固相，故气相就可以得到氮的富集成分。一段时间后，分子筛对氧的吸附达到平衡，根据碳分子筛在不同压力下对吸附气体的吸附量不同的特性，降低压力使碳分子筛解除对氧的吸附这一过程称为再生。变压吸附法使用两塔并联交替进行加压吸附和解压再生，从而获得连续的氮气。

变压吸附具有工艺简单、设备制造容易、适应性强、自动化程度高、运行成本低、投资少的特点。

碳分子筛如图 14-1 所示，是多孔颗粒，其比表面积远大于表面积，颗粒内部的微孔能优先吸附氧分子，少量吸附氮分子，在一定条件下达到氧氮分离的目的。一般在吸附平衡情况下，任何一种吸附剂在吸附同一气体时，气体压力越高则吸附剂的吸附量越大，反之，压力越低，则吸附量越小，如图 14-2 所示。

图 14-1　碳分子筛(左)及其放大 2000 倍的结构(右)

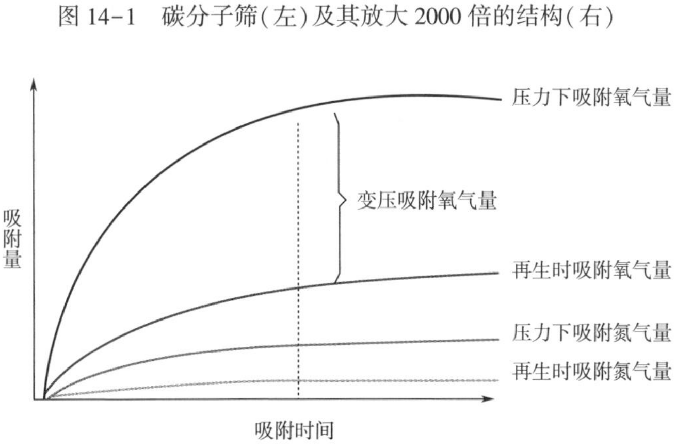


图 14-2　变压吸附原理的动力学曲线图

## 二、变压吸附制氮技术流程

### (一)吸附

装有碳分子筛的吸附塔分为 A、B 两塔。当洁净的压缩空气进入 A 塔底端,经碳分子筛向出口端流动时,$O_2$、$CO_2$ 和 $H_2O$ 被吸附,产品 $N_2$ 由吸附塔出口流出。

### (二)均压

经一段时间后,A 塔内的碳分子筛吸附饱和。这时,A 塔自动停止吸附,并对 B 塔进行一个短暂的均压过程,从而迅速提高 B 塔压力并达到提高制氮效率的目的。所谓均压,就是将两塔连通,使一只塔(待解吸塔)的气体流向另一只塔(待吸附塔),最终达到两塔的气体压力基本均衡。

### (三)解吸

均压完成后,A 塔通过底端出气口继续排气,将吸附塔迅速下降至常压,从而脱除已吸附的 $O_2$、$CO_2$、$H_2O$,实现分子筛的解吸再生。

### (四)吹扫

为了使分子筛彻底再生,以氮气缓冲罐内的合格氮气对 A 塔进行逆流吹扫。以上过程(大约 1min)是通过压力交替变化来实现的,因此该工艺称为变压吸附(Pressure Swing Adsorption,PSA)。

## 三、医药生产企业制氮工艺

医药生产企业制氮工艺流程如图 14-3 所示。空气经空压机压缩后,除尘、除油并且干燥后,进入空气储罐,经过空气进气阀、左吸进气阀进入左吸附塔,塔压力升高所以氧分子被碳分子筛吸附,未吸附的氮气进行左吸穿过吸附床,经过左吸出气阀、氮气产气阀进入氮气储罐,持续时间为几十秒。左吸过程结束后,左吸附塔与右吸附塔通过上、下均压阀使两塔压力达到均衡,持续时间为 2~3s。均压结束后,压缩空气进入右吸附塔,两个吸附塔的工作流程相同。在右吸附塔进行吸附的

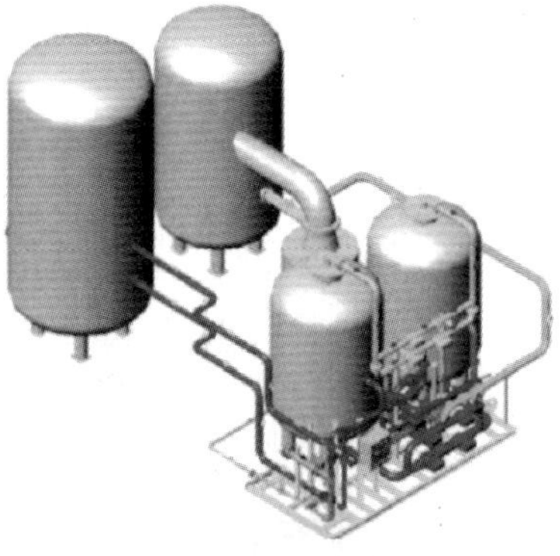

(1)实物图

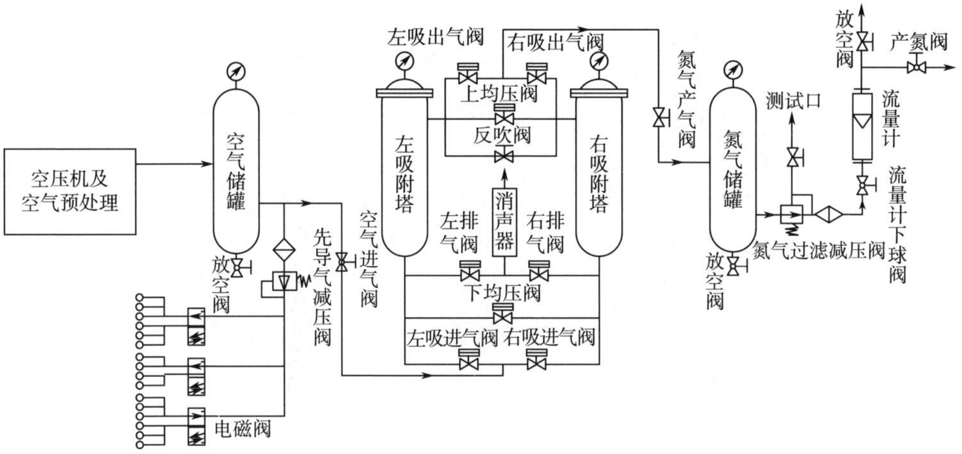


(2)流程图

图 14-3　变压吸附制氮工艺流程

过程中,还对左吸附塔中的碳分子筛进行再生,将吸附塔的压力迅速降到常压,此时左吸附塔中的被吸附的氧气会快速排入大气中。氮气在塔顶富集,由管路输送到后级氮气储罐,并经流量计后进入氮气输送用点。

压缩机提供的压缩空气,经过净化系统净化处理,洁净的压缩空气进入吸附塔进行氧、氮分离,得到合格的氮气。

### (一)变压吸附流程

变压吸附制氮过程是通过 PLC 的自动控制来实现,其流程包含以下几点。

1. 空气压缩

在一定的压力下,只有变压吸附才能达到最佳的吸附效果,因此,环境空气必须经过压缩才能使用。

2. 空气净化

由于压缩空气中含有水、颗粒、油等,这些杂质对分子筛有破坏作用,被破坏的分子筛无法再生。因此,必须用空气处理系统(过滤器、冷干机或吸干机)将其除去,达到保护分子筛的目的。

变压吸附制氮是整个过程的核心和技术关键,如图 14-4 所示。

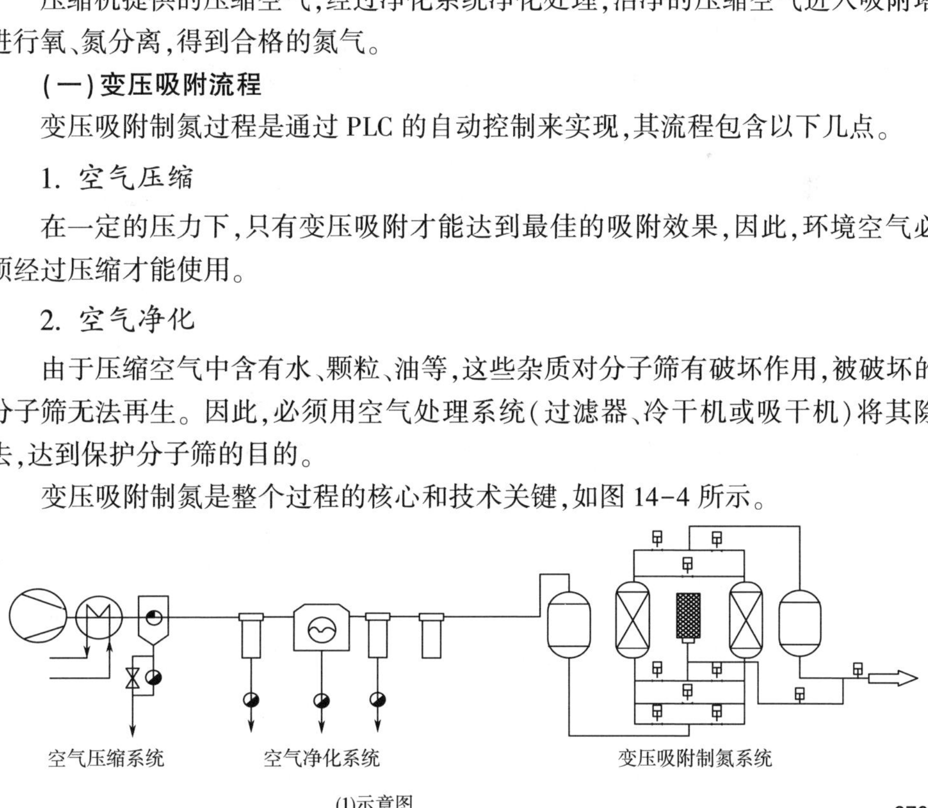


(1)示意图

(2)实物图

图 14-4　变压吸附制氮设备

**(二)变压吸附制氮的特点**

1. 工艺流程特点

工艺流程简单,所需设备少,主要设备有空压机、干燥器、制氮机(吸附塔)、储气罐等。设备紧凑,占地面积小,工艺流程呈现了一体化结构。

2. 氮气纯度调整方便

氮气纯度由碳分子筛量的多少决定,可用氮气分析仪自动控制,可在 99%~99.999%任意调节。

3. 操作简单

在变压吸附工艺中,有计算机等组成部分,所以其自动化水平非常高,可以实现自动操作等。

## 四、影响制氮纯度的因素

**(一)原料气的质量**

压缩空气中含有水、油雾等会堵塞分子筛的微孔,从而严重影响分离效果及分子筛的使用寿命。因此,提高制氮纯度,保证良好的空气环境至关重要,同时,压缩空气需要经过多次净化及冷冻干燥来确保清洁。

**(二)吸附塔的工作周期**

较长的工作周期(即阀门切换的时间间隔)有利于节约原料空气,降低能耗,减少 PSA 制氮系统自控阀门的开关频率,但是,工作周期过长,碳分子筛达到饱和会引起氮气纯度下降。此套设备吸附时间约为 58s,均压时间为 2s,一个工作周期为 2min。

**(三)吸附温度**

较低的吸附温度有利于制氮性能的充分发挥,但温度过低容易导致水分结冰,堵塞过滤器滤芯。此套设备的吸附温度随环境温度变化而改变。

**(四)分子筛的吸附性能**

分子筛是制氮机组的核心,选择性能良好的分子筛,根据氮气纯度及出气量的要求计算合适的装填量,有利于充分发挥制氮机组的优良性能。

# 任务二　膜制氮

膜分离制氮技术是目前最先进的常温空气分离技术。GS 集团旗下 GENERON 膜制氮技术源自世界著名化学公司——美国陶氏化学,经过多年的研发和应用,GS 已成为世界上制氮膜技术及应用的推动者,GENERON 制氮膜已经成为世界制氮膜的工业标准,带有 GENERON 标记的膜已经遍布世界各地,如图 14-5 所示。

图 14-5　GENERON 膜制氮

## 一、膜分离原理

利用空气中的不同组分在透过改性高分子材料时的渗透速率差异,实现氧氮分离,如图 14-6、图 14-7 所示。在一定的压力下,压缩空气中的 $H_2O$、$CO_2$、$O_2$ 等在中空纤维膜的膜壁上较快地渗透,而渗透率较小的 $N_2$ 则在末端富集,从而得到纯度 90%~99%的产品以及氧气含量 40%左右的富氧空气。

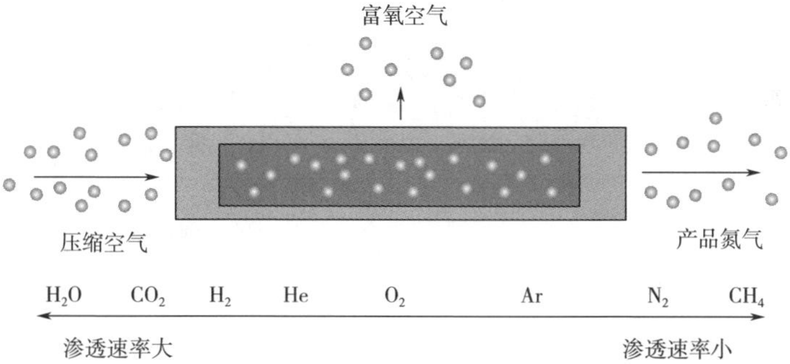


图 14-6　膜分离原理图

对于相同的分离介质(空气)而言,在膜的研究生产中,首先是选择对氧/氮分离系数差别较大的材料,其次是尽量将膜做薄,又要耐高压。

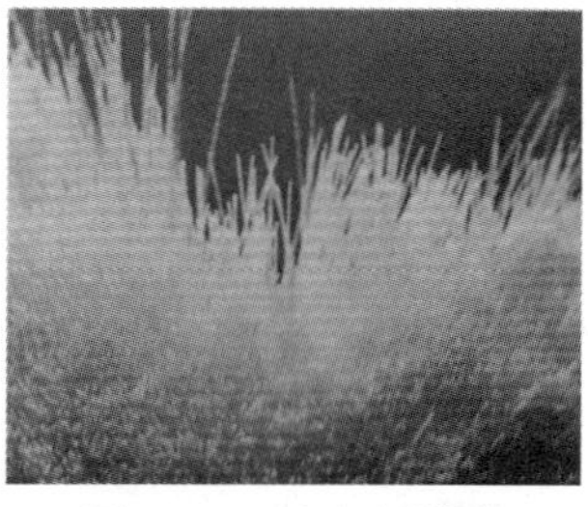

图 14-7　中空纤维膜

膜的性能一般用产气量和分离效率来描述。分离效率是指定量压缩空气与产出氮气的百分数反比;同等氮气产量条件下,分离效率越高的膜,消耗的压缩空气越小,能耗就越少,成本就越低。

膜的分离效率随温度的升高而降低,随压力的增加而稍有增加,膜的产量随温度和压力的增加而增加,反之亦然。

## 二、膜制氮流程

空气压缩机提供的压缩空气经过空气净化处理系统,除去空气中的油、颗粒、水等,洁净的空气进入膜进行氧、氮分离,产生的氮气进入用气工段。

完整的膜制氮系统由空气压缩系统、空气净化处理系统、膜分离制氮系统及控制系统组成,如图 14-8 所示。

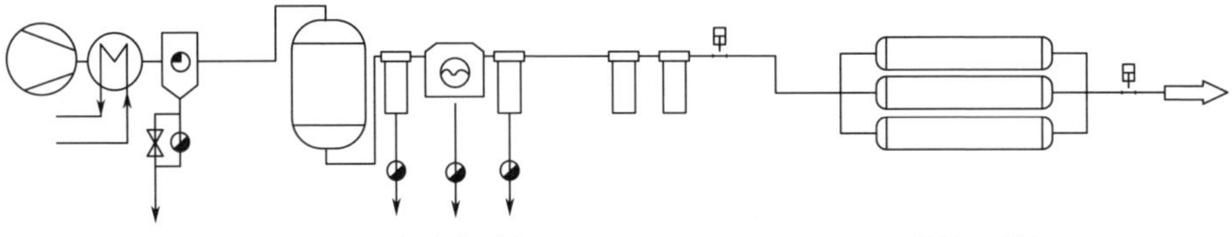


(1)示意图

(2)实物图

图 14-8　膜制氮设备

## 三、膜制氮特点

(1)技术先进,是常温空气分离的最新技术。

(2)没有噪声,完全静态运行,满足环保要求。

(3)没有运动部件,设备维护保养少。

(4)连续运行,可靠性高,设备使用寿命长,可达 10 年以上。

(5)增容简单,仅仅需要并联添加膜组件即可。

(6)和 PSA 比较,没有大的空气罐和氮气罐,体积小、重量轻,是移动制氮设备的不二选择。

(7)氮气冷凝点低,可达-60℃。

(8)制得的氮气没有任何灰尘、颗粒。

(9)开、停机方便、迅速,操作简单,能在短时间内产生合格氮气。

## 四、氮气纯化系统

为适应一些高纯氮气的工艺要求和基于经济的考虑,有两种粗氮纯化方式,分为加氢纯化和碳载纯化。

### (一)加氢纯化

经变压吸附或膜系统制得的原料氮气与少量氢混合后,在一个填装有金属钯催化剂的反应器中残氧与氢反应生成水蒸气,随后经冷却器使大部分水蒸气冷凝下来,并经过高效水分离器除去冷凝水。产品氮气纯度通过分析仪连续进行在线监测。

若进口原料氮气中氧含量高于 15‰,可采用多级处理系统。精制后氮气纯度可达 99.959%,同时,为确保氧气完全脱除,氢气的量应略高于理论消耗值。加氢纯化系统特别适合于氮/氧气分离的热处理行业。

加氢纯化装置由混合器、催化反应器、后冷却器、旋风分离器、过滤器或吸附式干燥器、氧分析仪、流量计以及产品氮气缓冲罐组成。

### (二)碳载纯化

对于与氢气反应,或氢气源有困难的地方,可以使用加碳脱氧。原料氮气中氧气与过量的碳在高温条件下,反应生成碳氧化合物,再经过脱碳氧化合物的吸附塔,可以得到 99.95%的高纯氮气。

为了减少碳纤维的更换时间,一般推荐粗氮纯度为 99%。

碳载纯化装置:加热器、反应塔、水冷却器、碳氧化合物去除塔、氧分仪、流量计及产品氮气缓冲罐。

## 五、典型制氮设备

### (一)空压机

干燥氮气经由过滤器进入压缩机,如图 14-9 所示,通过三级压缩,终压达到 3.1MPa。每级压缩后,热流气体通过水冷的管壳式换热器冷却。为了降低气体流动的脉动,在一、二级气缸的进、排气口管道上均装有脉动缓冲器。

### (二)压缩空气储罐

从空压机出来后,经过干燥、过滤后(或直接)进入压缩空气储罐。因为空气的易被压缩性,以及空压用户点用气量的变化性。压缩空气储罐能够保持压缩空气的压力平稳,以及空压机运转的平稳。空气输入压力 0.75~0.8MPa,输出压力

0.1~0.7MPa，如图14-10所示。

图14-9　空压机

图14-10　压缩空气储罐

### (三)氮氧分离装置

氮氧分离装置装有专用碳分子筛的吸附塔，共有A、B两座。当洁净的压缩空气进入A塔入口端，经碳分子筛向出口端流动时，$O_2$、$CO_2$ 和 $H_2O$ 被其吸附，产品氮气由吸附塔出口端流出。经一段时间后，A塔内的碳分子筛吸附饱和。这时，A塔自动停止吸附，压缩空气流入B塔进行吸氧产氮，对并A塔分子筛进行再生。分子筛的再生是通过将吸附塔迅速下降至常压，脱除已吸附的 $O_2$、$CO_2$ 和 $H_2O$ 来实现的。两塔交替进行吸附和再生，完成氮氧分离，并连续输出氮气，上述过程均由可编程控制器(PLC)来控制。当出气端氮气纯度大小不符合设定值时，PLC程序作用，自动放空阀门打开，将不合格氮气自动放空，确保不合格氮气不流向用气点。气体放空时利用消声使噪声小于75dB，如图14-11所示。

图14-11　氮氧分离装置

### (四)氮气缓冲罐

氮气缓冲罐用于均衡从氮氧分离系统中分离出来的氮气的压力和纯度，保证连续供给氮气稳定，同时，在吸附塔进行工作切换后，它将本身的部分气体回充吸附塔，一方面帮助吸附塔升压，另外也起到保护床层的作用，在设备工作过程中起到极重要的工艺辅助作用，如图14-12所示。

图14-12　氮气缓冲罐

**(五)氮气检测装置**

氮气检测装置是检测泄漏氮气的装置仪器,仪器由氧电极、放大器、比较器、减法器,报警器等部分组成,如图 14-13 所示。

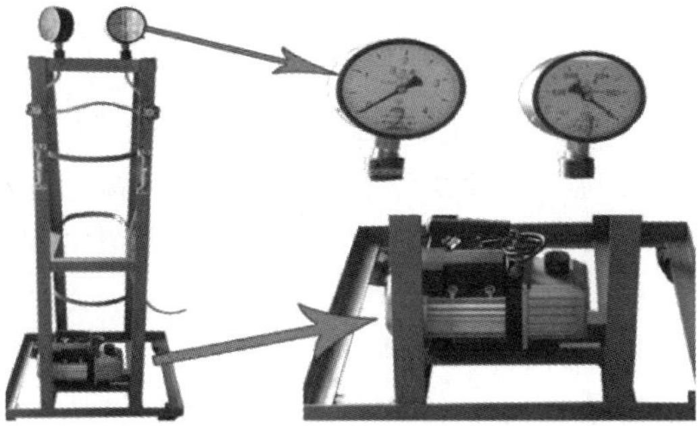

图 14-13　氮气检测装置

## 六、操作规程

**(一)开机前应检查事项**

(1)电源是否正常。

(2)各阀门是否在正常位置。

(3)储罐安全阀是否经过校验,是否在有效期内。

**(二)制氮**

(1)首先检查压缩空气是否开启,打开压缩空气进气阀门。

(2)将电源开关打在"开"位置,"平衡"红色指示灯应闪亮,同时氮气分析仪显示氮气浓度。

(3)进气后,A 塔吸附指示灯应闪亮,同时压力表显示压力。

(4)A 塔吸附完成后,"平衡"红色指示灯应闪亮。

(5)B 塔吸附开始工作,B 塔吸附指示灯应闪亮,同时压力表显示压力。

(6)储罐压力开始增加。

**(三)送气**

(1)将送气管路上减压阀调节到 0.4MPa。

(2)缓慢打开送气总阀门,调节流量,流量计指示应不大于 3。

**(四)注意事项**

(1)氮气储罐压力应小于 0.8MPa。

(2)在启动初期,氮气储罐中会残留一定量的空气,需打开底阀排气,以提高氮气浓度。

(3)制氮机组为高压设备,操作中要严格按照操作规程,严禁违章操作。

(4)操作人员在开机使用前必须有噪声防护设备,佩戴耳塞,穿戴好劳动保护用品。

(5)检查各安全附件校验有效日期及压力表状态是否回零。

(6)每天开机前要检查空气压缩机是否正常,控制面板与系统有无故障显示。

(7)岗位操作员工不可将大量氮气排放至工作间内,设备系统中或管路上发生氮气泄漏,应立即停机通知维保人员检修,岗位操作员工应离开操作间,因为高浓度的氮气可引起窒息。

(8)定期巡查空气压缩机、冷冻干燥机等是否正常运转。

(9)定期打开空气储罐、过滤器的下部排污阀,释放罐内油水。

(10)经常注意制氮系统是否正常工作,氮分析仪所指示的氮气纯度和流量计读数是否正常。

**(五)日常维护**

不定期巡查,确认设备仪器仪表完好并在校验有效期内,保证其发挥应有性能,保持设备正常运转。

氮气机组要保持干燥整洁,每年必须对氮气机组全面检查和维护。

(1)在进行任何维护保养前必须切断电源及压缩空气连接,确保系统内无压力。

(2)每日检查电磁阀及其他阀门的工作情况,发现损坏应立即修理或更换。

(3)每日检查系统各管路连接,应无泄漏,否则会影响产氮率。

(4)过滤器应每半年清洁或更换。

(5)先导阀、调压阀应每年检查一次,安全阀每年进行检查。

注意:机组在运行中会产生高压气体,应避免受伤害。

**(六)过滤器的操作与维护**

(1)为确保气体洁净度,氮气系统各分路装 0.22μm 过滤器。

(2)每次使用前确认过滤器压力表完好并在校验有效期内。

(3)每次使用前应打开末端过滤器下面的排空阀进行排空。

(4)操作时必须缓慢开启阀门,使气流慢速通过过滤器,使过滤器上部的压力表指针慢慢上升,达到工作压力后,方可将阀门全开。

(5)应每季度对洁净区涉及的各个使用点进行氮气洁净度测试,检测项目为尘埃粒子(0.5μm、5μm),可接受标准:尘埃粒子(0.5μm)≤3520000 个/$m^3$,尘埃粒子(5μm)≤29000 个/$m^3$,微生物(细菌数)≤100CFU/$m^3$。

(6)空气末端过滤器滤芯每 3 个月更换一次。

(7)氮气末端过滤器的操作与维护如下所示。

①确认压力表完好并在校验有效期内。

②每次使用前应打开过滤器下面的排空阀门进行排空。

③操作时必须缓慢开启阀门,使气流慢速通过过滤器,使过滤器上部的压力表指针慢慢上升,达到工作压力后,方可将阀门全开。

④末端过滤器更换滤芯时必须对滤芯进行完整性测试,确保滤芯完好。

⑤使用前应对末端过滤器使用情况进行检查，发现内部有油污或铁屑等异物时应进行清洁或更换。

**（七）氮气设备操作要点**

（1）在系统工作时，应观察吸附塔工作过程中的吸附、均压压力、气源压力及氮气输出压力。监视各压力表在吸附、解吸、均压时压力是否正常。

（2）调压阀可调节输出氮气的压力，其在出厂时已根据用户要求将压力调试好，在使用过程中，尽量不要调节。制氮工艺控制要点见表 14-1。

**表 14-1　制氮工艺控制要点**

| 工序 | 质量控制点 | 质量控制项目 | 检查频次 |
|---|---|---|---|
| 压缩机 | 排气温度 | ≥45℃ | 1 次/2h |
| 压缩机 | 出口压力 | 0.6~0.80MPa | 1 次/2h |
| 冷干机 | 压力冷凝点温度 | 2~10℃ | 1 次/2h |
| 冷干机 | 出口压力 | ≥0.65MPa | 1 次/2h |
| 制氮机 | 氮气纯度 | ≥99.0% | 1 次/2h |
| 制氮机 | 氮气出口压力 | 0.25~0.35MPa | 1 次/2h |
| 设备工作间 | 环境温度 | 4~40℃ | 2 次/日 |

（3）使用时，人员必须处于通风良好的环境中，人或动物切勿在充满高纯氮气的密封环境中，以免发生伤亡事故。当发生事故时，迅速将事故者运往开放、通风的大气中做人工呼吸。

（4）由于整个制氮系统中气体均是带压的，需防止压力气体的冲击；在空压机、冷干机、气体干燥设备、制氮主机及氮气纯化装置等设备的排气口，请勿站人。整个系统中的连接管路必须牢固、可靠、密封，经设备销售商确认可靠以免漏气或造成管路破裂，发生人员伤亡或财物损坏。

（5）整个制氮系统中要使用 380V 或 220V 动力电源，请注意用电安全。非专业人员或未经许可和培训的其他人员切勿擅自操作电器或更改电路。

## 七、氮气质量合格标准

氮气质量合格标准见表 14-2。

**表 14-2　氮气质量合格标准**

| | 项目名称 | 标准规定 |
|---|---|---|
| 检查 | 水分 | ≤100mg/m³ |
| | 油分 | ≤0.1mg/m³ |
| | 尘埃粒子 | 0.5μm：≤3520000 个/m³；5μm：≤29000 个/m³ |
| 微生物测定 | 浮游菌 | ≤100CFU/m³ |

## 习题

**一、名词解释**

1. 氮气;2. 变压吸附法;3. 吸附剂。

**二. 填空题**

1. 变压吸附法利用碳分子筛对不同气体分子__________性能的差异将气体的混合物分开。

2. 制氮设备开机前要检查__________是否正常,______________有无故障显示。

空气储罐的空气输入压力:__________;输出压力:__________。

3. 变压吸附法使用两塔__________交替进行加压吸附和解压再生,从而获得连续的氮气。

4. 在吸附塔工作过程中应及时观察__________、__________、__________、__________。监视各压力表在________、________、________时压力是否正常。

5. 在进行任何维护保养前必须____________________,确保系统内无压力。

6. 氮气检测装置是检测氮气泄漏的仪器,仪器由__________、__________、__________、__________、__________等部分组成。

**三、选择题**

1. 下列哪一项属于氮气的性质(　　)。

A. 能维持生命　　B. 无色、无味、无臭,无毒性气体

C. 化学性质活泼　　D. 易溶于水、乙醇

2. 氮气会导致人发生窒息的原因是(　　)。

A. 氮气是有毒性气体

B. 氮气浓度增大导致空气中含氧量降低

C. 氮气浓度降低导致空气中含氧量增大

D. 氧气是有毒性气体

3. 氮气的溶解性(　　)。

A. 易溶于水　　B. 不溶于水　　C. 微溶于水　　D. 易溶于乙醇

4. 氮气的用途(　　)。

A. 助燃剂　　B. 供人呼吸　　C. 保护剂

5. 人若吸入(　　),会因严重缺氧引发窒息甚至导致死亡。

A. 氮气　　B. 氧气　　C. 纯氧气　　D. 纯氮气

6. 如果发现有人躺在地上或通过储罐或管子的开口发现有人躺在罐中,不省人事,应该如何处理(　　)。

A. 迅速进入封闭空间施救

B. 置之不理

C. 佩戴供气式空气呼吸器,专人监护,立刻进入空间施救

**四、判断题**

1. 变压吸附为在加压下进行吸附,减压下进行解吸。(　　)

2. 变压吸附产品纯度高,但调节不灵活。(　　)

3. 吸附剂受潮后可以再生。(　　)

4. 工业上大多都是采用两个或更多的吸附床,使吸附床的吸附和再生交替进行,保证整个吸附过程的连续。(　　)

5. 空气储罐、过滤器的下部排污阀,在释放罐内油水时不需要经常打开。(　　)

**五、问答题**

1. 简述药品生产对氮气的要求。

2. 简述变压吸附法的原理。

3. 变压吸附法中影响制氮纯度的因素有哪些?

4. 制氮设备的操作要点有哪些?

5. 制氮操作的注意事项有哪些?

# 项目十五　无菌压缩空气制备

## 教学目标

**●知识目标**

熟悉无菌压缩空气的洁净度要求;熟悉无菌压缩空气的制备方法;熟悉典型的无菌压缩空气制备流程;熟悉无菌压缩空气制备系统中主要设备的作用、工作原理及操作要点。

**●能力目标**

掌握无菌压缩空气在制药生产中的应用;掌握无菌压缩空气制备操作;掌握无菌压缩空气制备系统中主要设备的使用与维护。

**●素质目标**

熟悉岗位要求;掌握操作规程;具有安全意识。

**●课前思考**

无菌压缩空气应用于哪些场合?如何制备高质量的无菌压缩空气?制药生产对无菌压缩空气的要求。

**●认知解读**

无菌压缩空气是指不含有微生物菌体的空气。自然状态下的空气中含有悬浮的灰尘、各种微生物及水,压缩后还含有油滴,因此,空气在引进之前必须进行严格处理,除去其中含有的微生物与其他有害成分。制药厂企业空气净化系统提供的空气的质量直接影响在该环境中所生产药品的微粒和微生物污染水平,进而影响药品的质量。

随着制药生产技术的不断进步,无菌压缩洁净空气作为工艺源气,越来越广泛地应用于药品生产。如可进行塑料瓶的制瓶、吹瓶、洗瓶和输送;塑料瓶盖的气洗、理盖及输送;药液配制、液体压送和灌装;固体物料的密闭输送,喷雾干燥装置及一步制粒机的喷液等工艺过程。要求进入生产流程的都必须是洁净无菌的压缩空气。在作为工艺源气使用时,压缩空气直接与物料和药品接触。在作为动力源使用时,虽不直接接触药品,但大部分是在洁净区内使用。空气净化是制药过程的重中之重,空气净化可避免病毒等污染物扩散和污染,使制药过程安全无污染。

因此药品生产企业要控制压缩空气的含水量、含油量、含尘粒量和含生物粒子量,同时还要求压缩空气无异味。含油压缩空气直接与药物接触会污染药品而孳生细菌,含水则会加速细菌的生长和药品吸潮变质。

# 任务一　制药企业无菌压缩空气应用场合及制备要求

## 一、制药生产卫生高风险操作区

(1)液体制剂灌装区。

(2)放置胶塞桶区域。

(3)敞口安瓿区域。

(4)敞口西林瓶区域。

(5)无菌压缩装配或连接操作区域。

## 二、无菌压缩空气制备要求

空气净化工程设计、安装和运行应满足不同的目的,所以系统需要严格测试、控制和验证。因此,在空气净化系统的验证中要考虑如下几点。

(1)空气的流向必须是从关键区或更清洁的区域到环绕区域或低级别的区域。

(2)为保证区域空气的洁净度和空气流向,空气的进风和排风必须平衡,保证空气的换气次数、气流模型、压差。

(3)操作区域的每个房间应对以下指标进行控制:送风的位置和数量、排风的位置和数量、换气次数、排风比例、产品裸露区域的气流模型、空气速度等。

(4)洁净度测定应包括悬浮粒子和微生物的测定。

目前,用于生产行业的压缩空气质量标准可由 GB/T 13277.1—2008《压缩空气质量标准》中查出,这个标准根据固体粒子尺寸和含量、水蒸气含量及含油量 4 项控制指标划分质量等级,见表 15-1。

**表 15-1　　压缩空气质量标准**

| 名称 | 等级 | | | | | |
|---|---|---|---|---|---|---|
| | 1 | 2 | 3 | 4 | 5 | 6 |
| 颗粒尺寸/μm | 0.1 | 1 | 5 | 40 | — | — |
| 颗粒含量/($mg/m^3$) | 0.1 | 1 | 5 | 10 | — | — |
| 压力露点/℃ | -70 | -40 | -20 | 3 | 7 | 10 |
| 油含量/($mg/m^3$) | 0.01 | 0.1 | 1 | 5 | 25 | — |

《药品生产验证指南》提出了药用压缩空气气体技术要求,见表 15-2。

**表 15-2　　药用洁净压缩空气质量标准**

| 指标名称 | 指标 | 指标名称 | 指标 |
|---|---|---|---|
| 氧气含量 | 20%~22%(体积分数) | 含油量 | $<1mg/m^3$ |

续表

| 指标名称 | 指标 | 指标名称 | 指标 |
|---|---|---|---|
| 二氧化碳含量 | <1400mg/$m^3$ | 水分（与露点*有关） | <100mg/$m^3$ |
| 一氧化碳含量 | <11mg/$m^3$ | 气味 | 没有异味和恶臭 |

注：露点是指当湿空气在水蒸气分压力不变的情况下冷却至饱和时的温度。

目前，用于药品生产的洁净压缩空气还没有统一的国际或国内质量标准，参考上述质量等级标准及 GMP 对空气洁净度的要求，通过对上述质量的综合评估并结合企业实际要求和检测方法制定了企业洁净压缩空气的质量标准表，如表 15-3 所示。

**表 15-3　企业洁净压缩空气质量标准**

| 指标名称 | | 指标 | 指标名称 | 指标 |
|---|---|---|---|---|
| 悬浮粒子 | 0.5μm | ≤3520 个/$m^3$ | 含油量 | <0.1mg/$m^3$ |
| | 5μm | ≤20 个/$m^3$ | 水分（露点：-40℃） | <100mg/$m^3$ |
| 微生物数 | | <1CFU/$m^3$ | 气味 | 没有异味和恶臭 |

# 任务二　压缩空气净化系统的工艺流程

压缩空气净化系统一般是指由生产、处理、存储及分配压缩用气的设备组成的气源系统，也称为压缩空气系统，以下简称“压空”。生产压缩空气的部分就是所谓的动力源，主要指空压机（图 15-1）及其控制系统，包括分离器、过滤器、干燥机等；存储及分配设备包括储罐、阀门、管路等。

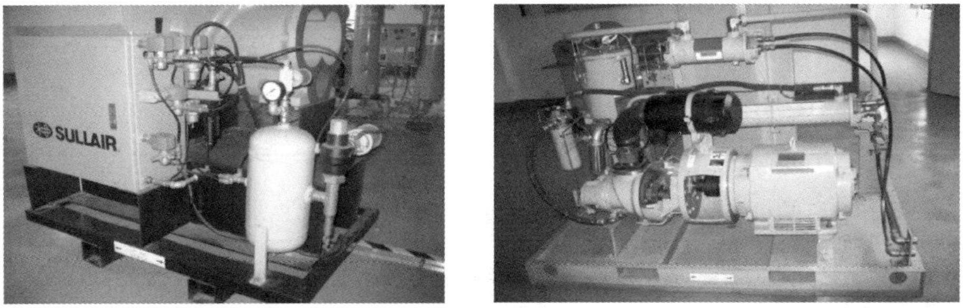


图 15-1　空压机

一般压缩空气系统的工艺流程为：吸气过滤器→空气压缩机→冷却器→储气罐→前置过滤器→精密过滤器→干燥装置→后置过滤器→除味过滤器→除菌过滤器→输送管网，如图 15-2 所示。

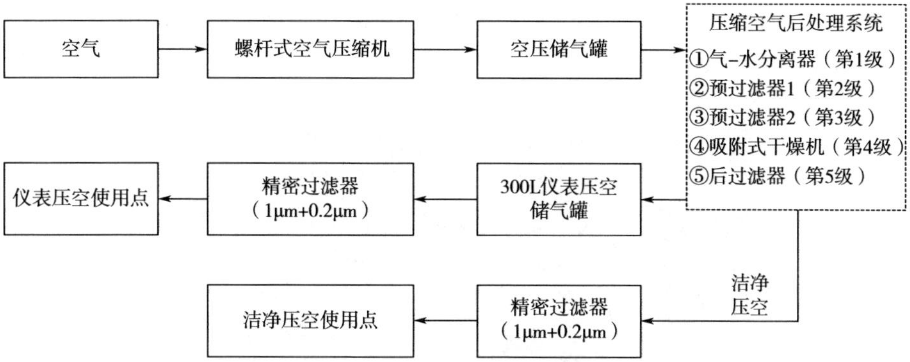


图 15-2　压缩空气系统的工艺流程

首先，空气压缩机将环境中的空气压缩为压缩空气，压缩空气经气-水分离器、除油除尘过滤器，初步去除空气中的水分、油分、悬浮粒子和微生物后，再经过无热吸附式干燥机、除固体颗粒过滤器、活性炭过滤器及终端除菌过滤器，去除压缩空气中的水分、油分、悬浮粒子和微生物。

## 一、空压机组

通常使用的空气压缩机主要有活塞式、螺杆式和离心式 3 种，如图 15-3 所示。离心式空气压缩机单台容量大，在小气量时易发生喘振，故该机型对药品制造企业不适用。活塞式空气压缩机尺寸大，易损部件多，噪声和振动也较大，且自动化水平较低，故药品制造企业也很少采用。螺杆式空气压缩机结构紧凑，占地面积小，

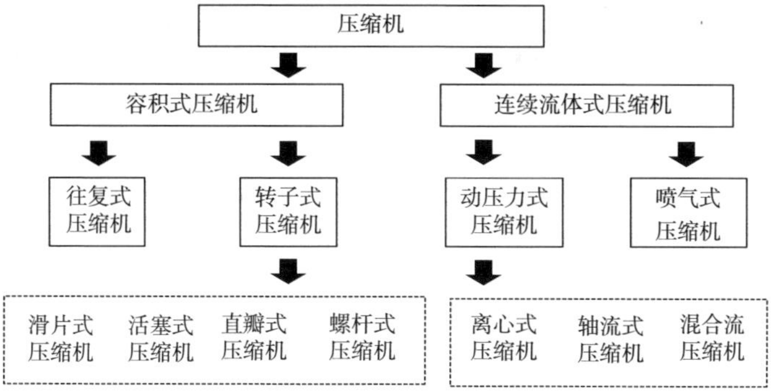


图 15-3　压缩机的分类

自控水平高，所以在制药工厂设计中多采用螺杆式空压机。

螺杆式空压机又分为无油型和喷油型两种，如图 15-4 所示。在制药工程设计压缩空气站时，应首选无油螺杆式空气压缩机。随着压缩空气后处理除油技术的发展，喷油螺杆式空气压缩机配备精密高效除油器，产出的气体含油量可小于 0. 1mg/m³，基本上能满足口服制剂的要求，但无菌和灭菌制剂还须选用无油型空气压缩机，以确保其产品质量。

(1)实物图

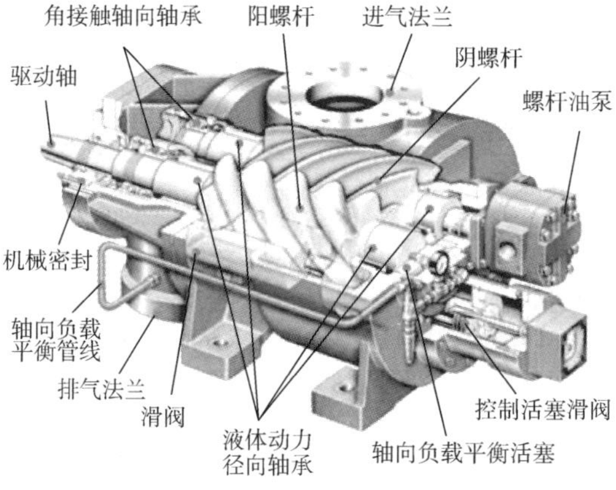


(2)示意图

图 15-4　螺杆式空气压缩机

无油压缩空气系统主要由螺杆式空气压缩机、空气储罐、吸附式干燥机及多级别过滤器组成，生产出的洁净压缩空气通过不透钢管道，输送至各车间用气地点，为车间提供动力气源和洁净压缩空气。螺杆式空气压缩机的主机由阴、阳转子（即螺杆）、机壳等组成，为容积式气体压缩机，空气的压缩是靠机壳内互相平行啮合的阴、阳转子以及适当配置在两个进、排气口的排气阀组成压缩气体的工作腔，通过减小工作容积来增加气体压力。转子在与它精密配合的机壳内转动,使转子齿槽中的气体不断地产生周期性的容积变化,而沿着转子轴线,由吸入侧推向排出侧,完成吸入、压缩、排气3个工作过程。气体经吸气口分别进入阴、阳转子的齿间容积,转子在旋转过程中,阴、阳转子齿连续不断地向对方齿槽中填塞,工作腔的齿槽也不断地向排气端推进,容积逐步缩小,气体得到压缩。当压缩容积与排气口相通时,气体已达到预定的压力而排出,完成了一个工作循环。

以阿特拉斯·科普柯空气压缩机为例,其由 Elektronikon Ⅱ 电脑控制器控制,该压缩机组主要由气路系统、油路系统、电气系统和控制系统四部分组成,如图15-5所示。

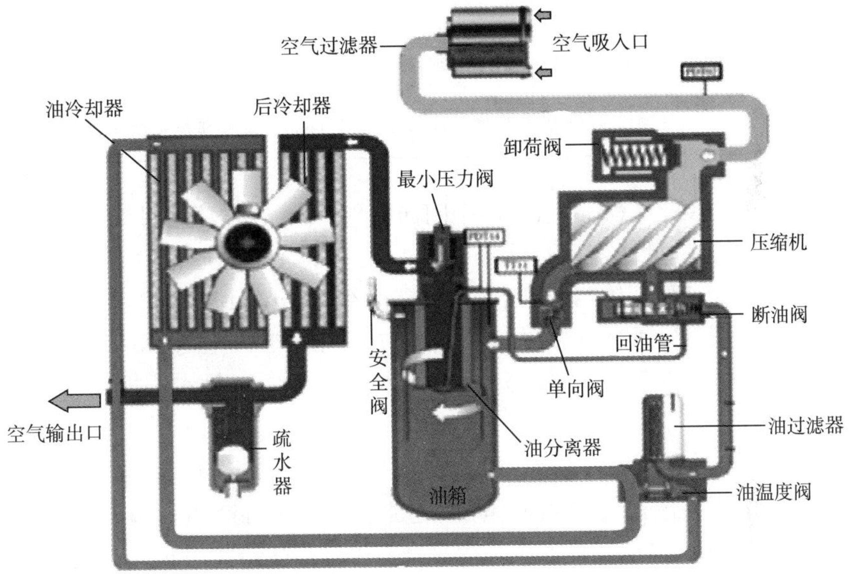


图15-5　阿特拉斯·科普柯空气压缩机工作示意图

通过空气过滤器将大气中的灰尘和杂质滤除后,由进气控制阀进入压缩机主机,在压缩过程中与喷入的冷却润滑油混合,经压缩后的混合气体从压缩腔排入油-气分离罐,此时压缩机排出的含油气体通过碰撞、拦截、重力作用,绝大部分的油介质被分离下来,然后进入油-气精分离器进行二次分离,得到含油量很少的压缩空气,当空气被压缩到规定的压力值时,最小压力阀开启,排出压缩空气到冷却器进行冷却,最后送入使用系统。

## 二、压缩空气后处理系统

压缩空气后处理系统由气-水分离器、预过滤器、后过滤器、无热再生吸附式干燥器组成。压缩空气经气-水分离器去除压缩空气中大部分水分,再经过纯硼硅酸盐玻璃纤维预过滤器和后过滤器达到除尘和除油的要求,最后经过无热再生吸附式干燥器(分子筛+氧化铝)达到除湿要求,成为合格的压缩空气。

### (一)过滤器

常用过滤器的分类、工作原理、结构及在净化系统中的作用,见表15-4。

表15-4 压缩空气过滤器分类、原理、结构和作用

| 分类 | 原理与结构 | 作用 |
| --- | --- | --- |
| 前置过滤器 | 惯性碰撞为主;中效纤维,烧结材料 | 滤除1μm以上颗粒 |
| 精密过滤器 | 扩散拦截效应为主;超细纤维组合 | 滤除0.01~1μm颗粒 |
| 超精密过滤器 | 扩散效应为主;超细纤维组合 | 滤除0.01μm以上颗粒 |
| 活性炭过滤器 | 两级活性炭吸附;超细纤维过滤 | 滤除油蒸气、臭味 |
| 灭菌过滤器 | 扩散效应为主;超高效、耐温热材料 | 滤除细菌、噬菌体类 |

工作原理:压缩空气先进入滤芯中间向四周扩散,经过滤芯过滤后进入滤芯与壳体的间隙,再通过过滤器出口排至下游。压缩空气中的固体悬浮物被滤芯(纤维)捕捉后留在内部、液体(如凝结水、油雾等)被滤芯(纤维)捕捉后由于其重力的作用,流至滤芯底部,通过海绵的"潮湿带"(在"潮湿带"处由于压力降较大没有空气流过,故又称为"安静区")流至过滤器壳体底部,由自动排水器排至外界。

### (二)冷却器

根据冷却温度,空气冷却器冷却介质可用普通冷却塔循环水,而不用冷水机组的低温水或低温地下水,以节约水资源、电能。由于相对液体和蒸汽,空气对流传热系数很低,冷却器包括加热器应采用具有空气侧强化传热措施的高效换热元件,如,波纹管、翅片管等,如图15-6所示。由于空气压力较低,可走壳程,换热介质压力较高走管程,以降低造价。为了减少空气阻力损失,应该淘汰普通管板式列管换热器,其阻力损失约0.01MPa,换热效率低,而高效换热器空气在壳程中走直线、低速通过,阻力损失仅为0.001~0.003MPa。

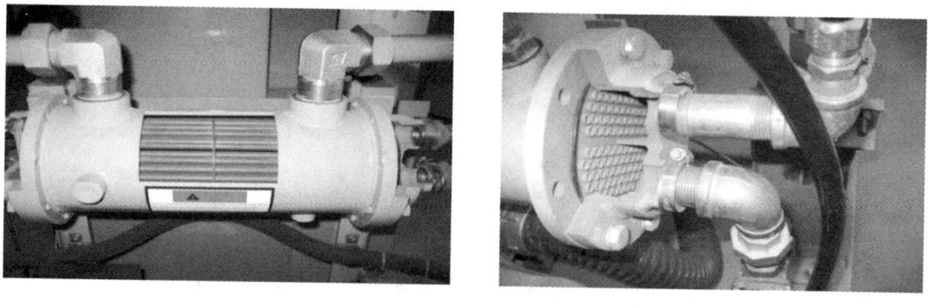

图15-6 冷却器

### (三)吸附干燥机

干燥机开机后,A 塔吸附运行,B 塔再生。在预先设定的时序控制下,切换阀 IA 打开、IB 关闭,排放阀 RB 打开、RA 关闭,湿空气进入 A 塔,干燥后的空气通过止回阀 CA 排入下游管线;部分干燥压缩空气在压差的作用下通过孔板 RV 流向 B 塔,其压力被降至接近大气压,由于降压后空气体积同比例增大,使再生用空气的相对湿度只有干燥空气的几分之一,这样这种特别干燥的再生空气中的水蒸气分压远远低于 B 塔内吸附剂床层的水蒸气分压。吸附床层中的水蒸气在压差的作用下释放至再生空气中并被带走,再生空气通过排放阀 RB 和消声器排入大气。关闭排放阀 RB,B 塔压力升高至系统压力,即“均压”过程。因为再生时,吸附塔处于大气压状态,与吸附状态有较大的压差,如果直接切换会导致压力冲击,严重时能引起机械故障。当两个吸附塔的压力相同时,控制系统发出信号进行切换——A 塔再生、B 塔吸附,如图 15-7 所示。

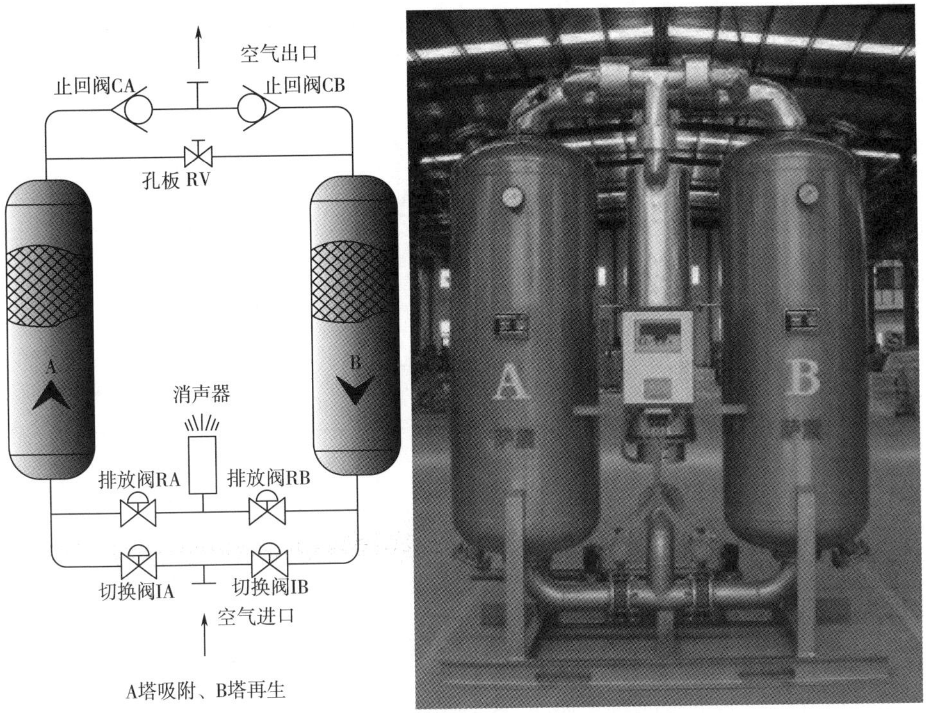


(1)示意图　　(2)实物图

图 15-7　吸附干燥机

## 三、无菌压缩空气生产流程

1#空压机→1#储气罐→3μm 过滤器→1#吸附机→1μm 过滤器→0.01μm 过滤

器→小容量注射剂车间。

## 四、空气压缩机运行前检查与确认

(1)确认所有电气装置完好。

(2)确认已设定好压缩机的正确转向。

(3)确认已为空气压缩机加好指定用油。

(4)确认所有设定点都调节设定无误。

(5)确认所有仪表装置均在校验有效期内。

## 五、压缩空气系统的维护保养

### (一)机组的维护保养

机组的维护保养见表15-5。

**表15-5　日常维护保养和巡视检查记录**

| 部件名称 | 项目 | 内容 | 方法 | 标准 | 维护保养/检查结果是否符合要求 |
|---|---|---|---|---|---|
| 机组吸气过滤器 | 滤芯 | 脏堵情况 | 通过保养指示器 | 应在绿色区域 | 是□　否□ |
| 机组油分离器 | 润滑油 | 油位 | 通过油位浮标观察 | 应处于油标的绿色或橙色区域 | 是□　否□ |
| 机组冷却器 | 外表面 | 清洁 | 使用压缩空气吹扫 | 清洁无明显积尘 | 是□　否□ |
| 气-水分离器 | 疏水阀 | 清洁 | 拆卸后清洗 | 无明显污物 | 是□　否□ |
| 油-气分离器 | 疏水阀 | 清洁 | 拆卸后清洗 | 无明显污物 | 是□　否□ |

### (二)关键部件的维护保养

1. 空气滤芯的保养(1500~2000h更换一次)

空气过滤器的作用是滤除掉空气中的灰尘或杂质,过滤后的空气进入螺杆吸气齿槽容积腔中,随阴、阳转子压缩。由于螺杆机内部间隙只允许15pm(皮米)以内的颗粒滤出,通常运转1000h或一年后,要更换滤芯,多灰尘区更换的时间间隔要缩短。空气过滤器维修时必须停机,为减少停机时间,建议换上一个新的或已清洁过的备用滤芯。

2. 油过滤器的更换(1500~2000h更换一次)

第一次运行300~500h后应更换机油芯。第二次在使用2000h后更换,以后建议每1500~2000h更换新滤芯,换机油时最好同时更换油滤芯,在环境恶劣时使用应缩短更换周期。严禁超期限使用机油滤芯,否则由于滤芯堵塞严重,压差超过旁通阀承受极限,旁通阀自动打开,大量脏物、颗粒会直接随机油进入螺杆主机内,造成严重后果。

3. 油-气分离器的维护更换(3500~4000h 更换一次)

油-气分离器是将螺杆润滑油与压缩空气分离的部件,正常运行下,油-气分离器的使用寿命在3500~4000h,但空气中的水分可能会在油-气分离罐中凝结,特别是在潮湿天气,当排气温度低于空气的压力露点或停机冷却时,会有更多的冷凝水析出,因此,应根据湿度情况制订冷凝水排放时间表。油-气分离器在到期或者前后压力差超过0.12MPa 后必须更换,否则会造成电机过载,油-气分离器破损跑油。

4. 润滑油的保养及更换

润滑油对于喷油螺杆机的作用有 3 点:润滑、冷却、密封。螺杆机油的好坏对喷油螺杆机的性能具有决定性的影响,良好的油品具有抗氧化性,且稳定性好、分离迅速、清泡性佳、黏度高、防腐性能好,因此,必须使用正确的专用螺杆机油。

## 习题

**一、名词解释**

1. 空气压缩;2. 无菌压缩空气;3. 空气过滤除菌。

**二、填空题**

1. 为保证区域空气的洁净度和空气流向,空气的进风和排风必须平衡,保证空气的____________、____________、____________。

2. 提高空气吸气口的高度可以减少吸入空气的____________含量。

3. 无菌压缩空气的制备一般是把吸气口吸入的空气先经过压缩机前的____________,再进入____________。

**三、选择题**

1. 无菌压缩空气就是指不含有微生物(　　)的空气。

A. 菌体　　B. 菌丝　　C. 芽孢　　D. 细胞

2. 最常用于制备无菌压缩空气的方法是(　　)。

A. 辐射灭菌　　B. 加热灭菌　　C. 过滤除菌　　D. 静电除菌

3. 用以分离 50μm 以上的液滴及部分较小的液滴的机器是(　　)。

A. 空气压缩机　　B. 旋风分离机

C. 一级空气冷却器　　D. 空气贮罐

**四、判断题**

1. 空气贮罐用以分离 50μm 以上的液滴及部分较小的液滴。(　　)

2. 无菌压缩空气带菌可能是系统问题,应该重新论证、修改制备流

程。(    )

3. 防止空气冷却器漏水,操作中应控制空气压力不超过冷却水压力。(    )

**五、问答题**

1. 空气贮罐在过滤流程中起到的作用是什么?

2. 粗过滤器的作用是什么?常用的粗过滤器有哪些?

# 项目十六　制冷、空调及净化设备

## 教学目标

**●知识目标**

熟悉制冷设备的工作原理；熟悉空调系统的组成和工作原理；熟悉空气过滤器的种类和过滤原理；熟悉洁净室的概念和常见洁净设备的种类和工作原理。

**●能力目标**

掌握空气过滤器的使用；熟悉洁净室的构成和运用场合。

**●素质目标**

遵守设备操作规程；培养安全意识。

**●课前思考**

洁净设备有哪些？分别运用在什么场合？

**●认知解读**

制药生产中，环境的要求较高。生产区域通常分为 A、B、C、D 四个等级，不同等级对污染物(悬浮粒子)有一定的标准。

在制药工业中，有些反应条件为处在0℃左右的低温，如制备氢化可的松的碘代反应，半合成青霉素的分步反应等；有些药品需在低温下析出，如氯霉素、异烟肼等；有些药品需在低温下贮存，如一些疫苗和血清等。因此很多制药厂都设有冷冻站或有单机的制冷装置，向全厂或特定车间供应冷量，保证正常生产。

空调系统在其中起重要作用，并控制着对洁净室内洁净环境产生影响的物质，如粉尘、烟雾、微生物等。应控制房间温度、湿度在要求范围内。

洁净设备按照使用区域的大小不同，设置为洁净室、洁净工作台、层流罩。需掌握洁净设备空气过滤器的使用方法。

在制药生产中，制冷和空调设备是原料药生产影响成品质量的关键工序，药品制剂生产的全过程的生产环境必须达到相应的条件。生产环境空气净化是否达到要求，特别是空气中的微粒可能会直接影响药品的质量，见表 16-1。

**表 16-1　　污染的来源**

| 污染来源 | 颗粒状污染物 | 有害气体 |
|---|---|---|
| 人体 | 粉尘、皮屑、污垢、细菌、衣物纤维、化妆品 | 体臭、$CO_2$、氨、水蒸气 |
| 吸烟 | 粉尘、焦油、尼古丁等 | CO、$CO_2$、NO、$NO_2$、甲醛、丙烯醛、碳氢化合物 |

续表

| 污染来源 | 颗粒状污染物 | 有害气体 |
| --- | --- | --- |
| 办公设备 | 纸张、家具的纤维尘粒 | 臭氧、氨、溶剂类(VOC) |
| 机械运转设备 | 转动设备磨损时的粉尘、纤维、碳化油脂等 | 润滑油挥发物 |
| 燃烧器具 | 烟尘 | CO、$CO_2$、NO、$NO_2$、$SO_2$、甲醛、碳氢化合物 |
| 建筑材料 | 细菌、霉菌、壁虱、石棉纤维、玻璃纤维、粉尘等 | 甲醛、氨气、溶剂、黏接剂中的有机溶剂挥发物 |
| 清洗和灭菌 | — | 喷射剂(氟化碳氢化合物)、杀菌剂、防霉剂、溶剂、洗涤剂的挥发物 |

室外污染源包括大气尘埃(无生命的固体物);大气中的微生物:细菌、藻类、真菌类、原生生物、病毒等。

室内污染源包括大气中的含尘、含菌及洁净空调系统中新风带入的尘粒和微生物;作业人员的产尘;建筑围护结构、设施的产尘;设备及产品生产过程中的产尘。

空气污染物主要有3类:①悬浮在空气中的固态、液态微粒。②霉菌、致病菌等悬浮在空气中的微生物。③各种对人体或生产过程有害的气体。

由于空气净化的目的与对象不同,净化的内容、方法和衡量标准也不同。以洁净室为对象的空气净化的目的,就是最大可能地把空气介质中的悬浮微粒除掉,对于生物洁净室,还要控制有生命的微粒。《药品生产质量管理规范》(以下简称GMP)把无菌药品生产所需的洁净区分为以下4个级别。

A级:高风险操作区,如灌装区、放置胶塞桶和与无菌制剂直接接触的敞口包装容器区域及无菌装配或连接操作的区域,应当用单向流操作台(罩)维持该区的环境状态。单向流系统在其工作区域必须均匀送风,风速为0.36~0.54m/s(指导值),应当有数据证明单向流的状态并经过验证。在密闭的隔离操作器或手套箱内,可使用较低的风速。

B级:指无菌配制和灌装等高风险操作的A级洁净区所处的背景区域。

C级和D级:指无菌药品生产过程中重要程度较低的操作步骤洁净区。

GMP中对洁净度的要求,各级别空气悬浮粒子的标准(室温为18~26℃,相对湿度为45%~65%),见表16-2。

**表16-2　　空气悬浮粒子的标准**

| 洁净度级别 | 悬浮粒子最大允许数/(个/$m^3$) | | | |
| --- | --- | --- | --- | --- |
| | 静态 | | 动态 | |
| | ≥0.5μm | ≥5.0μm | ≥0.5μm | ≥5.0μm |
| A级 | 3520 | 20 | 3520 | 20 |

续表

| 洁净度级别 | 悬浮粒子最大允许数/(个/$m^3$) | | | |
|---|---|---|---|---|
| | 静态 | | 动态 | |
| | ≥0.5μm | ≥5.0μm | ≥0.5μm | ≥5.0μm |
| B 级 | 3520 | 29 | 352000 | 2900 |
| C 级 | 352000 | 2900 | 3520000 | 29000 |
| D 级 | 3520000 | 29000 | 不做规定 | 不做规定 |

| 洁净度级别 | 浮游菌/(CFU*/$m^3$) | 沉降菌($\phi$90mm)/(CFU/4h) | 表面微生物 | |
|---|---|---|---|---|
| | | | 接触($\phi$55mm)/(CFU/碟) | 5 指手套/(CFU/副手套) |
| A 级 | <1 | <1 | <1 | <1 |
| B 级 | 10 | 5 | 5 | 5 |
| C 级 | 100 | 50 | 25 | — |
| D 级 | 200 | 100 | 50 | — |

注：* 菌落形成单位(CFU)是指在琼脂平板上经过一定温度和时间培养后形成的每一个菌落，是计算细菌或霉菌数目的单位。

无菌药品生产操作环境见表 16-3。

**表 16-3　　无菌药品生产操作环境**

| 洁净度级别 | 最终灭菌产品生产操作示例 |
|---|---|
| C 级背景下的局部 A 级 | 高污染风险的产品灌装(或灌封) |
| C 级 | 1. 产品灌装(或灌封)<br>2. 高污染风险产品的配制和过滤<br>3. 眼用制剂、无菌软膏剂、无菌混悬剂等的配制、灌装(或灌封)<br>4. 直接接触药品的包装材料和器具的最终清洗后的处理 |
| D 级 | 1. 轧盖<br>2. 灌装前物料的准备<br>3. 产品配制(指浓配或采用密闭系统的配制)和直接接触药品的包装材料和器具的最终清洗 |

注：* 无菌药品是指法定药品标准中列有无菌检查项目的制剂和原料药，包括无菌制剂和无菌原料药。非无菌药品是指法定药品标准中未列出无菌检查项目的制剂。

# 任务一　制冷设备

制冷又称冷冻，是指将物体温度降低到或维持在自然环境温度以下。实现制冷的途径有两种：一是天然冷却，二是人工制冷。天然冷却利用天然冰或深井水冷却物体，但其制冷量(即从被冷却物体中取走的热量)和可能达到的制冷温度往往不能满足生产需要，天然冷却是一个传热过程。人工制冷是利用制冷设备加入能量，使热量从低温物体向高温物体转移的一种属于热力学过程的单元操作。

人工制冷是通过制冷工质(也称制冷剂、雪种)将热量从低温物体(如冷库等)移向高温物体(如大气环境)的循环过程，从而将物体冷却到低于环境温度，并维持此低温，这一过程是利用制冷装置来实现的。

制冷技术的应用广泛，应用范围一般可分为 3 个温区。

(1)低温区(-120℃以下)，主要用于气体分离、气体液化、超导和宇航等。

(2)中温区(≥-120℃且<5℃)，主要用于冷藏、冷冻、化工制药和生化制品生产工艺过程等。

(3)高温区(5~80℃)，主要用于空气调节、除湿、热泵蒸发和热泵干燥等。

由热力学第二定律可知，热量从低温物体移向高温物体是不可能自动、无补偿地进行，因此必须提供机械能(或热能)等，以确保包括低温冷源、高温热源、功源(向循环供能的源)等孤立系统的熵不减小(熵越大说明物质内部越混乱)。

制冷循环的重要参数是制冷系数，工程上也称之为制冷装置的工作性能系数，用符号 COP 表示。在一定的环境温度下，冷库温度越低，制冷系数就越小(因此为取得良好的经济效益，没有必要把冷库的温度定得很低，这也是一切实际制冷循环遵循的原则)。

制冷循环包括压缩式制冷循环、吸收式制冷循环、吸附式制冷循环、蒸气喷射式制冷循环及半导体制冷等。压缩式制冷循环又可分为压缩气体制冷循环和压缩蒸气制冷循环，目前世界上运行的制冷装置绝大部分是压缩气体制冷循环。以往，制冷循环应用的制冷剂多半为商品名为氟利昂的氯氟烃物质(CFC)、含氢氯氟烃(HCFC)和氨等，但由于日益严重的环境问题，CFC、HCFC 正逐渐被环境友好的新型制冷剂替代。

1,1,1,2-四氟乙烷(R-134a)是一种不含氯原子，对臭氧层不起破坏作用，具有良好的安全性能(不易燃、不爆炸、无毒、无刺激性、无腐蚀性)的制冷剂，其制冷量与效率与二氯二氟甲烷(R-12，氟利昂)非常接近，所以被视为优秀的长期替代制冷剂。R-134a 是目前国际公认的 R-12 最佳的环保替代品，完全不破坏臭氧层，是当前世界绝大多数国家认可并推荐使用的环保制冷剂，也是目前主流的环保制冷剂，广泛用于新型制冷空调设备上的初装和维修过程中的再添加，安全类别为 A1，是很安全的制冷剂。

制冷一定要借助专门的装置来完成，实现制冷的工艺、装置包括：获得低温的方法、原理、制冷剂，即制冷原理；使制冷剂压力升高的做功机械，即制冷压缩机；完成制冷剂吸热或放热，节流，安全运行、经济运行的辅助设备，即制冷设备等。

通常根据制冷温度的不同把人工制冷分为深度冷冻和普通冷冻两种方法。深度冷冻简称深冷，其冷冻温度在-120℃以下；普通冷冻简称冷冻，其冷冻温度在-120~5℃。由于制冷温度不同，所用的方法、制冷原理、制冷压缩机等有较大的差别，制冷系统的组成也不同。

常用的制冷方法有两种：蒸气压缩式制冷和吸收式制冷。蒸气压缩式制冷装置仍是目前应用最广泛的制冷机，如图16-1所示。

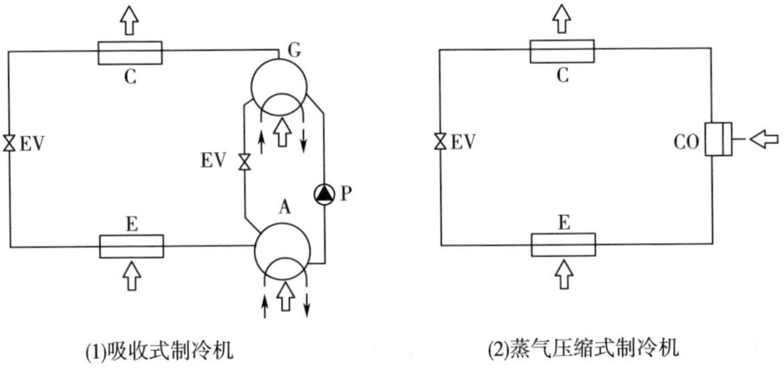


图16-1　吸收式和蒸气压缩式制冷机

E—蒸发器　C—冷凝器　EV—膨胀阀　CO—压缩机　G—发生器　A—吸收器　P—溶液泵

共同点：高压制冷剂蒸气在冷凝器中冷凝后，经节流元件节流，温度和压力降低，低温、低压液体在蒸发器内汽化，实现制冷。

不同点：工质不同。蒸气压缩式制冷为单组分或多组分工质，吸收式制冷为双组分工质对。

吸收剂的要求：①有强烈吸收制冷剂的能力。②在相同压力下，它的沸点应比制冷剂的沸点高得多。③不应有爆炸、燃烧的危险，并对人体无毒害。④对金属材料的腐蚀性小。⑤价格低，易获得。可供考虑使用的制冷剂的吸收剂很多，按溶液中含有的制冷剂种类区分，可分为水类、氨类、乙醇类和氟里昂类。

## 一、蒸气压缩式制冷机

蒸气压缩式制冷机（简称蒸气制冷机）是目前应用最广泛的一种制冷机。这类制冷机设备比较紧凑，可以制成大、中、小型，以适应不同场合的需要，能达到的制冷温度范围比较广，从稍低于环境温度至-150℃，在普通制冷温度范围内具有较高的循环效率。

蒸气压缩式制冷循环，根据实际应用有单级、多级、复叠式等循环之分，图16-2为制冷循环系统的基本组成。在各种蒸气压缩式制冷机中，单级压缩制冷机应用最广，是构成其他蒸气压缩式制冷机的基础，据不完全统计，全世界单级蒸气压缩式制冷机的数量占制冷机总数的75%以上。

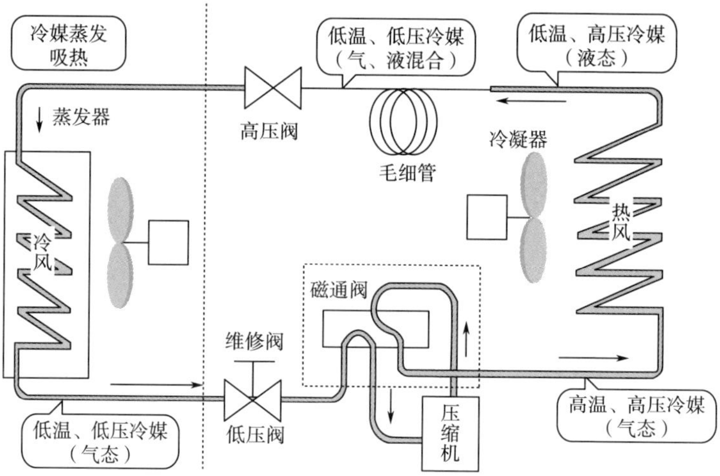


图 16-2　制冷循环系统的基本组成

### (一)单级蒸气压缩式制冷循环系统

单级蒸气压缩式制冷循环系统主要由压缩机、节流阀、蒸发器和冷凝器等主要设备及辅助设备(过滤器、油分离器、储液器)组成。用不同直径的管道把它们串接起来,就形成了一个能使制冷剂循环流动的封闭系统,如图 16-3 所示。

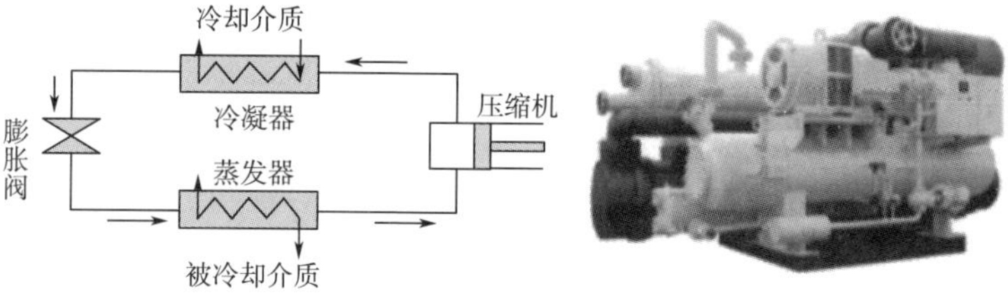


(1)示意图　　(2)实物图

图 16-3　单级蒸气压缩式制冷循环系统

### (二)单级蒸气压缩式制冷循环系统各主要部件及作用

1. 压缩机

压缩机压缩制冷剂,向制冷剂压缩做功,为整个制冷循环提供动力。

2. 冷凝器

冷凝器是一个热交换设备,作用是利用环境冷却介质(空气或水),将来自压缩机的高温高压制冷蒸气的热量带走,降低制冷剂温度至环境温度。

3. 膨胀阀

节流元件——将高压常温的制冷剂液体通过膨胀阀降压,得到低温低压制冷剂。

4. 蒸发器

蒸发器也是一个热交换设备,节流后的低温低压制冷剂液体在其内蒸发变为蒸气,吸收被冷却物质的热量,使物质温度下降,达到冷冻、冷藏食品的目的。

**(三)单级蒸气压缩式制冷循环系统基本工作原理**

利用制冷剂由液体状态变为蒸气状态的过程中吸收热量,被冷却介质因失去热量而温度降低,达到制冷的目的。制冷剂在变为蒸气之后,需要对它进行压缩、冷凝,继而进行再次汽化吸热。对制冷剂蒸气只进行一次压缩,称为蒸气单级压缩。

1. 制冷循环系统的基本组成

根据蒸气压缩式制冷原理构成的单级蒸气压缩式制冷循环系统,是由不同直径的管道和在其中的制冷剂(发生不同状态变化)组成,串接成一个封闭的循环回路,在系统回路中装入制冷剂,制冷剂在这个循环回路中能够不停地循环流动,即称为制冷循环系统。

制冷剂在流经制冷循环系统的各相关部位时,将由液态变为气态,再由气态变为液态。利用制冷剂汽化时吸收其他物质的热量,冷凝时向其他介质放出热量的性质,当制冷剂汽化吸热时,某物质必然放出热量而使其温度下降,这样就达到了制冷的目的。

2. 制冷循环过程

制冷压缩机由原动机如电机拖动而工作,不断地抽吸蒸发器中的制冷剂蒸气,压缩成高压、过热蒸气而排出并送入冷凝器,正是由于这一高压存在,使制冷剂蒸气在冷凝器中放出热量,把热量传递给周围的环境介质——水或空气,从而使制冷剂蒸气冷凝成液体,当然,制冷剂蒸气冷凝时的温度一定要高于周围介质的温度。

冷凝后的液体仍处于高压状态,流经节流元件进入蒸发器,制冷剂在节流元件中,从入口端的高压降低到低压,从高温降低到低温,并出现少量液体汽化为蒸气。

制冷剂液体流入蒸发器后,在蒸发器中吸收热量而沸腾汽化,逐渐变为蒸气,在汽化过程中,制冷剂从被冷却介质中吸收所需要的汽化热,被冷却介质由于失去热量而温度降低,实现了制冷的目的。当然,制冷剂液体汽化时的温度(按习惯称为蒸发温度)一定要低于被冷却介质的温度。由于压缩机不断地抽吸制冷剂蒸气,蒸发器中的低温、低压制冷剂蒸气能够不断地向前流动,不断地供给压缩机进行抽吸、压缩并排出,制冷剂在流动和变化中完成了一个循环后,进入下一次循环。只要压缩机不停止运转,制冷剂的循环就不会停止。

## 二、螺杆式电制冷

螺杆式冷水机组因其关键部件压缩机采用螺杆而得名,如图 16-4 所示,机组由从蒸发器出来的状态为气体的制冷剂,经压缩机绝热压缩后,变成高温高压状态。被压缩后的气体制冷剂,在冷凝器中等压力下冷却冷凝,经冷凝后变化成液态冷媒,再经节流阀膨胀到低压,变成气-液混合物。其中低温低压下的液态冷媒,在蒸发器中吸收被冷却物质的热量,重新变成气态冷媒。气态冷媒经管道重新进入压缩机,开始新的循环,这是冷冻循环的四个过程。

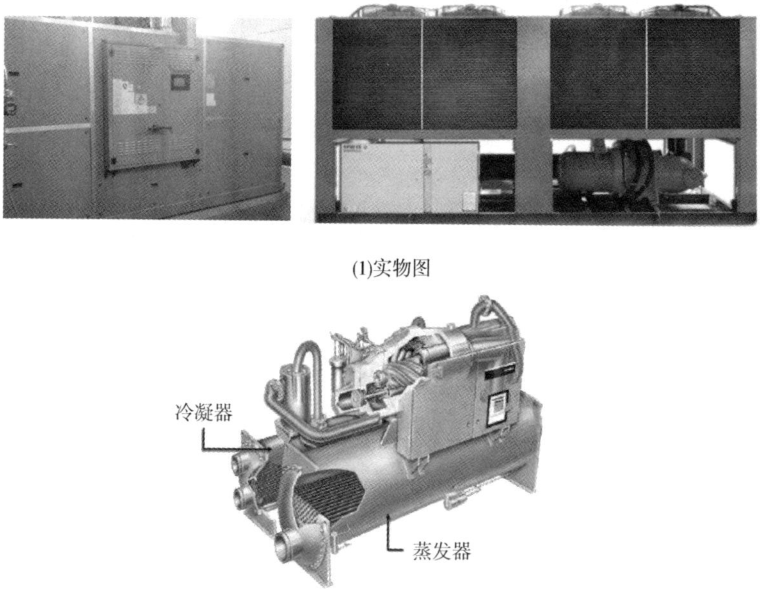


(1)实物图

(2)示意图

图 16-4　螺杆式冷水机组

双螺杆制冷压缩机是一种能量可调式喷油压缩机,它的吸气、压缩、排气三个连续过程是靠机体内的一对相互啮合的阴、阳转子旋转时产生周期性的容积变化来实现。一般阳转子为主动转子,阴转子为从动转子。

1. 吸气过程

气体经吸气口分别进入阴、阳转子的齿间容积。

2. 压缩过程

转子旋转时,阴、阳转子齿间容积连通(V 形空间),由于齿的互相啮合,容积逐步缩小,气体得到压缩。

3. 排气过程

压缩气体移到排气口,完成一个工作循环。通过蒸发器与冷媒进行冷热交换,使冷媒达到需求的温度,输送到各使用点保证生产要求。

压缩机采用滑阀卸载装置,能在 10%~100%负荷内无级调节,与实际负荷完全匹配,大大降低运行费用,如图 16-5 所示。

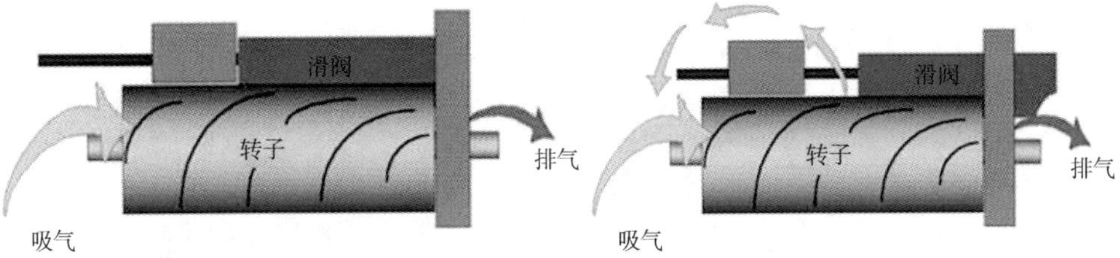


图 16-5　压缩机工作原理

满负荷时，滑阀关闭，制冷剂流量最大。部分负荷时，滑阀打开，制冷剂流量自动调节。

## 三、吸收式制冷

吸收式制冷是利用某些具有特殊性质的工质对，通过一种物质对另一种物质的吸收和释放，产生物质的状态变化，从而伴随吸热和放热过程。吸收式制冷目前在中国、日本和韩国得到了较普遍的应用。随着我国天然气的引进或开采，吸收式制冷正在制冷空调中发挥重要作用。充分利用余热的冷热电联产系统将使得吸收式制冷变得必不可少；广泛的燃气供应，以及夏季燃气低谷和用电高峰，可以使得燃气直燃式吸收式空调得到更广泛的应用。整个系统包括两个回路：制冷剂回路、溶液回路，如图 16-6 所示。

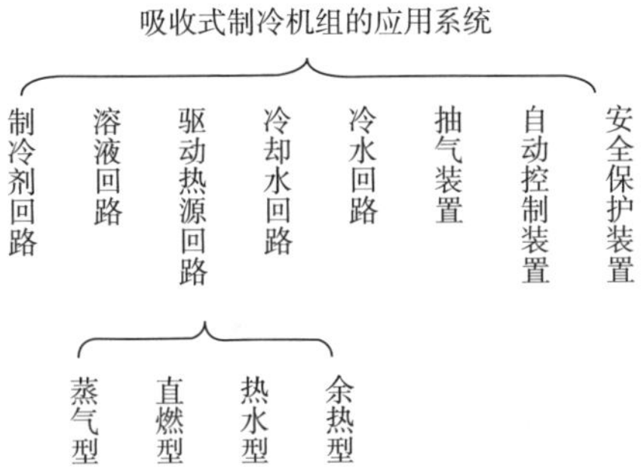


图 16-6　吸收式制冷的系统构成

吸收式制冷设备基本结构包括以下几个部分，如图 16-7 所示。

核心部件：发生器、冷凝器、蒸发器和吸收器。

发生器：通过加热使溶液蒸发，产生制冷剂蒸气的设备。

冷凝器：带走制冷剂和吸收剂热量，使温度降低至环境温度的设备。

蒸发器：制冷剂蒸发吸热带走被制冷物质的热量，降低其温度的设备。

吸收器：通过用浓溶液吸收剂在其中喷雾以吸收来自蒸发器的制冷剂蒸气的

(1)实物图

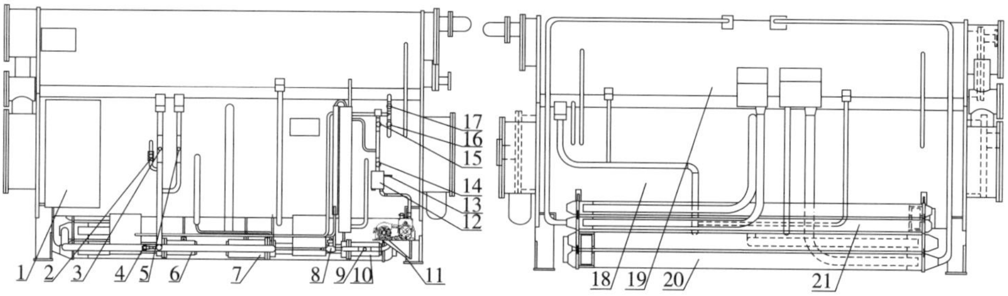


(2)结构图

图 16-7　吸收式制冷设备

1—控制箱　2—冷却水旁通阀　3—高温段冷却水调节阀　4—冷却水取样阀　5—低温段冷却水调节阀
6—冷却泵　7—溶液泵Ⅰ　8—加液阀或取样阀　9—稀溶液调节阀　10—溶液泵Ⅱ　11—真空泵
12—阻油器　13—取样抽气阀　14—真空泵下抽气阀　15—真空泵上抽气阀
16—吸收器高温段抽气阀　17—吸收器低温段抽气阀　18—蒸发器、吸收器筒体
19—发生器、冷凝器筒体　20—高温段溶液热交换器　21—低温段溶液热交换器

设备。

附属部件:溶液泵、节流阀等。

**(一)基本原理**

制冷剂液态时在蒸发器中吸热蒸发,所形成的蒸气被吸收剂所吸收,在此之后,吸收了制冷剂蒸气的吸收剂由溶液泵送至发生器,在发生器中被加热,而分离出制冷剂蒸气,该气在冷凝器中被冷凝成液体,再经节流后进入蒸发器,如图 16-8 所示。

吸收式制冷机中多采用二元溶液作为工质,习惯上称低沸点组分为制冷剂,高沸点组分为吸收剂,二者组成工质对。目前获得广泛应用的工质对只有氨-水和溴化锂-水溶液,前者用于低温系统,后者用于空调系统,具体如下。

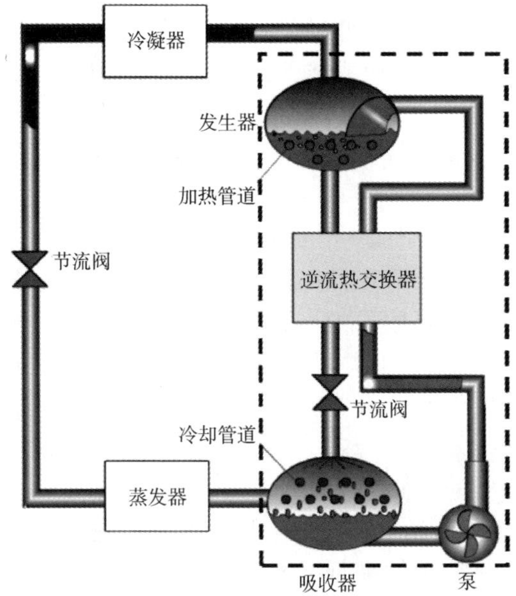


图 16-8　吸收式制冷循环

(1)以水作为制冷剂的工质对　水-溴化锂、水-氯化锂、水-碘化锂、水-氯化钙。

(2)以氨作为制冷剂的工质对　氨-水、乙胺-水、甲胺-水以及硫氰酸钠-氨等。

(3)以醇作为制冷剂的工质对　制冷剂通常选用甲醇,主要有甲醇-溴化锂、甲醇-溴化锌、甲醇-溴化锂-溴化锌三元溶液工质对等。

(4)以氟利昂作为制冷剂工质对　主要是 R21、R22 与四乙醇二甲基乙醚等有机物组成的工质对。

**(二)吸收式制冷的优缺点**

1. 优点

(1)夏天需供应冷气,冬天需供应暖气的全年气温调节地区,最适合使用吸收式系统。

(2)运转安静,可减少磨损至最小(除液体泵运转外),故障较少,维护简单。

(3)不依赖电力。

(4)容量控制容易,仅需控制发生器的热源。

(5)系统安全性高,无爆炸。

(6)系统满载与轻载效果相同,当负载改变时,只需调节发生器热源和水循环量即可。

(7)当蒸发温度及压力降低时,吸收式容量仅为有限度地减少,运转稳定。

2. 缺点

(1)以水为冷媒时,无法获得低温。

(2)操作不当时,溴化锂易生成结晶。

# 任务二 空调系统

药品生产要求洁净的生产场所,要求防止交叉污染,特别是人员对产品的污染。物料、产品需要合适的贮存条件,需要防止有害物质对人员的危害。其中净化空调系统是医药洁净厂房最重要的项目之一,控制着洁净室内对洁净环境产生影响的物质:粉尘、烟雾、微生物等,并可以控制房间温度、湿度在规定范围内。

净化空调系统是在空调设备的基础上,强化空气过滤设施,同时控制室内外压差,合理安排气流,避免交叉污染。

## (一)净化空调系统的特征

(1)净化空调系统控制的参数　除一般空调系统的室内温、湿度之外,还要控制房间的洁净度和压力等参数,并且温度、湿度的控制精度较高。

(2)净化空调系统的空气处理过程　必须对空气进行预过滤、中间过滤、末端过滤等,还必须进行温度和湿度处理。

(3)洁净室的气流分布、气流组织方面　要尽量限制和减少尘粒的扩散,减少二次气流和涡流,使洁净的气流不受污染,以最短的距离直接送到工作区。

(4)为确保洁净室不受室外污染或邻室的污染,洁净室与室外或邻室必须维持一定的压差(正压或负压),最小压差在10Pa以上,这就要求有一定的正压风量或一定的排风。

(5)净化空调系统的风量较大(换气次数一般为10次至数百次),相应的能耗就大,系统造价也就高。

(6)净化空调系统的空气处理设备、风管材质和密封材料根据空气洁净度等级的不同都有一定的要求。风管制作和安装后都必须严格按规定进行清洗、擦拭和密封处理等。

(7)净化空调系统安装完毕后应按规定进行调试,对各个洁净区域的综合性能指标进行检测,达到所要求的空气洁净度等级;对系统中的高效过滤器及其安装质量均应按规定进行检漏等。

## (二)净化空调系统的分类

1. 集中式净化空调机组(图16-9)

集中式净化空调机组主要由风机、冷却器、加热器、加湿器、初中效过滤器、传感器和控制器等组成。净化空调机组集中设置在空调机房内,用风管将洁净空气送给各个洁净室。净化型空调机组一般设有新回风混合段与过滤段、初效过滤段、二次回风段、表面冷却挡水段、蒸汽加热段、电加热段、干蒸汽加湿段、中效过滤段、均流段、消声段、风机送风段等功能段。

图 16-9　集中式净化空调机组

当风机开动后,室内的回风和室外的新风都被吸入送风室中,空气首先经过初效过滤器,以除去大部分尘埃和细菌;过滤后的空气通过表面冷却器,使空气温度下降,并让空气中的水分冷凝除去。然后通过挡水板除去雾滴,再通过风机,使空气经过蒸汽加热器,进一步调节空气温度和降低湿度,再通过蒸汽加湿器(或水加湿器)调节空气湿度,然后再经过中效过滤器,将洁净空气由各送风管送往操作室,在送风末端通过高效过滤器后进入操作室。室内的空气可经回风管送回送风室,与新风混合后,循环使用;新风应经初效过滤器过滤后进入送风室。

2. 分散式净化空调系统

在集中式空调的环境中设置局部净化装置(微环境/隔离装置、空气自净器、层流罩、洁净工作台、洁净小室等)构成分散式送风净化空调系统,也可称为半集中式净化空调系统。在分散式柜式空调送风的环境中设置局部净化装置(高效过滤器送风口、高效过滤器风机机组、洁净小室等)构成分散式送风的净化空调系统。

**(三)洁净空调系统特点**

1. 风量要求大

洁净室主要是通过空气量的循环来过滤空气中的尘埃、细菌等,实现对空气中非生物粒子和生物粒子的控制。为达到洁净的标准,送入的洁净空气量要足以保证洁净空间所规定的洁净度,因此风量要远高于满足房间热、湿需求的空调送风量。现行《洁净厂房设计规范》(GB 50073—2013)对各级洁净室的送风量及其他相关参数有明确规定,见表 16-4。

**表 16-4　各级洁净室的送风量及其他相关参数**

| 空气洁净度等级 | 医药洁净厂房设计规范 |
|---|---|
| B 级(静态百级) | ≥50 次/h |
| C 级(万级) | ≥25 次/h |
| D 级(十万级) | ≥15 次/h |
| A 级(动态百级) | 不考虑换气次数,要求风速 0.36~0.54m/s |

### 2. 温、湿度控制精度要求高

与普通舒适性空调仅满足人员舒适的要求不同,洁净室温、湿度控制的精度是为了满足生产环境要求,不宜过冷也不宜过热。温湿度太高或太低都会使细菌容易繁殖,影响产品质量;为了实现恒温恒湿,要求空气处理机组中至少要具备制冷、制热、加湿、除湿等功能段,而且需要有精密控制的方式。根据《药品生产监督管理办法和质量管理规范》要求,洁净室温度和湿度应该控制在:温度 18~26℃,湿度 45%~65%。

### 3. 系统风压高

为达到空气洁净的要求,洁净室一般至少要采用初、中、高三级过滤器过滤,多沙尘的环境则需要更多过滤措施,如增加滤沙网等。这三级过滤器都会产生阻力(过滤器阻力相关数据见表 16-5),同时为保证维持洁净室的正负压调节要求,送风采用集中送、回风的方式,所以洁净室的管道阻力一般比普通空调要大一倍以上。

**表 16-5　过滤器阻力相关数据**

| 过滤器等级 | 初阻力 | 终阻力 |
|---|---|---|
| 初效过滤器 | 10~40Pa | 20~80Pa |
| 中效过滤器 | 50~90Pa | 100~180Pa |
| 高效过滤器 | 150~220Pa | 300~440Pa |

### 4. 正负压要求严格

《洁净厂房设计规范》(GB 50073—2013)中规定:洁净室与周围的空间必须维持一定的压差,不同等级的洁净室之间的压差不宜小于 5Pa,洁净区与非洁净区之间的压差不应小于 5Pa,洁净区与室外的压差不应小于 10Pa,如图 16-10 所示。

图 16-10　洁净厂房

### (四)洁净空调的定义及作用

洁净空调系统是指在一定空间范围内,将空气中的微粒子、有害空气污染物、细菌等排除,并将室内的温度、洁净度、压力、气流速度与分布、噪声、振动及照明、静电控制在某一需求范围内的工程,主要包含温度、湿度、空气洁净度以及空气循环的控制处理系统,如图 16-11 所示。

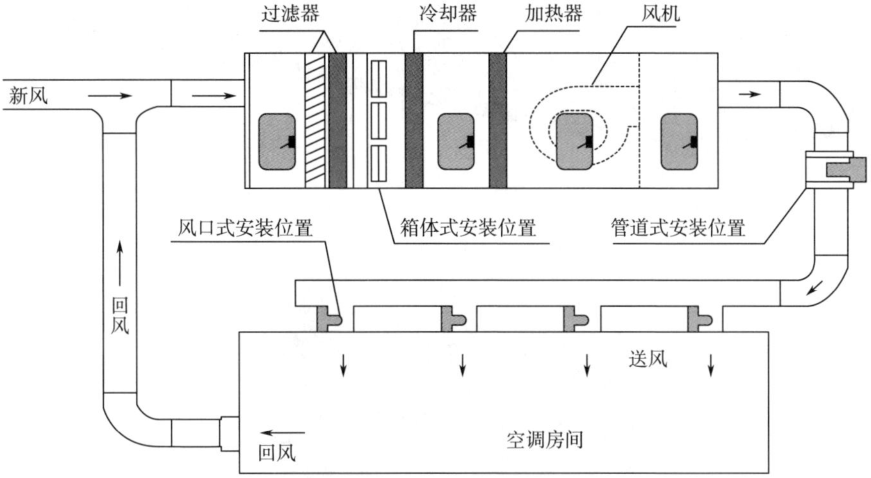


图 16-11　净化过程示意图

洁净空调系统的作用:控制药品及生产过程中的环境,保证产品质量;帮助预防交叉污染;防止有害物质对人员及环境的影响;提供新鲜空气,使人员舒适。具体流程图如图 16-12、图 16-13 所示。

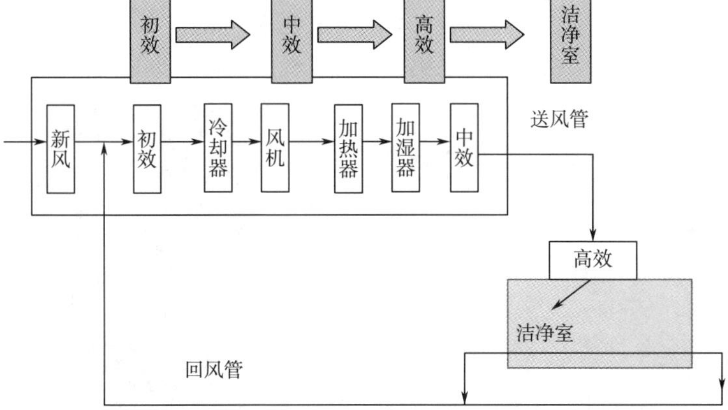


图 16-12　单风机净化空调系统空气处理流程图

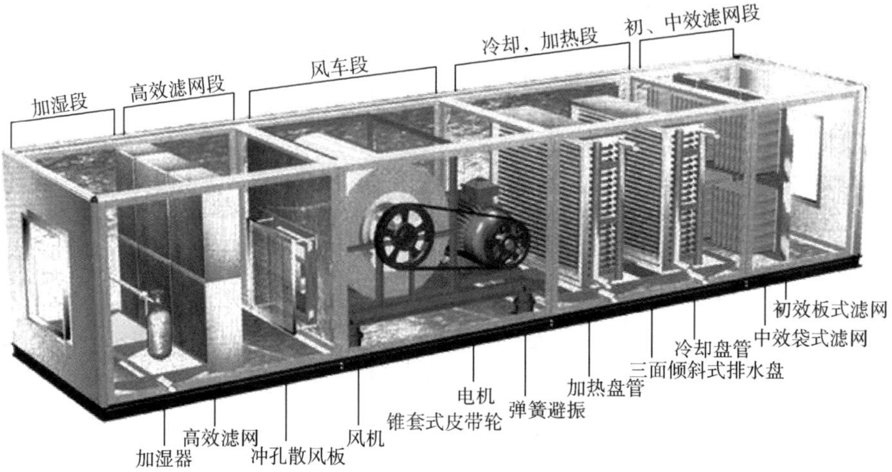


(1)示意图

(2)实物图

图 16-13　洁净空调系统

### (五)洁净空调及空气处理单元的组成

#### 1. 洁净空调组成模块

(1)空气处理单元　送、回、排风机组。

(2)生产净化区、控制区　满足 GMP 规范要求,如图 16-14 所示。

(3)系统自动控制　根据信号采集、运算,实现自我调节功能,如图 16-15 所示。

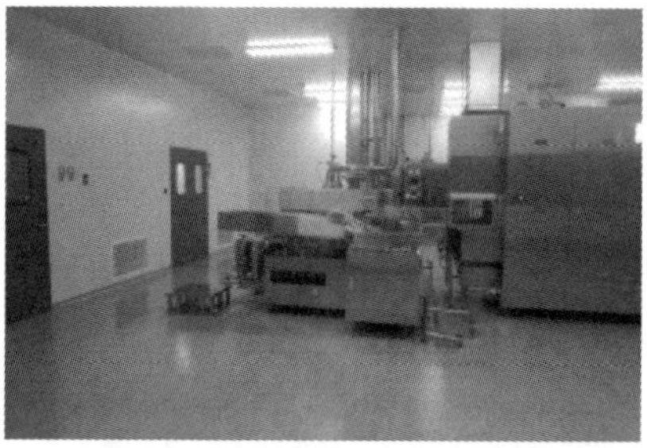

图 16-14　生产净化区、控制区

图 16-15　系统自动控制

## 2. 空气处理单元的组成

（1）送风机组　将环境空气的温、湿度通过冷热处理达到符合工艺要求的温、湿度；通过初、中、亚高效过滤器将空气中的尘埃进行前期处理过滤。送风机组包括：初效、表冷、风机、加热除湿、加湿、中效过滤、亚高效过滤，如图 16-16 所示。

（2）空气过滤器　主要用于洁净空调系统或净化设备送风。按等级可分为初效过滤器、中效过滤器、高效过滤器、超高效过滤器。按结构形式可分为板式、袋式、W 形（箱式 W 形）、有隔板、无隔板、液槽无隔板等。

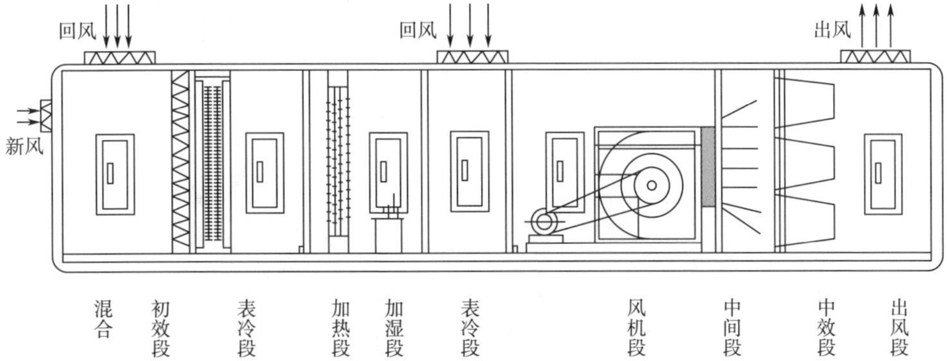


(1)示意图

(2)实物图

图 16-16　送风机组

一般初效过滤器可有效滤除 5μm 以上颗粒，中效过滤器可有效滤除 1μm 以上颗粒，可防止颗粒物在温、湿度传感器等测量元件表面、换热元件表面及风管内沉积，提高系统可控性。同时保护后端的高效过滤器，延长其使用寿命。高效过滤器多用于末端净化，气体经其过滤后直接进入洁净室或洁净空间，保持洁净环境达到使用要求。

空气过滤器是洁净空调系统中的关键设备,它的性能直接影响洁净空调系统的洁净度级别和空调净化效果,洁净空调系统必须选用合适的空气过滤器,并保证其运行可靠。

①初效过滤器:用于空调系统的初级过滤、高效过滤的预过滤,主要用于过滤5μm以上尘埃粒子。初效过滤器有板式、折叠式、袋式三种样式;外框材料有纸框、铝框、镀锌铁框;过滤材料有无纺布、尼龙网、活性炭滤材、金属孔网等;防护网有双面喷塑铁丝网和双面镀锌铁丝网。初效袋式空气过滤器主要用于滤除空调系统中25μm尘埃粒子,保护中效过滤器,延长其使用寿命,如图16-17所示。

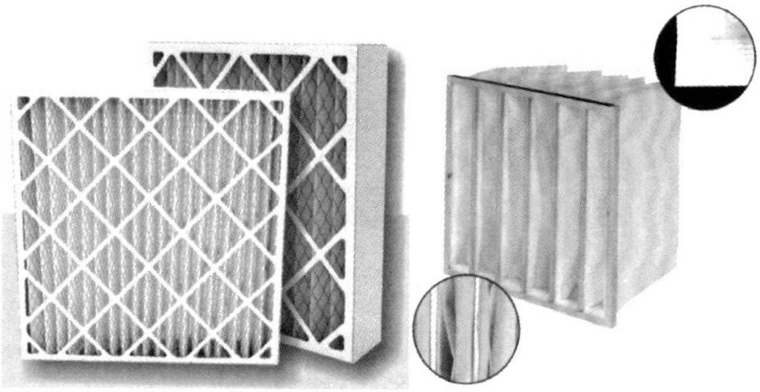

图16-17 初效过滤器

滤料多采用容易清洗和更换的金属网、泡沫塑料、无纺布、DV系化学纤维组合毡等。主要用于新风过滤,沉降微粒和各种异物的过滤,要求容尘量大、阻力小、价格低、结构简单。

铝制框架坚固轻便,易于安装、拆卸,过滤器也可采用表面氧化铝挤型材,内部辅以滤料骨架,整体结构紧凑、重量轻,易于安装、拆卸。

空气洁净度主要由过滤系统中末端的过滤器决定。在末端的高效过滤器之前安装合格、优质的初、中效过滤器,能够延长高效过滤器的寿命,达到降低更换率与运行成本的效果,如图16-18所示。

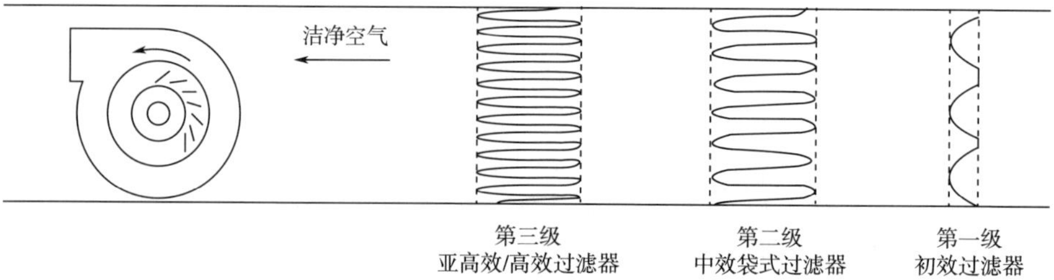


图16-18 典型的三级过滤系统(针对颗粒污染物)

②中效过滤器：主要用于捕集 1~5μm 的颗粒灰尘及各种悬浮物，过滤效率：60%~95%，主要是袋式结构。外框材料有：铝合金、镀锌钢板。滤芯材料以无纺布为主，滤芯形式一般为插片板式、楔形袋式、板式和折叠式等多种形式，如图 16-19 所示。

图 16-19　中效过滤器

滤料多采用中、细孔泡沫塑料或其他纤维滤料，如玻璃纤维毡、无纺布、复合无纺布和长丝无纺布等。保护其后的亚高效或高效过滤器，延长其使用寿命。袋子内部设有分隔栅，可有效增大袋子的过滤面积，可作为一般空调系统的最后过滤器和净化空调系统中高效过滤器的预过滤器。

③高中效过滤器：材料与中效过滤器相似，可以用于一般净化程度的系统末端过滤器，也可以为了提高净化空调系统的净化效果，更好地保护高效过滤器，而用于中间过滤。主要用于截留 1~5μm 的悬浮性微粒，效率以过滤 1μm 颗粒为准。

④亚高效过滤器：捕捉大于 0.3μm 的尘埃粒子，效率高达 90%以上；采用超细玻璃纤维滤纸或聚丙烯滤纸为滤材，经密摺而成。密褶的滤纸由纸隔板或铝箔隔板做成的小插件间隔，保持流畅通道，外框为镀锌板、不锈钢板或铝合金材料，用新型聚氨酯密封胶密封。可以作为洁净室末端过滤器使用，也可以作为高效过滤器的预过滤器，还可以作为净化空调系统新风的末级过滤，提高新风品质，如图 16-20 所示。

图 16-20　亚高效过滤器

⑤高效过滤器：洁净空调采用的高效过滤器，有玻璃纤维滤纸、石棉纤维滤纸和合成纤维 3 类。常作为三级过滤的末端过滤器，它是洁净室最主要的末级过滤器，高效过滤器以过滤 0.3μm 的微粒为主。超高效过滤器以过滤 0.12μm 的微粒为主，其必须在初、中效过滤器的保护下使用，如图 16-21 所示。

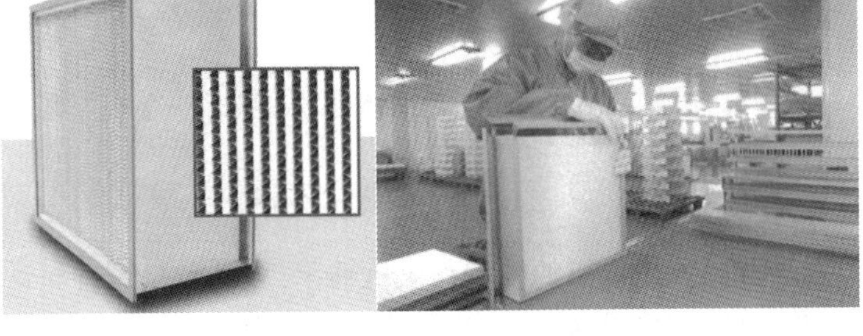

图 16-21　超高效过滤器

高效过滤器采用楔形褶层设计，防止滤料受损，如图 16-22 所示。

例：Radicel 箱式有隔板高效过滤器，滤料两面翻折，滤料折弯时有两道压痕，可使滤料在隔板尾端处形成楔形盒式褶层，进而防止滤料破损，延长过滤器使用寿命。波纹形铝隔板可精确保持褶层之间的距离，隔板边辗折，以防止滤料受损，在最小阻力下，最大限度地利用滤料。

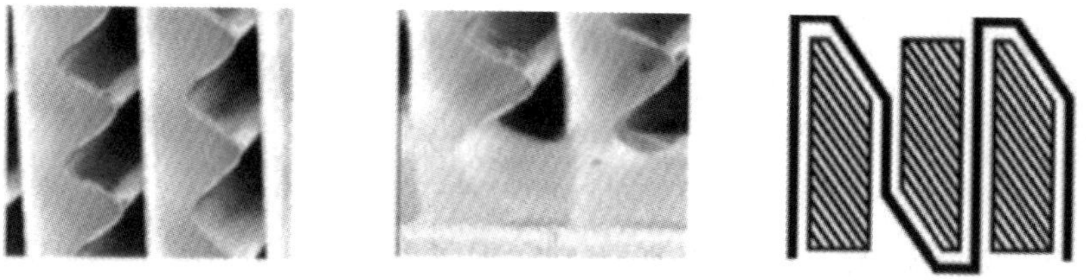

(1)铝隔板　　(2)聚氨酯胶密封　　(3)楔形褶层设计

图 16-22　楔形褶层设计

⑥空气过滤器的选用原则

a. 一般情况下，初效过滤器可以满足一般空调房间的净化要求。

b. 初效和中效过滤器联合使用可以满足洁净室（初级）的净化要求。

c. 初、中和高效过滤器的联合使用可以满足洁净室（中、高级）的净化要求。

d. 洁净空调设计中空气过滤器应按额定风量选用，要根据洁净要求确定最末一级过滤器的效率，选择起保护作用的过滤器，妥善匹配相邻两级过滤器的效率，相差不能太大。

e. 可能产生有害气体或微生物的洁净室，高效过滤器应靠近洁净室，阻力效率接近的高效过滤器应安装在同一洁净区内。

**（六）日常维护操作规程及注意事项**

1. 日常维护保养

（1）维护和保养必须在停机状态下进行。

（2）检查各螺丝、螺母、零部件是否松动。

（3）检查电气线路是否损坏。

（4）测量绝缘电阻应>1MΩ。

2. 表面式冷却器和加热器保养

清除管表面污物，可用毛刷刷除，当传热效果不佳时，检查阀门是否正常，不正常应进行更换。

3. 风机保养

（1）定期检查轴流风机电机的轴承和风机轴承，启动时是否有异常噪声，若听到异常声音应及时停车检查轴承是否损坏，若损坏应及时更换。

（2）每 3 个月加注一次润滑脂（图 16-23）。

图 16-23　加润滑脂

4. 检修门维护保养

定期检修(每月一次)门密封条和门把手,若有漏风和损坏应及时更换密封条,修理把手,确保不漏风、关得紧(图 16-24)。

图 16-24　密封门

5. 加湿器的维护保养

(1)检查加湿器排污口、排水口是否通畅,疏水阀能否正常疏水,检查蒸汽截止阀是否良好,冷凝管道是否通畅。

(2)蒸汽加湿器故障分析和排除方法,见表 16-6。

**表 16-6**　**蒸汽加湿器故障分析及排除方法**

| 现象 | 原因 | 排除方法 |
|---|---|---|
| 加湿器不加湿 | 主管道无蒸汽或阀门未打开 | 管道送气,打开阀门 |
| 空调间湿气太大 | 阀门开太大或蒸汽压力太大 | 关小阀门,调低蒸汽压力 |

续表

| 现象 | 原因 | 排除方法 |
| --- | --- | --- |
| 空调间加湿不够 | 蒸汽压低,各通道阀门打开不够 | 开大阀门,调高蒸汽压力 |
| 加湿器漏气 | 连接密封损坏,连接头松动 | 更换密封件,紧固件 |

### 6. 电动阀门维护保养

每日观察电动阀门能否正常开启和关闭,电线接头是否松动,接触是否良好,接触器能否正常开启。

### 7. 压差表和过滤袋

(1)观察压差表是否明显低压(低于初始压差),如低于初始压差应停机打开柜门看过滤袋有无破损,如破损应及时更换,如图 16-25 所示。

图 16-25　损坏情况

(2)如高于初始压差 2 倍,也应打开柜门观察过滤袋吸附的灰尘污物是否太多,若是应更换过滤袋。

(3)如无多少灰尘污物则应检查压差表是否损坏,如损坏应及时更换。

药品对空气质量相当敏感,尤其是粉末药和药片易吸湿返潮,一旦吸入空气中过量的水分极易失去药用价值。另外,设备如果长时间处于高湿的环境中,会造成设备表面的腐蚀,增加维修成本,降低生产效率。因此,控制环境的温、湿度是生产中的关键环节,使用空气除湿处理机组,可实现湿度 5%~40%的稳定控制,可用于部分低湿度生产工艺环节,如压片及涂层、粉针、冻干粉包装,软胶囊干燥、流化床、泡腾片生产、药品贮存、血液试纸生产、软胶囊生产车间等。

GMP 规范中对洁净区内的温、湿度及换气量要求很高,在冬季,空气源热泵应是一个稳定的热源;在夏季,冷水机组应是良好的冷源,稳定的工作状况对热泵/冷水机组的运行效率有显著提升,如图 16-26、图 16-27 所示。

蒸馏水、纯净蒸汽制取等工艺温度较高,获得的冷凝水温度高于常压沸点(100℃),可利用的余热较多。多数厂家对蒸汽冷凝水未进行回收利用,场内井盖冒白烟,余热浪费严重。冷凝水余热的梯级利用如图 16-28 所示。

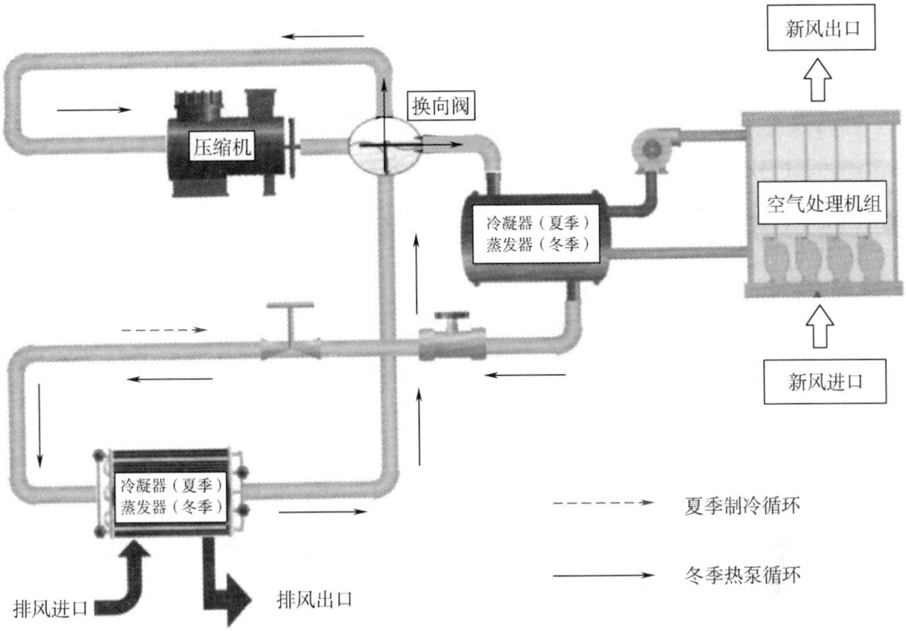


图 16-26　空调能源循环利用系统

图 16-27　水源热泵机组

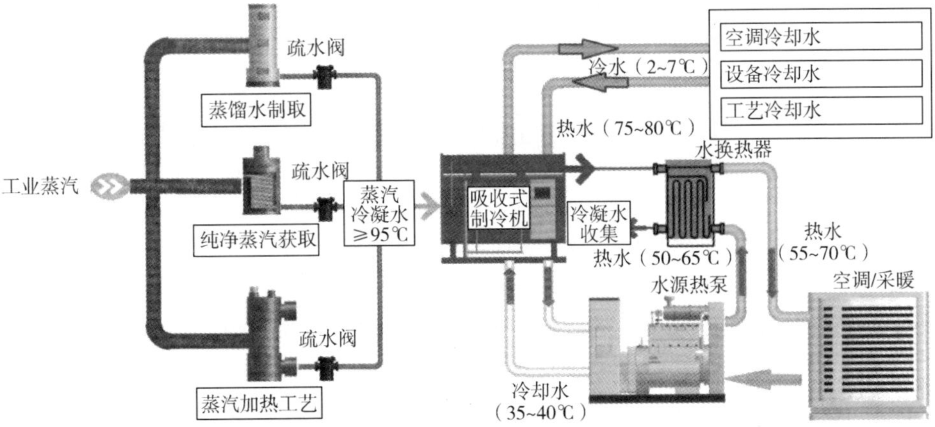


图 16-28　蒸汽冷凝水余热的梯级利用

# 任务三　无菌净化设备

净化设备一般指可以去除 0.1μm 以上颗粒的、可以提高局部洁净度的净化产品，其核心作用就是维持局部的高洁净度，规格尺寸也由所需保护的范围决定。可根据客户实际使用需要进行个性化设计，如系统控制、参数监控、运行方式等。

按照使用目的可分为层流罩、移动层流罩、负压称量罩、自净传递窗、洁净工作台、风机过滤单元、过氧化氢灭菌传递窗等。不管何种产品，最基本的组成均为风机和高效过滤器，依据现场使用的需要，部分产品可设计为垂直单向流或水平单向流。

## 一、风淋室

风淋室/货淋室是一种通用性较强的局部净化设备，一般安装于非洁净区与洁净区之间，是人或货物进入洁净区所需的通道，其吹出的洁净空气可去除人和货物所携带的尘埃，能有效阻断或减少尘源进入洁净区，如图 16-29 所示。

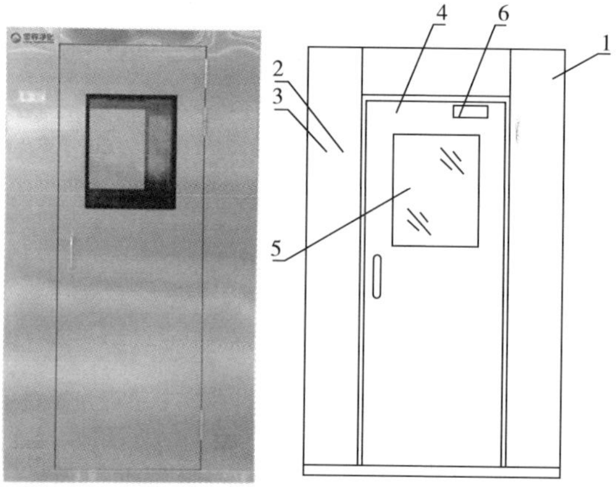


(1)实物图　　(2)示意图

图 16-29　风淋室

1—厢体　2—急停按钮　3—指示灯　4—不锈钢门　5—双层钢化玻璃　6—闭门器

风淋室/货淋室的前后两道门为电子互锁，又可起到气间的作用，阻止未净化的空气进入洁净区域，该设备广泛应用于医药、生物工程及微电子等领域。

新型节能直流电机风淋室与普通风淋室相比，节电效果超过 40%，如图 16-30 所示。

新型节能直流电机风淋室的高风速可以确保更好的除尘效果，配备的直流无刷电机和新型的 LED 照明灯，功率消耗大幅降低，并带有语音提示系统，语音提示内容可任意编辑。循环风机、LED 照明灯达到设定时间后可自动停止及熄灯，更为节能。风淋室内配备镜面不锈钢板，以方便确认洁净服穿着状态。顶部带吹淋，可对头部与肩部进行有效除尘。

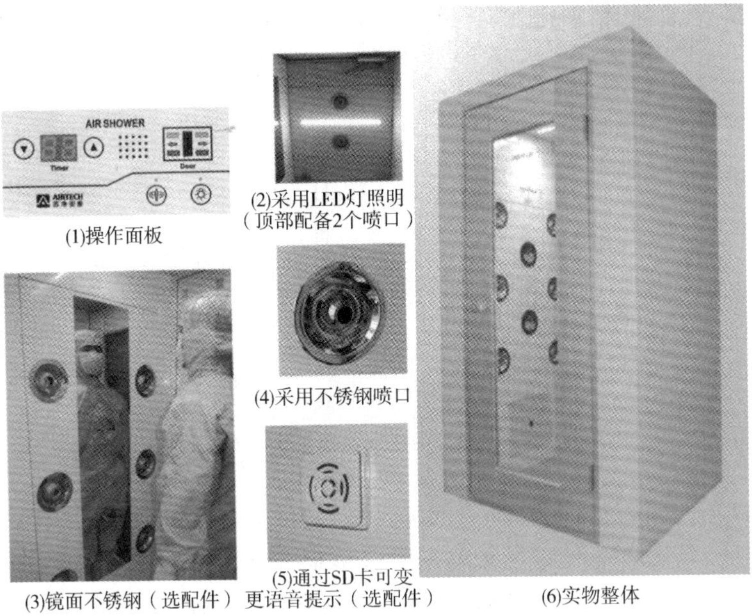


(1)操作面板　(2)采用LED灯照明（顶部配备2个喷口）　(3)镜面不锈钢（选配件）　(4)采用不锈钢喷口　(5)通过SD卡可变更语音提示（选配件）　(6)实物整体

图 16-30　新型的风淋室

## 二、洁净层流罩

洁净层流罩是一种可提供局部高洁净环境的空气净化设备，它能将操作员与产品屏蔽隔离，避免产品污染。从洁净室吸取的空气，利用顶部增压腔内的风机，经高效过滤后垂直穿过工作区，为关键区域提供洁净度达到百级的单向流空气，可灵活安装在需要高洁净度的工艺上方。洁净层流罩可以单个使用，也可以由多个组成带状的洁净区域，如图 16-31 所示。

图 16-31　洁净层流罩

该装置是一种顶、侧或底进风，底部送风的单向流洁净化设备，主要由箱体、可调风量风机、高效过滤器、均流膜、压差表、照明组件、控制系统等组成，如图 16-32 所示，有风机外接、风机上装和风机旁装 3 种。洁净层流罩应用于制药、电子、生物、精密制造、食品、精细化工等行业。广泛应用于制药车间洗烘、灌封流水线，抗生素冻干粉针瓶洗烘、灌封流水线，大输液生产线上的洁净送风系统。建议使用环境：温度≤60℃，湿度≤80%。

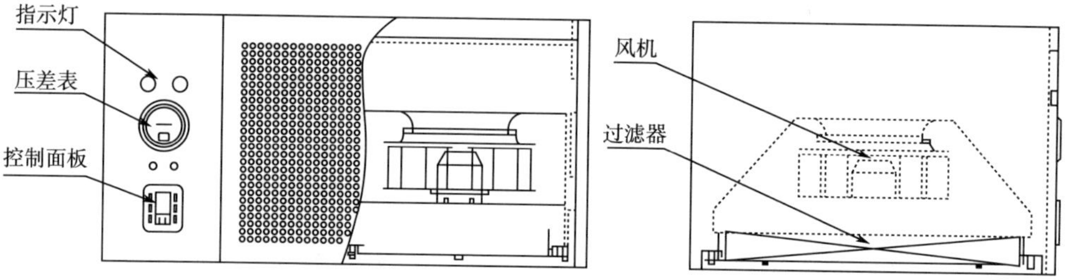


图 16-32　洁净层流罩结构示意图

洁净层流罩是采用垂直层流（即单向流）的气流形式，将空气以一定的风速通过高效过滤器后，形成均流层，使洁净空气呈垂直单向流，以一定的均匀断面风速通过工作区，将工作区的尘埃颗粒及微生物颗粒带走，从而保证了工作区内达到工艺要求的高洁净度及无菌的工作环境。要求注射剂、安瓿等的灌装要在无菌、无尘环境中进行，该设备能应对要求高的验证要求。

产品特点：①垂直单向流方式，洁净度为 ISO5（100 级）。②平均吹出风速为 0.45m/s（±20%）。

### （一）注射剂车间负压层流罩操作规程

洁净单向层流罩是在相对低洁净度的环境下，创造局部高洁净度环境的装置，可使局部工作环境达到 A 级。箱体采用优质 S304 不锈钢材料，过滤采用液槽无隔板 H14 高效过滤器。

#### 1. 工作原理

风机箱通过送风风管连接到层流罩的进风法兰，风以一定的风速通过高效过滤器，形成洁净空气，经均流膜，呈单向流均匀送入工作区，从而保证了工作区达到工艺要求的洁净度。同时房间的风经由回风夹道回风，送回到风机箱，形成一个循环，保证了房间的压差不受影响。

#### 2. 操作程序

（1）设备操作界面，如图 16-33 所示。

为风机开关按键，为紫外杀菌灯开关按键，为照明开关按键， 为风机频率调节按键，数显显示“上方”为当前风速，“下方”为当前风机

频率。

(2)点击风机开关启动风机,通过▲▼按键调节风机频率,使得当前风速显示在 0.36~0.54m/s,同时打开紫外杀菌灯及照明灯。

(3)检查初、高效过滤器当前压差是否在标准要求范围内。

(4)设备启动≥20min 后,关闭紫外杀菌灯再使用。

(5)操作人员按工艺要求称量物料,称量时禁止长时间探身至层流罩下。

(6)使用结束后,关闭风机及照明灯。

(7)使用洁净毛巾清洁层流罩、称量台内外表面及电子天平,目视无可见异物后自然晾干。

**(二)设备维护与保养**

初、高效过滤器压差低于初始压差或超过初始压差的 1.5 倍(初效过滤器压差超过 2 倍初始压差)时应更换过滤器。高效过滤器的更换应在洁净区域内进行,更换后应进行过滤器完整性测试。

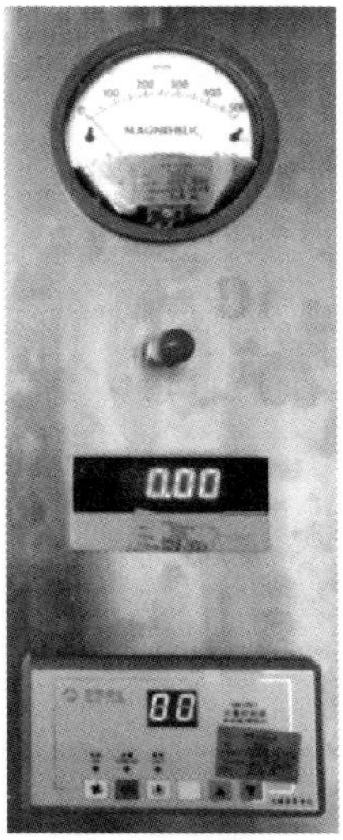


图 16-33　设备操作界面

## 三、无菌转运层流车

无菌转运层流车是一种携带内置电源的、可提供局部 A 级环境的、灵活流动于车间内的净化设备,弥补了固定式层流罩等无法达到的灵活性要求,如图 16-34 所示。

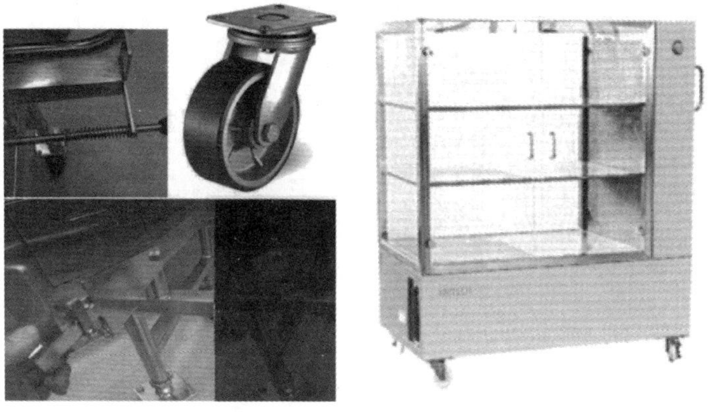

图 16-34　无菌转运层流车

其内部气流为垂直流,空气通过高效过滤风机单元自上而下,流经工作区域,净化和保护药品,设备内部正压,防止低级别区域空气进入。采用 UPS 供电方式,使小车在移动过程中实现了不间断运行,降低了交叉污染的风险。根据需要可改变开门形式并加装手套(非标准设计)。

## 四、无菌隔离装置

无菌隔离装置是根据 GMP 的要求,经专门设计制造,用于医药保健产品及需要更高级别的环境控制防护的屏障,该设备可最大限度地防止产品受到污染,保护操作者的安全,避免受到伤害,如图 16-35 所示。主要应用于无菌或无菌兼毒性产品的无菌测试、称量、分装、转移等生产工艺过程,分为正压隔离器和负压隔离器。无菌隔离装置可使人与生产工序隔离,并创建无菌洁净的空间以提升无菌保证等级(SAL)。由于其具有局部系统的特点,可降低初期投资、节省运行费用并提高空间有效利用率。

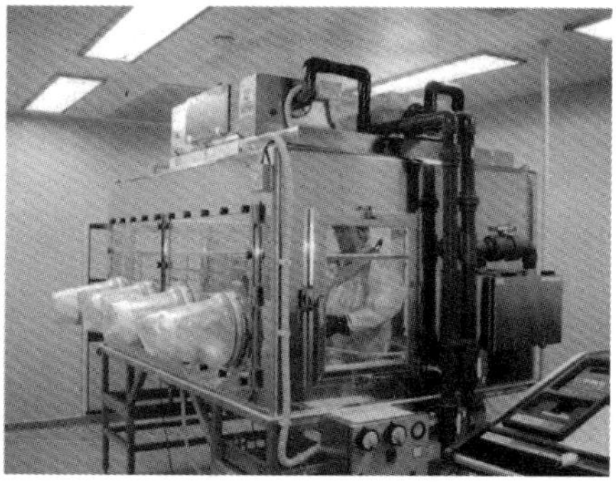

(1)实物图

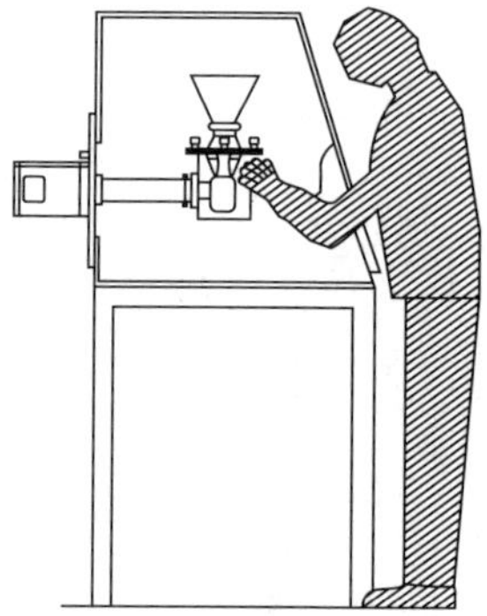

(2)示意图

图 16-35　无菌隔离装置

产品特征:提升无菌保证等级,把作业人员与产品制造工序完全隔离;确保产品制造过程在无菌环境中进行;确保整个工序不受外界影响,稳定生产环境,局部化控制使整体投资降低；使用该设备后可减小洁净区面积，减少厂房及设备投资规模；降低了无菌控制及管理的负担，同时可减少运行费用；可对应蒸汽灭菌。利用过氧化氢蒸气进行灭菌可使灭菌时间大幅缩短，灭菌可在常温、常压环境下进行，并且不生成危险性物质；利用高效空气过滤器创造无菌/无尘环境，0.3μm 以上粒子集尘效率为 99.99%以上；配备无色透明聚碳酸酯板的大型密封门具有操作性好、目视性好、便于维护等优点。

## 五、负压磨粉隔离器

随着国内对环境健康安全要求的加强，特别是针对员工防护及环境治理等大环境要求的提高，负压隔离器系统的应用需求逐渐增多，如图 16-36 所示。针对国内环保要求的提高，特别是经济发达区域及国内高端客户，对粉粒产品的出料、投料等容易产生粉尘或气味挥发的工作情况进行控制，避免粉尘及异味的产生，如反应釜投料、离心机出料、三合一出料等。

图 16-36　负压磨粉隔离器

负压磨粉隔离器的工作原理主要为实验型无菌粉碎隔离器，配合粉碎整粒机，通过 PUSH-PU，SH 过滤器、呼吸器紊流模式及排风风机形成负压实现操作的密闭处理，配备压差传感器及风机变频控制，通过 PLC 实现压差的自动调节，从而防止粉尘及气味的扩散，实现有组织排放，实现对人员的保护。

## 六、洁净工作台

### （一）概述

洁净工作台也称为超净台，它是在操作台面以上的空间局部形成无尘无菌环境的装置，并能将工作区已被污染的空气通过专门的过滤通道人为地控制排放，避免对人和环境造成危害，是一种安全的微生物专用洁净工作台，广泛应用于生物实验室、医疗卫生、生物制药等相关行业，并提供无菌无尘的洁净环境的局部净化工作台，其送风、回风不纳入净化空调系统，只是在无尘车间内自循环的净化设备。也有在非无尘车间内使用的，但它的初效过滤器、高效过滤器寿命将缩短。

### （二）结构

工作台采用直接控制方式，设有风机开关、照明开关、消除静电离子开关。

洁净工作台可分为水平平行流动洁净工作台和垂直平行流动洁净工作台，两者的区别是高效过滤器是否顶置，外形结构随着风机的类型、设置位置以及气流通道的改变而改变。凡是无菌操作的工艺，所用空间又不大，都可选用洁净工作台。

若能与无尘车间的气流统一考虑,使用效果更佳,如图 16-37 所示。

洁净工作台是由风机、初效过滤器、高效过滤器、壳体、台面、紫外线灯(进行起始前或终了后的灭菌)、照明灯、调压器、压差显示表等部件组成的。机箱采用薄钢板制作,表面烤漆。工作区台面为全不锈钢结构,工作台面为活动式安装,便于清洁,如图 16-38 所示。

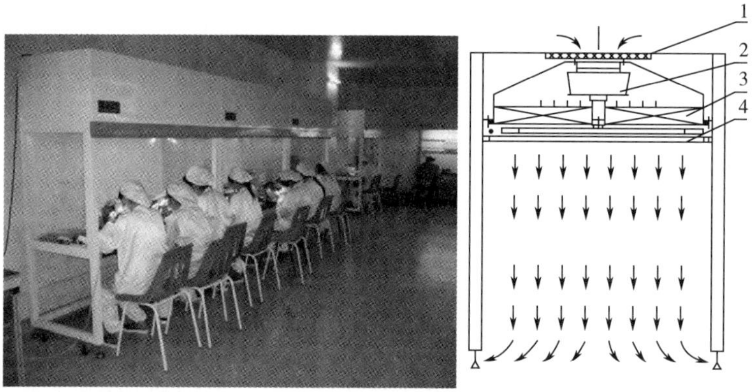


(1)实物图　　(2)气流示意图

图 16-37　洁净工作台工作图示

1—初效过滤器　2—风机　3—高效过滤器　4—均流膜

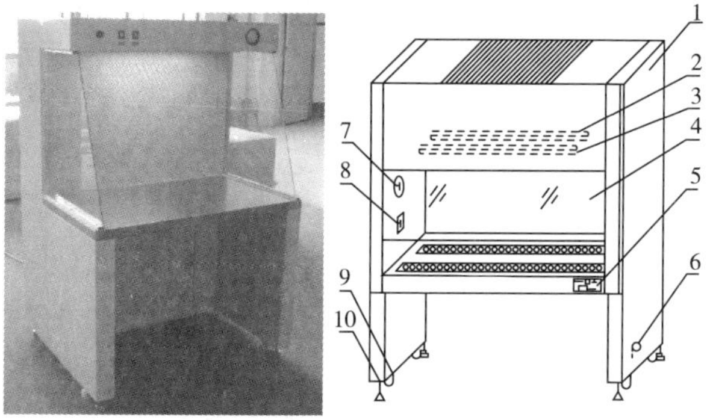


(1)实物图　　(2)示意图

图 16-38　洁净工作台结构

1—箱体　2—照明灯具　3—紫外灯具　4—钢化玻璃移门　5—控制器面板

6—电源仪表插座　7—压差表　8—防尘插座　9—不锈钢脚轮　10—不锈钢调节脚

洁净环境是指在特定的空间内,洁净空气(进滤空气)按设定的方向流动而形成的。以气流方向来分,现有的超净工作台可分为垂直式、由内向外式以及侧向式。从操作质量和对环境的影响来考虑,以垂直式较优越。由供气滤板提供的洁净空气以一个特定的速度下降通过操作区,在操作区大约中间位置分开,由前端空气吸入孔和后吸气窗吸走,在操作区下部、前后部吸入的空气混合在一起,并由鼓风机泵入后正压区。在机器的上部,30%的气体通过排气滤板从顶部排出,大约70%的气体通过供氧滤板重新进入操作区。为补充排气口排出的空气,同体积的空气通过操作口从房间空气中得到补充,这些空气绝对不会进入操作区,只是形成一个空气屏障。

**(三)使用说明**

(1)工作台安装后,要再检查一次各个部位是否正常,在准备开机工作之前,先用酒精等进行彻底的清洁。

(2)检查电源插头是否可靠地插入电源插座中。

(3)打开电源开关,控制器电源指示灯亮,按动风机的增速/减速键运行风机。

(4)不要将物品置于吸风口中或吸风口上方,以免因吸气量减少而影响产品的性能。

(5)当高效过滤器的阻力大于200Pa或风速小于0.3m/s,此时应更换高效过滤器。

## 七、洁净室

洁净室,也称为无尘室,它是污染控制的基础,没有洁净室,污染敏感零件不可能批量生产。洁净室被定义为具备空气过滤、分配、优化、构造材料和装置的房间,其中特定规则的操作程序控制空气悬浮微粒的浓度,从而达到适当的微粒洁净度级别,如图16-39所示。

(1)实景图

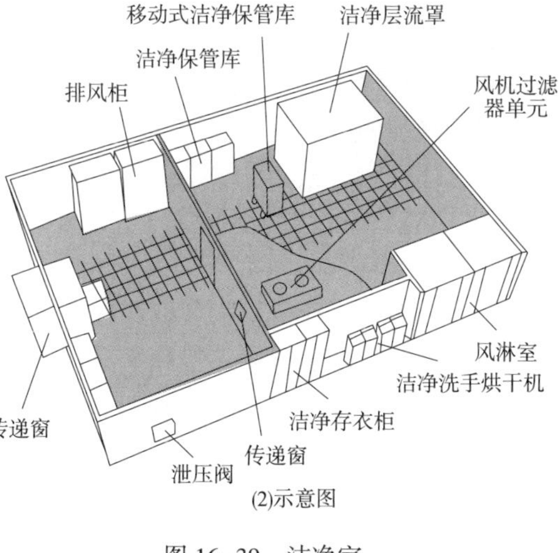


(2)示意图

图16-39　洁净室

## 八、制药洁净车间布置的一般要求

### (一)合理布置有洁净等级要求的房间

(1)洁净等级要求相同的房间应尽可能地集中布置在一起,以利于通风和空调的布置。

(2)洁净等级要求不同的房间之间要设置防污染设施,如气闸、风淋室、缓冲间及传递窗等。

在有窗的洁净厂房中,一般应将洁净等级要求较高的房间布置在内侧或中心部位。若窗户的密闭性较差,且将无菌洁净室布置在外侧时,应设一封闭式的外走廊作为缓冲区;洁净等级要求较高的房间宜靠近空调室,并布置在上风向;洁净室内的管路很多,如通风管路、上下水管路、蒸汽管路、压缩空气管路、物料输送管路以及电器仪表管线等。为满足洁净室内的洁净等级要求,各种管路应尽可能采用暗铺;明铺管路的外表面应光滑,水平管线宜设置技术夹层或技术夹道,穿越楼层的竖向管线宜设置技术竖井。此外,管路的布置应与通风夹墙、技术走廊等结合起来考虑。

### (二)室内装修应利于清洁

洁净室内的装修应便于进行清洁工作。洁净室内的地面、墙壁和顶层表面均应平整光滑、无裂缝、不积聚静电,接口应严密、无颗粒物脱落,并能经受清洗和消毒。墙壁与地面、墙壁与墙壁、墙壁与顶棚等的交界连接处宜做成弧形或采取其他措施,以减少灰尘的积聚,并有利于清洁工作。

### (三)防止污染或交叉污染

GMP 要求在满足生产工艺要求的前提下,要合理布置人员和物料的进出通道,其出入口应分别独立分开设置,并避免交叉、往返。应尽量减少洁净车间的人员和物料出入口,以利于全车间洁净度的控制。进入洁净室(区)的人员和物料应有各自的净化用室和设施,其设置要求应与洁净室(区)的洁净等级相适应。洁净等级不同的洁净室之间的人员和物料进出,应设置防止交叉污染的设施。若物料或产品会产生气体、蒸汽或喷雾,则也应设置防止交叉污染的设施。进入洁净厂房的空气、压缩空气和惰性气体等均应按工艺要求进行净化。

输送人员和物料的电梯应分开设置,且电梯不宜设在洁净区内,必须设置时,电梯前应设气闸室或其他防污染设施。

根据生产规模的大小,洁净区内应分别设置原料存放区、半成品区、待验品区、合格品区和不合格品区,以最大限度地减少差错和交叉污染。

不同药品、规格的生产操作不能布置在同一生产操作间内。当有多条包装线同时进行包装时,相互之间应分隔开来或设置有效防止混淆及交叉污染的设施。

更衣室、浴室和厕所的设置不能对洁净室产生不良影响。

要合理布置洁净区内水池和地漏的安装位置,以免对药品产生污染,100 级洁净区内不得设地漏。

**(四)设置安全出入口**

工作人员需要经过曲折的卫生通道才能进入洁净室内部,因此必须考虑发生火灾或其他事故时工作人员的疏散通道。

洁净厂房的耐火等级不能低于二级,洁净区(室)的安全出入口不能少于2个。无窗的厂房应在适当位置设置门或窗,以备消防人员出入和车间工作人员疏散。

安全出入口仅为应急使用,平时不能作为人员或物料的通道,以免发生交叉污染。

**(五)尽量减少洁净厂房的建筑面积**

一般情况下,厂房的洁净等级越高,投资、能耗和成本就越大,有洁净等级要求的车间,不仅投资较大,而且水、电、气等经常性费用也较高。因此,在满足工艺要求的前提下,应尽量减少洁净厂房的建筑面积。比如,可布置在一般生产区(无洁净等级要求)进行的操作不要布置在洁净区内进行,可布置在低等级洁净区内的操作不要布置到高等级洁净区内,以最大限度地减少洁净厂房尤其是高等级洁净厂房的建筑面积,达到降低药品生产成本的目的。

## 习题

**一、名词解释**

1. 层流罩;2. 洁净工作台;3. 洁净室;4. 隔离系统。

**二、填空题**

1. 生产车间的环境可划分为__________、__________和__________。

2. 亚高效空气过滤器有出风阻力低,投资少,需用风机压头不高,运行噪声小,运行能耗少的优点,用于____________________或低于10万级空气净化工程。

3. 洁净室按用途分两大类:__________和__________。

**三、选择题**

1. 层流罩中气流形式是(　　)。

A. 水平单向流　B. 水平混合流　C. 垂直单向流　D. 垂直辐射流

2. 普通工作台一般洁净度为(　　)。

A. 100级　B. 10000级　C. 100000级　D. 300000级

3. 空气洁净度在10万级及10万级以上的,应采用(　　)过滤。

A. 初、中、高效　B. 中效　C. 初、中、亚高效　D. 高效

**四、判断题**

1. 空气洁净度级别相同的房间之间,有压差要求。(　　)

2. 无菌药品是指法定药品标准中列有无菌检查项目的制剂和原料药,包括无

菌制剂和无菌原料药。(　　)

**五、问答题**

1. 简述洁净室的污染源。
2. 简述洁净室具有的特点。
3. 列举几个防止交叉污染的措施。

# 项目十七　自动控制系统

## 教学目标

**●知识目标**

熟悉制药生产常用的自动控制系统 DCS、SIS、PLC 的基本概念和工作原理。

**●能力目标**

掌握 DCS、SIS、PLC 的使用方法。

**●素质目标**

熟悉岗位要求;拥有安全意识。

**●课前思考**

如何对制药生产中的参数实行实时控制? 有哪些控制系统?

**●认知解读**

数字化控制系统是基于 WEB 技术的网络化控制系统,它的主要特点是突破了传统控制系统的层次模型,实现了多种总线兼容和异构系统的综合集成。通过软件提供的各种通用、专用数据接口,可以集成 DCS、PLC、智能仪表等多种设备的控制系统,保证生产数据采集的实时性和安全性。十分适合批量化和间歇式生产的医药厂使用。集散控制系统(DCS)实现了对生产的集中管理和分散控制,偏重于化工行业过程控制。安全仪表系统(SIS)是对控制系统中检测的结果实施报警动作或调节或停机控制,也是工厂企业自动控制中的重要组成部分。可编程逻辑控制器(PLC)面向一般工业控制领域,通用性强。

中国的制药工业起步于 20 世纪初,经历了从无到有、从使用传统工艺到大规模运用现代技术的发展历程,特别是改革开放以来,我国医药工业的发展驶入"快车道",我国现已成为当今世界上医药工业发展最快的国家之一。

现代制药工业过程的显著特点是生产规模逐步扩大、工艺过程复杂、对产品质量控制要求严格、先进设备及新技术不断涌现、生产过程更加规范、行业竞争日趋激烈。工业制药生产是一个复杂的过程,它涉及物理、化学、生化等诸多反应,同时又与过程控制、环境因素、设备特性密切相关。大力发展工业过程自动化技术,以提高企业内部生产效率和节能降耗,增强企业的市场竞争力,进而提高经济效益是现代工业应对挑战的最有效方法之一,也是制药过程中必不可少的安全保证,更是优化、高效生产的技术手段。因此,自动化技术的实施是确保制药生产过程达到安全生产、降低消耗、产出高效、利于环保等综合生产目标的必经之路;还有助于改善工作环境,使生产环境符合 GMP 要求。

生产过程自动化控制系统可实现粉碎、筛分、混合、浸提、分离、浓缩、干燥等生产过程全自动控制,提高原料、能源和设备的利用率,增加生产产量、缩短生产周期、降低生产成本,减少人为误差和不合格品。

生产环境自动控制系统采用先进的环保技术、节能技术、信息技术和网络技术,将厂房内的变配电、照明、电梯、空调、供热、给排水、消防、安保等众多分散设备的运行状况实行集中监控、集中管理和分散控制,实现集中管理控制、温度精确控制、降低能源消耗、降低维护成本,提供一个既安全可靠,又节约能源,而且舒适宜人的工作环境。

一套面向医药行业的智能制造的整体解决方案,是由生产运营管理系统(PMS)、质量管理系统(QMS)、实验室管理系统(LMS)、电子批记录系统(EBR)、文档管理系统(DOC)、设备管理系统(EAM)、能源管理系统(EMS)、安环(安全生产,环境保护)系统(SES)、数据采集与监控系统(SCADA)、批量控制系统、集散控制系统(DCS)、可编程逻辑控制器(PLC)和安全仪表系统(SIS)组成。确保生产符合 GMP 法规要求的同时,也有利于医药企业实现提质、降本、节能、增效和安全生产的目的,如图 17-1 所示。

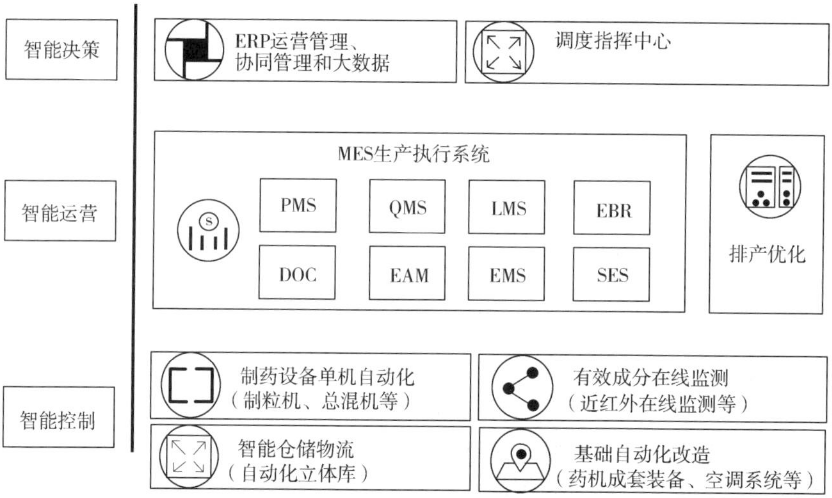


图 17-1　面向医药行业的智能制造的整体解决方案

一套工业自动化整体解决方案会通过对控制系统和企业资源管理系统(ERP)进行整合,使之相互联系,互通信息,并形成信息流反馈到数据中心进行分析,从而作出不同的操作指令,而且对反馈信息进行分析后可以为生产工艺的优化、改进提供支持,如图 17-2 所示。

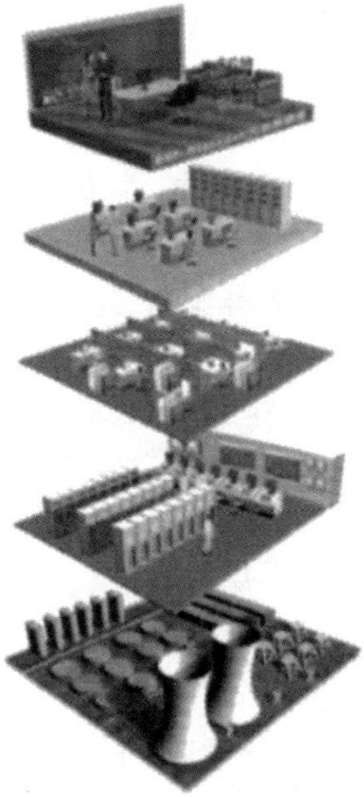


图 17-2　工业自动化整体解决方案

对取得的实时数据和历史数据进行分析,对生产过程进行优化,提高生产方案的灵活性,挖掘生产潜力、提高设备利用率、缩短生产周期、提高产品产量。

自动生成生产运行报表、原料消耗报表、能源消耗报表,实现报表的安全网络共享,利用平衡物料供应系统减少物料消耗,降低生产成本,提高原料、能源和设备的利用率。

统计分析各工艺设备的运行时间、起动次数和故障次数,当设备使用期已过时并发出警告信号,在检修期内应及时更换,避免在生产中频繁发生故障,使生产过程更加安全。

通过数理统计功能对历史数据进行统计分析,通过报警记录分析潜在的质量问题,为生产及设备管理提供改进依据,提高产品质量,减少人为误差和不合格品率。

集中监控众多分散设备的运行状况,严格监测制备制药用水的各个生产环节,控制室内空气浮游微粒及细菌对生产的污染,使生产环境符合 GMP 要求。

管理者可以在世界各地实时监测各个车间生产及设备运行情况,实时查看报警信息和现场数据,取代了原先电话查询的方式,极大地提高了信息传输速度及数据可靠性。

# 任务一　集散控制系统(DCS)

集散控制系统也称为分布式计算机控制系统(Distributed Control System, DCS),是20世纪70年代中期发展起来的新型控制系统。它集计算机技术、控制技术、通信技术和图形显示技术为一体,实现对生产的集中管理和分散控制。该系统是以微处理器为基础,采用控制功能分散、显示操作集中、兼顾分而自治和综合协调的设计原则的新一代仪表控制系统。DCS包括多流程联合装置过程控制、多系列联合装置过程控制、单流程/单装置过程控制、基于现场总线的过程控制、配方管理、批量过程控制、电液调速、机组防喘振控制等方面。"集"即为集中操作管理,有利于更高一级的控制;"散"即为分散控制,主要目的是为了提高安全性。目前DCS在制药、石化、冶金等各行业都获得了极其广泛的应用。

一套DCS一般分为以下几大部分。

过程站(PS):主要功能是完成现场数据采集和控制,它是系统的核心部分。

操作站(OS):主要功能是完成监视、操作、过程管理,实现人机对话。

通信网络(LAN):主要功能是实现在各物理连接设备之间的数据传递。

系统特点:硬件多、安全可靠;大量的可扩展接口,扩展系统十分方便;处理模拟量的能力强,联网功能强大;适用于大中型控制系统。

随着企业提出的高柔性、高效益的要求,DCS广泛地应用于各种先进控制与优化技术方向,也是挖掘并提升DCS综合性能最有效、最直接,也是最具价值的发展方向。

## 一、系统介绍

DCS通常采用分级递阶结构,如图17-3所示。每一级由若干子系统组成,每一个子系统实现若干特定的有限目标,形成金字塔结构。

图17-3　DCS的结构层次

可靠性是DCS发展的基础,要保证DCS的高度可靠性主要有三种措施:一是广泛应用高可靠性的硬件设备和生产工艺;二是广泛采用冗余技术;三是在软件设计上广泛实现系统的容错技术、故障自诊断和自动处理技术等。当今大多数集散控制系统的平均无故障工作时间(MTBF)可达几万甚至几十万小时。

## 二、发展趋势

### (一)系统功能向开放式方向发展

传统DCS的结构是封闭式的,不同制造商的DCS之间难以兼容,而开放式的

DCS 将可以赋予用户更大的系统集成自主权，用户可根据实际需要选择不同厂商的设备同软件资源连入控制系统，达到最佳的系统集成，这里不仅包括 DCS 与 DCS 的集成，更包括 DCS 与 PLC、FCS 及各种控制设备和软件资源的广义集成。

**(二)仪表技术向数字化、智能化、网络化方向发展**

工业控制设备的智能化、网络化发展，可以促使过程控制功能进一步分散下移，实现真正意义上的“全数字”“全分散”控制。另外，由于这些智能仪表具有的精度高、重复性好、可靠性高的优点，并具备双向通信和自动诊断功能等特点，致使系统的安装、使用和维护工作更为方便。

**(三)工程控制软件正向先进控制方向发展**

广泛应用于各种先进控制与优化技术是挖掘并提升 DCS 综合性能最有效、最直接也是最具价值的发展方向，主要包括先进系统控制、过程优化、信息集成、系统集成等软件的开发和产业化应用。在未来，工业控制软件也将继续向标准化、网络化、智能化和开放性方向发展。

**(四)系统架构向 FCS 方向发展**

单纯从技术而言，现阶段现场总线集成于 DCS 可以有以下三种方式。

1. 现场总线于 DCS 系统 I/O 总线上的集成

通过一个现场总线接口卡挂在 DCS 的 I/O 总线上，使得在 DCS 控制器所看到的现场总线的信息就如同来自一个传统的 DCS 设备卡。例如，Fisher-Rosemount 公司推出的 DeltaV 系统采用的就是此种集成方案。

2. 现场总线于 DCS 系统网络层的集成

在 DCS 更高一层网络上集成现场总线系统，这种集成方式不需要对 DCS 控制站进行改动，对原有系统影响较小，如 Smar 公司的 302 系列现场总线产品可以实现在 DCS 系统网络层集成其现场总线功能。

3. 现场总线通过网关桥接与 DCS 系统并行集成

如 SUPCON 的现场总线系统，利用 HART 协议网桥连接系统的操作站和现场仪表，从而实现现场总线设备管理系统操作站与 HART 协议现场仪表之间的通信功能。

一直以来 DCS 的重点在于控制，它以“分散”作为关键词，但现代发展更着重于全系统信息综合管理，“综合”又将成为其关键词，向控制体系、运行体系、计划体系、管理体系的综合自动化方向发展，实施从最底层的实时控制、优化控制上升到生产调度、经营管理，以至最高层的战略决策，形成一个具有柔性、高度自动化的管控一体化系统。

## 三、硬件体系结构

过程控制级和管理级是组成 DCS 的两个最基本的环节。

过程控制级具体实现了信号的输入、变换、运算和输出等分散控制功能。在不同的 DCS 中，过程控制级的控制装置各不相同，如过程控制单元、现场控制站、过程接口单元等，但它们的结构形式大致相同，可以统称为现场控制单元（FCU）。过程管理级由工程师站、操作员站、管理计算机等组成，完成对过程控制级的集中监视和管理，通常称为操作站。DCS 的硬件和软件，都是按模块化结构设计的，所以 DCS 的开发实际上就是将系统提供的各种基本模块按实际的需要组合成为一个系统，这个过程称为系统的组态。

### （一）现场控制单元

现场控制单元一般远离控制中心，安装在靠近现场的地方，其高度模块化的结构可以根据过程监测和控制的需要，配置成由几个监控点到数百个监控点的规模不等的过程控制单元，如图 17-4 所示。

现场控制单元的结构是由许多功能分散的插板（或称卡件）按照一定的逻辑或物理顺序安装在插板箱中，各现场控制单元及其与控制管理级之间采用总线连接，以实现信息交互。

图 17-4　现场控制单元

图 17-5　I/O 插件

现场控制单元的硬件配置需要完成以下内容。

#### 1. 插件的配置

根据系统的要求和控制规模配置主机插件（CPU 插件）、电源插件、I/O 插件、通信插件等硬件设备，I/O 插件如图 17-5 所示。

#### 2. 硬件冗余配置

对关键设备进行冗余配置是提高 DCS 可靠性的一个重要手段，DCS 通常可以对主机插件、电源插件、通信插件和网络、关键 I/O 插件都可以实现冗余配置，如图 17-6 所示。

#### 3. 硬件安装

不同的 DCS，对于各种插件在插件箱中的安装，会在逻辑顺序或物理顺序上有相应的规定。另外，现场控制单元通常分为基本型和扩展型两种，所谓基本型就是各种插件安装在一个插件箱中，但更多的时候需要可扩展的结构形式，即一个现场控制单元还包括若干数字输入/输出扩展单元，相互间利用总线连成一体。就本质而言，现场控制单元的结构形式和配置要求与模块化 PLC 的硬件配置是一致的。

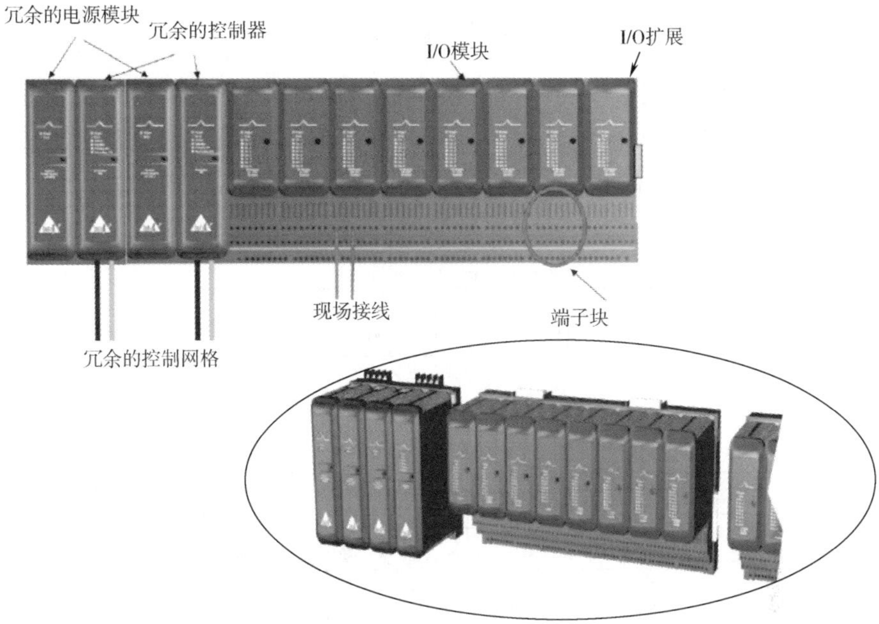


图 17-6　常用硬件

### (二)操作站

操作站用来显示并记录来自各控制单元的过程数据,是人与生产过程信息交互的操作接口。典型的操作站包括主机系统、显示设备、键盘输入设备、信息存储设备和打印输出设备等,主要实现强大的显示功能(如模拟参数显示、系统状态显示、多种画面显示等)、报警功能、操作功能、报表打印功能、组态和编程功能等。

另外,DCS 操作站还分为操作员站和工程师站。从系统功能上看,前者主要实现一般的生产操作和监控任务,具有数据采集和处理、监控画面显示、故障诊断和报警等功能,如图 17-7 所示。后者除了具有操作员站的一般功能以外,还应具备系统的组态、控制目标的修改等功能,如图 17-8 所示。从硬件设备上看,多数系统的工程师站和操作员站合在一起,仅用一个工程师键盘加以区分。

图 17-7　操作员站

图 17-8　工程师站

## 四、软件系统

DCS 的软件体系如图 17-9 所示,通常可以为用户提供相当丰富的功能软件模块和功能软件包,控制工程师利用 DCS 提供的组态软件,将各种功能软件进行适当地“组装连接”(即组态),生成满足控制系统要求的各种应用软件。

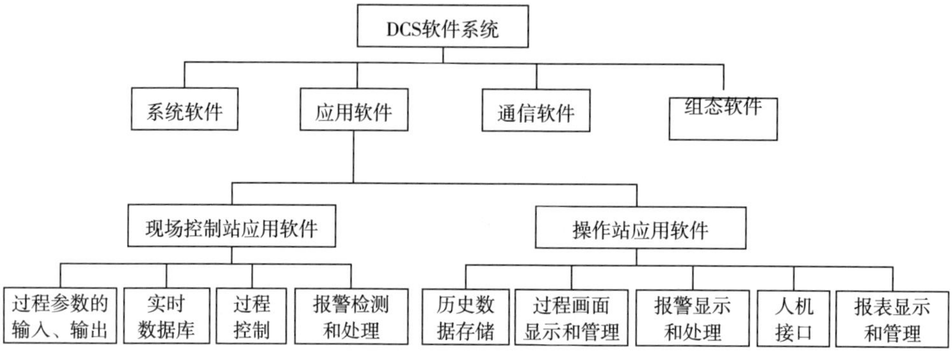


图 17-9　DCS 软件体系

### (一)现场控制单元的软件系统

现场控制单元的软件主要包括以实时数据库为中心的数据巡检、控制算法、控制输出和网络通信等软件模块组成,如图 17-10 所示。

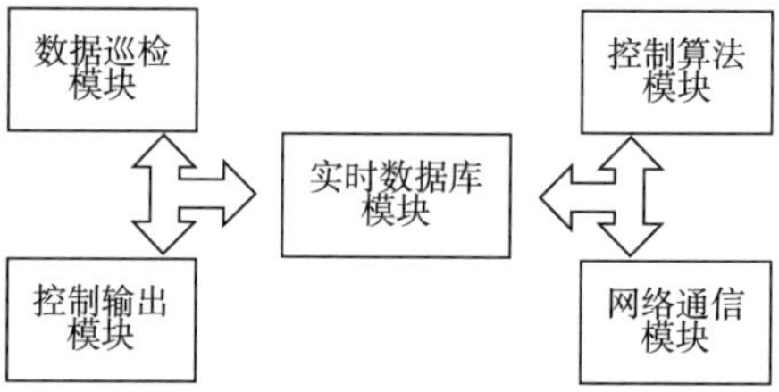


图 17-10　现场控制单元软件结构

实时数据库起到了中心环节的作用,在这里进行数据共享,各执行代码都与它交换数据,用来储存现场采集的数据、控制输出以及某些计算的中间结果和控制算法结构等方面的信息。数据巡检模块用以实现现场数据、故障信号的采集,并实现必要的数字滤波、单位变换、补偿运算等辅助功能。DCS 的控制功能通过组态生成,不同的系统需要的控制算法模块各不相同,通常会涉及以下一些模块:算术运算模块、逻辑运算模块、PID 控制模块、变形 PID 模块、手/自动切换模块、非线性处理模块、执行器控制模块等。

### (二)操作站的软件系统

DCS 中的操作站用以完成系统的开发、生成、测试和运行等任务,这就需要相应的系统软件支持,这些软件包括操作系统、编程语言及各种工具软件等。一套完善的 DCS,在操作站上运行的应用软件应能实现如下功能:实时数据库、网络管理、历史数据库管理、图形管理、历史数据趋势管理、数据库详细显示与修改、记录报表生成与打印、人机接口控制、控制回路调节、参数列表、串行通信和各种组态等。

## 五、组态的开发与生成

DCS 的开发过程主要是采用系统组态软件,依据控制系统的实际需要生成各类应用软件的过程。组态软件功能包括基本配置组态和应用软件组态。基本配置组态是给系统一个配置信息,如系统中各种站的个数、它们的索引标志、每个控制站的最大点数、最短执行周期和内存容量等。组态工作室还配置了一个图形化模块控制策略(控制模块)库、标准图形符号库和操作员界面,如图 17-11 所示。应用软件的组态则包括比较丰富的内容,有以下几个方面。

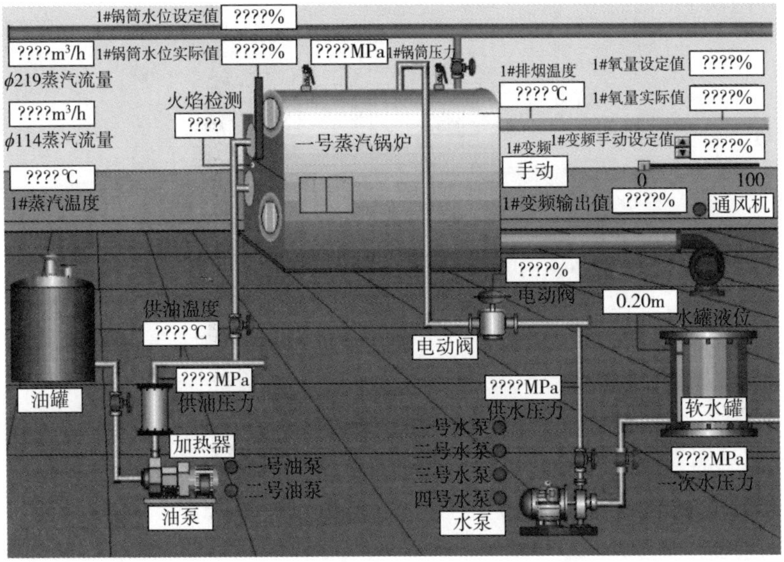


图 17-11　组态工作室界面

### (一)控制回路的组态

控制回路的组态在本质上就是利用系统提供的各种基本的功能模块,来构成各种各样的实际控制系统。目前各种不同的 DCS 提供的组态方法各不相同,归纳起来有指定运算模块连接方式、判定表方式、步骤记录方式等。

指定运算模块连接方式是通过调用各种独立的标准运算模块,用线条连接成多种多样的控制回路,最终自动生成控制软件,这是一种信息流和控制功能都很直观的组态方法。判定表方式是一种纯粹的填表形式,只要按照组态表格的要求,逐项填入内容或回答问题即可,这种方式很利于用户的组态操作。步骤记录方式是一种基于语言指令的编写方式，编程自由度大，各种复杂的功能都可通过一些技巧实现，但组态效率较低。另外，由于这种组态方法不够直观，往往对组态工程师在技术水平和组态经验上都有较高的要求。

### （二）实时数据库生成

实时数据库是 DCS 最基本的信息资源，这些实时数据由实时数据库存储和管理。在 DCS 中，建立和修改实时数据库记录的方法有多种，常用的方法是通过数据库工具软件生成数据库文件，系统直接利用这种数据格式进行管理或采用某种方法将生成的数据文件转换为 DCS 所要求的格式，如图 17-12 所示。

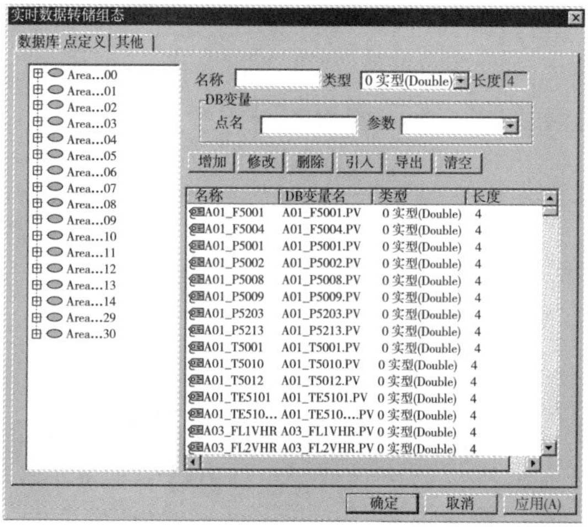


图 17-12　实时数据转储组态

### （三）工业流程画面的生成

DCS 是一种综合控制系统，它必须具有丰富的控制系统和检测系统的画面显示功能。显然，不同的控制系统，需要显示的画面是不一样的。总的来说，结合总貌、分组、控制回路、流程图、报警等画面，以字符、棒状图、曲线等适当的形式表示出各种测控参数、系统状态，是 DCS 组态的一项基本要求。此外，根据需要还可显示各类变量目录画面、操作指导画面、故障诊断画面、工程师维护画面和系统组态画面。

### （四）历史数据库的生成

所有 DCS 都支持历史数据的存储和趋势显示功能，历史数据库通常由用户在不需要编程的条件下，通过屏幕编辑编译技术生成一个数据文件，该文件定义了各历史数据记录的结构和范围。历史数据库中数据一般按组划分，每组内的数据类型、采样时间一致，在生成时对各数据点的有关信息进行定义。

### （五）报表生成

DCS 操作员站的报表打印功能也是通过组态软件中的报表生成部分进行组态，不同的 DCS 在报表打印功能方面存在较大的差异。一般来说，DCS 支持如下两类报表打印功能：一是周期性报表打印，二是触发性报表打印。用户根据需要和喜好生成不同的报表形式。

# 任务二　安全仪表系统(SIS)

安全仪表系统(Safety Instrumented System，SIS)，又称为安全联锁系统(Safety Interlocking System)，主要为工厂控制系统中报警和联锁部分，对控制系统中检测的结果实施报警动作或调节或停机控制，是工厂企业自动控制中的重要组成部分。SIS 包括紧急停车系统(ESD)、机组控制系统(CCS)、火气保护系统(FGS)、锅炉控制系统(BMS)等。

SIS 系统必须使用独立的传感器、逻辑解算器和执行机构[相对基本过程控制系统(BPCS)]。

SIS 系统仅在危险情况出现时才动作，平时不动作(如：误跳车)。

SIS 系统需要在系统复杂性、维护费用、投资回报和安全等级之间优化。

## 一、特点

(1)以 IEC-61508 作为基础标准，应符合国际安全协会规定的仪表的安全标准规定。

(2)覆盖面广、安全性高，有自动诊断功能，能够检测并预防潜在的危险。

(3)容错性的多重冗余系统，SIS 一般采用多重冗余结构以提高系统的硬件故障裕度，单一故障不会导致 SIS 安全功能丧失。

(4)应用程序容易修改，可根据实际需要对软件进行修改。

(5)自动诊断覆盖率高，工人维修时需要检查的点数比较少。

(6)响应速度快，从输入变化到输出变化的响应时间一般在 10~50ms，一些小型 SIS 的响应时间更短。

(7)可实现从传感器到执行元件所组成的整个回路的安全性设计，具有 I/O 短路、断线等监测功能。

## 二、基本组成

安全仪表系统包括传感器、逻辑运算器和最终执行元件，即检测单元、控制单元和执行单元。SIS 系统可以监测生产过程中出现的或者潜伏的危险，发出警告信息或直接执行预定程序，立即进入操作，防止事故的发生、降低事故带来的危害及其影响。

## 三、系统结构

SIS 的主流系统结构主要有 TMR(三重化)、2004D(四重化)2 种。

**（一）TMR 结构**

TMR 结构是将三路隔离、并行的控制系统（每路称为一个分电路）和广泛的诊断集成在一个系统中，用三取二表决，提供高度完善、无差错、不会中断的控制。TRICON、ICS、HollySys、SUPCON 等均是采用 TMR 结构的系统，如图 17-13 所示。

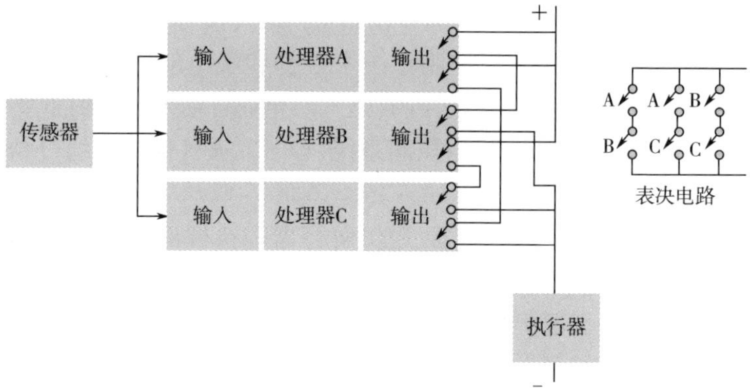


图 17-13　TMR 结构

**（二）2004D 的结构**

2004D 系统是由两套独立并行运行的系统组成，通信模块负责其同步运行，当系统自诊断发现一个模块发生故障时，CPU 将强制其失效。同时，安全输出模块中 SMOD 功能（辅助去磁方法），确保在两套系统同时故障或电源故障时，系统输出一个故障安全信号。一个输出电路实际上是通过四个输出电路及自诊断功能实现的，这样确保了系统的高可靠性，高安全性及高可用性。HONEYWELL、HIMA 的 SIS 均采用了 2004D 结构，如图 17-14 所示。

## 四、功能和要求

**（一）安全仪表系统的基本功能和要求**

（1）保证生产的正常运转，事故安全联锁（控制系统的 CPU 扫描时间一定要达到毫秒等级）。

（2）安全联锁报警（对于一般的工艺操作参数都会有设定的报警值和联锁值）。

（3）联锁动作和投运显示。

**（二）安全联锁系统的附加功能**

（1）安全联锁的预报警功能。

（2）安全联锁延时。

（3）第一事故原因区别。

（4）安全联锁系统的投入和切换。

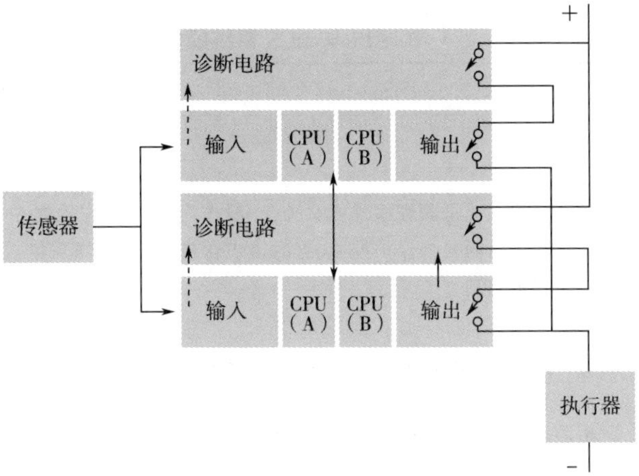


图 17-14　2004D 结构

(5)分级安全联锁。

(6)手动紧急停车。

(7)安全联锁复位。

## 五、安全度等级

IEC-61508 将过程安全所需要的安全度等级划分为 4 级(SIL1~SIL4)。

ISA-S84.01 根据系统不响应安全联锁要求的概率将安全度等级划分为 3 级(SIL1~SIL3)。

鉴于中国的实际情况,一般通过对所有事件发生的可能性与后果的严重程度及其他安全措施的有效性进行定性评估,从而确定适当的安全度等级,见表 17-1。

(1)1 级用于事故　很少发生的情况,如发生事故,对装置和产品有轻微的影响,不会立即造成环境污染和人员伤亡,经济损失不大。

(2)2 级用于事故　偶尔发生的情况,如发生事故,对装置和产品有较大影响,并有可能造成环境污染和人员伤亡,经济损失较大。

(3)3 级用于事故　经常发生的情况,如发生事故,对装置和产品将造成严重的影响,并造成严重的环境污染和人员伤亡,经济损失严重。

**表 17-1　安全度等级**

| 安全等级 | SIL 1 | SIL 2 | SIL 3 |
|---|---|---|---|
| 平均失效率 | $10^{-2} \sim 10^{-1}$ | $10^{-3} \sim 10^{-2}$ | $10^{-4} \sim 10^{-3}$ |
| 可用度 | 0.9~0.99 | 0.99~0.999 | 0.999~0.9999 |

SIS 与 DCS 系统的区别,见表 17-2。

**表 17-2　　SIS 与 DCS 系统的区别**

| 项目 | SIS | DCS |
|---|---|---|
| 安装目的 | 保护 | 控制 |
| | 安全仪表系统是联锁系统的一种,一般作为工厂过程设备的安全保护控制,有时也包含机组安全保护控制 | 分式控制系统,工厂级控制系统,常规采集、设备控制都由此系统完成 |
| | SIS 是“静态”系统,正常工况时,它始终监视生产装置的运行,系统输出不变,对生产过程不产生影响;非正常工况下时,它将按照预先的设计进行逻辑运算,使生产装置安全联锁或停车 | DCS 是“动态”系统,它始终对过程变量连续进行检测、运算和控制,对生产过程进行动态控制,确保产品的质量和产量 |
| 系统的组成 | SIS 是由传感器、逻辑解算器和最终元件三部分组成 | DCS 一般是由人机界面操作站、通信总线及现场控制站组成,DCS 不含检测执行部分 |
| 实现功能 | SIS 可将工艺、设备转至安全状态 | DCS 用于过程连续测量、常规控制(连续、顺序、间歇等)操作控制管理,使生产过程在正常情况下运行至最佳工况 |
| 工作状态 | SIS 是被动的、休眠的 | DCS 是主动的、动态的,它始终对过程变量连续进行检测、运算和控制,对生产过程进行动态控制产品的质量和产量 |
| 安全级别 | SIS 级别高,需要安全认证 | DCS 安全级别低,不需要安全认证 |
| 应对失效方式 | SIS 失效不明显,因此确定这种休眠系统是否还能正常工作的唯一方法,就是对该系统进行周期性地诊断或测试,而有些安全系统带有内部自诊断 | DCS 大部分失效都是显而易见的,其失效会在生产的动态过程中自行显现,很少存在隐性失效 |

## 任务三　可编程逻辑控制器(PLC)

可编程逻辑控制器是一种专门在工业环境下应用而设计的数字运算操作电子系统。它采用一种可编程的存储器,在其内部存储执行逻辑运算、顺序控制、定时、计数和算术运算等操作的指令,通过数字式或模拟式的输入输出来控制各种类型的机械设备或生产过程。

## 一、简介

可编程逻辑控制器(Programmable Logic Controller,PLC),是一种具有微处理器并用于自动化控制的数字运算控制器,可以将控制指令随时载入内存进行储存与执行。可编程逻辑控制器由CPU、指令及数据内存、输入/输出接口、电源、数字模拟转换等功能单元组成。早期的可编程逻辑控制器只有逻辑控制的功能,所以被命名为可编程逻辑控制器,后来随着不断发展,这些当初功能简单的计算机模块已经有了逻辑控制、时序控制、模拟控制、多机通信等各类功能,也改称为可编程控制器(Programmable Controller),但是由于它的简写(PC)与个人电脑(Personal Computer)的简写一样,加上习惯的原因,人们还是经常使用可编程逻辑控制器这一称呼,并仍使用PLC这一缩写。

现代工业上使用的可编程逻辑控制器已经相当或接近于一台紧凑型电脑的主机,其在扩展性和可靠性方面的优势使其被广泛应用于目前的各类工业控制领域。不管是在计算机直接控制系统还是集中分散式控制系统(DCS),或者现场总线控制系统(FCS)中,总有各类PLC控制器的大量使用。PLC的生产厂商很多,如西门子、施耐德、三菱、台达等,几乎涉及工业自动化领域的厂商都会有其PLC产品提供,产品如图17-15所示。

图17-15　西门子S7-400PLC

## 二、发展历史

20世纪70年代初出现了微处理器,人们很快将其引入可编程逻辑控制器,使可编程逻辑控制器增加了运算、数据传送及处理等功能,成为了真正具有计算机特征的工业控制装置。此时的可编程逻辑控制器为微机技术和继电器常规控制概念相结合的产物。个人计算机发展起来后,为了方便和反映可编程逻辑控制器的功能特点,可编程逻辑控制器定名为Programmable Logic Controller(PLC)。

20世纪80年代初,可编程逻辑控制器在先进的工业国家中已获得广泛应用。世界上生产可编程逻辑控制器的国家日益增多,产量日益上升,这标志着可编程逻辑控制器已步入成熟阶段。

20世纪80年代至90年代中期是可编程逻辑控制器发展最快的时期,年增长率一直保持为30%~40%。在这时期,PLC的处理模拟量、数字运算能力、人机接口能力和网络能力得到大幅度提高,可编程逻辑控制器逐渐进入过程控制领域,在某些应用上取代了在过程控制领域处于统治地位的DCS。

20世纪90年代,可编程逻辑控制器的发展特点更加适应于现代工业的需要。

这个时期发展了大型机和超小型机，诞生了各种各样的特殊功能单元，生产了各种人机界面单元、通信单元，使应用了可编程逻辑控制器的工业控制设备的配套更加容易。

## 三、基本结构

可编程逻辑控制器实质是一种专用于工业控制的计算机，其硬件结构基本上与微型计算机相同，基本组成如图 17-16 所示。

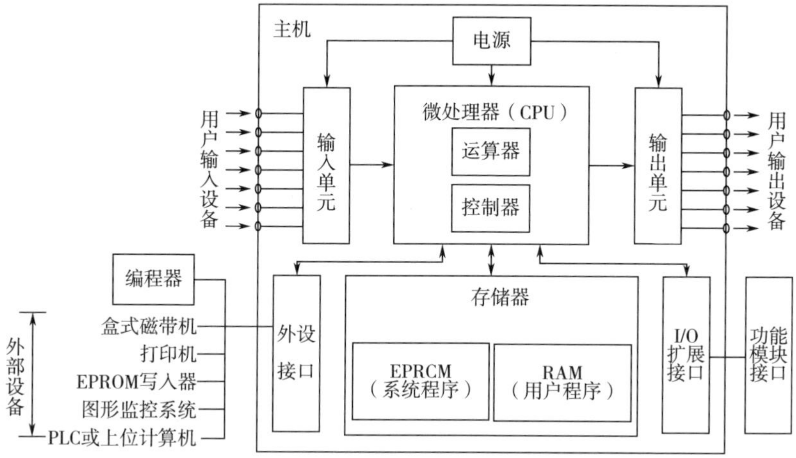


图 17-16　PLC 的基本组成

### （一）电源

电源用于将交流电转换成 PLC 内部所需的直流电，目前大部分 PLC 采用开关式稳压电源供电。

### （二）中央处理单元

中央处理器（CPU）是 PLC 的控制中枢，也是 PLC 的核心部件，其性能决定了 PLC 的性能。

中央处理器由控制器、运算器和寄存器组成，这些电路都集中在一块芯片上，通过地址总线、控制总线与存储器的输入/输出接口电路相连。中央处理器的作用是处理和运行用户程序，进行逻辑和数学运算，控制整个系统使之协调。

### （三）存储器

存储器是具有记忆功能的半导体电路，它的作用是存放系统程序、用户程序、逻辑变量和其他一些信息，其中系统程序是控制 PLC 实现各种功能的程序，由 PLC 生产厂家编写，并固化到只读存储器（ROM）中，用户不能访问。

### （四）输入单元

输入单元是 PLC 与被控设备相连的输入接口，是信号进入 PLC 的桥梁，它的作用是接收主令元件、检测元件传来的信号。输入的类型有直流输入、交流输入、交直流输入。

**(五)输出单元**

输出单元也是PLC与被控设备之间的连接部件,它的作用是把PLC的输出信号传送给被控设备,即将中央处理器送出的弱电信号转换成电平信号,驱动被控设备的执行元件。输出的类型有继电器输出、晶体管输出、晶闸门输出。

PLC除上述几部分外,根据机型的不同还有多种外部设备,其作用是帮助编程、实现监控以及网络通信。常用的外部设备有编程器、打印机、盒式磁带录音机、计算机等。

## 四、工作原理

当可编程逻辑控制器投入运行后,其工作过程一般分为三个阶段:输入采样、用户程序执行和输出刷新,完成上述三个阶段称为一个扫描周期。在整个运行期间,可编程逻辑控制器的CPU以一定的扫描速度重复执行上述三个阶段。

**(一)可编程逻辑控制器输入采样**

在输入采样阶段,可编程逻辑控制器以扫描方式依次读入所有输入状态和数据,并将它们存入I/O映像区中的相应单元内。输入采样结束后,转入用户程序执行和输出刷新阶段。在这两个阶段中,即使输入状态和数据发生变化,I/O映像区中的相应单元的状态和数据也不会改变。因此,如果输入是脉冲信号,则该脉冲信号的宽度必须大于一个扫描周期,才能保证在任何情况下,该输入均能被读入。

**(二)可编程逻辑控制器用户程序执行**

在用户程序执行阶段,可编程逻辑控制器总是按由上而下的顺序依次扫描用户程序(梯形图)。在扫描每一条梯形图时,又总是先扫描梯形图左边的由各触点构成的控制线路,并按先左后右、先上后下的顺序对由触点构成的控制线路进行逻辑运算,然后根据逻辑运算的结果,刷新该逻辑线圈在系统RAM存储区中对应位的状态;或者刷新该输出线圈在I/O映像区中对应位的状态;或者确定是否要执行该梯形图所规定的特殊功能指令。

在用户程序执行过程中,只有输入点在I/O映像区内的状态和数据不会发生变化,而其他输出点和软设备在I/O映像区或系统RAM存储区内的状态和数据都有可能发生变化,而且排在上面的梯形图,其程序执行结果会对排在下面的,用到这些线圈或数据的梯形图起作用;相反,排在下面的梯形图,其被刷新的逻辑线圈的状态或数据只能到下一个扫描周期才能对排在其上面的程序起作用。

在程序执行的过程中如果立即使用I/O指令则可以直接存取I/O点。即使用I/O指令的话,输入过程映像寄存器的值不会被更新,程序直接从I/O模块取值,输出过程映像寄存器会被立即更新,这跟立即输入有些区别。

**(三)可编程逻辑控制器输出刷新**

当扫描用户程序结束后,可编程逻辑控制器就进入输出刷新阶段。在此期间,

CPU 按照 I/O 映像区内对应的状态和数据刷新所有的输出锁存电路，再经输出电路驱动相应的外部设备。这时，才是可编程逻辑控制器的真正输出。

## 五、应用概况

**（一）开环控制**

开关量的开环控制是 PLC 最基本的控制功能。PLC 的指令系统具有强大的逻辑运算能力，很容易实现定时、计数、顺序（步进）等各种逻辑控制方式。大部分 PLC 就是用来取代传统的继电接触器控制系统。

**（二）模拟量闭环**

对于模拟量的闭环控制系统，除了要有开关量的输入输出外，还要有模拟量的输入输出点，以便采样输入和调节输出，实现对温度、流量、压力、位移、速度等参数的连续调节与控制。目前不但大型、中型机具有 PLC 功能，还有些小型机也具有这种功能。

**（三）数字量控制**

控制系统具有旋转编码器和脉冲伺服装置（如步进电动机）时，可利用 PLC 实现接收和输出高速脉冲的功能，实现数字量控制，较为先进的 PLC 还专门开发了数字控制模块，可实现曲线插补功能，而新型运动单元模块，还能提供数字量控制技术的编程语言，使 PLC 实现数字量控制更加简单。

**（四）数据采集监控**

由于 PLC 主要用于现场控制，所以采集现场数据是十分必要的功能，在此基础上将 PLC 与上位计算机或触摸屏相连接，既可以观察这些数据的当前值，又能及时进行统计分析，有的 PLC 具有数据记录单元，可以用一般个人电脑的存储卡插入到该单元中保存采集到的数据。PLC 的另一个特点是自检信号多，利用这个特点，PLC 控制系统可以实现自诊断式监控，减少系统的故障，提高系统的可靠性。

# 任务四　制药冷库监控系统（SCADA）

## 一、概述

目前，冷库从小型室内库到大型室外库，从高温库、中温库、低温库到冻结库，从预冷冷藏库、冻结冷藏库、速冻库、贮冰库到气调库，其规模、功能各不相同。由于冷库不仅起到保证产品安全、降低产品损耗、推动相应产业良性发展的作用，更能延长产品的生存周期，提高其经济价值。因此，不同类型、不同功能冷库的正常运行十分重要。

本任务将以冷库行业为基础，结合先进的冷库控制工艺和实际应用需求，综合阐述亚控组态软件在冷库行业的完整解决方案，以提高运行效率、降低运营成本、实现智能控制和轻松管理，为冷库的正常运行和日常管理提供有力的保障。

## 二、特点

系统异常时可进行短信提醒、邮件提醒，第一时间告知工作人员系统异常情况，消除冷库安全运行隐患。

通过系统的浏览器/服务器（B/S）架构，实现远程实时查看系统运行状态，真正实现冷库系统无人值守，在保证系统安全运行的基础上，降低企业运营成本。

系统试用功能及授权权限的设置，保障了冷库供应方及使用方的权益，增强冷库运行监控管理系统的应用功能。

## 三、系统架构

冷库监控系统分为三层：监控层、控制层、设备层，如图 17-17 所示。

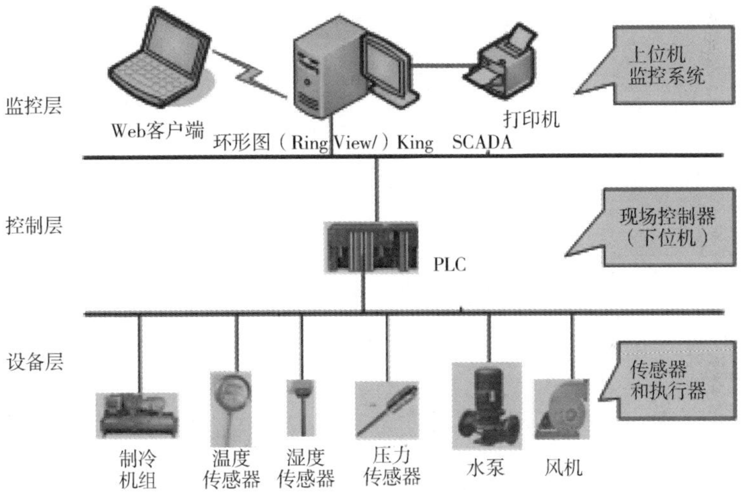


图 17-17　系统架构图

## 四、系统功能

冷库监控系统针对药品库、食品库、医院血库、种子库、疫苗库、冷链物流企业等行业，实现统一的监控管理解决方案，可以应用在冷库后期追加温湿度监控模块，冷库监控系统的基本功能有实时在线记录库温、自动生成温度历史曲线图、打印历史记录、历史数据输出表格、温度上下限报警、短信超温报警、短信查询冷库温度、短信报警、值班安排以及数据库自动备份、还原，用户权限管理、电子地图展示监控点、完全中文界面。根据管理树展开监控点，不改变系统并随时扩展系统，增加监控点，根据用户需要，系统可选单监控中心、多监控中心。

### (一)设备运行状态显示

系统画面可形象地展示实际冷库中的设备布局及工艺流程,实时显示各设备的运行状态、库内各监测点的温度、湿度以及温、湿度的最大值、最小值、平均值等统计值,使系统的运行状态、工作模式和设备工作状态一目了然。

### (二)运行参数设定

冷库系统具有调温功能,使冷库的利用率达到最大化,如图 17-18 所示。

图 17-18　运行参数设定

### (三)报警功能

冷库系统具备温、湿度等参数高低限自动报警功能,能进行实时报警提示,自动弹出报警画面及声音报警通知,远程信息报警通知提示,并能够对历史报警信息进行存储,以方便进行查询和打印。可以在系统运行过程中查看和修改各系统变量的报警参数,如图 17-19 所示。

### (四)短信和邮件提醒功能

冷库系统一旦出现故障,对冷库中的产品将产生不可逆转的破坏,因此,系统设备故障或运行异常时,需要第一时间通知系统管理员和操作人员,以便及时处理问题。

### (五)数据展示功能

冷库运行监控管理系统可根据需要,生成实时报表、时报、日报、月报等,数据

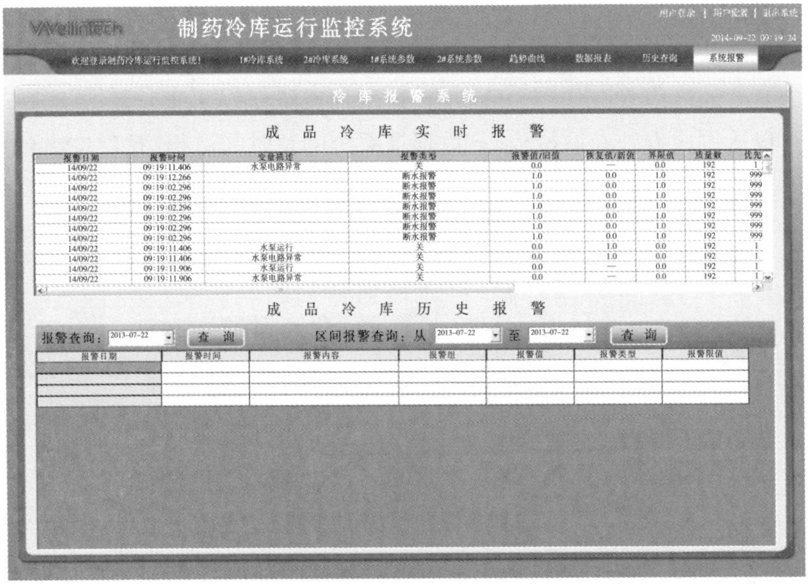


图 17-19　报警显示及查询

还可用趋势曲线的形式展现，并具有定时打印和随机打印的功能。

**（六）Web 发布**

通过软件的 Web 发布功能，系统用户可以在因特网或局域网中随时随地实现冷库系统的远程监控，确保系统正常运行，如图 17-20 所示。

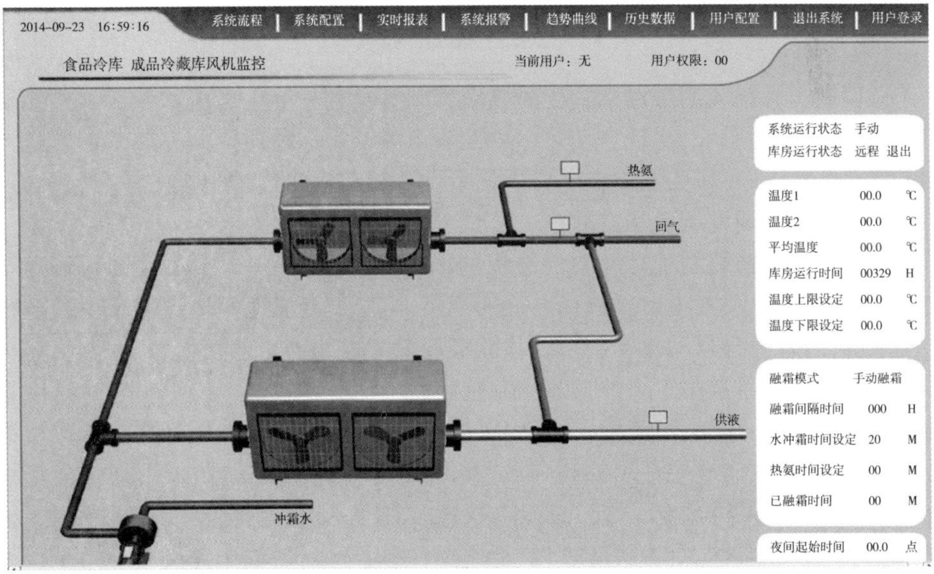


图 17-20　Web 浏览示意图

注：H 代表小时，M 代表分钟。

### (七)系统授权

冷库系统建设交付后,系统需要试运行一段时间,以确保系统的稳定性。为了保障冷库系统的供应方及使用方的权益,可增加系统授权功能。系统稳定运行后,使用方可以从供应方处获取授权码,以保证系统的长时间运行,且供应方的利益不受损,如图 17-21 所示。

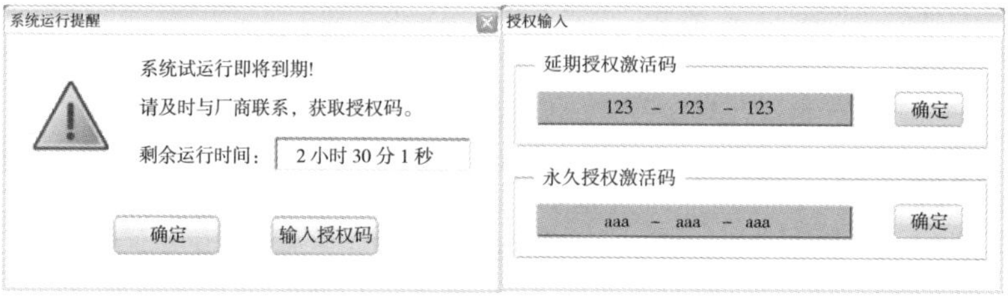


图 17-21　系统运行授权

该冷库运行监控管理系统对供应商来讲,将大幅缩减运行系统的开发周期,降低工作量,提高工作效率;对系统的使用者来讲,其完善的人机交互、稳定的系统运行不仅满足现场的实际需求,更可为冷库企业提升冷库自动化程度,降低运营成本,为冷库的无人值守奠定了基础。

# 任务五　制药智能化系统

## 一、柔性输送系统

柔性输送系统应用于以下的生产领域,如制药、食品等生产流水线。从空瓶输送、灌装到成品箱码垛,实现自动化。柔性输送系统是一种便捷而有效率的输送方式。在柔性输送中,作为主要输送作用的柔性链板在输送过程中至关重要,它决定了对输送对象的调度质量和成品率。

合格的柔性输送系统是从柔性链板的输送性能上入手,根据柔性链板输送系统的结构形式,以及张力形式选择合适的规格,由于生产场地及输送对象生产过程的复杂性,需要配合自动化控制系统才能实现最大程度的全自动化。

柔性输送线通常用于小件,如罐装、瓶装、小包装产品的输送,也可输送宽度为链板宽度 2.5 倍的产品。链板采用 POM 材料注塑成型,导轨采用标准挤压成型铝材制作,配以柔性输送线专用的高强度、高耐磨的摩擦条,驱动器采用高强度塑钢或不锈钢制作。柔性输送系统的特点:机架采用高强度铝合金型材、高强度(抗拉)输送链,易于装配,维修拆卸方便,低磨损,使用寿命长,输送速度可靠可调(3~60m/min)并可根据现场进行灵活布局。

柔性输送系统结构:驱动器、从动器、机架组件、链板组件、护栏组件、支腿组件、转弯组件、提升组件,如图 17-22 所示。

(1)实物图

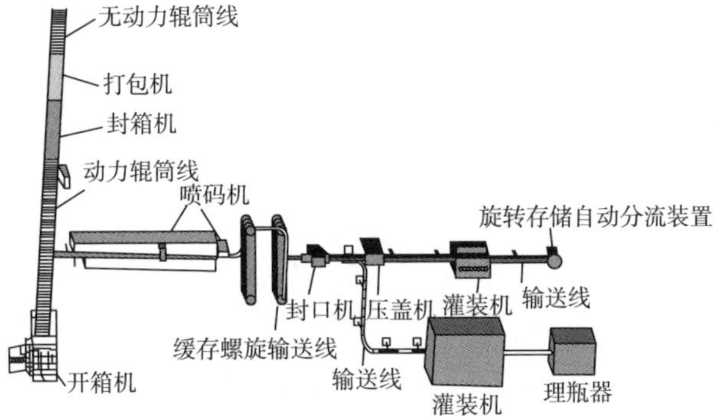


(2)示意图

图 17-22　柔性输送系统

本智能系统装有显示屏监控系统,能够显示生产频率和线体速度、产量值。监控画面清晰,智能节拍均衡可控,可实现质量数据采集及分析功能,生产能力:80000 瓶/d。

## 二、机器人码垛

机器人码垛适用于医药、食品、保健品等生产企业，对纸箱、袋装、盒装、瓶装等各种形状的成品进行装箱和码垛。码垛机器人对于包装箱类进行码垛时，包装箱由输送线推向定位机构，机械手到达定位点张开夹具下降并夹起包装箱，机器人和夹具按预设值旋转角度后松开夹具，包装箱放置垛上。整垛码放完毕，叉车出垛，托盘库供给新的托盘，如图 17-23 所示。

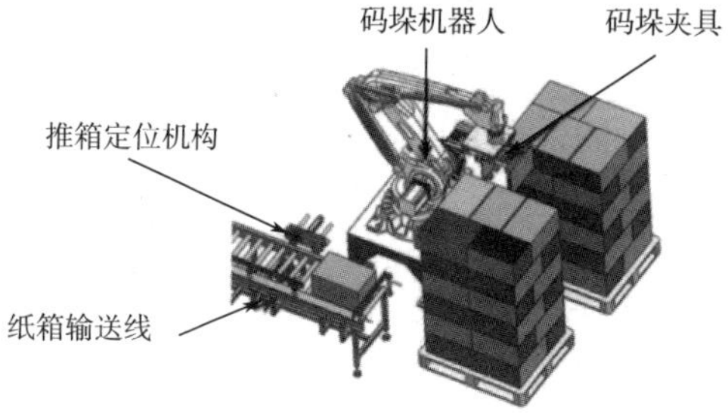


(1)示意图

(2)实物图

图 17-23　机器人码垛

## 三、机器人整层码垛

纸箱通过封箱机封箱、扫码贴标完成后，经辊筒线及爬坡皮带输送；进行箱包换向，并输送至末端定位进行规整，规整一层后，发送信号给机器人，空托盘在待码垛工位定位。机器人收到信号后，每次抓取输送线上已定位好的纸箱产品在空托盘上码垛，整盘码放完毕，托盘随输送线转入立体库。系统自动更换空托盘，重复上述循环，如图 17-24 所示。

(1)实物图

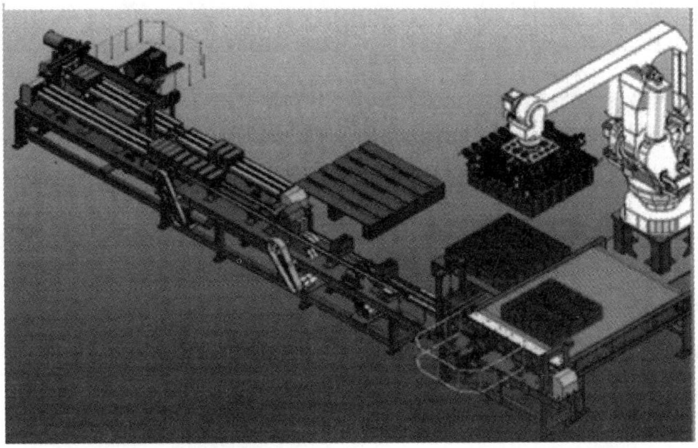

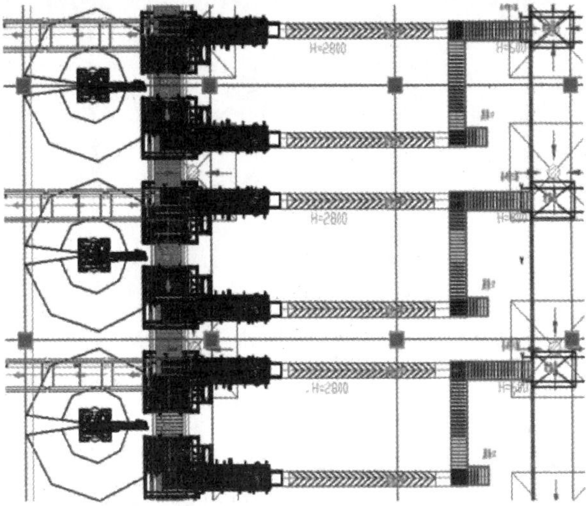


(2)过程示意图

图 17-24　机器人整层码垛

## 四、罐装药品自动装箱

产品由前方电子标签赋码完成后，输送至末端，读取条码并进行整理，如 7 瓶一列共 10 列，整列完成后，由机器人一次性抓取 70 瓶进行装箱，采用组合式夹具提高装箱成功率。罐装瓶通过顶部海绵吸盘吸取，侧面由挡板阻挡，保证在装箱过程中瓶子不晃动，1min 可完成 4～5 次装箱。使用射频识别系统，监控产品生产信息及走向，与立体库建立联系，如图 17-25 所示。

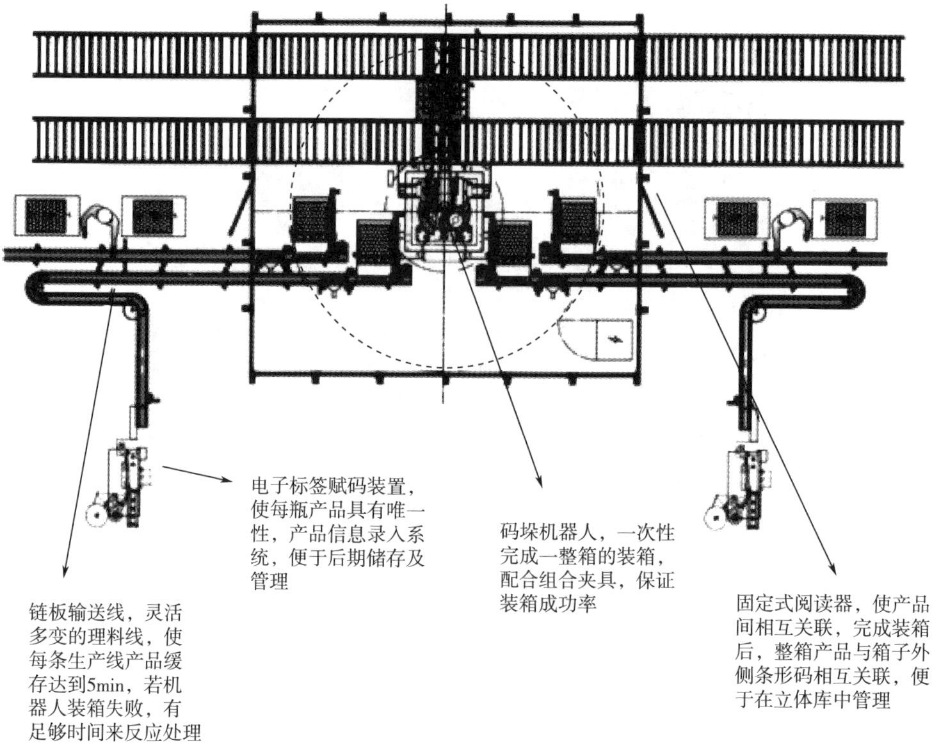


图 17-25　罐装药品自动装箱示意图

## 五、机器人装箱

使用四轴或六轴机器人，稳定性高，工作半径大，可多线协同作业，可集成于紧凑型包装机械中，满足到达距离和有效载荷方面的所有要求。配以运动控制和跟踪性能，非常适合应用于柔性包装系统，大大缩短了包装周期，如图 17-26 所示。

图 17-26　机器人装箱

## 六、机器人拆垛

在一个典型的拆垛系统中，会包括一个落地式输送机或小车，用于顺序输送垛料，快速将其移入拆垛工位并在拆垛完成后将空盘移出，如图 17-27 所示。

图 17-27　机器人拆垛

## 七、智能机器人无菌预灌封生产系统

智能机器人无菌预灌封生产系统，具有生产速度快、性能稳定、无交叉污染等特点，与传统设备相比，占地面积节约一半，环境与人工等费用降至原 80%，如图 17-28 所示。

图 17-28　智能机器人无菌预灌封生产系统

两台无菌机器人采用协同控制技术，成功实现了预充式注射器撕膜、去内衬、灌装、加塞、称重等工艺流程的全自动化，进一步提高了生产速度，无人化操作解决了人工操作带来交叉污染的风险。

采用六自由度关节型机器人，可完成复杂动作轨迹及路径切换，一套生产系统可满足 0.5～20mL 不同规格的生产需求，简单更换模具，即可适用于卡式瓶、西林瓶等不同包材规格，充分满足柔性化生产的需求，大大提高生产系统的利用率。机器人重复定位精度可达±0.02mm，定位、交接更精准，大大提升了设备的稳定性，如图 17-29 所示。

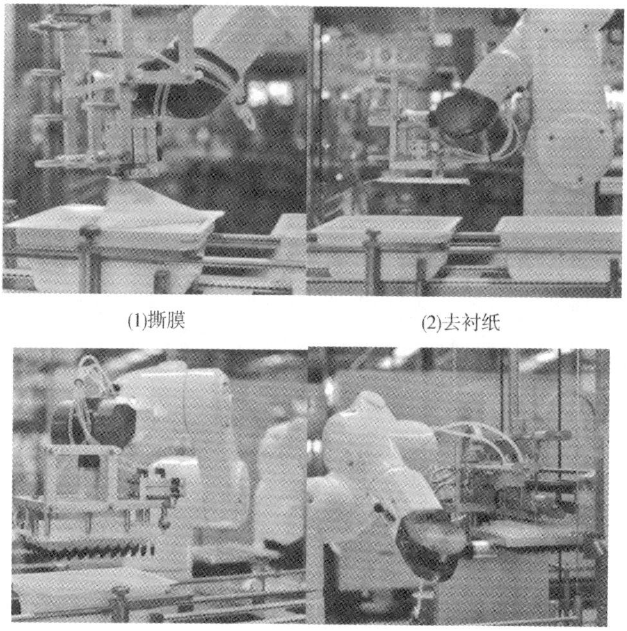

(1)撕膜　(2)去衬纸

(3)转运　(4)灌装

图 17-29　机器人操作

机器人本体采用洁净化工艺设计，可耐汽化双氧水（VHP）灭菌，充分满足 GMP 标准下 A 级无菌环境生产需求，集成和延伸各种先进技术，结合现代灌装原理，可选配灌装 CIP/SIP 系统等，符合欧盟 CGMP 和美国 FDA 等国际标准。

## 八、仓库温、湿度监控系统

基于 PLC 架构的仓库温、湿度监控系统，通过对仓库温、湿度环境参数的数据采集记录并存储，当环境参数超过存储范围时会报警并记录，适合单一建筑的大型立体库等，如图 17-30 所示。

基于网络传输的温、湿度监控系统，较适合分散式中小型仓库等，如图 17-31 所示。

根据新版 GSP 要求，在储存药品的仓库中和运输冷藏、冷冻药品的设备中配备温、湿度自动监测系统，管理流程和布点方案如图 17-32、图 17-33 所示。

具体内容如下。

（1）根据不同的存储要求，确定温、湿度仪表精度。

（2）温、湿度的记录间隔。

（3）采取适当的报警方式，如声、光、短信等。

(4)采取适当的措施,保证系统不间断地运行。

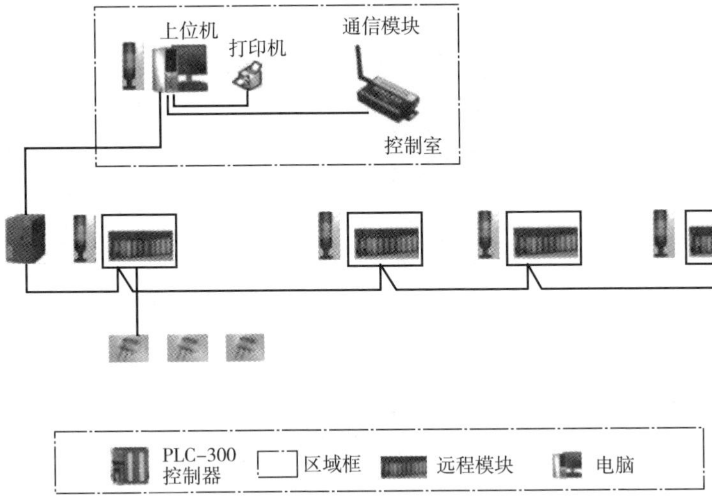


图 17-30　基于 PLC 系统的温、湿度监控系统

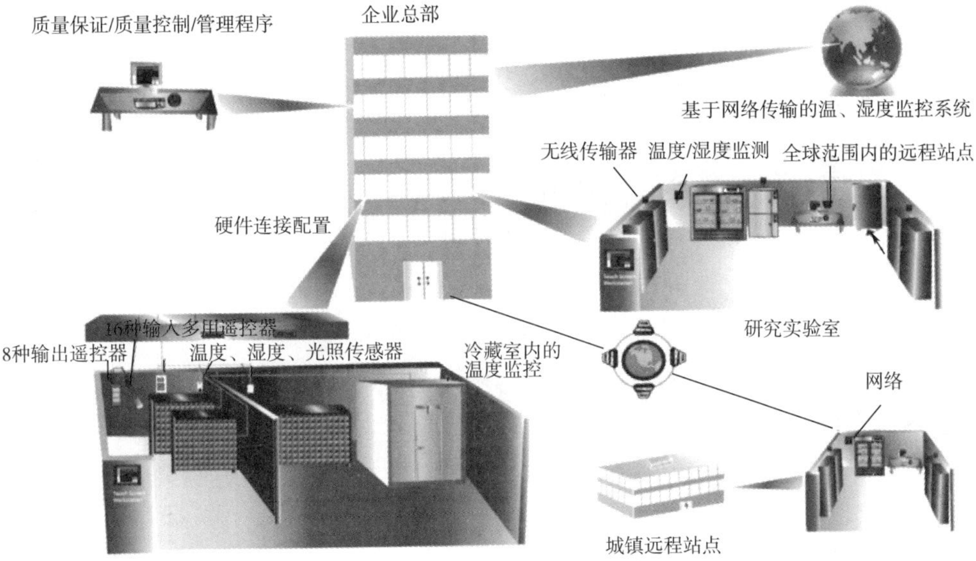


图 17-31　基于网络传输的温、湿度监控系统

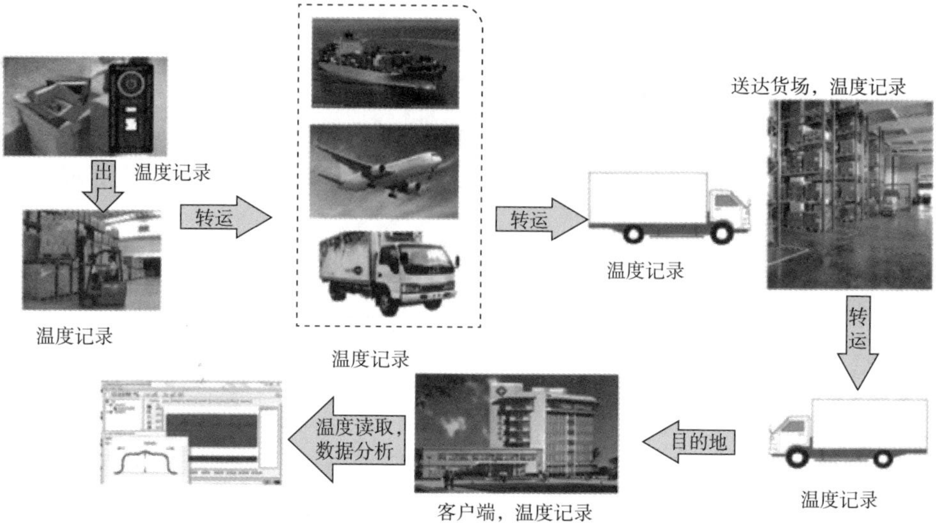


图 17-32　药厂冷链管理流程

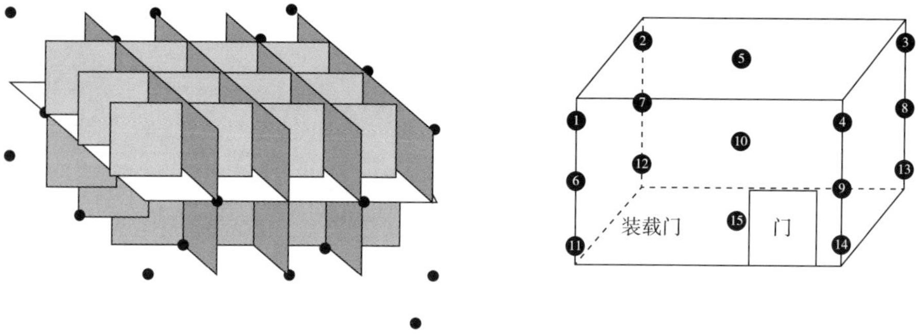


图 17-33　布点方案

## 习题

### 一、名词解释

1. DCS；2. SIS；3. PLC。

### 二、填空题

1. 生产过程自动化控制系统可实现＿＿＿＿＿、＿＿＿＿＿、＿＿＿＿＿、＿＿＿＿＿、＿＿＿＿＿、＿＿＿＿＿、＿＿＿＿＿等生产过程全自动控制。

2. 生产环境自动控制系统采用先进的＿＿＿＿＿、＿＿＿＿＿、＿＿＿＿＿

和__________，将厂房内的变配电、照明、电梯、空调、供热、给排水、消防、安保等众多分散设备的运行状况实行集中监控、集中管理和分散控制，实现____________、____________、____________、____________，提供一个既安全可靠，又节约能源，而且舒适宜人的工作环境。

3. 可编程控制器由________、____________、____________、____________、____________等功能单元组成。

**三、选择题**

1. PLC 是在什么控制系统基础上发展起来的(　　)。

A. 电控制系统　B. 单片机　C. 工业电脑　D. 机器人

2. 可编程控制系统的核心部分是(　　)。

A. 控制器　B. 编程器

C. 信号输入部件　D. 输出执行部件

**四、判断题**

1. 过程控制级和管理级是组成 DCS 的两个最基本的环节。(　　)

2. 安全仪表系统包括传感器、逻辑运算器和最终执行元件，即检测单元、控制单元和执行单元。(　　)

3. 可编程逻辑控制器投入运行后，其工作过程一般分为三个阶段，即输入采样、用户程序执行和输出刷新。(　　)

**五、问答题**

1. 一套 DCS 一般分为哪几大部分？

2. 简述可编程逻辑控制器(PLC)的工作原理。

3. 简述 SIS 与 DCS 的主要区别。

# 项目十八　包装设备

## 教学目标

**●知识目标**

熟悉铝塑泡罩包装机、装瓶机、安瓿印字机等典型设备的结构、原理；熟悉铝塑泡罩包装机和装瓶机等设备的特点、基本操作，熟悉喷码机等的结构、原理。

**●能力目标**

掌握包装设备的操作方法；掌握包装设备的维护方法。

**●素质目标**

熟悉设备操作规程；拥有安全意识。

**●课前思考**

包装在药品生产中所起的作用？固体制剂通常用什么包装方法？

**●认知解读**

包装的目的不仅是美观，还可以保护药品。药物制剂包装可以分为单剂量包装、内包装和外包装三类。外包装的生产环境要求较低。包装设备中最常见的是泡罩包装机，其中应了解全自动泡罩包装机的结构、生产工艺及操作规程，喷码机的种类和工作原理及激光喷码机的应用。

## 任务一　概述

### 一、药品包装的作用

药品包装指选用适宜的包装材料或容器，利用一定的技术对药物制剂的成品进行分(灌)、封、装、贴签等加工过程的总称。目前，各国对药品包装都是以安全、有效为工作重心，同时兼顾药品的保护、携带、使用的便利性。药品的包装可以概括为两方面：一是指包装药品所用的物料、容器及辅助物；二是指包装药品时的操作过程，包括包装方法和包装技术。需要特别指出的是，因为无菌灌装操作是将待包装品灌至初级容器中，并不进行最后的包装，因此无菌灌装操作通常不认为是包装工艺的一部分。

药品包装是药品生产的延续，是对药品施加的最后一道工序。一个药品，从原料、中间体、成品、包装到使用，一般要经过生产和流通两个领域。在整个转化过程中,药品包装起到了桥梁的作用。药品包装作用可概括为:保护、使用、流通和销售四大功能。

包装材料的保护功能是防止药品变质的重要因素,合适的药品包装对于药品的质量起到关键性的保护作用,其主要表现在三方面,即稳定性、机械性和防替换性。

(1)稳定性　药品包装必须保证药品在整个有效期内药效的稳定性,防止有效期内药品变质。

(2)机械性　防止药品在运输、贮存过程中受到破坏。药品运输和贮存过程中难免受到堆压、冲击、振动,可能造成药品的破坏和散失。要求外包装应当具有一定的机械强度,起到防振动、耐压的作用。

(3)防替换性　采用具有识别标志或结构的一种包装,如采用封口、封堵、封条或使用防盗盖、瓶盖套等,总之采用一旦开启后就无法恢复原样的包装设计来达到防止人为故意替换药品的目的。

功能包装不仅要做到可供消费者方便使用,更要做到让消费者安全使用,如避免在包装上使用带有尖刺、锋利的薄边或细环等不恰当设计,尤其是针对儿童的包装设计。

药品的包装必须保证药品从生产企业经由贮运、装卸、批发、销售到消费者手里的流通全过程,均能符合其出厂标准。如以方便贮运为目的的集合包装、运输包装,以方便销售为目的的营销包装,以保护药品为目的的防振动包装、隔热包装等。

药品包装的销售功能是吸引消费者购买的最好媒介,是通过药品包装的装潢设计来体现的。因此,药品的包装不仅是传递信息的媒介,更是一种商业手段。特别是醒目的包装,能使患者产生信任感,从而起到促进销售的作用。例如,有的包装采用特殊颜色的瓶子,有的包装采用仿古包装,有的包装采用特制容器等。

此外,药品包装还有标示性功能,主要是为了药品分类、运输、贮存和临床使用时便于识别和防止差错。因此,剧毒、易燃、易爆、外用等药品的包装上,一般除印有商品名、装量等常规标识外,还应印有特殊的安全标志和防伪标志。

医药包装必须满足的条件:防潮、防霉、防冻、防热、避光等。

## 二、药品包装的分类

制药工业中,药物制剂包装可以分为单剂量包装、内包装和外包装3类。

单剂量包装指对药物制剂按照用途和给药方法对药物成品进行分剂量并进行包装的过程,如将颗粒剂装入小包装袋,注射剂的玻璃安瓿包装,将片剂、胶囊剂装入泡罩式铝塑材料中的分装过程等,此类包装也称为分剂量包装。

内包装是指将数个或数十个成品装于一个容器或材料内的过程,如将数粒成品片剂或胶囊装入板泡罩式的铝塑料包装材料中,然后装入一个纸盒或塑料袋或金属容器中等,以防止潮气、光、微生物、外力撞击等因素对药品造成破坏性影响。

将已完成内包装的药品装入箱中或其他袋、桶和罐等容器中的过程称为外包装。进行外包装的目的是将小包装的药品进一步集中于较大的容器内,以便药品的贮存和运输。

## 三、包装机械的分类

国家标准 GB/T 4122.1—2008 中定义包装机械是“完成全部或部分包装过程的机器,包装过程包括填充、包封口等主要包装工序,以及与其相关的前后工序,如清洗、堆码和拆卸等”。

### (一)药品包装机械的组成

(1)药品的计量与供送货装置指对被包装的药品进行计量、整理、排列并输送到预定工位的装置系统。

(2)包装材料的整理与供、送货系统指将包装材料进行定长切断或整理排列,并逐个输送至特定工位的装置系统,有的还完成容器的竖起、定型、定位。

(3)主传送系统是指将被包装药品和包装材料由一个包装工位顺序传送到下一个包装工位的装置系统,单工位包装机无本系统。

(4)包装执行机构是指直接进行裹包、填充、封口、贴标、扎和容器成型等包装操作的机构。

(5)成品输出机构是指将包装成品从包装机上卸下、定向排列并输出的机构。

(6)动力传动系统是指将动力源的动力与运动传递给执行机构和控制元件,使之实现预定动作的装置系统。一般由机、电、光、液、气等多种形式的传动、操纵、控制以及辅助装置等组成。

(7)控制系统由各种自动和手动控制装置组成,它包括包装过程及其参数的控制、包装质量、故障与安全控制等。

(8)机身用于支撑和固定有关零部件,保持其工作时所要求的相对位置,并起一定保护和美化的作用。药品包装机械按包装产品的类型分类如下。

①专用包装机:专门用于包装某一种产品的机器。

②多用包装机:通过调整或更换有关工作部件,可以包装两种或两种以上药品的机器。

③通用包装机:指定范围内适用于包装两种或两种以上不同类型药品的机器。

### (二)按包装机械的功能分类

包装机械又可分为:填充机械、灌装机械、包装机械、封口机械、贴标机械、清洗机械、干燥机械、杀菌机械、捆扎机械、集装机械、多功能机械以及完成其他包装作业的辅助包装机械。

## 四、药品包装材料

### (一)玻璃

1. 组成

二氧化硅>70%,见表 18-1。

表 18-1　包装用玻璃分类(参考《美国药典》)

| 类别* | 名称 | 特点和用途 |
|---|---|---|
| 1 | 高阻抗硼硅玻璃 | 化学性质稳定,耐腐蚀性好,可用于所有酸、碱药液瓶、安瓿 |
| 2 | 表面经处理的钠钙玻璃 | 碱性腐蚀耐受性差,用于 pH7 以下的缓冲水溶液、干燥粉末、油溶液 |
| 3 | 钠钙玻璃 | 化学耐腐蚀性较差,用于注射用干燥粉末、油性溶液 |
| 4 | 一般用途的钠钙玻璃 | 化学耐腐蚀性最差,该种玻璃仅用于片剂、口服溶液、混悬剂、软膏剂和外用制剂,不适用于注射剂的包装 |

注:* 表示耐水性能:1>2>3,因硅酸盐玻璃中各种金属氧化物增加,玻璃耐水性不同;玻璃容器应避免过高温度(>160℃)或长期盛装水溶液(尤其是碱性溶液)。

2. 优点

化学稳定性好、安全卫生、耐腐蚀(除碱性)、无毒、无异味、光洁透明、阻隔性能优良(气、湿、药香)、造型美观、成本低、易处理(洗涤、灭菌、干燥),可回收利用。

3. 缺点

重量大、质脆易碎、不太耐碱腐蚀。

**(二)金属**

1. 类型

锡:稳定但价格高,一般用于镀层;马口铁:为涂锡的低碳钢皮,多用于桶、盒、罐之类;铝:应用最多,铝板:如,桶、箱、盒、罐、瓶盖、软膏管等,铝箔主要用于泡形包装、条形包装和电化铝、装潢。

2. 优点

阻隔性优良、美观、加工性好、机械性能优良、强度高(刚性好可薄壁化或大型化)。

3. 缺点

耐腐蚀性差、需镀层或涂层、价格高。

**(三)塑料**

1. 组成

高分子聚合物、附加剂。

2. 分类

(1)热固性塑料　原料在最后加热过程中形成产品(材质及形状),分子结构破坏,一旦定形,材质就无法改变,不能回收再次成型。

(2)热塑性塑料　在材质形成后,可以通过加热使其软化或熔化后加工成型,分子结构和性能无显著变化,冷却后成型,再次加热可以重塑形状。

几大通用塑料分别为聚乙烯(PE)、聚丙烯(PP)、聚苯乙烯(PS)、聚氯乙烯(PVC)、聚酰胺(尼龙)、聚碳酸酯(PB)、丙烯多聚物(聚腈)。

3. 优点

便宜、质轻、易热封、有适当的机械强度、化学稳定好、耐腐蚀。

4. 缺点

有吸附性(药物含量会有变化)、穿透性(氧气、挥发成分等)、沥漏性(附加剂分子移入制剂中)、变形性(老化、变形、降解)等。

### 五、纸

单层纸:主要有厚纸板,用于制造纸盒。瓦楞纸板:有一定机械强度且质重,主要用于制造纸箱。牛皮纸,用在说明书、标签、包装袋、标志等。

优点:原料广泛、价格低廉、安全卫生、无毒、无污染、加工性能好、印刷性能好,有一定机械强度和遮光性,可自然降解,不易碎,可回收利用。

缺点:通透性大,防潮、防湿性能差,传统造纸污染大。

### 六、橡胶

特点:弹性好、耐高温,但易老化,浸出物易浸入药液。

### 七、复合膜

将黏合剂(如腊、树脂、乳胶)、基材(如塑料、铝、纸)和涂料(如镀铝薄膜)等几类物质经特殊加工(干式贴合、湿式贴合、热熔、直接挤压等)组合起来的多层结构,如铝塑复合膜。

特点是力学性能优良、阻隔性好、机械包装适应性好、使用方便、药品销售成本降低,但难以回收、易造成环境污染。

## 任务二　固体制剂包装设备

### 一、固体制剂包装设备概述

包装是固体制剂生产的最后工序,如图 18-1 所示。对于片剂和胶囊剂的包装主要有 3 类:①泡罩式包装(PTP),又称为水泡眼包装,穿透包装。②瓶包装(玻璃瓶和塑料瓶)或袋装的散包装。③条带状包装。

以泡罩包装机为代表的热成型包装机是目前应用最广泛的药用包装设备。热成型包装机是指在加热条件下,对热塑性片状包装材料进行深冲形成包装容器,然后进行填充和封口的机器。在热成型包装机上能分别完成包装容器的热成型、被

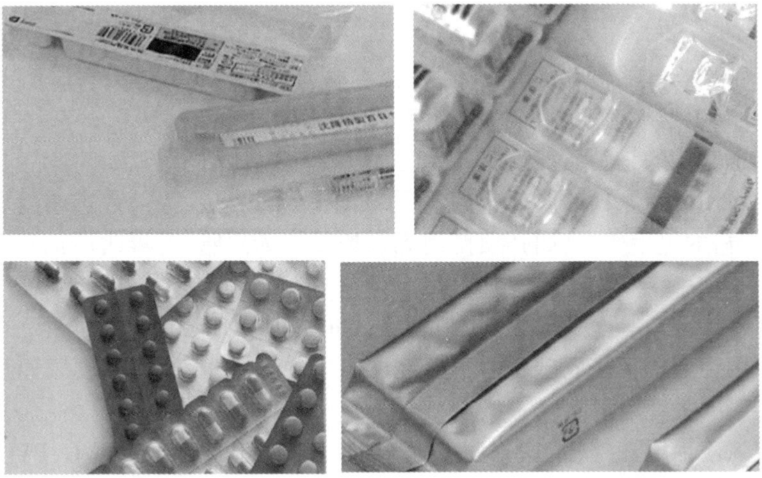

图 18-1　包装类型

包装物料的定量和填充、包装封口、裁切、修整等工序。其中热成型是包装的关键工序,此工序中片材历经加热、深拉成型、冷却、定型并脱模,成为包装物品的装填容器。热成型包装的形式多样,一般制药业较常用的方式有:托盘包装、软膜预成型包装、泡罩包装。目前制药业应用最广泛的包装形式为泡罩包装(Press Through Packaging,PTP )。

### (一)泡罩包装的结构

泡罩包装是将一定数量的药品单独封合的包装。底面均采用具有足够硬度的某种材质的硬片,如可以加热成型的聚氯乙烯胶片,或可以冷压成型的铝箔等。上面盖上一层表面涂敷有热熔黏合剂的铝箔,并与下面的硬片封合构成密封的包装。泡罩包装使用时,只需用力压下泡罩,药片便可穿破铝箔而出,故又称其为穿透包装;又因为其外形像一个个水泡,又被俗称为水泡眼包装。

目前市场上最常见的为铝塑泡罩包装。因其具有的独特泡罩结构,包装后的成品可使药品互相隔离,即使在运输过程中药品之间也不会发生碰撞。又因为其包装板块尺寸小、方便携带和服用,只有在服用前才须打开最后包装,可有效增加使用安全和减少患者用药时的细菌污染。此外,还可根据需要,在板块表面印刷与产品有关的文字,以防止用药混乱等多项优点,因此深受消费者欢迎。

常见的板块规格有:35mm × 10mm,48mm × 110mm,64mm × 100mm,78mm × 56.5mm 等,但每个板块上药品的粒数和排列,可根据板块尺寸、药片尺寸和服用量决定,甚至取决于药厂的特殊需求。

一般来说,每板块排列的泡罩数大多为:10 个、12 个、20 个,在每个泡罩中的药片数一般为 1 片。当然药厂可根据临床应用需要,在每个泡罩中放入一次性的用量,如 2~3 片,甚至更多。

### (二)泡罩包装的材料

1. 硬片

硬片可作为泡罩包装用的硬质材料,主要为塑料片材,包括纤维素、聚苯乙烯和乙烯树脂,以及聚氯乙烯、聚偏二氯乙烯、聚酯等。

目前最常用的是硬质(无毒)聚氯乙烯薄片,因其用于药品和食品包装,故其生产时对所用树脂原料的要求较高,不仅要求硬质聚氯乙烯薄片透明度和光泽感好,还有严格的卫生要求,如必须使用无毒聚氯乙烯树脂、无毒改性剂和无毒热稳定剂。

聚氯乙烯薄片厚度一般为0.25~0.35mm,因其质地较厚、硬度较高,故常称其为硬膜。因为泡罩包装成型后的坚挺性取决于硬膜本身,所以其硬膜厚度也是影响包装质量的关键因素。

除聚氯乙烯薄片外,常用材料还有PVC/PVDC/PE,PVDC/PVC,PVC/PE等。若包装对阻隔性和避光性有特别要求,还可采用塑料薄片与铝箔复合的材料,如PET/铝/PP,PET/铝/PE的复合材料。

2. 铝箔

铝箔通常有4类,分别为可触破式铝箔、剥开式铝箔、剥开-触破式铝箔、防伪铝箔。

(1)可触破式铝箔　最广泛应用的覆盖铝箔,其表面带有0.02mm厚的涂层,由纯度为99%的电解铝压延而成。

目前铝箔是泡罩包装首选,甚至可以说是唯一的金属材料,尤其是在我国,在药品包装方面使用的泡罩包装铝箔,只有可触破式铝箔这一种形式,其具有三大优点:①压延性好,可制得最薄、密封性又好的包裹材料。②高度致密的金属晶体结构无毒无味,有优良的遮光性,有极高的防潮性、阻气性和保味性,能最有效地保护被包装物。③铝箔光亮美观、极薄,稍锋利的锐物可轻易撕破。

可触破式铝箔可以是硬质也可以是软质,厚度一般为15~30mm,其基本结构为保护层/铝箔/热封层,可以和聚氯乙烯(PVC)、聚丙烯(PP)、聚对苯二甲酸乙二醇酯(PET)、聚苯乙烯(PS)和聚乙烯(PE)及其他复合材料等封合并覆盖泡罩,具有非常好的气密性。

(2)剥开式铝箔　剥开式铝箔的气密性与可触破式铝箔基本一样,区别在于其与底材的热封强度不是太高而易于揭开,此外它只能使用软质铝箔制造的复合材料,而不能使用硬质材料。基本结构为:纸/PET/铝/热封层,PET/铝/热封层,纸/铝/热封层等,其热封强度没有最低值要求,适合于儿童安全包装以及一些怕受压力的包装物品。

(3)剥开-触破式铝箔　这种包装是针对儿童的安全保护,同时也便于老人的开启。开启的方式是先剥开铝箔上的PET或纸/PET复合膜,然后触破铝箔取得药品,其基本结构为:纸/PET/特种胶/铝/热封层,PET/特种胶/铝/热封层。美国和德国的泡罩包装大多要求采用这种铝箔,用于儿童安全包装。

(4)防伪铝箔　防伪铝箔除了双面套印铝箔外,还在铝箔表面进行了特殊的印刷、涂布或转移了特殊物质,或者其铝箔本身经机械加工而制成特殊形式的泡罩包装铝箔,从而达到防伪的目的,故称为防伪铝箔。防伪铝箔总体可分为油墨印刷防伪、激光全息防伪、贴标防伪和版式防伪等,通过防伪铝箔的使用,可使药厂的利益得到一定的保护,但是目前我国药厂使用极少,它是未来泡罩包装的发展方向。

## 二、铝塑泡罩包装机

铝塑泡罩包装机是将透明塑料薄膜或薄片制成泡罩,用热压封合、黏合等方法将产品封合在泡罩与底板之间的设备,如图 18-2 所示。它用来包装各种几何形状的口服固体制剂药品——糖衣片、膜衣片、硬胶囊剂、软胶囊剂、滴丸、中药蜜(水、浓缩)丸等,也可用于包装安瓿、抗生素瓶、药膏、注射器、输液袋等。

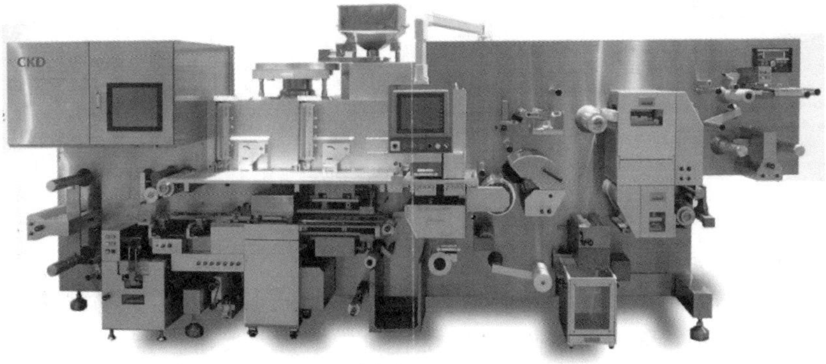


(1)实物图

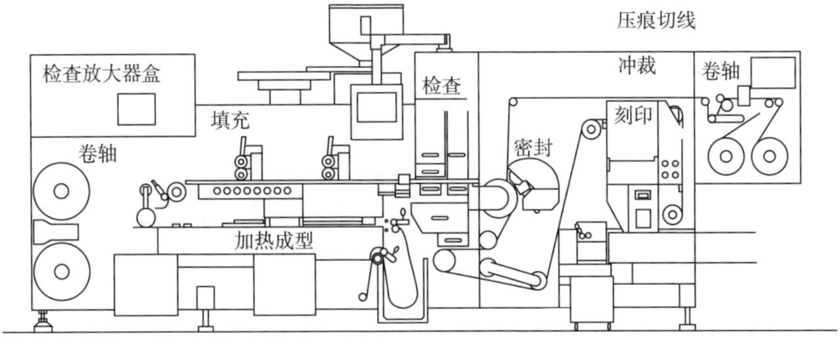


(2)示意图

图 18-2　铝塑泡罩包装机

首先应在成型模具上加热硬片,使 PVC 硬片变软,再利用真空或正压将其吸塑或吹塑成型,形成与待装药物外形相近的形状和尺寸的凹泡,再将药物填充于泡罩中,检整后以铝箔覆盖,用压碾将无凹泡处的塑料片与在贴合面涂有热熔胶的铝箔加热挤压,黏结成一体,打印批号,然后根据药物的常用剂量(如按一个疗程所需药量),将其切割成一个包含若干粒药物的四边圆角长方形,剩余边材可进行剪碎或卷成卷,供回收再利用,即完成铝塑包装的全过程。

在铝塑泡罩包装机上需要完成薄膜输送、加热、成型、填充、检整、印刷、热封、压痕、冲裁等工艺过程,如图 18-3 所示。在工艺过程中各工位是间歇过程,但整体则是连续的。

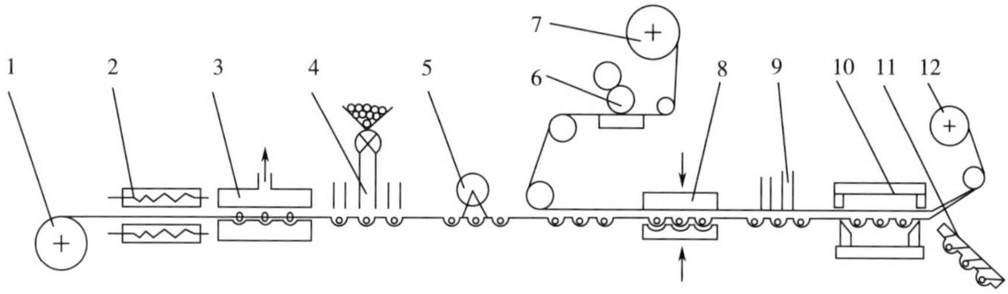


图 18-3　铝塑泡罩包装机的工艺过程

1—薄膜输送　2—加热器　3—凹泡成型　4—加料　5—检整　6—印字
7—铝箔辊　8—压痕热封　9—打批号　10—冲裁　11—成品　12—废料辊

**(一)薄膜输送**

铝塑泡罩包装机是一种多功能包装机,各个包装工序分别在不同的工位上进行。包装机上设置有若干个薄膜输送机构,其作用是输送薄膜并使其通过上述各工位,完成泡罩包装工艺。国产各种类型的铝塑泡罩包装机采用的输送机构有槽轮机构、凸轮摇杆机构、凸轮分度机构、棘轮机构等,可根据输送位置的准确度、加速度曲线和包装材料的适应性进行选择。

**(二)加热**

将待成型膜加热到能够进行热成型加工的温度,这个温度是根据选用的包装材料确定的。对硬质 PVC 而言,较容易成型的温度为 110~130℃,此范围内 PVC 薄膜具有足够的热强度和伸长率。温度的高低对热成型加工效果和包装材料的延展性有影响,因此要求对温度控制相当准确。但应注意:这里所指的温度是 PVC 薄膜的实际温度,是用点温计在薄膜表面上直接测得的(加热元件的温度比这个温度高得多),如图 18-4 所示。

国产铝塑泡罩包装机加热方式有辐射加热和传导加热。大多数热塑型包装材料吸收 3.0~3.5μm 波长的红外线发射出的能量,因此最好采用辐射加热方法对薄膜加热,其加热效率高,而且均匀,是目前最理想的加热方式。传导加热也称接触加热,这种加热方法是将薄膜夹在成型模与加热辊之间,或者夹在上下加热板之间,这种加热方法已经成功地应用于聚氯乙烯(PVC)材料加热,其加热速度快,但

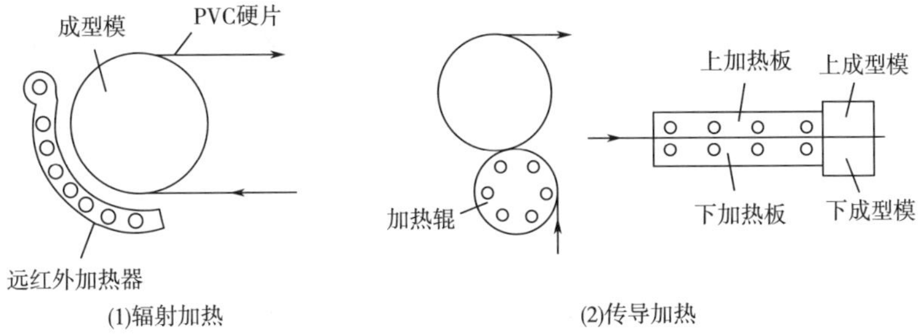


图 18-4　膜加热的两种形式

不均匀。

加热元件以电能作为热源，这是因为温度易于控制。加热器有金属管状加热器、乳白石英玻璃管状加热器和陶瓷加热器。

**（三）成型**

成型是整个包装过程的重要工序，指利用抽真空将加热软化了的薄膜吸入成型模的泡窝内形成一定几何形状，从而完成泡罩成型的一种方法，可分为 4 种，如图 18-5 所示。

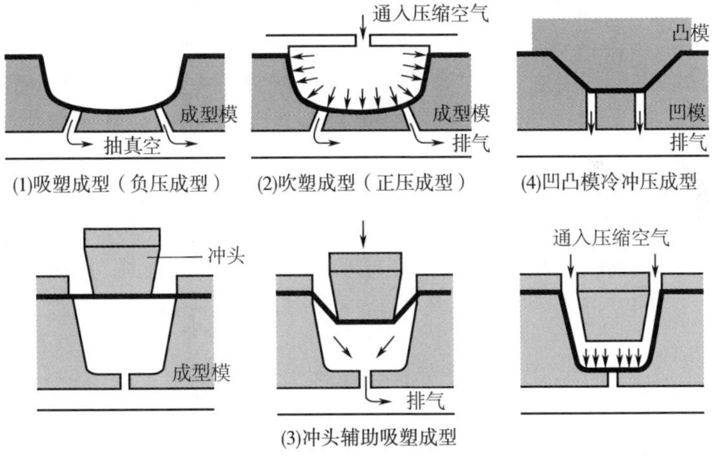


图 18-5　泡罩成型方法

1. 吸塑成型（负压成型）

吸塑成型是利用抽真空将加热软化的薄膜吸入成型模的泡罩窝内形成一定几何形状，从而完成泡罩成型。吸塑成型一般采用辊式模具，成型泡罩尺寸较小、形状简单、泡罩拉伸不均匀，顶部较薄。

2. 吹塑成型(正压成型)

吹塑成型是利用压缩空气将加热软化的薄膜吹入成型模的泡罩窝内,形成需要的几何形状的泡罩。成型的泡罩壁厚比较均匀,形状挺阔,可成型尺寸大的泡罩。吹塑成型多用于板式模具。

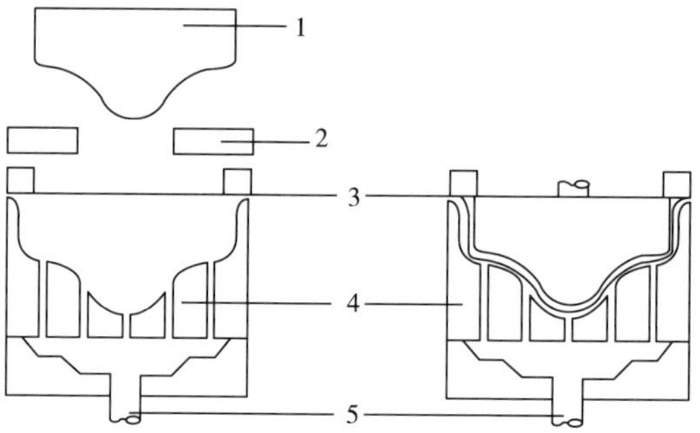


图 18-6 冲头辅助压缩空气正压成型结构

1—冲头 2—加热结构 3—PVC 硬片 4—模具 5—真空管

3. 冲头辅助吹塑成型

冲头辅助吹塑成型的工艺是借助冲头将加热软化的薄膜压入模腔内,当冲头完全压入时,通入压缩空气,使薄膜紧贴模腔内壁,完成成型加工工艺,冲头尺寸约为成型模腔的 60%~90%。合理设计冲头形状尺寸,冲头推压速度和推压距离,可获得壁厚均匀、棱角挺阔、尺寸较大、形状复杂的泡罩。冲头辅助成型多用于平板式泡罩包装机,如图 18-6 所示。

4. 凹凸模冷冲压成型

当采用的包装材料刚性较大时,热成型方法显然不能适用,而是采用凹凸模冷冲压成型方法,即凹凸模合拢,对膜片进行成型加工,其中空气由成型模内的排气孔排出。

**(四)填充**

填充即向成型后的泡罩窝中填充药物。常用的加料器有 3 种形式:行星轮软毛刷推扫器、旋转隔板式加料器和弹簧软管加料器。

1. 行星轮软毛刷推扫器

行星轮软毛刷推扫器的结构特别适合片剂和胶囊填充,其是利用调频电机带动简单行星轮系的中心轮,再由中心轮驱动 3 个下部安装有等长软毛刷的等径行星轮,做既有自转又有公转的回转运动,将制剂推入泡罩中。行星轮软毛刷推扫器是应用最广泛的一种填充机构,其结构简单、成本低廉、填充效果好。此外,落料器的出口有回扫毛刷轮和挡板作为检整机构,防止推扫药物时撒到泡罩带宽以外。

2. 旋转隔板式加料器

旋转隔板式加料器可分为辐射式和盘式,可间歇下料于泡窝内,也可以定速均匀铺散式下料,同时向若干排凹窝中加料。旋转隔板的旋转速度与泡窝片移动速度的匹配性是工艺操作的关键,是保证泡窝片上每排凹窝均落入单粒药物的关键因素。

3. 弹簧软管加料器

弹簧软管加料器常用于硬胶囊剂一类制剂的铝塑泡罩包装,软管多用不锈钢细丝缠绕而成,其密纹软管的内径略大于胶囊外径,以保证管内只容单列胶囊通过。此设备的关键之处在于,要时刻保证软管不发生曲率较大的弯曲或死角折弯,要能保证胶囊一类的制剂在管内通畅运动。其物料的运行是依靠设备的振动,使胶囊依次运行到软管下端出口处,再依靠出管的棘轮,间歇拨动卡簧的启闭进行填充,并保证每次只放出 1 粒胶囊。

**(五)检整**

利用人工或光电检测装置在加料器后边及时检查药物填落的情况,必要时可以人工补片或拣取多余的丸粒。较普遍使用的是利用旋转软刷,在塑料膜前进中伴随着慢速推扫。由于软刷紧贴着塑料膜工作,多余的丸粒总是赶向填充的凹泡方向,又由于软刷推扣,空缺的凹泡也必会填入药粒,如图 18-7 所示。

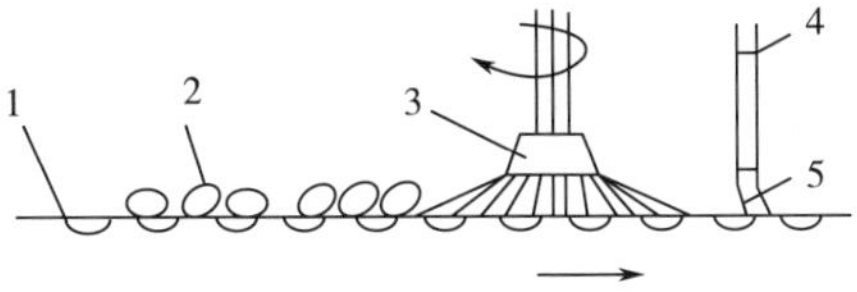


图 18-7　检整装置

1—塑料膜　2—药物　3—旋转软刷　4—围堰　5—软皮板

**(六)印刷**

铝箔印刷是在专用的铝箔印刷涂布机械上进行,因为它是通过印刷辗表面的下凹表面来完成印刷文字或图案,所以又称为凹版印刷。它是将印版辗筒通过外加工制成印版图文,图文部分在辊铜层表面被腐蚀成墨孔或凹坑,非图文部分则是铜质表面本身,印版辊筒在墨槽内转动,在每一个墨孔内填充稀薄的油墨,当辊筒转动从表面墨槽中旋出时,上面多余的油墨由安装在印版辗筒表面的刮墨刀刮去,印版辊筒旋转与铝箔接触时,表面具有弹性压印的辗筒将铝箔压向印版辊筒,使墨孔中的油墨转移到铝箔表面,便完成了铝箔的印刷工作。在印刷中所使用的主要原材料是药用铝箔专用油墨及溶剂材料和铝箔涂布用黏合剂材料。

**(七)热封**

首先将铝箔膜覆盖在填充好药物的成型泡罩之上,再将承载药物的硬片和软片封合。基本原理即通过内表面加热,然后加压使其紧密接触,再利用胶液形成完全热封动作。此外为了确保压合表面的密封性,一般都以菱形密点或线状网纹封合。热封有两种形式:辊压式和板压式。

1. 辊压式热封

辊压式热封指通过转动的两辊之间的压力,将封合的材料紧密结合的一种封合方式。将准备封合的材料通过转动的两辊之间,使之连续封合,包装材料通过转动的两辊并在压力作用下停留时间极短,若想得到合格热封,必须使辊的转动速度非常慢或者包装材料在通过热封辊前进行充分预热,如图 18-8 所示。

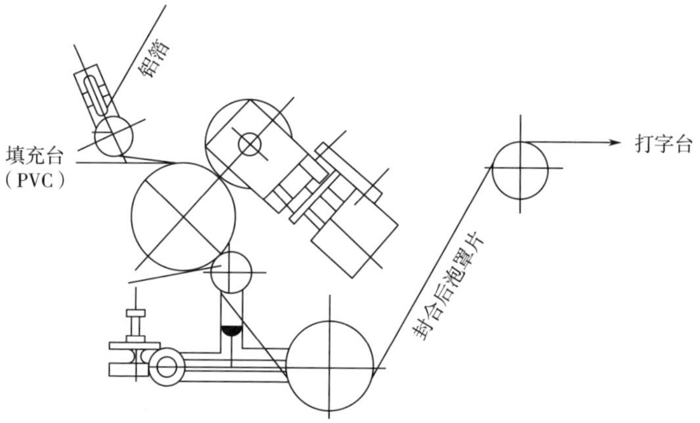


图 18-8 辊压式热封

2. 板压式热封

板压式热封是指两个板状的热封板与到达封合工位的封合材料表面相接触,将其紧密压在一起进行封合,然后迅速离开并完成工艺的一种封合方式。板式模具热封包装成品比辊式模具的成品平整,但由于封合面积较之辊式大得多,即单位压强较小,故封合所需的压力比辊压式大得多,如图 18-9 所示。

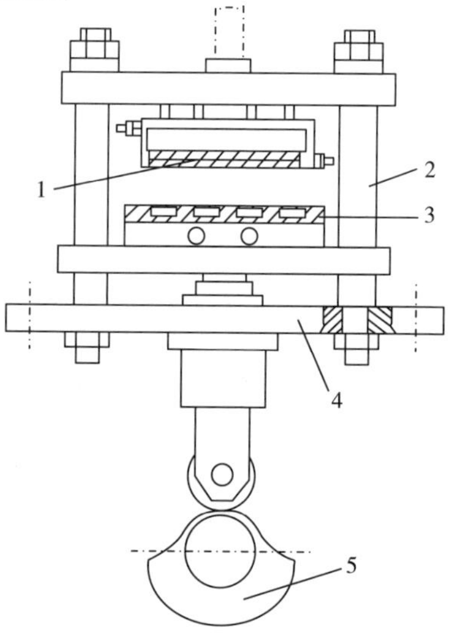


图 18-9 板压式热封

1—上热封板 2—导柱 3—下热封板

4—底板 5—凸轮

现代化高速包装机的工艺条件,不可能提供很长时间的热封,但是如果热封时间太短,则黏合层与 PVC 胶片之间就会热封不充分。为此,一般推荐的热封时间不少于 1s。要达到理想的热封强度,就要设置一定的热封压力。如果压力不足,不仅不能使产品的黏合层与 PVC 胶片充分贴合热封，甚至会使气泡留在两者之间，达不到良好的热封效果，一般推荐的热封压力为 2Pa。

热封板(辊)的表面用化学铣切法或机械滚压法制成点状或网状的纹路，用以提高封合强度和包装成品的外观质量，更重要的一点是在封合时起到拉伸热封部位材料的作用，从而消除收缩褶皱，但必须小心，防止在热封过程中戳穿薄膜。

我国法律对产品包装做出了越来越严格的限制，对包装物上的标示和印刷提出了更高要求，药品泡罩包装机行业标准中明确要求包装机必须有打批号的装置。包装机打印一般采用凸模模压法印出生产日期和批号。打批号可在单独工位进行，也可以与热封、压痕同工位进行。

**(八)压痕**

一片铝塑包装药物可能适用于服用多次，为了使用方便，可在一片上冲压出易裂的断痕，用手即可方便地将片断裂成若干小块，每小块为可供一次的服用量。

**(九)冲裁**

将封合后的带状包装成品冲裁成规定的尺寸(即一片片大小)称为冲裁工序，如图 18-10 所示。为了节省包装材料，希望不论是纵向还是横向冲裁，刀的两侧均是每片包装所需的部分，尽量减少冲裁余边，因为冲裁余边不能再利用，只能废弃。由于冲裁后的包装片边缘锋利，常需将四角冲成圆角，以防伤人。冲裁成品后所余的边角仍是带状的，可在机器上利用单独的辊杆将其收拢。

图 18-10　冲裁模具

## 三、平板式泡罩包装机

平板式泡罩包装机是目前应用较为广泛的铝塑泡罩包装机，其泡罩成型和热封合的模具均为平板形，如图 18-11 所示。

**(一)工作原理**

成型膜经平板式加热装置加热软化，在平板式成型装置中利用压缩空气将软化的薄膜吹塑成泡罩，填充装置将被包装物填充入泡罩内，然后送至平板式封合装

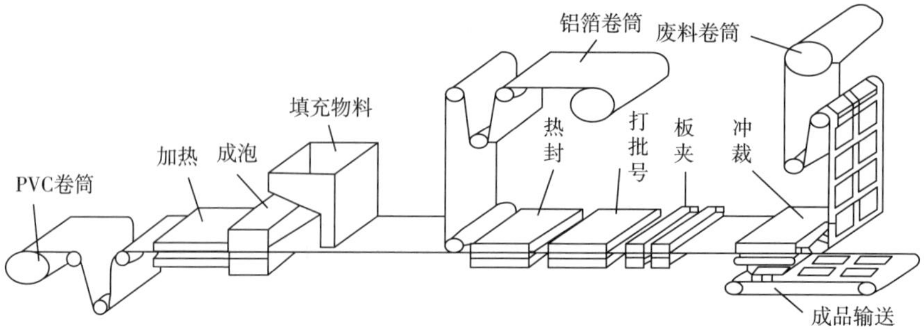


图 18-11　平板式泡罩包装机

置中,在合适的温度及压力下将覆盖膜与成型膜封合,再经打字压印装置打印上批号,最后由冲裁装置冲裁成规定尺寸的包装板块。

**(二)参数**

PVC 片材宽度有 210mm 和 170mm 等几种,PVC 泡片运行速度可达 2m/min,最高冲裁次数为 30 次/min。

**(三)特点**

(1)各工位都是间歇运动。

(2)热封时,上、下模具平面接触,要有足够的温度和压力以及封合时间。

(3)不宜高速运转,热封合消耗功率大,封合的牢固程度和效果逊于辊筒式,适用于中小批量药品包装和特殊形状物品的包装。

(4)泡罩拉伸比大,深度可达 35mm,满足大蜜丸、医疗器械行业的需求。

(5)板式成泡、板式热封,板夹拉动热封合的包材,定距间歇右移。

(6)产品较辊筒式加工平整美观。

(7)同步调整比较麻烦,对材料要求较高。

## 四、辊筒式泡罩包装机

成型膜经加热装置加热软化,在辊筒式成型模辊上用真空负压吸出泡罩,填充装置将被包装物填充入泡罩内,然后经辊筒式热封合装置,在合适的温度及压力下将单面涂有黏合剂的覆盖膜封合在带泡罩材料的表面,并将被包装物密封在泡罩内。再经打字、压印装置打印上批号,最后冲裁装置冲裁成一定尺寸的包装板块,如图 18-12 所示。

优点:操作简单,泡罩成型、热封都在辊筒上完成,减少了同步调整的麻烦,对包材要求不高。

缺点:成品呈弯曲的弧形,不如平板式美观。

(1)实物图

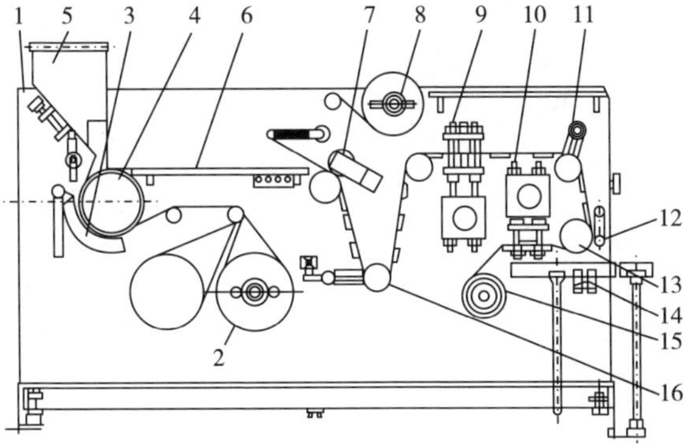


(2)示意图

图 18-12　辊筒式泡罩包装机

1—机体　2,8—薄胶卷筒　3—远红外加热器　4—成型装置　5—料斗　6—监视平台　7—热封合装置　9—打字装置　10—冲裁装置　11—可调式导向辊　12—压紧辊　13—间歇进给辊　14—输送机　15—废料辊　16—游辊

## 五、辊板式泡罩包装机

辊板式泡罩包装机是在辊式、平板式泡罩包装机的基础上研发出来的,其结合两机优点、克服两机不足,即采用平板式成型装置吹塑成型(正压成型),辊筒式封合装置封合,板式成泡、辊式热合,设备操作简便,产品美观。目前最常用、最先进的机型多采用辊板式无级调速型。平板式、辊筒式和辊板式的组成部件基本相同,如图 18-13 所示。

高速辊板泡罩包装机集平板式和滚筒式泡罩包装机的优点,具有冲裁频率高、能源消耗低,动作准确、稳定,模具更换方便、成品率高,还可以错版废边冲裁、电子计数、打批号、断片、完片、PVC 缺失自动报警停机以及成型加热板处自动闭合、开启,并配有加料器,其填充率可达到 99.99%以上。本机运行平稳,与设备接触的物

(1)实物图

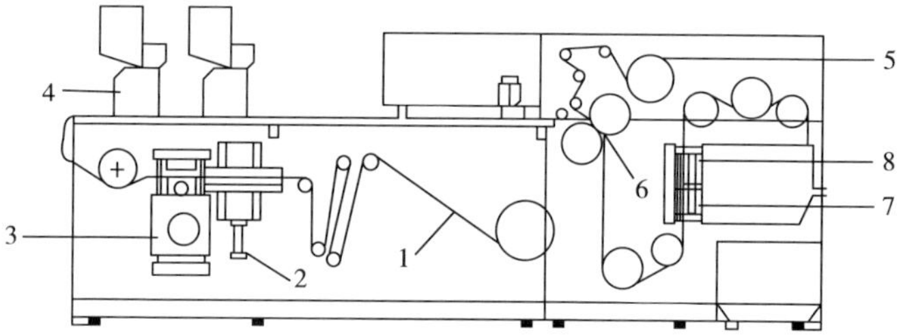


(2)示意图

图 18-13　辊板式泡罩包装机

1—PVC 硬片输送　2—加热　3—泡罩成型　4—加料　5—铝箔
6—压封　7—批号压痕　8—冲裁

料处全用不锈钢制成，具有良好的耐腐蚀性，生产效率高、便于清洁、无交叉污染。

### (一)生产前准备

确认操作间已处于清场合格状态；确认机器处于“已清洁”及“完好”状态；检查机器各部件是否有松动或错位现象，若有，加紧矫正并紧固；确认电源、水源均已处于正常状态，压缩空气源压力应在 0.5～0.7MPa。

确认模具规格与所包装药品规格一致，检查包装材料规格及药品的质量。

### (二)设备操作程序及方法

1. 开机

(1)接通电源，打开电源开关，打开进出水口和气泵气管接口，打开压缩空气阀,进入 PLC 人机界面,如图 18-14 所示。

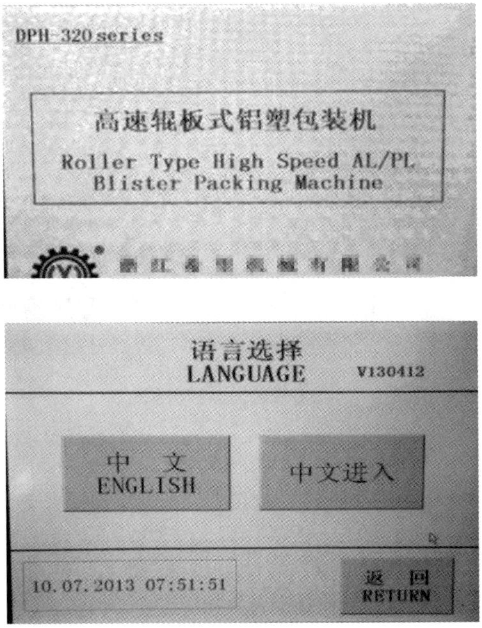


图 18-14　界面显示

(2)选择中文界面,输入用户名及密码,进入菜单界面,如图 18-15 所示。

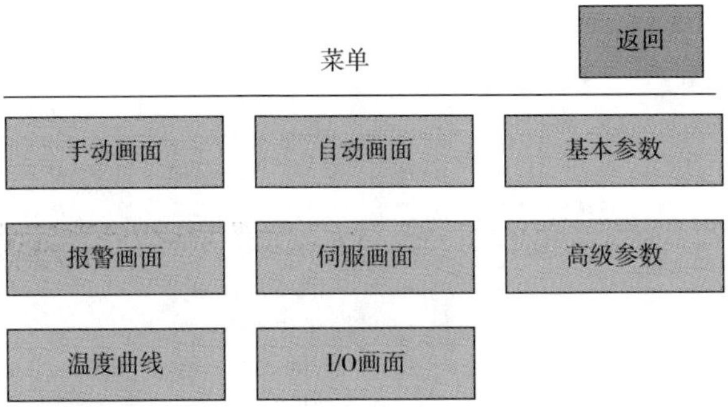


图 18-15　菜单

(3)把 PVC 和铝箔装到各自的支撑轴上,装上批号钢字模。

(4)打开检测扫描仪,轻触屏幕,选择“拍照”,检测扫描仪开始运行。

(5)轻触菜单界面上的“基本参数”,对各参数进行设定,如上温温度(140±5)℃,下温温度(140±5)℃,热封温度(190±5)℃,批号温度(130±5)℃,主机频率 10~30Hz,冲裁板数为 3,示例如图 18-16 所示。

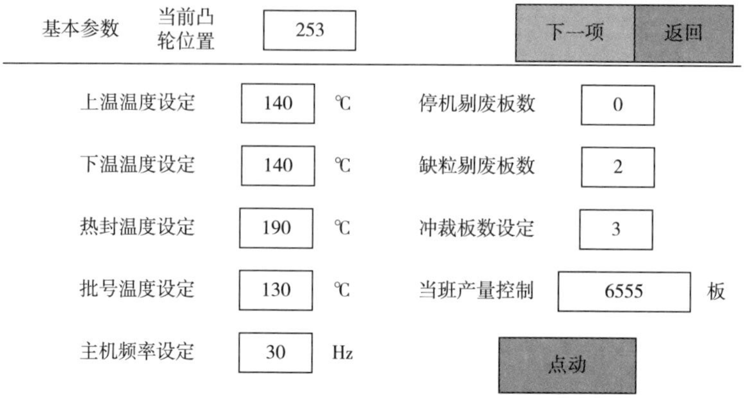


图 18-16　基本参数

(6)充气后使加热板上升,然后打开 PVC 牵引。

2. 设备生产前调试

(1)将所有加热区进行预热,按“返回”键,轻触“手动画面”,回到如图 18-17 所示界面,进入调试阶段,当温度都达到设定温度后,打开真空和冲裁开关,开始调试设备。

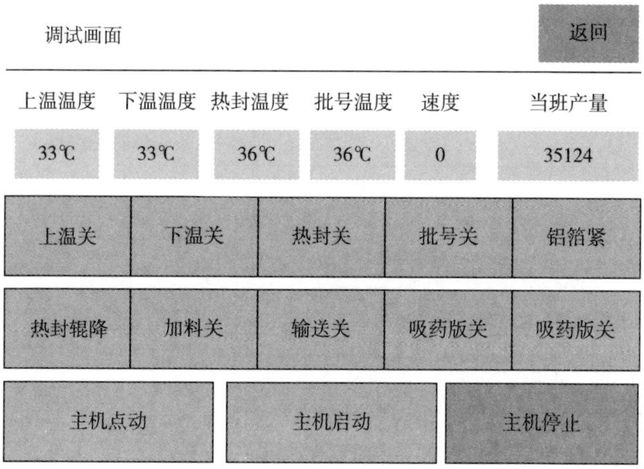


图 18-17　调试界面 1

(2)把 PVC 硬片绕过小辊,穿过加热板,搭在成型模辊上,按启动键吹塑泡罩,当泡罩达到一定长度,且均匀饱满时,便按“主机停止”键,先把泡罩带绕过中导辊、定导辊、操作平台,再搭在热合辊上,并让 PVC 片泡罩与热合辊的模孔相吻合。

(3)把铝箔绕过小辊覆盖在泡罩带上,确定好位置后,按“铝箔紧”键,以固定铝箔的位置;按“热封辊降”键,热封辊降下,让热封辊压在铝箔上面。

(4)整机再次启动,当热封后的泡罩达到一定长度后,再次停机,把泡罩带绕过摆动辊缠在进给辊上。同时把泡罩带送进冲裁机构的导向板内,用压辊压上。

(5)整机再次启动,检查冲裁的铝塑板网纹、批号是否清晰,铝塑压合是否平整,冲裁是否完整,批号是否穿孔等。

(6)检查符合要求后,机器正常运转,将所包装的药品加到料斗中,打开放料阀,调节好加料速度和机器转速一致,调节刷轮转速,以不影响中间产品质量为宜;按“返回”键,轻触“自动画面”,进入正常生产阶段,如图 18-18 所示。

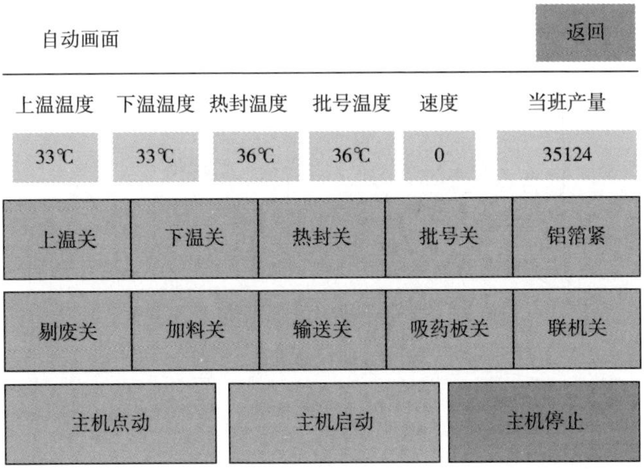


图 18-18　调试界面 2

机器正常运转,开始进行生产操作。生产过程中必须经常检查 PVC 与铝箔是否偏移、铝塑成品外观质量、机器运转情况,如有异常立即停机检查,正常后方可生产。

3. 关机

(1)生产结束后,按“主机停止”键,主电机停止运行。

(2)依次按动“上温关”“下温关”“热封关”“批号关”,再按“加料关”。

(3)待机器冷却后,依次关闭电源开关、进气阀、进水阀。

4. 设备使用与调整

(1)成型模安装

①成型装置如图 18-19 所示,成型模用定位键定位,两端用楔形压板锁紧。

②对于泡孔偏向一边的模具,装模时泡罩离侧边窄的一面靠向加热板,使冷却的时间最少,如图 18-20 所示,同时应使足够的范围得到加热。

③上气道模安装后与成型模重合即可,要求完全重合,否则气道模会漏气,影响成型的质量,安装方式与成型模相同,用 3 个螺钉固定。

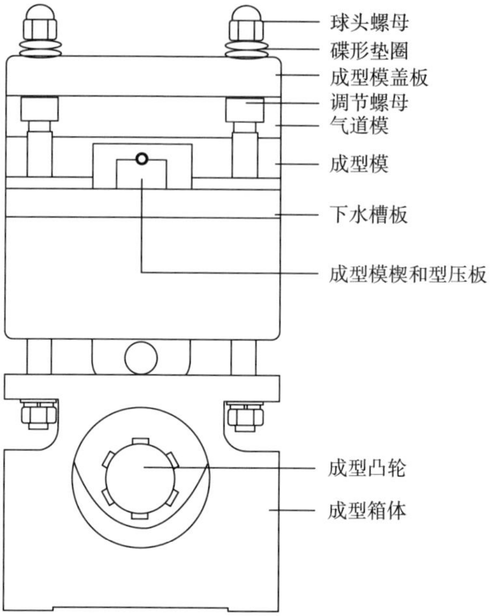


图 18-19　成型装置

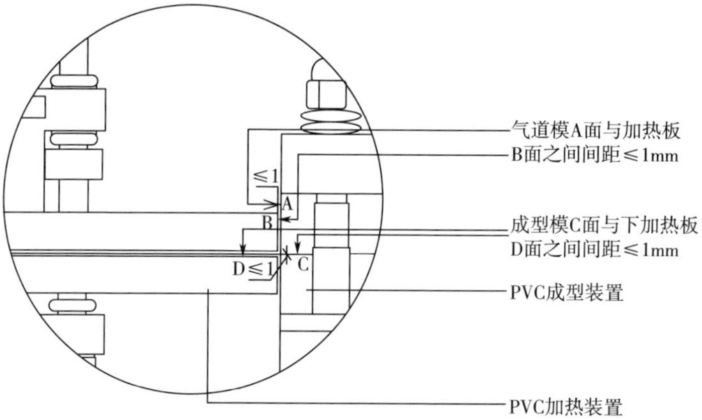


图 18-20　模具定位

④调节下加热板高度,与气道模上平面 C 相差 1mm 左右,高度相差太大会使 PVC 发生褶皱。

⑤调节上加热板,使之与下加热板平整重合,不可出现加热上下板边角的现象,否则会使 PVC 加热不均匀,影响成型。

⑥打开机器可看到同步带轮,顺时针转动带轮让成型模上升到最高位置(上止点),调节成型站的球头螺母及紧固螺母,使其上气道模的下平面压住成型模的上

平面,压力要均匀不要过大,吹气时没有漏气即可。调整压力时,务必停机上止点,避免调节时压力过大而损坏机器,调好压力后将紧固螺母旋紧定位。

(2)铝箔装夹和调整　按下气胀轴进气端口,放掉里面气体,将铝箔装置在气胀轴上,再向气胀轴进气端口充气,将包材气胀固紧。微调方法:根据废边的偏向,顺时针或逆时针旋转手柄到最佳位置。

(3)气压　压缩空气进入双联减压阀时,气压不低于0.5MPa,应控制在0.5~0.7MPa。油雾器要加足量油(20#机械油),单联减压阀控制成型,气压在0.6MPa左右。每班开机前要放掉减压阀内积水,以免水汽进入泡罩内,影响成型的质量。

5. 注意事项

(1)运行前先按点动按钮启动电动机,观察运行是否正常,如没有发现异常情况,再按电机启动按钮,上下加热板自动对板,待PVC软化后机器自动工作。观察成型、热封、冲裁及运行情况。

(2)启动空压机,充气后使加热板上升,串好PVC和铝箔。校正中心位置,观察成型、热封、冲裁及运行情况,一切正常后再加料生产。

(3)每次异常或设备停止运行时,需将热封辊升起,以免PVC熔断。

(4)机器运行中,不可将身体任何部位触及正在移动或滚动中的机件。

(5)在对机器进行清洁、保养、维修、更换模具或零部件等操作前请确保电源关闭。

6. 维护与保养

(1)每月对活动杆、传动链条及油箱加油润滑。

(2)严格按操作规程进行操作,并维护机器表面整洁。

(3)正常生产时要经常检查各滚动轴承的温度,一般最低工作温度不低于-40℃,最高温度不超过120℃,各滚动轴承要每年更换一次润滑脂。要经常检查变速箱内的油位,其油位高度要到最大齿轮的齿根为佳,且每年应更换一次变速箱内的机油。

(4)成型、热封、压痕等部位压力不宜过大,否则影响使用。

(5)各凸轮及齿轮油盘要经常加油。

(6)为了安全生产,应按接地标牌指定位置接入地线。

有些药物对避光要求严格,可采用两层铝箔包封(称为双铝包装),即利用一种厚度为0.17mm左右的稍厚的铝箔代替塑料(PVC)硬膜,使药物完全被铝箔包裹起来,使用的机械为双铝泡罩包装机。

利用这种稍厚的铝箔时,由于铝箔较厚,具有一定的塑性变形能力,可以在压力作用下,利用模具形成泡罩。成型材料为冷成型铝复合膜,泡罩是利用模具通过机械方法冷成型而获得,又称为延展成型或深度拉伸。

# 任务三　水针剂包装设备

包装工序是注射剂生产的最后一道工序,通常要完成安瓿印字、装盒、加说明书、贴标签等多项操作。目前,我国的注射剂生产多采用半机械化安瓿印包生产线,该生产线通常由开盒机、印字机、装盒关盖机、贴标签机、喷码机等单机联动而成,其流程如图 18-21 所示。

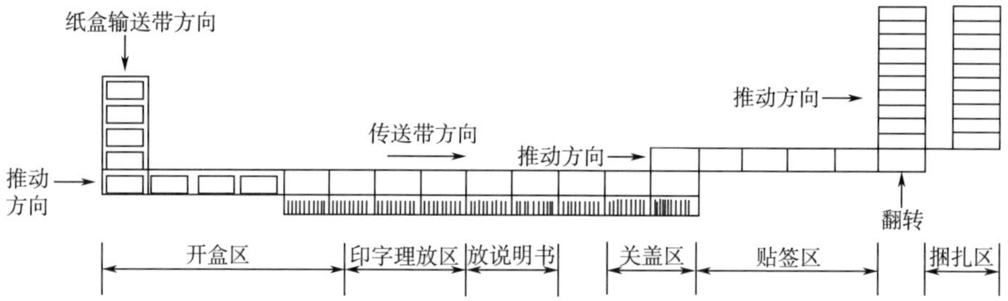


图 18-21　半机械化安瓿印包生产线流程

## 一、开盒机

开盒机的功能是将堆放整齐的空标准纸盒的盒盖逐一翻开,以供贮放印好字的安瓿。开盒机主要由输送带、光电管、推盒板、翻盒爪、弹簧片、翻盒杆等部件构成,如图 18-22 所示。

其中光电管的作用是检查纸盒的个数并指挥输送带和推盒板的动作。当光电管前已无纸盒时,光电管即发出信号,指挥推盒板将输送带上的一叠纸盒推送至往复推盒板前的盒轨中。

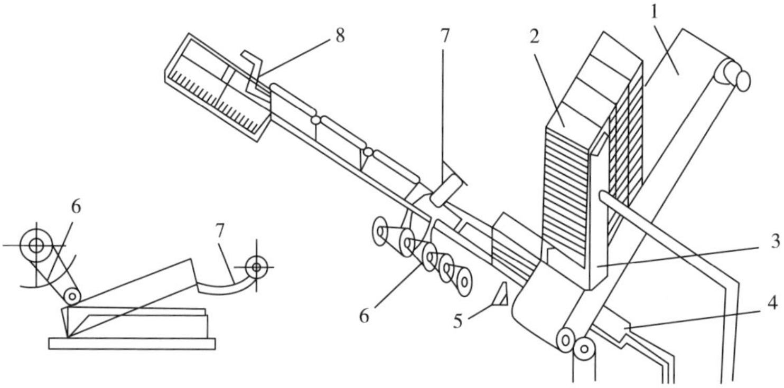


图 18-22　开盒机

1—输送带　2—空纸盒　3—推盒板　4—往复推盒板　5—光电管　6—翻盒爪　7—弹簧片　8—翻盒杆

## 二、印字机

经检验合格后的注射剂在装入纸盒前均应在瓶体上印上规定的药品名称、规格、批号及有效期等内容，以确保使用上的安全。

印字机主要由输送带、安瓿斗、托瓶板、推瓶板和印字轮系统组成。安瓿斗与机架呈25°倾斜，底部出口外侧装有一对转向相反的拨瓶轮，其作用是防止安瓿在出口容颈处被卡住，能使安瓿顺利进入出瓶轨道，如图18-23所示。

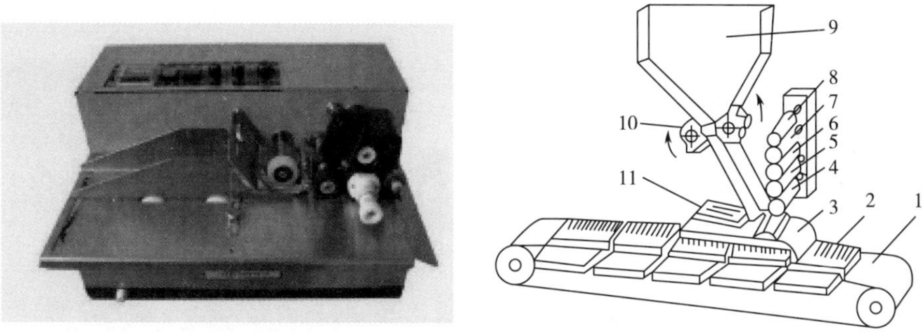


(1)实物图　　(2)示意图

图18-23　印字机

1—纸盒输送带　2—纸盒　3—托瓶板　4—橡皮印字轮　5—字版轮　6—着墨轮　7—钢质匀墨轮　8—油墨轮　9—安瓿盘　10—拨瓶轮　11—推瓶板

## 三、贴标签机

贴标签机的作用是在每只装有安瓿的纸盒盒盖上粘贴一张预先印制好的产品标签。

主要部件为压瓶转盘、压瓶轨道、拨盘、上胶盘、签槽、吸签手、贴签轨道等，如图18-24所示。

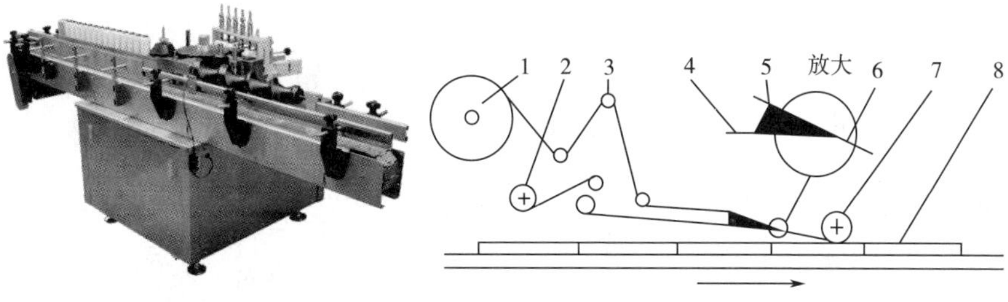


(1)实物图　　(2)示意图

图18-24　贴标签机

1—胶带纸轮　2—卷带轮　3—张紧轮　4—剥离纸　5—剥离刃　6—标签纸　7—压签滚轮　8—纸盒

工作程序为输瓶、涂胶、取签、印批号、贴标签。

特点为采用变频调速，配有光电自控系统，堆瓶、缺瓶能自动停机；设有无瓶则不递签、不涂胶、不贴签等保护装置。

## 四、喷码机

### （一）喷墨喷码机

采用喷印的方法，将加压过的印墨从喷嘴喷射在包装上，产生的墨滴形成文字，印墨能够瞬间干燥。用于药品包装批号、生产日期、有效期的标写，如图 18-25 所示。

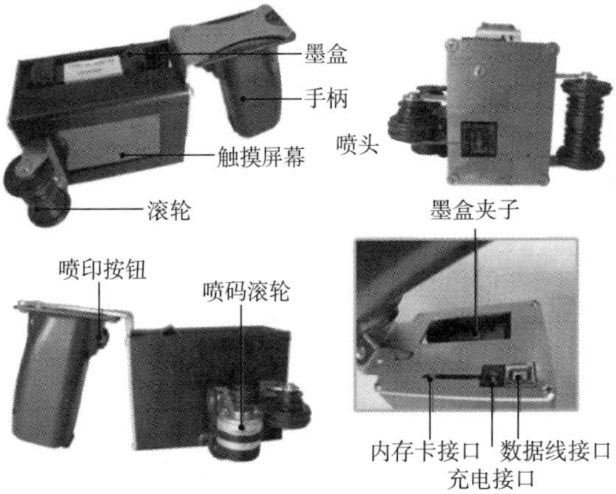


(1)零件图

(2)实物图

图 18-25　喷码机

### （二）激光喷码机

激光标识产品广泛运用于医药产品包装上，标识清晰美观，不可擦除，通过不同的标识方案，可实现防伪功能，防窜货，助力药品监管。制药行业口服液的安瓿、大输液等贴标机生产线上都使用激光机，如图 18-26 所示。

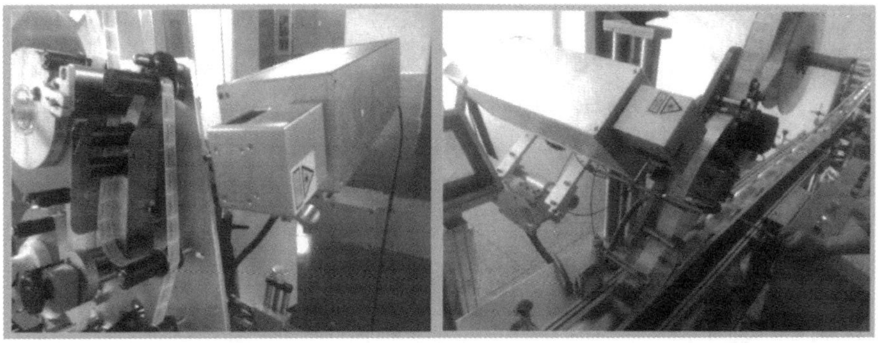

(1)实物图

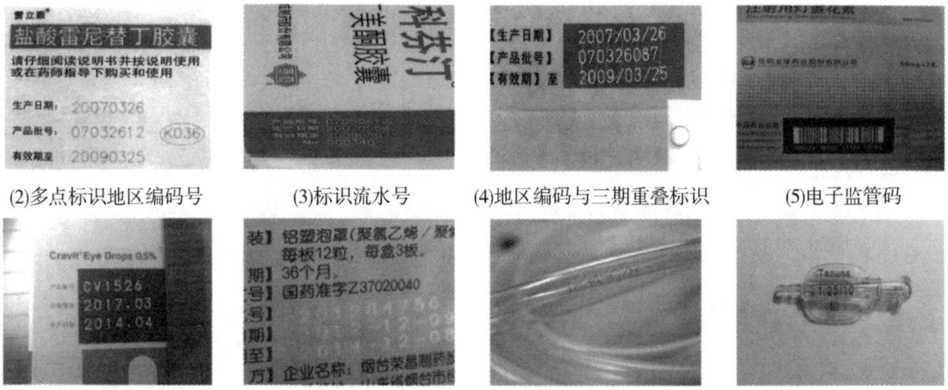


(2)多点标识地区编码号　(3)标识流水号　(4)地区编码与三期重叠标识　(5)电子监管码

(6)三期标识　(7)铝塑包装三期标识　(8)输液管标识编号　(9)医疗用品标识规格

图 18-26　激光机应用场合

激光喷码机结构简单，主要由激光器、扫描头、商用计算机、控制板卡组成，工业设备零部件少，稳定性高，如图 18-27 所示。

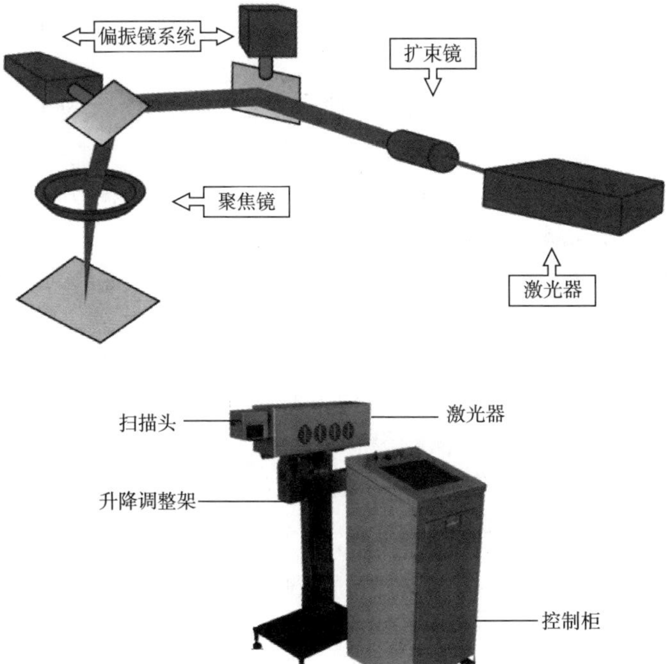


图 18-27　激光喷码机

1. 工作原理

激光喷码机是利用激光的高能量来进行灼烧以完成标刻的。激光器发出光以后，经过扩束镜，再通过偏振系统对激光进行有效偏转，最后通过聚焦镜，把激光聚焦在物体表面进行标刻。

2. 零部件

(1)激光器　使用的是金属腔体的 $CO_2$ 激光器，$CO_2$ 核外电子受高压激发而发生轨道跃迁，在其回到原轨道时就会产生不同波长的激光通过光栅和滤光片。选择的波长是 10.6μm 的激光，如图 18-28 所示。

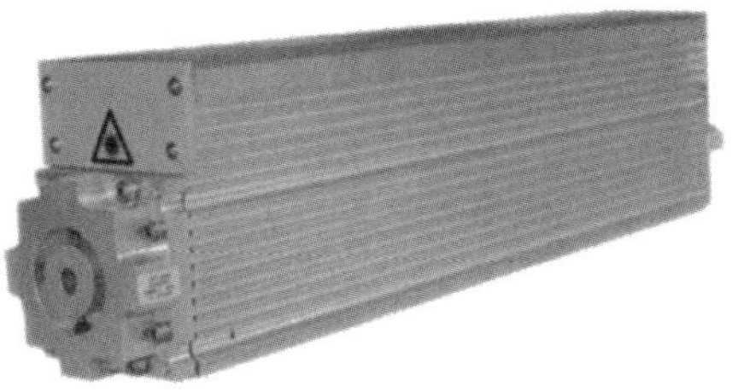

图 18-28　激光器

图 18-29　偏振镜系统

(2)扩束镜　将激光束扩大，把激光的发散角压小，使激光束更加平行和准直，使聚焦镜在聚焦时能得到更小的激光光斑。

(3)偏振镜系统(扫描头)　由控制软件控制 X 轴和 Y 轴，用伺服电机带动的金属反光片进行有效偏转来标刻字符和图案，如图 18-29 所示。

(4)聚焦镜　正好与扩束镜相反，它是将激光束聚小，提高能量密度，标刻时线条更细，更容易灼烧和标刻物体，标刻速度也更快。

很多企业使用激光机的主要目的是利用激光机标刻灼烧在产品包装表面上的不可擦除性，用于防伪、防窜货，其效果优于原有的墨水喷码机和钢印机等。墨水喷码机喷印的内容能轻易地被酒精等有机溶剂擦除，属于被动的防窜货方式，见表 18-2。钢印机速度慢，工作效率低，并且每天印制不同批次、不同区域的内容，都要停机更换钢印，人工成本高。

**表 18-2　激光喷码机与墨水喷码机的区别**

| | 激光喷码机 | 墨水喷码机 |
|---|---|---|
| 工作原理 | 将激光以极高的能量密度聚集在被标刻的非金属材质表面，将其表面汽化，并通过偏振镜控制激光束的有效位移，精确地灼烧出精致的图案和字符 | 流动的墨水经过喷嘴内的高频振荡，自然分滴，对墨滴充电，带电的墨滴在高压电极板间发生偏转，墨滴带电量的不同，形成上下不同位移，配合生产线的水平运动，形成图案和字符 |

续表

| | 激光喷码机 | 墨水喷码机 |
|---|---|---|
| 设备可靠性 | 成熟的工业设计,稳定可靠,可 24h 连续工作,结构简单,只有电路系统,零配件少、故障率低,免维护时间可长达 3000h | 成熟的工业设计,稳定可靠,可 24h 连续工作,有电路和墨路两大系统,零配件多,故障率较高,特别是墨路系统,疏于维护则喷嘴容易堵塞 |
| 环保和安全性 | 不额外产生任何对环境和人体有害的化学物质,是环保的高科技产品 | 大部分墨水和溶剂的基质为丁基或丙基,为高挥发性、高腐蚀性液体,会产生较多的化学有毒残留物和难闻气味,污染环境和室内空气,危害操作人员的健康,完全有可能渗入产品,严重影响产品质量,也会腐蚀工厂地面 |
| 工作方式和效率 | 适用于高速生产线,可以选择在线刻印和静态刻印。扫描范围大,刻印行数任意,可选择点阵和划线字体 | 适用于高速生产线,只能在线喷印,最多不能超过五行,只有点阵字体 |
| 数据通信功能 | 控制主机为商用计算机,具有强大的通信能力,可连接所有的(防假货、防窜货)数据生产系统,完成数据的上下传递,是各行业强化数据管理的极佳配套设备 | 单片机控制,数据处理能力有限,只有较窄的选择性数据接收功能 |
| 防伪和防窜货功能 | 不可擦除和修改,只能破坏 | 用有机溶剂可轻松擦除和修改,不留痕迹 |

### 3. 防伪方式

(1)第一种方式:喷印流水号　每一批次的所有产品均有一个递增的流水号,该流水号可以是数字、字母、数字加字母的组合,如图 18-30 所示,生产日期上面的“004760”表示的就是本批次的第 4760 盒。

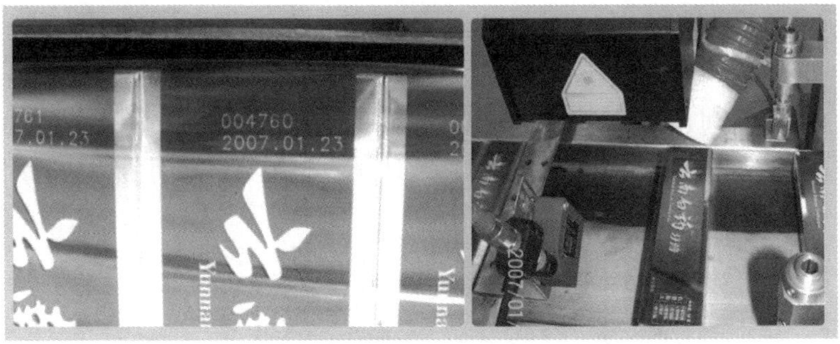


图 18-30　喷印流水号

(2)第二种方式:多点喷印地区编码号　对每一批次的产品分成几组代码(由

相关部分控制和变换，该代码可以是数字、字母、数字和字母的组合），并在外包装的其他不能刮除的地方同时标刻，如图 18-31 所示。如在药盒产品批号的旁边喷印了地区编码号“K036”，同时在药品商品名上也喷印了“K036”防窜货代码，如果不法分子想窜货，就必须刮除掉商品名上的防窜货代码，这样药品的商品名就会被破坏掉，相关监管部门明文规定，外包装损坏的产品是不允许销售的。

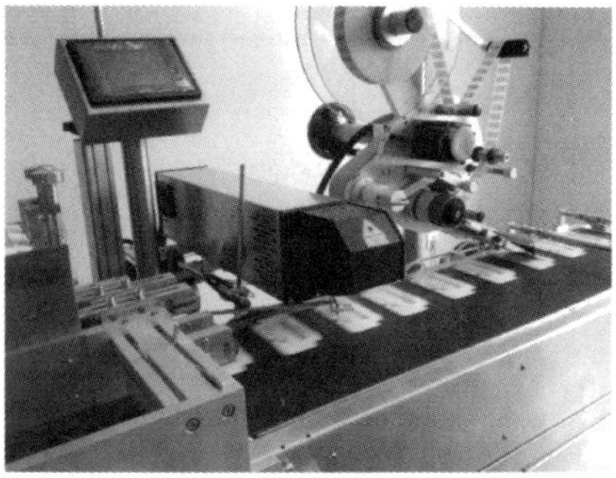

图 18-31　多点喷印地区编码号

（3）第三种方式：地区编码号与“三期”重叠喷印　将每一批次的药品分成几组代码（由相关部分控制和变换，该代码可以是数字、字母、数字与字母的组合），代码与“三期”等内容重叠喷印，一次成型，且互不影响，这也是医药行业中称为的双层码或者隐形码，此种防窜货代码可以根据企业的需求，任意调整标刻的深浅度，如图 18-32 所示。如果不法分子想窜货，就必须刮除掉防窜货代码，在刮除防窜货代码的同时，也就破坏掉了“三期”，“三期”被破坏掉的药品是严禁在药品市场上流通的。

图 18-32　地区编码号与“三期”重叠喷印

（4）第四种方式：变字软件　通过改变其中特定字体的外形，使每一批次的产品带有不同的特殊记号，由于这些特殊记号隐藏在“三期”中，这些字符是不允许刮除的，从而起到更好的防伪防窜货效果，如图 18-33 所示，圆圈所圈出的 9、8、1 与“三期”中的其他数字的字形是有区别的。同时防窜货变字软件带有查访功能。

图 18-33　变字软件的使用

(5)第五种方式:喷印电子监管码　激光喷码系统能解决电子监管码赋码问题,可解决药厂生产成本增加最多的一级赋码问题,如图 18-34 所示。

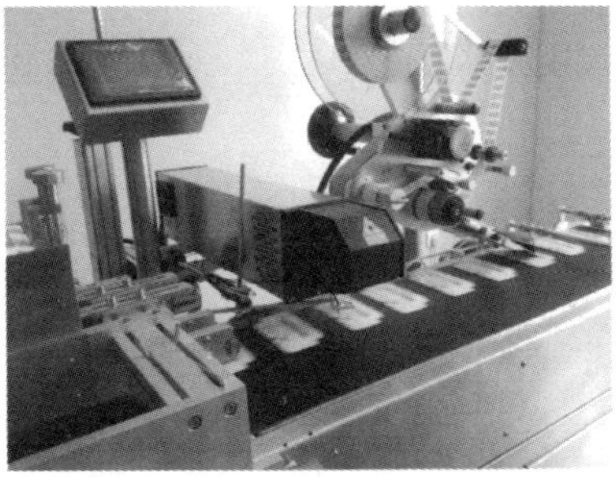

图 18-34　喷印电子监管码

### (三)自动化生产线

一条自动化生产线包括各种机器,如称重机、金属检测机、上游的装袋机和裹包机,以及下游的装箱机和码垛机等设备,如图 18-35 所示。

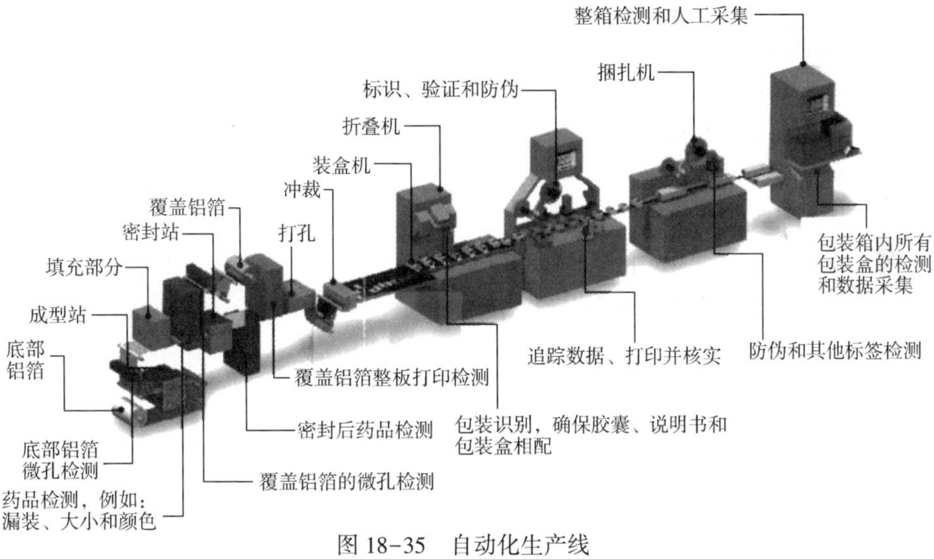


图 18-35　自动化生产线

## 习题

**一、名词解释**

1. 药品包装;2. 单剂量包装。

**二、填空题**

1. 药品包装分为__________、__________和__________三类。

2. 热封有__________和__________两种。

3. 泡罩包装机按结构形式分为__________、__________和__________三大类。

4. 印包机包括__________、__________、__________和__________四个单机联动而成。

5. 包装机械按自动化程度分为__________和__________;按包装产品的类型分为__________、__________、__________。

**三、选择题**

1. 泡罩式包装机的工作过程为(　　)。

A. 成型→加料→检整→密封→压痕→冲裁

B. 检整→成型→加料→密封→压痕→冲裁

C. 加料→成型→检整→密封→压痕→冲裁

D. 压痕→成型→加料→检整→密封→冲裁

2. PVC 硬片软化成型的温度范围为(　　)。

A. 100~110℃　　B. 110~120℃

C. 110~130℃　　D. 100~120℃

3. 聚氯乙烯的简写为(　　)。

A. PVDC　　B. PVP　　C. PE　　D. PA　　E. PVC

4. 泡罩式包装又称为(　　)。

A. PVA　　B. PA　　C. PE　　D. PVP　　E. PTP

5. 泡罩成型的方法不包括(　　)。

A. 吸塑成型　　B. 吹塑成型

C. 冲头辅助吹塑成型　　D. 凹模冷冲压成型

E. 凸凹模冷冲压成型

**四、判断题**

1. 医药包装必须满足的条件:防潮、防霉、防冻、防热、避光等。(　　)

2. 片剂和胶囊剂的包装主要有 3 类:①泡罩式包装(PTP)。②瓶包装(玻璃瓶和塑料瓶)或袋装等散包装。③条带状包装。(　　)

**五、问答题**

1. 简述固体制剂包装有哪些主要形式,并写出 3 种包装设备。

2. 简述药品包装的定义与作用。

3. 药品包装机械一般由哪几部分组成?

# 项目十九　设备清洗与管道灭菌

## 教学目标

**●知识目标**

熟悉灭菌设备的工作原理和操作方法;熟悉清洗剂及杀菌剂的种类和特点;熟悉灭菌死角的常见部位及消除方法;熟悉 CIP 系统的操作程序;熟悉设备及管道清洗、灭菌效果的意义;熟悉设备、管道、阀门清洗与灭菌的操作要点及注意事项。

**●能力目标**

掌握灭菌设备的使用与维护;掌握管道清洗方法;掌握正确的检验设备与管道灭菌的程度。

**●素质目标**

遵守设备操作规程;培养安全意识。

**●课前思考**

什么是灭菌?管道灭菌的难点是什么?哪些清洗剂及杀菌剂可以使用?

**●认知解读**

制药设备及管道清洗与灭菌操作非常重要,它使潜在的污染风险降到最低限度,保证产品达到一定卫生要求。设备和管道如不严格清洗和消毒,会产生下述问题:①杂菌大量消耗营养基质和产物,使生产效率和收率下降。②杂菌及其代谢产物改变发酵液理化特性,妨碍产物分离纯化。灭菌的方法有三种:物理灭菌法、化学灭菌法、无菌操作法。杂菌污染通常采用物理灭菌方法。

## 任务一　灭菌设备

临床上要求药物制剂疗效确切、使用安全,尤其是注射剂和直接用于黏膜、创面的药剂,必须保证灭菌或无菌。灭菌是保证用药安全的必要条件,它是制药生产中的一项重要操作。

灭菌是应用物理或化学方法将物体上或介质中的微生物及其芽孢杀死或除去,即获得无菌状态的总过程。无菌指物体或一定介质中没有任何活的微生物存在,或用任何方法都鉴定不出活的微生物的一种状态。所应用的方法称为灭菌法,它是制药生产中的一项重要操作,尤其对无菌、灭菌制剂以及敷料和缝合线生产过程中的灭菌,是保证用药安全的必要条件。

灭菌的基本目的:①提高药物制剂的安全性。②保护制剂的稳定性。③保证制剂的临床疗效。

灭菌制剂是指采用某一物理、化学方法杀灭或除去所有活的微生物繁殖体和芽孢的一类药物制剂。

无菌制剂是指采用某一操作方法或技术,制备的不含任何活的微生物繁殖体和芽孢的一类药物制剂。

微生物的繁殖很快,细菌的芽孢具有较强的抗热能力,不易杀死,故灭菌效果应以杀死芽孢为主。所以要根据药物的性质及临床治疗要求,选择适当的灭菌方法。既要杀死或除去制剂中的微生物,又要保证药物的理化性质稳定及临床疗效不受影响。

热原是微生物的代谢产物,是一种致发热性物质,是注射给药后患者发热的原因。热原具有耐热性、滤过性、水溶性、不挥发性。当热原被输入人体后,约 0.5h 使人发冷寒战、高热、出汗、恶心、呕吐、昏迷甚至危及生命,可于注射剂灭菌时根据其特性彻底破坏热原。灭菌和除菌对药剂的影响不同:灭菌后的药剂中含有死亡的细菌,死亡的细菌过多会因菌体毒素(热原)释放而引起副作用;除菌是指用特殊的滤材把微生物(死菌、活菌)全部阻留而滤除,除了原来已染有的微量可溶性代谢产物外,由于没有菌体的存在,故不会有更多的热原产生。

灭菌涉及厂房、设备、容器、用具、工作服装、原材料、成品、包装材料仪器等。无菌药品特别是注射液、供角膜创伤或手术用滴眼剂等无菌制剂,必须符合《药典》无菌检查的要求。

灭菌法分为三类:①物理灭菌法:包括干热灭菌法(火焰灭菌法、干热空气灭菌法等)、湿热灭菌法(热压灭菌法、流通蒸汽灭菌法、煮沸灭菌法、低温间歇灭菌法等)、射线灭菌法(辐射灭菌法、紫外线灭菌法、微波灭菌法等)、滤过除菌法等。②化学灭菌法、气体灭菌法、化学菌剂灭菌法等。③无菌操作法:把整个操作过程控制在无菌条件下的一种操作方法,也是制药工业中普遍采用的物理灭菌法。

## 一、干热灭菌法

### (一)定义及分类

干热灭菌法指在干燥环境下加热进行灭菌的方法,包括火焰灭菌法和干热空气灭菌法。

#### 1. 火焰灭菌法

火焰灭菌法指直接灼烧灭菌的方法。适用于不易被火焰损伤的物品,如金属、玻璃及陶瓷等的灭菌,不适合药品的灭菌。

#### 2. 干热空气灭菌法

干热空气灭菌法指用高温干热空气灭菌的方法。适用于耐高温的玻璃和金属制品以及不允许湿气穿透的油脂类(如油性软膏基质、注射用油等)和耐高温的化学粉末药品的灭菌。不适用于橡胶、塑料及大部分药品的灭菌。

(1)原理　加热可破坏蛋白质和核酸中的氢键,导致核酸破坏,蛋白质变性或凝固,酶失去活性,微生物因此死亡。

(2)特点　由于空气是一种不良的传热物质,其穿透力弱,且不太均匀,因此所使用的灭菌温度较高,时间较长,所以容易影响药物的理化性质。

(3)温度　140℃至少3h;160~170℃,至少1h;采用干热250℃,45min灭菌也可以除去热原物质。高速热风灭菌对于某些药物的水溶液,采用较高温度和较短的时间,其灭菌效果较好。如采用风速30~80m/s,风温190℃,可使细菌被杀灭的速度超出一般化学法灭菌的速度,呈现出较显著的灭菌效果。

**(二)干热灭菌设备**

干热灭菌设备分为两大类:间歇式干热灭菌设备,即干燥灭菌烘箱;连续式干热灭菌设备,即隧道式干热灭菌机,其又分为两种:热层流式干热灭菌机和辐射式干热灭菌机。

1. 干燥灭菌烘箱

(1)基本结构　主体结构主要由防锈壳体、保温层、加热器、隔板、门、风机、风阀、高效空气过滤器、冷却器、温度控制器及电气控制系统等组成,如图19-1所示。

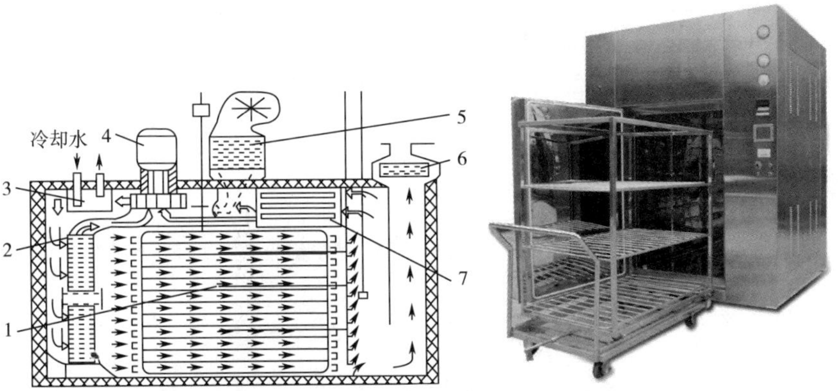


(1)结构图　　(2)实物图

图19-1　干燥灭菌烘箱

1—温度传感器　2,5—高效空气过滤器　3—冷却器　4—循环风机　6—过滤器　7—加热器

(2)操作过程　将装有待灭菌物品的容器置于托架或推车上,放入灭菌室,关门。在自动或半自动控制下加热升温,同时开启电动蝶阀,水蒸气逐渐排尽。此时,新鲜空气经加热并经耐热的高温空气过滤器后形成均匀的分布气流,向灭菌室内传递,热的干空气使待灭菌物品表面的水分蒸发,通过排气通道排出。干热空气在风机的作用下,定向循环流动,周而复始,达到灭菌干燥的目的。灭菌温度通常

在 180~300℃，最低温度用于灭菌，而较高的温度则适用于除热原。干燥灭菌完成后，用冷却水进行冷却，减少对灭菌产品的热冲击。风机继续运转对灭菌产品进行冷却，也可通风。当灭菌室内温度降至比室温高 15~20℃时，烘箱停止工作。

灭菌箱采用前后双层优质保温材料，设备控制系统还配备可编程的控制器、PLC 人机界面触摸屏、自动监控加热温度和时间装置、自动开启门等，进出风口均设有过滤器，箱内达 100 级层流净化，符合 GMP 规范要求。

本机适用于制药行业的西林瓶、安瓿、铝盖、金属及玻璃器皿和固体物料等的干热灭菌。

2. 隧道式干热灭菌机

隧道式干热灭菌机也称为隧道式烘箱，主要用于对针剂安瓿、抗生素西林瓶及玻璃口服液用瓶进行灭菌、干燥和去热原，一般隧道式加热灭菌有两种形式：一是热风循环（即热空气平行流），二是远红外辐射，其共同点均为干热灭菌。设备从外形设计上也非常相似。

热风循环隧道式干热灭菌机，其整个设备可安装在 100000 级洁净区内，按其功能设置可分为彼此相对独立的三个组成部分，如图 19-2 所示：预热区、高温灭菌区及冷却区，它们分别用于物料的预热、干热灭菌、冷却。前后层流箱及高温灭菌箱均为独立的空气净化系统，从而有效地保证进入隧道的物料始终处于 100 级洁净空气的保护下，机器内压力高于外界大气压 5Pa，使外界空气不能侵入，整机加热运行等工艺参数设定由可编程控制器精确控制，各层流风机采用交流变频技术控制风量大小，控制精度较高，温度可在 0~350℃任意设定，具有参数显示、温度分段显示、自动电脑打印记录和故障报警显示等功能，并且整个过程均在密闭情况下进行，符合 GMP 要求。

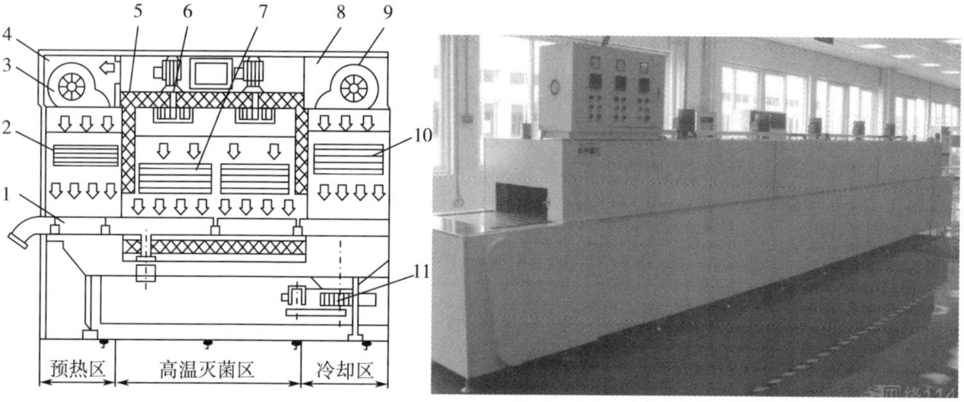


(1)结构图　　(2)实物图

图 19-2　热风循环隧道式干热灭菌机

1—传送带　2—高效空气过滤器　3—前层流风机　4—前层流箱　5—高温灭菌箱　6—热风机　7—热空气高效过滤器　8—后层流箱　9—后层流风机　10—高效空气过滤器　11—排风机

本机主要用在针剂联动生产线上，适用于2～20mL安瓿、西林瓶、口服液瓶和其他药用玻璃瓶的灭菌干燥。通常与超声波洗瓶机、灌封机组成联动生产线。

工作原理：将高温热空气流经高效空气过滤器过滤，获得洁净度为100级的洁净空气，在100级单向流洁净空气的保护下，需干燥物料送入输送带，经预热后送入高温灭菌段，流动的清洁热空气将物料加热升温到300℃以上，经过高温区的总时间根据灭菌温度而定，一般为5～20min，干热灭菌除热原后进入冷却阶段。冷却阶段的单向流洁净空气将物料冷却至接近室温，再送入下道工序。

物料从进入隧道至出口的全过程一般为25～35min。由于前后层流箱及高温灭菌箱均为独立的空气净化系统，保证进入隧道烘箱的物料始终在100级净化空气保护下，且机内压力高于外界大气压5Pa，使外界空气不能侵入，整个过程均在密闭状态下进行，其生产过程符合GMP要求。

## 二、湿热灭菌法

湿热灭菌法是利用饱和水蒸气或沸水来杀灭细菌的方法。由于蒸汽潜热大、穿透力强，容易使蛋白质变性或凝固，所以灭菌效率比干热灭菌高。湿热灭菌法是制药生产中应用最广泛的一种灭菌方法。

其优点是灭菌可靠、操作简便、易于控制、价格低廉。

缺点是不适用于对湿热敏感的药物。

湿热灭菌法分类：①热压灭菌法。②流通蒸汽灭菌法。③煮沸灭菌法。④低温间歇灭菌法。

热压灭菌法是利用高压蒸汽杀灭细菌，是一种公认的可靠灭菌法，能杀灭所有细菌繁殖体及芽孢。凡能耐高压蒸汽的药物制剂、玻璃容器、金属容器、瓷器、橡胶塞、膜过滤器等均能采用此方法。

流通蒸汽灭菌法是在不密闭的容器内用蒸汽灭菌，本法不能保证杀灭所有的芽孢，可适用于消毒及不耐高热的制剂灭菌。药厂生产的注射剂，特别是规格为1～2mL的注射剂及不耐热药品，均采用流通蒸汽灭菌。

煮沸灭菌法是把待灭菌物品放入沸水中加热灭菌的方法。本法灭菌效果差，常用于注射器、注射针头等器皿的消毒。可加入抑菌剂，如苯酚、三氯叔丁醇等，可杀死芽孢。

低温间歇灭菌法是将待灭菌的物品，用60～80℃的水或流通蒸汽加热1h，将其中的细胞繁殖体杀死，然后在室温中放置24h，让其中的芽孢发育成为繁殖体，再次加热灭菌、放置，反复进行3～5次，直至消灭所有芽孢为止。本法适用于不耐高温的制剂灭菌。缺点：费时、工效低，芽孢的杀灭效果往往不理想，必要时加适量的抑菌剂，以提高灭菌效果。

### （一）湿热灭菌设备

在药品生产上，湿热灭菌法的主要设备是灭菌柜。灭菌柜种类很多，性能差异也很大,但其基本结构大同小异,所用的材质为坚固的合金。现在国内很多企业使用的方形高压灭菌柜,能密闭耐压,有排气口、安全阀、压力和温度指示装置。

热压灭菌法是利用高压蒸汽作为灭菌介质来杀灭细菌,是一种公认的可靠灭菌法,能杀灭所有细菌及芽孢。所使用的设备通常称为高压蒸汽灭菌器,有手提式灭菌器、立式灭菌器、卧式灭菌柜三种,如图 19-3 所示。以下以高压灭菌柜为例进行介绍。

图 19-3　高压蒸汽灭菌器

高压灭菌柜属于大型压力设备,是目前工业上最常用的灭菌设备。外层夹套为普通钢制结构,并装有隔热保温外罩和夹套压力表,内层为耐酸不锈钢灭菌柜室,并装有柜室压力表、真空压力表与温度计,灭菌柜配有蒸汽进入管道,蒸汽过滤器、蒸汽控制阀、蒸汽压力阀和疏水器等。

1. 灭菌条件

温度:115.5℃,压力 68.6kPa,灭菌时间 30min。

温度:121.5℃,压力 98.0kPa,灭菌时间 20min。

温度:125.5℃,压力 137.2kPa,灭菌时间 15min。

2. 主要特点

(1)结构简单、造价低、适用范围广,广泛应用于瓶装输液、口服液的灭菌,操作简单、方便。

(2)升温、保温和降温靠阀门控制。

(3)柜内空气要排净,否则灭菌不完全。

(4)自然降温时间长,药液容易变黄。

(5)开门时温差大,易引起爆炸(爆瓶现象)。

3. 基本操作规程

(1)放入物品　首先将待消毒灭菌的物品放入灭菌室内,关闭灭菌柜门。

(2)夹套加热　将蒸汽控制阀移至关闭位置,打开进汽阀,使蒸汽进入外层夹套以提高温度。

(3)灭菌　当夹套压力表指示已达灭菌所需压力时,将蒸汽控制阀移至灭菌位置,此时热蒸汽进入灭菌柜内,柜内冷空气和凝结水由下部的排水器排出;待灭菌柜内压力和温度达到灭菌要求时,旋动压力调节装置,使其保持恒定,至规定灭菌时间。

(4)排气　灭菌结束后,排出灭菌柜中的蒸汽。

(5)干燥　若物品需要干燥,则可待排完蒸汽后将灭菌柜抽成负压,抽取20min即可达到干燥要求。

(6)消除真空状态　干燥完毕,将蒸汽控制阀移至关闭位置,此时空气经空气过滤器进入柜室,负压消失,将压力表恢复到0位,温度降至60℃以下时,可开启柜门,取出物品。

**(二)快速冷却灭菌器**

快速冷却灭菌器是一种在产品灭菌后通过快速冷却技术把产品快速冷却下来的灭菌设备。设备的温度、压力、时间显示器及记录功能符合GMP要求,具有灭菌可靠、时间短、节约能源、程序控制先进、药品受热时间缩短、可防止药品变质等优点。被广泛用于瓶装液体制剂、软包装的消毒和灭菌,如图19-4所示。

图19-4　快速冷却灭菌柜

其工作原理为通过饱和蒸汽对瓶装液体进行灭菌,并通过冷水喷淋冷却快速降温。灭菌时间、灭菌温度、冷却温度均可调节,柜内设有测温探头,可测任意两点灭菌物内部的温度,并由温度记录仪反映出来,全自动三挡程序控制器,能按预选灭菌温度、时间、压力自动检测,补偿完成升温、灭菌、冷却等全过程。

**(三)水浴式灭菌器**

水浴式灭菌器是利用高温水喷淋杀死药液中的微生物。采用计算机控制灭菌柜内的循环水,换热后的循环水通过安装在腔室顶部的喷淋装置自上而下地喷淋产品,达到灭菌的目的。该灭菌器广泛用于制药行业玻璃瓶装、塑料瓶装、软袋装等输液产品的灭菌。

水浴式灭菌器是由筒体、管路系统、控制系统和辅机组成:①筒体有方形和圆形腔体两种,内壁选用优质耐酸不锈钢,外壁采用优质碳钢板;主体外表面用保温材料包裹,外敷碳钢或不锈钢保温罩。门一般为气动(或电动)平移式和电动升降式密封门,该密封结构全自动操作,操作未结束时,密封门不能被打开,如图 19-5 所示。②管路系统:将主机和辅机连成一体,通过动作阀门和管路、板式换热器以及其他机械件进行控制。③控制系统:采用计算机自动控制箱控制,自动化程度较高,计算机屏幕显示工作流程。另外设置了一个强电控制箱,用于灭菌器所有运动装置的控制(如循环泵、真空泵、回转柜滚动体、灭菌车传送机等)。④辅机:由循环泵、热交换器、真空泵、执行器和机架等组成。

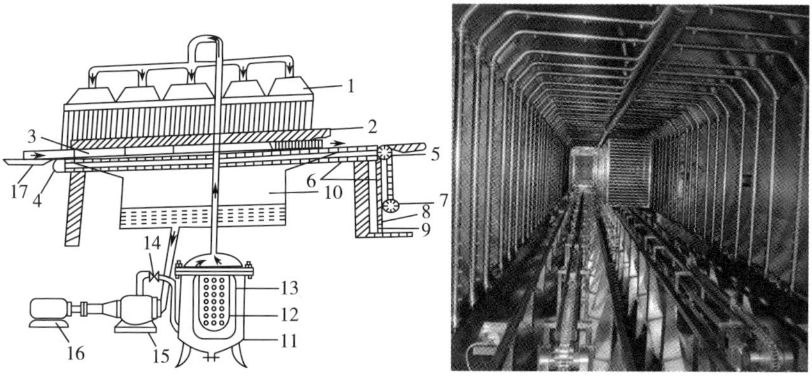


(1)示意图　　(2)实物图

图 19-5　水浴式灭菌器

1—多孔喷头　2—尼龙网　3—盛安瓿的铝盘　4—链轮　5—止逆链轮　6—链条　7—偏心凸轮　8—垂锤　9—弹簧　10—水箱　11—过滤器　12—涤纶滤袋　13—多孔不锈钢胆　14—调节阀　15—离心泵　16—电动机　17—轨道

工作时,安瓿全部以口向上的方向整齐排列于安瓿盘内,在冲淋机传送带的带动下,进入隧道式箱体内接收顶部淋水板中的纯化水喷淋,使安瓿内注满水,再送入安瓿蒸煮箱内热处理约 30min,经蒸煮处理后的安瓿趁热用甩水机将安瓿内水甩干,安瓿甩水机最佳转速应在 400r/min 左右。

水浴式灭菌过程分为升温、保温、降温三个阶段。灭菌室内先注入洁净的灭菌介质(目前国内常用纯化水)至一定液位(水量经过计算,以保证循环系统内流量)。然后由循环泵从柜底部抽取灭菌用水,经过板式换热器加热,连续循环进入灭菌柜顶喷淋系统。喷淋系统由喷淋管道和喷头组成,喷出的雾状水与灭菌物品均匀密切接触。关闭换热器一侧的蒸汽阀门,打开冷却水阀门,连续逐步对灭菌物品进行快速冷却,并加以一定的反压保护,防止冷爆现象。

本产品利用先进的换热、水浴的方式,保证灭菌时均匀升温、保持恒温和均匀降温。全面控制灭菌过程的升、降温梯度,以满足药品制剂对灭菌的不同要求,消除了蒸汽灭菌时因冷空气存在而造成的温度死角，避免了在灭菌后的冷却过程中，由于冷却水不洁净而造成的二次污染。

设备主要组成部分有运输用小车、用于灭菌的灭菌车、设备主体及监控电脑。

### 1. 设备启动前检查与准备工作

确认生产及设备状态标识牌已填写且符合要求。确认冷水机组已启动，冷却水供应正常。检查蒸汽、压缩空气压力是否符合使用要求。检查有色水罐水量是否足够满足生产需求。

### 2. 设备启动操作程序

分别打开工业蒸汽阀门、进/回冷却水阀门、饮用水阀门、纯化水阀门、压缩空气阀门及进有色水阀门。

打开灭菌柜监控电脑，同时按下设备电源按钮，绿色指示灯亮，设备电源开通，设备触摸屏显示开机界面如图 19-6 所示。

图 19-6　开机界面

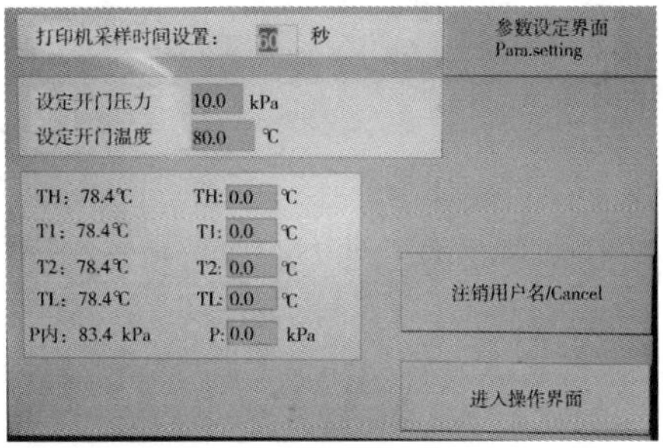


图 19-7　维护界面

### 3. 设备首次使用、新增产品首次使用或更换生产品种时操作步骤

（1）点击"维护登录/Enter"，输入维护者或管理者用户名及密码，点击进入维护界面，如图 19-7 所示。

（2）首次使用时，点击并设定好开门压力及开门温度（一般设定开门压力 27kPa，开门温度 55℃）。

（3）点击图 19-7 中右上"参数设定界面"进入参数设定界面，如图 19-8 所示。

（4）图 19-8 中根据产品灭菌工艺要求分别设定好灭菌温度及灭菌时间、F0 值、冷却温度（一般 60℃）、工作压力（一般 120～130kPa）、补气压力（一般 100～110kPa）、清洗时间与次数。

（5）点击"维护界面"返回。

（6）点击"进入操作界面"，进入操作界面，如图 19-9 所示。

（7）核对图中当前灭菌参数设置，应与待灭菌产品工艺要求一致，如不一致，点击"开机界面"，返回开机界面，按（4）～（5）项操作，重新设定好灭菌参数。

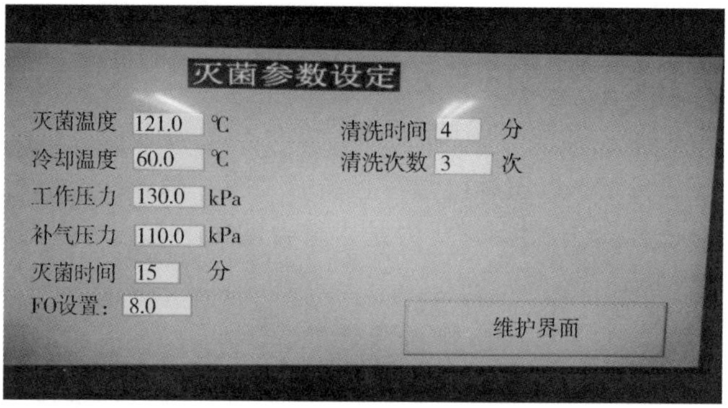


图 19-8　参数设定界面

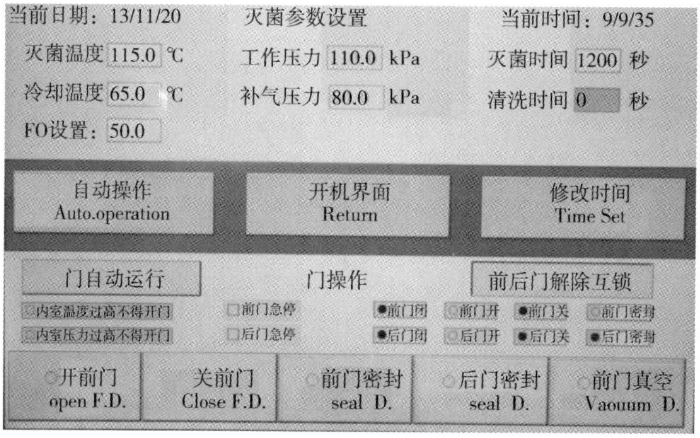


图 19-9　操作界面

(8)确认后门处于关闭状态,如未关闭,转至灭菌器后室,合上后门,用手抵住后门,再点击“关后门”,后门缓慢关闭,再回到前门。

(9)门的运行状态及前后门互锁状态的显示一般保持为“门自动运行”及“前后门互锁”。

(10)检查前门上方门圈压力表显示是否为 0,如不是,则按住“前门真空”5～10s,待压力表显示为 0,前门松动后点击“开前门”,此时,灭菌柜前门缓慢开启(如门圈压力表显示为“0”则直接点击“开前门”打开前门)。

(11)检查喷淋板有无堵塞情况,如有堵塞,应拆下并清理后安装至原位。

(12)拉开灭菌柜前门,将装有待灭菌产品的小车推至前门处,对准轨道,将设备移动温度探头分别置于该产品灭菌时冷点及热点位置。

(13)将装有温度探头的灭菌车推进灭菌室内,固定位置。

(14)检查前门密封圈表面是否凸出,如有,用手将密封圈复位。

(15)合上前门,用手抵住前门,此时“前门闭”状态显示由“○”转为“●”,再点击“关前门”,前门缓慢关闭,“前门关”状态显示由“○”转为“●”。

(16)检查后门是否处于密封状态(状态显示应为“●”),如不密封,点击“前门密封”或“后门密封”,此时前门和后门上方门圈压力表显示大于0,前后门密封(状态显示由“○”转为“●”)。

(17)确认记录仪开始工作　数显仪三通道数字显示正常,绿色指示灯“RCD”亮,打印装置开始工作,如记录仪未开始工作,检查记录仪电源是否打开以及按键开关“RCD”是否开启。

(18)点击“自动操作”,进入设备运行界面,如图19-10所示。

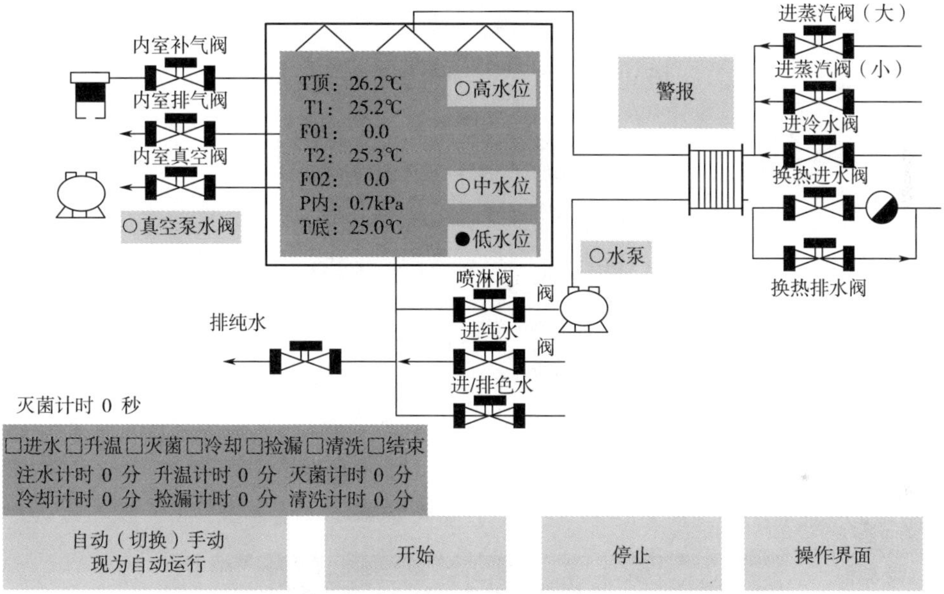


图19-10　设备运行界面

(19)启动监控电脑,桌面点击打开“水浴式灭菌监控系统”,显示窗口如图19-11所示,检查信号连接是否完好(圆圈标注处数字显示不为零时即表示信号连接无误)。

(20)点击左上角“灭菌控制”按钮左边的“▼”出现下拉菜单,如图19-12所示,选择“物品设置”,在弹出窗口中设定好药品名称、药品规格、药品批号及装载方式,确定,返回。

(21)点击“启动灭菌”,灭菌程序开始,灭菌柜启动、注水、升温、灭菌、冷却、检漏、清洗、结束程序依次自动运行,灭菌柜触摸屏中状态显示为“■”的灭菌阶段为当前运行阶段(启动灭菌后,设备显示屏中如没有显示图19-13部分,可再次在触摸屏中点击“开始”,然后点击“YES”确认)。

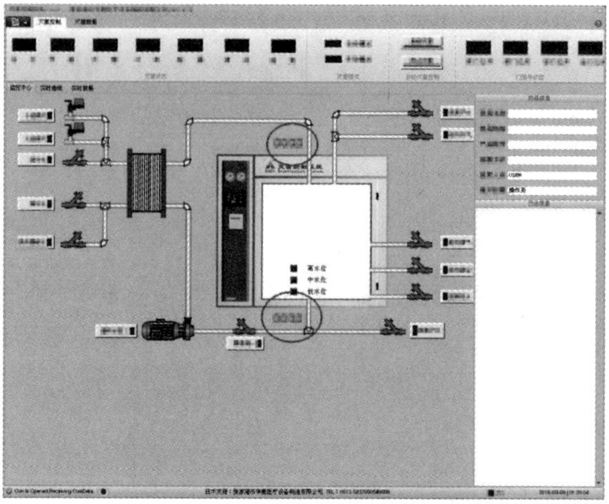

图 19-11　水浴式灭菌监控系统界面图

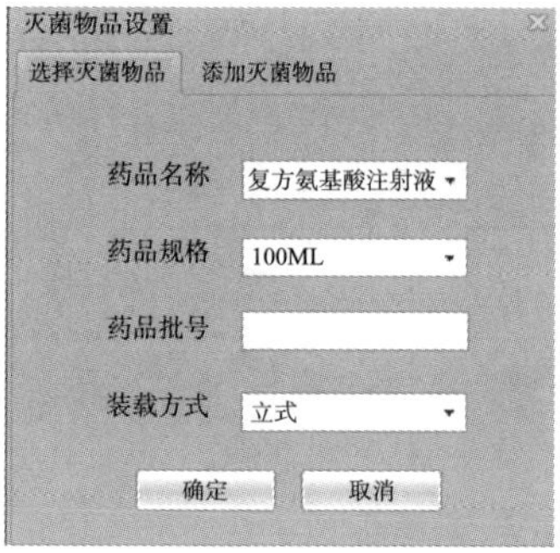


图 19-12　物品设置

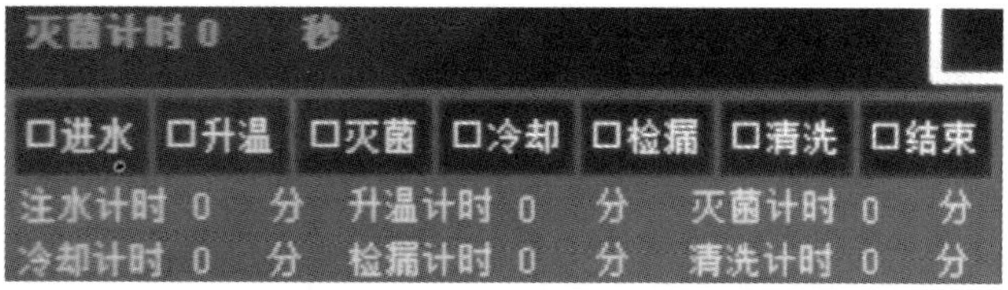


图 19-13　灭菌界面

(22)灭菌时间内检查 T1、T2 温度显示应不低于设定温度,设备运转状况应正常,如出现异常情况及时解决。

(23)灭菌程序运行至检漏阶段,打开手动进有色水阀,关闭手动回有色水阀,当灭菌室内抽真空至约-40kPa 时,进回有色水气动阀打开,操作人员转至空调间,按《有色水配制岗位操作规程》打开循环泵进有色水;当灭菌柜内有色水液位在高水位时,室内进压缩空气开始排有色水,打开回有色水阀门,关闭空调间有色水泵,最后关闭灭菌柜进有色水阀门,待有色水排尽即完成检漏阶段操作。

(24)灭菌最后阶段　清洗结束后,蜂鸣器开始警示,此时在监控电脑上点击“停止灭菌”,确定停止程序,蜂鸣器停止警示。

(25)设备停止后,操作人员按住“后门真空”按钮约 5～10s,待后门上方门圈压力表读数为 0 后,点击“开后门”按钮。

(26)拉开后门,将小车移至后门处,对准轨道后,将灭菌车缓慢拉至小车上,固定好,取下温度探头。

将灭菌车拉出至小车上时,应缓慢拉出,同时观察温度探头线是否有被缠住、绷紧情况,如有,应解开再拉出灭菌车,避免温度探头线被拉断。

①拉开小车,挂上“已灭菌”产品标识牌,挑出不合格品,计数,将小车移至指定处存放。

②按设备清洁 SOP 清洁设备并清场。

③QA 检查合格后,按要求更改生产及设备状态标识牌。

4. 其他注意事项及设备维护与保养

设备密封后,在使用前可选择进行下列操作,排放蒸汽管道中的冷凝水(也可通过其他方式排放)。

设备运行界面点击“自动(切换)手动”切换操作模式为手动操作,依次点击开启“换热疏水阀”“进蒸汽阀(小)”“进蒸汽阀(大)”,打开灭菌设备侧门,不定时用手触摸换热疏水管道,直至管道表面微烫,此时关闭以上三个阀门,点击“关闭手动操作”,如图 19-14 所示。

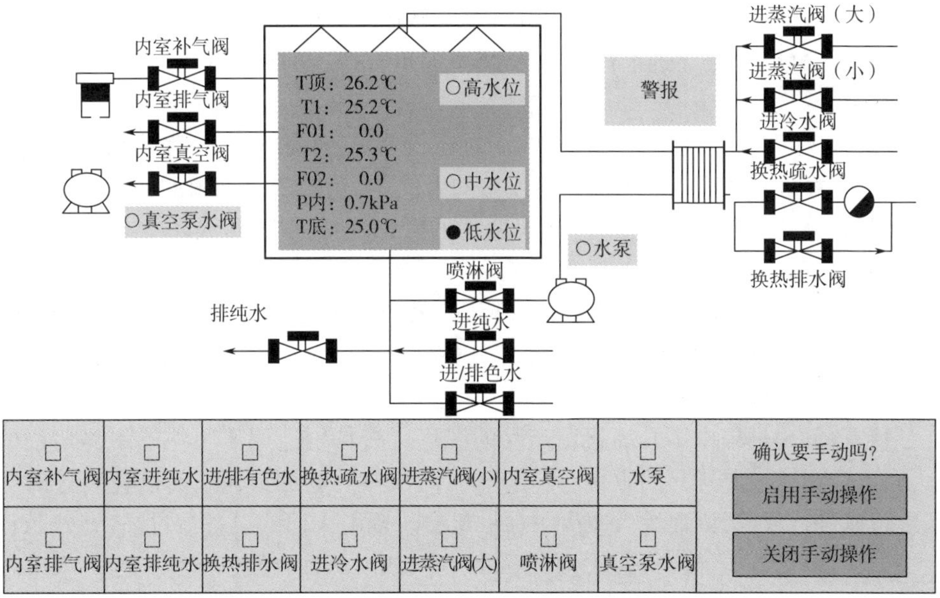


图 19-14　运行界面

每隔一个月，将安全阀手柄拉起反复排汽数次，防止长时间不用发生黏堵现象；温度探头为易碎件，使用时避免碰撞，灭菌室外探头不得用力拉扯，并防止挤压碾伤；每天排放压缩空气管路上的分水过滤器中存在的水；定期清洗气动阀门；新设备运行一周，将管路系统上的蒸汽及水过滤器的滤网拆下清洁，以后每半年清洁一次；每周向门的滑动槽内涂一次凡士林；保持密封圈表面干净，每次关门前应检查密封圈表面是否有污物，如有应及时清除。

5. 其他物理灭菌设备

(1)过滤除菌　过滤除菌法如图19-15所示，是利用细菌不能通过滤材的原理，除去对热不稳定的药品溶液或液体物质中的细菌从而达到无菌的要求。其特点是不需要加热，药液澄清度好，加压、减压过滤均可以。过滤器材通常有滤柱、滤膜、砂滤棒等。适用于温度较低的药物溶液灭菌，能有效地从溶液中除净微生物，溶液可以顺畅地通过滤器，且无任何物质脱落，确保制品完全无菌。

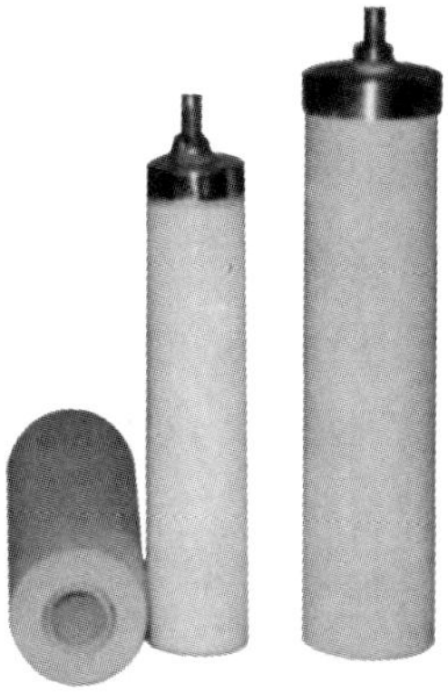

图19-15　过滤除菌

(2)紫外线灭菌　紫外线是一种肉眼看不见的光波，存在于光谱紫色射线端的外侧，故称紫外线。紫外线是来自太阳辐射的电磁波之一，用于灭菌的紫外线波长是200～300nm，灭菌效果最好的波长为254nm，可作用于核酸蛋白促使其变性，同时空气受紫外线照射后产生微量臭氧，从而起到共同杀菌的作用。紫外线进行直线传播，其强度与距离平方成比例减弱，其穿透作用微弱但易穿透洁净空气及纯净的水，故广泛用于纯净水、空气灭菌和表面灭菌。

(3)辐射灭菌　通常将最终产品的容器和包装暴露在适宜放射源(通常用$^{60}Co$)辐射的γ射线或电子加速器发出的射线中，达到杀灭细菌的方法。对于不适用湿热灭菌法、干热灭菌法、过滤灭菌法的医疗器械、容器以及不受辐射破坏的药品等可采用。

γ射线是由钴60($^{60}Co$)或铯137($^{137}Cs$)发出的电磁波，不带电荷；γ射线穿透力很强，可使有机化合物的分子直接发生电离，产生破坏正常代谢的自由基，导致大分子化合物分解，而起到杀菌作用。

特点：灭菌过程中不升高灭菌产品的温度。故特别适用于一些不耐热药物的灭菌，也适用于较厚样品的灭菌，可用于固体、液体药物的灭菌。对已包装好的药品也可以进行灭菌，因而大大减少了污染机会。辐射灭菌的设备造价高，另外药物经辐射灭菌后，有可能降低药效、产生毒性物质或发热性物质。

(4)微波灭菌　微波干燥也属于辐射式干燥灭菌设备，所不同的是用微波代替了电能，物料中的湿分强烈吸收微波，分子运动加剧，摩擦生热，物质温度升高。

由于热是在被加热的物质内部产生的,所以加热均匀、升温迅速。又由于微波能穿透介质,可使药物溶液内外一致加热均匀,故微波可用于水性药液的灭菌。

# 任务二　容器和管道灭菌

一个完整的输送系统中有若干输送设备和贮存罐或者压力容器,其中由管路、管件、阀门、检测仪器设备等连接而成,能够承担各种物料的输送任务。

## 一、管道和管件

### (一)材料的选择

1. 金属材料

合金冶炼时加入适量铬、钼、钛、铜、钴、镍、铌、锰等元素,可得到不锈钢。不同地区的标准不同,见表 19-1。

**表 19-1　不同地区的标准对应关系**

| 美国标准 | 中国标准 | UNS 编码 |
|---|---|---|
| 304 | OCr18Ni9 | S30400 |
| 304L | OOCr19Ni10 | S30403 |
| 316 | OCr17Ni12Mo2 | S31600 |
| 316L | OOCr17Ni14Mo2 | S31603 |
| — | OCr18Ni 12Mo2Ti | S31635 |

2. 非金属材料

用于制造制药设备的非金属材料可分为有机合成高分子材料和陶瓷材料,主要有塑料、陶瓷、玻璃、植物纤维等。

(1)常用管道　316L 或 316Ti 不锈钢管。

(2)管件　在制药生产中,管件包括大小头、三通、弯头、法兰、阀门、卡箍等,它是管路不可缺少的组成部分。其中阀门有蝶阀、球阀、止回阀、隔膜阀、换向阀、取样阀、呼吸式调节阀,其管径、螺纹、材质和结构均已标准化生产,选配很方便,如图 19-16 所示。

### (二)几种制药生产中常用的阀门

1. 截止阀

截止阀带有螺纹,阀杆下端阀盘处和固定在阀座处的位置各有一密封圈,通过转动手轮,带动阀杆和阀芯做轴线方向的升降,改变阀芯与阀座之间距离,从而改变流体通道面积的大小,使得流体的流量改变或截断通道,如图 19-17 所示。

(1)卫生级快装三通

(2)卫生级焊接三通

(3)卫生级焊接四通

(4)卫生级不锈钢管道视镜

(5)卫生级液位计

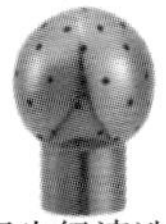
(6)卫生级清洗球

(7)卫生级快装四通

(8)卫生级U形三通

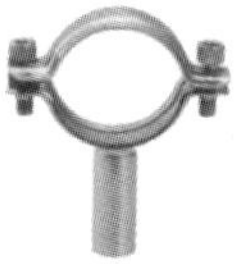
(9)不锈钢管支架

(10)卫生级活接头

(11)卫生级呼吸器

(12)卫生级地漏

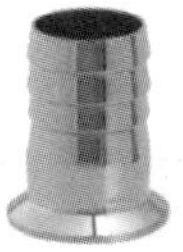
(13)卫生级皮管接头

(14)卫生级大小头

(15)卫生级重型卡箍

(16)卫生级人孔

(17)罐顶装置

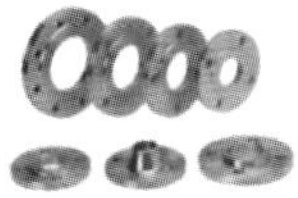
(18)法兰

(19)实装图

图 19-16　常用管件

(1)实物图

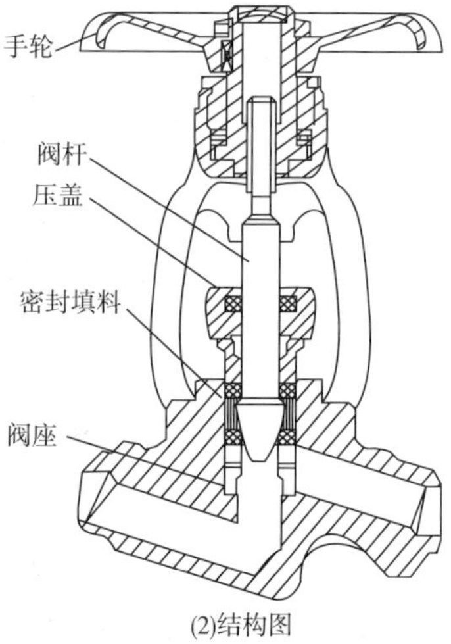

(2)结构图

图 19-17　截止阀

2. 闸阀

闸板与管内流体流动方向垂直,闸板密封面与阀座密封面高度光洁、平整且相互贴合,阻止介质流过。闸阀密封性能好,开关省力,但加工精密,价格较贵,常用于输送水、油等介质的大直径管路上,如图 19-18 所示。

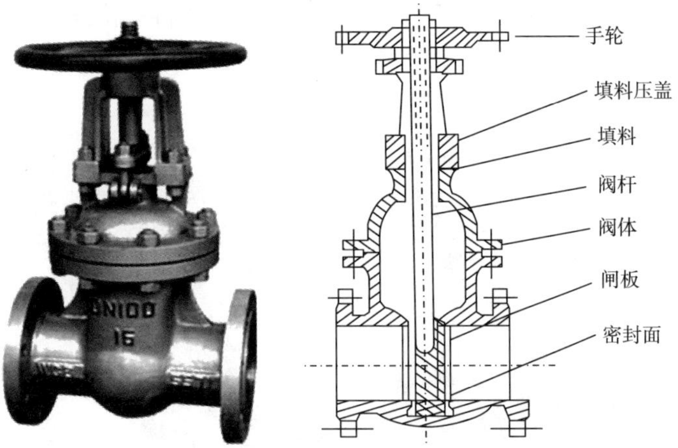


(1)实物图　　(2)结构图

图 19-18　闸阀

3. 旋塞阀

旋塞阀阀芯是一带孔的锥形塞,其绕中心线旋转来控制阀门的启闭、分配和改向,如图 19-19 所示。

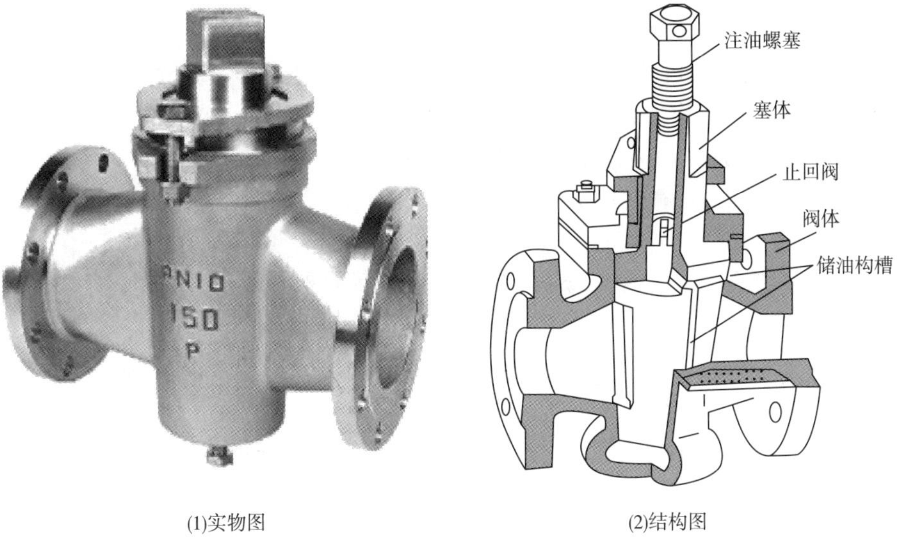


(1)实物图　　(2)结构图

图 19-19　旋塞阀

4. 气动角座阀

气动角座阀是新型阀门,以不锈钢为主要材质,广泛应用于多种行业的流体控制,包括制药及医疗设备、食品加工、清洗消毒、高温灭菌、水处理等行业,适用介质为水、液体、中性气体及液体,如图 19-20 所示,与电磁阀及其他阀门相比,其具有投资经济、使用安全、免维护、寿命长的特点。随着工业自动化技术的普及应用,采用 PLC 及集成控制阀可对该气控阀实现集中远程控制,减少各种因人为造成的干扰。

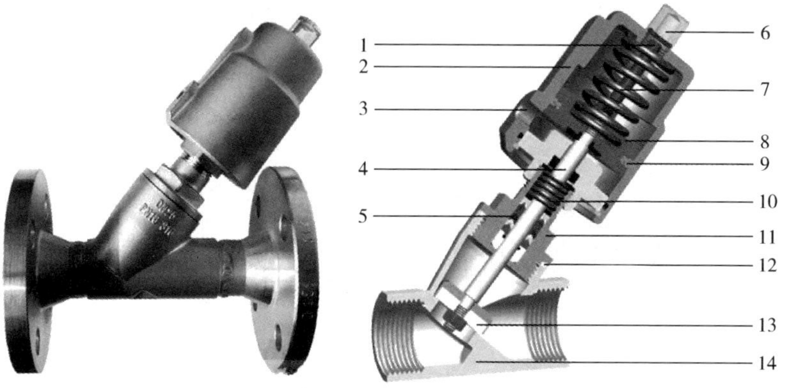


(1)实物图　　(2)剖视图

图 19-20　气动角座阀

1—指示杆　2—气缸　3—进气孔　4—阀杆　5—阀杆密封组件　6—视窗　7—弹簧　8—活塞　9—活塞环　10—密封弹簧　11—连接器　12—阀体密封垫　13—阀芯密封垫　14—阀体

**(三)管路布置原则**

(1)按所输送物料的性质安排管路,如热介质管路在上,冷介质管路在下;无腐蚀介质管路在上,有腐蚀介质管路在下;高压管路在上,低压管路在下;或低压管路在外,高压管路在内;需经常检修的在外,不经常检修的在内。

(2)输送易燃、易爆介质的管路应沿地面铺设,严禁铺设在生活间、楼道及通道内。

(3)车间饮用水、循环水、蒸馏水、去离子水等管路应单独安装,不得在任何地点串接。

(4)上水管及下水管不应布置在遇水分解、燃烧、爆炸等物料的贮存处,避免在电气设备及生产设备上方通过。

(5)物料输送的管路尽量短、走明线,便于拆洗装卸;管路上的管件、阀门应错开安装以便检修。洁净室的管路需设在技术夹层内。

(6)为使用上的安全和操作方便,阀门和仪表的安装高度一般应是:阀门为 0.8~1.5m,安全阀为 2.2m,温度计为 1.5m,压力表为 1.6m。

(7)管路安装完毕应进行强度和严密度试验,合格后方可涂漆、保温或埋设。

(8)管路保温　输送水蒸气和冷流体的管路,都需要采取保温措施,防止热(冷)量散失,浪费能源、影响生产。管路在保温前一般要做防腐处理,使用防腐涂料,先除锈,然后刷一层防腐漆,漆干后再涂刷一层,涂过以后再涂两层油脂。

管路保温材料宜采用导热性能差、温度变化或机械振动时不致损坏、价格低的材料,如毛毡、石棉等。

(9)管路的涂色　管路的涂色规定在医药行业中已经统一,不同的管道用不同颜色加以区分。

在制药工业中,多采用蒸汽加热灭菌,将微生物细胞及芽孢全部杀死。由于灭菌设备的种类、规格不同,所采用加热蒸汽的温度和时间也不同。

## 二、发酵罐及容器的灭菌

### (一)发酵罐和容器的气密性试验

发酵罐和容器,在使用前必须经耐压和气密性试验。在设备安装完毕后进行24h 气密性试验,维持温度不变,检查压力是否稳定。每次检修后,也需如此,用30min 检查罐的压强是否改变,确定气密性。

### (二)发酵罐和容器的蒸汽加热灭菌

经气密性试验确认无渗漏后,通入蒸汽,罐内蒸汽压力达到 0.147MPa,维持45min,灭菌过程中打开排气阀、排净空气。对大型或结构较复杂的发酵罐和容器,采用抽真空法排除空气,使蒸汽通过以消除死角。保压过程中,不断排除蒸汽管路及罐内冷凝水。灭菌完毕,关闭蒸汽阀,待罐内压力低于空气过滤器压力时,打开无菌空气进口阀,通入无菌空气保持罐压 0.098MPa,确保罐内蒸汽冷凝后不致形成真空导致二次污染。发酵罐或其他容器上灭菌蒸汽管路的安排较简单,通常蒸汽进口装在罐顶,冷凝水排出阀在罐底,无菌空气分布器从罐底进入,如图 19-21 所示。

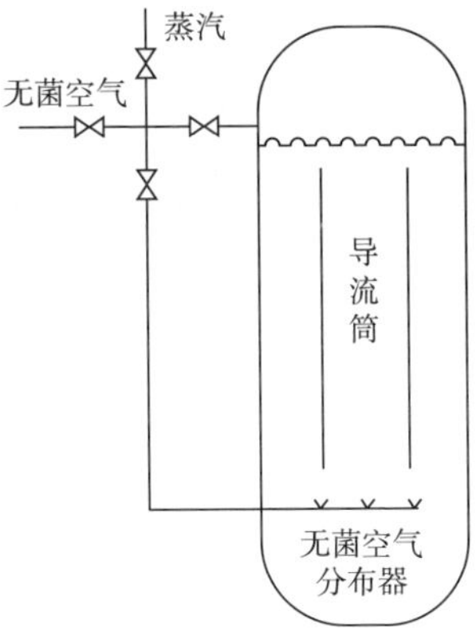


图 19-21　发酵罐空气分布器的蒸汽灭菌管路

## 三、空气过滤器的灭菌

空气过滤器灭菌采用饱和蒸汽，为避免过滤介质被冷凝水堵塞造成蒸汽通过困难，进入空气过滤器的蒸汽尽量采用饱和蒸汽。

较理想的空气过滤器加热灭菌流程，如图 19-22 所示。在进空气管道上加装蒸汽进口管，使蒸汽顺利通过管路和过滤介质，彻底加热灭菌，同时蒸汽冷凝水不会积聚于过滤器或管路中，保证灭菌彻底。

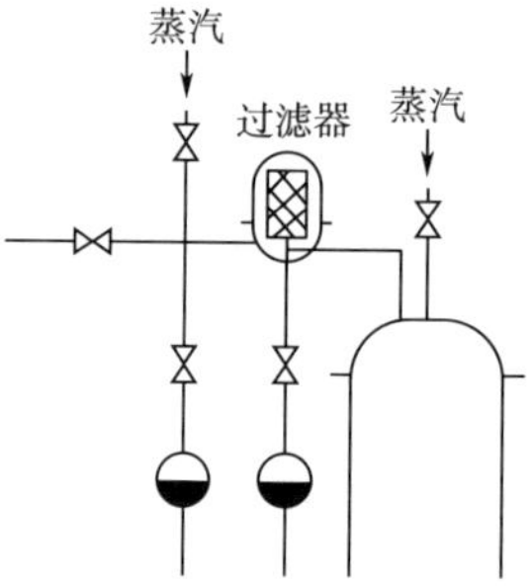


图 19-22　空气过滤器加热灭菌

## 四、阀门和管路的灭菌

### (一)阀门的灭菌

选择的阀门应利于清洗、维护和灭菌。以下以隔膜阀为例，如图 19-23 所示，它具有严密可靠，阀杆不与物料接触等优点，缺点是阀膜间仍有缝隙。

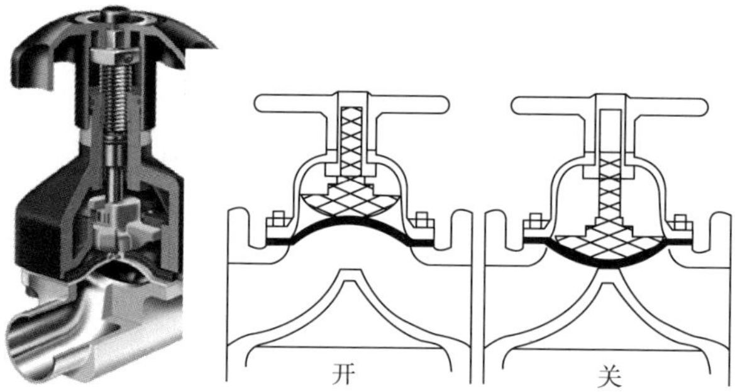


(1)剖视图　　(2)结构图

图 19-23　隔膜阀

对隔膜阀进行蒸汽灭菌有 3 种形式：①蒸汽直接通过阀门，阀门与管路均充满蒸汽，保证彻底灭菌，这是最佳形式。②利用隔膜阀上面附加的取样或排污小阀通入蒸汽或放出蒸汽冷凝水，可使隔膜两边均充分灭菌。③确保阀门接管的盲端管长与管径之比不大于6，且需保证管内不积存冷凝水，但此方法容易灭菌不彻底，生产中很少采用，如图19–24所示。

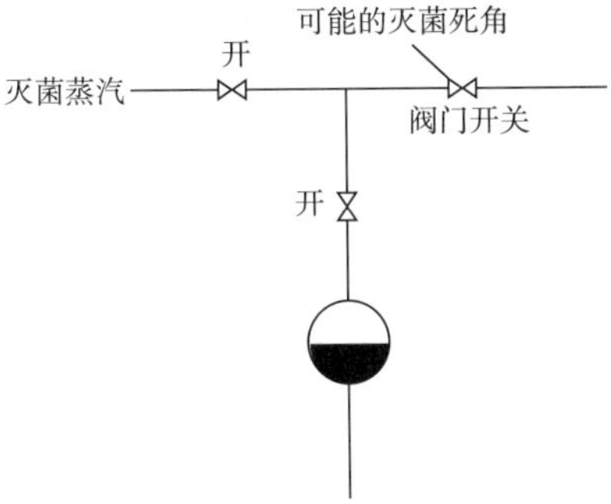


图19–24　阀门接管的灭菌

### (二)管路的灭菌

为保证设备与管路灭菌彻底，管路系统在设计安装时，应具有斜度，数值可取1∶100或更大，目的是使蒸汽冷凝水不积聚。对水平安装的管道，在水平面最低点安装排污阀。同时，为避免管路很长时中间下垂形成凹陷点，长管路须设有足够支撑点。

对输送较长的管路，为便于清洗和杀菌，应尽量减少管道并简化，能合并的管路尽可能合并，做到一管多用。弯头、阀门等管件尽可能少，同时尽可能减少最高点和最低点，在每个最低点处设排污阀，在最高点处设加热蒸汽进汽管，保证蒸汽杀菌彻底。

有多个罐时，每个罐及管路尽可能分开灭菌，保证蒸汽能够到达所有需要灭菌部位，提高系统灭菌操作灵活性与安全性。

如图19–25所示，培养基贮罐中的已灭菌并冷却至所需温度的培养基要送往灭菌后的空发酵罐中时，须先对管路进行灭菌（阀均关闭）。先依次打开E、D、C、B阀，然后开启蒸汽阀，通入蒸汽进行杀菌。杀菌结束，先关闭阀E，后关闭阀B，并开启阀F，以免管路因蒸汽冷凝产生真空，引入二次污染。最后打开阀A，将培养基贮罐中的培养基送至发酵罐。

### (三)灭菌死角的消除

管路中的死角，是指灭菌时因某些原因使灭菌温度达不到或不易达到的局部位置。管路中如有死角存在，会因死角内没有杀死潜伏杂菌引起连续染菌，影响正常生产。对某些蒸汽可能达不到的死角，要装设与大气相通的旁路排汽口。灭菌操作时，将旁路阀门打开，使蒸汽顺畅通过。对接种、取样、补料等操作管路，要配置单独灭菌系统，以便在发酵罐灭菌后或发酵过程中单独灭菌，如图19–26所示为

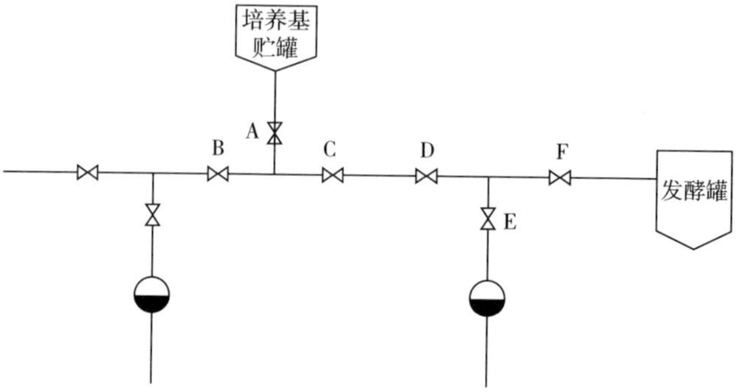


图 19-25　灭菌操作

典型气升环流式发酵罐的清洗与灭菌管路图。

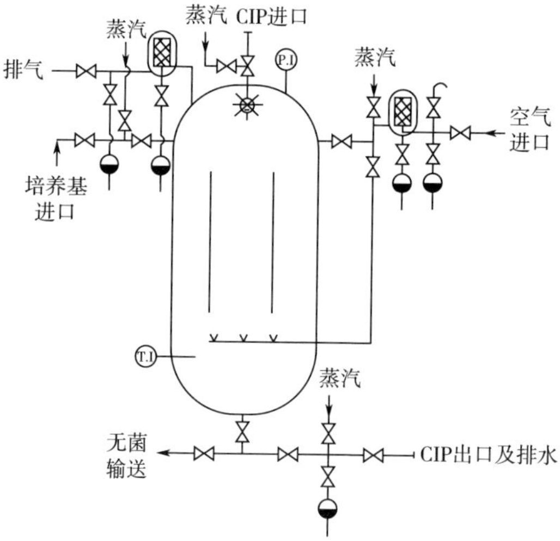


图 19-26　气升环流式发酵罐清洗与灭菌管路图

# 任务三　清洗方式

## 一、常用的清洗剂

### (一)清洗剂的作用

溶解或分解有机物;分散固形物;具有漂洗和多价螯合作用;清洗速度快;对生物与环境无毒或低毒;具有一定杀菌作用。几种常用清洗剂如表 19-2 所示。

表 19-2　　常用清洗剂　　单位:g/L

| 清洗剂 | 应用场合 | | 清洗剂 | 应用场合 | |
|---|---|---|---|---|---|
| | 用于 CIP 系统 | 用于管道清洗 | | 用于 CIP 系统 | 用于管道清洗 |
| 0.1mol/L NaOH | 4.0 | — | $Na_2SiO_3$ | 4.0 | 0.4 |
| $Na_3PO_4$ | 0.2 | — | $Na_2CO_3$ | — | 1.2 |
| 表面活性剂 | — | 0.1 | $Na_2SO_4$ | — | 1.2 |
| 三聚磷酸钠 | — | 1.0 | | | |

对一些有机污垢,可选择酶制剂(蛋白酶、脂肪酶)加入清洗液中,能加快相应污垢的清除。有时可根据清洗体系及清洗环境要求,适当添加一些功能性助剂,如消泡剂、助洗剂、缓蚀剂,以便在有限时间内较彻底地清除污垢。如表 19-3 所示,为常用清洗方法及特点。

表 19-3　　常用的清洗方法及特点

| 清洗方法 | | 适用场合 | 特点 |
|---|---|---|---|
| 机械法 | 手工工具法 | 局部、小面积污垢 | 简便、劳动强度大、效率低、质量较差 |
| | 风动、电动工具法 | 可用于较大面积污垢的清除 | 效率高于手工工具法 |
| | 胶球清洗法 | 可清除管内污垢 | — |
| | 高压水喷射法 | 各种污垢的清洗 | 不使用化学品,不造成环境污染,应考虑水的循环使用 |
| | 干冰喷射法 | 各种污垢的清洗 | 不使用化学品和水,不造成环境污染,金属表面不易返锈 |
| | 吸引法 | 设备表面附着力较小的污垢 | 简便,但是需要配合其他使污垢松动的方法 |
| 热力法 | | 蜡、有机物、无机盐等可燃烧或易变形的污垢 | 简便、成本低,不适用于易燃烧、易变形的材料清洗 |
| 溶剂法 | | 油污及其他有机污垢,被清洗的设备材料应不溶解于溶剂 | 清洗效率高,但是大多数溶剂易燃、易爆,对环境有污染 |
| 表面活性剂法 | | 主要清洗油溶性污垢 | 用量少、效率高、成本低,可清洗设备的死角 |
| 酸洗法 | | 清洗能与酸作用的污垢,主要是锈垢、无机盐垢 | 效率高、成本低,除垢彻底,可清洗设备的死角,有操作人员和设备的安全与环境污染问题 |
| 熔融法 | 酸熔融剂 | 难溶于水的碱性或两性氧化物和氢氧化物污垢 | 操作温度较高 |
| | 碱熔融剂 | 难溶于水或酸中的酸性污垢 | 操作温度较高 |
| 其他 | | 包括酶制剂、吸附剂、螯合剂、杀菌灭藻剂、污泥剥离剂等,应用于特定的污垢清除 | |

### (二)消毒杀菌剂

管道多采用加热蒸汽杀菌,只有当设备、管道不耐高温时才使用化学消毒法。常用化学消毒剂是5%~15%的 NaClO 水溶液,它能分解放出氯气,氯气是强力杀菌剂。

高效、安全、氧化性更强的 $ClO_2$,以优越性能逐渐取代 NaClO。通常将 $ClO_2$ 配成浓度20g/L 的稳定溶液,其优点是:①杀菌能力是氯气的2.5~2.6倍。②杀病毒和孢子更有效。③杀灭铁细菌效果显著。④不与氨或多数胺反应。⑤用量小,使用时浓度配制为2.0mg/L。⑥pH 适用6~10,适用范围广。

洁尔灭和新洁尔灭是两种季铵盐杀菌剂,由于毒性小,且具有杀菌灭藻性能,在循环冷却水系统中应用广泛,使用浓度50~100mg/L,适宜 pH 为7~9。

### (三)特殊清洗试剂

某些场合,需要把与有机物表面紧密结合的蛋白质分离洗脱出来,如色谱分离柱树脂的处理,这类树脂较易被强碱等强力洗涤剂破坏。此场合下,使用高浓度(6mol/L)尿素和氯化胍等化合物洗脱蛋白质,不会损坏分离介质。

## 二、设备、管件、阀门的清洗

清洗设备传统方法,是将设备拆卸下来用人工或半机械法清洗。缺点:①劳动强度大。②费工耗时,效率低。③操作人员的安全不易保证。④清洗与拆装辅助设备时间长,易对产品质量造成影响。

大规模生产已普遍采用 CIP 系统,即在位清洗或就地清洗,是在不拆卸、不挪动设备情况下,用机械使高浓度清洗剂在封闭清洗管线中循环,整个清洗过程实现半自动化或自动化,但对一些特殊设备需人工清洗。

### (一)管件和阀门的清洗

1. 清洗操作程序

(1)清水清洗　常温清洗5~10min。

(2)洗涤剂清洗　高温清洗15~20min。

(3)清水清洗　常温清洗5~10min。

(4)杀菌剂清洗　常温清洗15~20min。

(5)去离子水清洗　常温清洗5~10min。

2. 清洗操作要点

(1)清洗液流速　清洗过程中,液体流速在1.5m/s 时可获得满意的清洗效果,洗涤剂湍动程度越高,洗涤效果越好。但若洗涤液流速高于1.5m/s,会产生副作用。

(2)清洗时间　清洗时间无需太长,过长不会明显提高清洗效果。

(3)洗涤剂温度　洗涤剂温度不宜过高,不超过75℃。较高温度下易导致残留糖分焦化、蛋白质变性及酯的聚合反应,产物难以除去。

(4)在生物反应过程完毕后应马上对设备、管路、管件进行清洗,残留物干涸后会增加清洗难度。

(5)清洗结束后,及时将洗涤水排干净并干燥后备用,避免因积水导致微生物繁殖。

**(二)罐的清洗**

1. 方法

(1)罐顶喷洒清洗剂　利用冲击力使污垢解离分散而达到清洗效果。这不仅节约大量清洗剂,而且可利用较低浓度清洗剂达到良好清洗效果。形式有球形静止喷洒器和旋转式喷射器。前者结构简单,达到的喷射距离有限,对器壁清洗主要是冲洗作用而非冲击作用。

旋转式喷射器的优点:①可在180°的回转中喷射清洗,在较低的喷洗流速下获得较大的有效喷射半径。②冲击洗涤速度比球形静止喷洒器大得多。

其缺点:①喷嘴易堵塞。②罐内设有pH和溶氧电极等传感器,其对清洗剂敏感时,应先将其卸下单独清洗,待罐清洗好后重新装上。③有传动部件,故设备投资大,制造、维修技术要求高。

(2)高压水射流　高压水射流操作时,根据附着物形态选用不同压力。对黏着性污垢用20~30MPa压力;对特殊硬垢或近乎堵塞管道的可采用150MPa或更高压力;对某些较硬附着物可先用化学试剂溶解或软化,再用高压水射洗。

2. 操作注意事项

(1)洗涤过程中,须按规程小心操作,避免把腐蚀性洗涤剂淋洒到人体。

(2)考虑设备的热胀冷缩是否会产生真空(加热洗涤后转为冷洗涤时会产生真空),为避免损坏设备,应在罐上安装真空泄压装置。

(3)所有水泵都应设紧急停止按钮。

**(三)下游设备的清洗**

1. 碟片式离心机的清洗

若细胞浆不太黏稠时,设备清洗较为简便,否则往往采用人工清洗方法,才能获得较好的清洗效果。

2. 微滤或超滤系统的清洗

错流的微滤或超滤系统采用CIP系统,但长时间使用后,一层硬实的胶体层会在膜表面形成,有些胶体分子进入膜孔中,影响过滤效率,此时应用清水和清洗剂轮换清洗。必要时,对膜分离系统进行反向流动洗涤(视膜能否承受反洗压力而定),以便在泵输送作用下用清洗剂将残留在膜孔中的胶体分子洗脱出来。

**(四)辅助设备的清洗**

辅助设备,如泵、换热器、过滤器的清洗较简单,但须注意以下问题。

(1)无论何种类型换热器,若用于培养基加热或冷却,会不可避免地在换热面上产生结垢或焦化,不易清洗。培养基选择走管内,适当提高培养基流速,强化传热。清洗时,根据设备材质分别选用盐酸、硝酸、氨基磺酸或有机酸清洗,同时配合相应缓蚀剂。

(2)空气过滤器的清洗常被发酵罐冒出的泡沫污染,不易清洗干净,必要时用人工拆洗。

### (五)除去致热物质

生物制药生产中,从产物中去除致热物质和内毒素十分重要。实践表明,确保设备清洗和不被杂菌污染是除去致热物质和内毒素的有效方法。清洗用0.1mol/L的NaOH浸洗较有效。

### (六)微生物污泥的清洗

生产设备器壁上有时会附着微生物污泥,可用氯气去除,但有时效果不好,可采用酸洗或结合剥离剂方法去除。

### (七)仪器清洁

清洗仪器可使用便携式真空清洁器,在密闭空间利用能杀灭细菌、真菌和抗病毒的洗涤剂对仪器进行清洁消毒。

## 三、CIP系统及设备

在线清洗(Cleaning in Place,CIP)系统,是指生产设备(罐体、管道、其他系统等)及整个生产线在无需人工拆开或打开的情况下,在闭合的回路中进行循环清洗、消毒,见图19-27。适用于制药、乳品、饮料、酒行业的设备和管道的清洗。CIP系统是药品生产中卫生标准的前提条件之一,它可以消除活性成分的交叉污染,消除异物、不溶性微粒。降低或消除微生物及热原对药品的污染。CIP系统分为固定式和移动式两种。CIP系统控制分为自动和手动模式。

### (一)主要构成

CIP系统主要由单个或多个清洗液贮罐及管道、分布器、增压泵、回流泵、气动控制阀、酸碱计量泵、板式换热器、温度控制仪、电导率检测仪、液位控制仪、PLC触摸屏及控制柜等部件组成。一个稳定的CIP系统在于优良的设计,包括设备、管道、操作规程、清洗剂配方、自动控制和监控要求的一整套技术系统等。

### (二)工作原理

根据设置程序(程序可调)由CIP系统自动配制清洗液,经气动控制阀与增压泵、回流泵来完成清洗液的输送及回流循环的清洗、排放、回收整个过程。通过电导率、温度控制仪、

图19-27 CIP系统及设备

酸碱计量泵及 PLC 触摸屏组成的控制系统达到了自动在线清洗。可以对每一道清洗程序的时间、流量、电导率进行检测与记录，并可打印输出，同时能确保清洗液温度和浓度在相应清洗过程中自动恒定，系统清洗结果由电导率仪自动检测显示。

CIP 系统一般场合只需使用酸液罐、碱液罐、热水罐，即可满足清洗要求，工艺流程和实物如图 19-28 所示。

(1)实物图

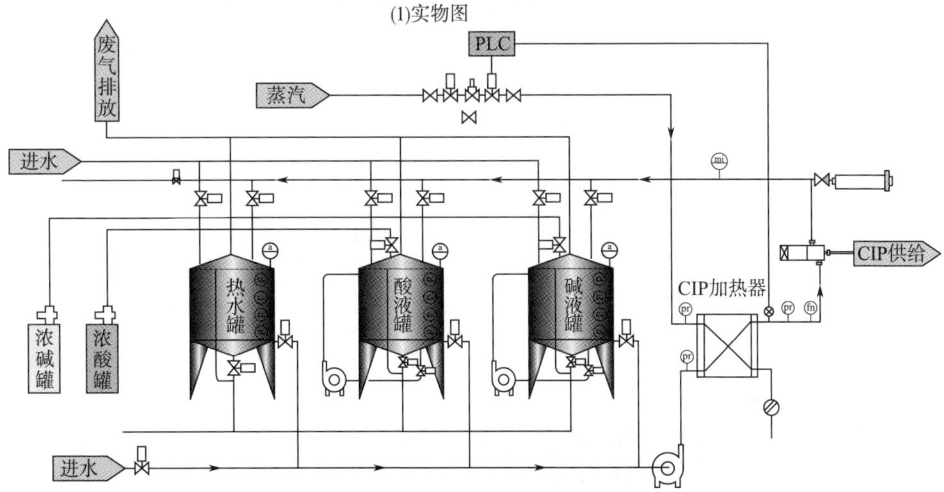


(2)工艺流程图

图 19-28　工艺流程和实物

CIP 的结构有联体和分体两种方式，分体式的 CIP 系统有从一回路到六回路、容积从 1t 到 10t 的各种规格；联体的 CIP 系统有从一回路到三回路、罐体从 1t 到 5t 的各种规格。

适用于大、中、小型各类设备的清洗，其结构紧凑，占地面积小，安装、维护方便。洗涤剂可循环使用，利用率高，损失少，使用寿命长，并能方便、有效地对储罐及管道等生产设备进行就地清洗，其整个清洗过程均在密封的生产设备、储罐容器和管道中运行，从而大大减少了二次污染机会。清洗工作可实现程序化和自动化，并配有体外循环系统，可有效减少能耗。

优点：①减轻劳动强度。②防止操作失误。③提高清洗效率。④安全可靠。⑤便于管理。

### (三)CIP 系统的形式

1. 一次性清洗系统

分预洗、碱洗、水洗和灭菌四个阶段。对高温下运转的设备有时要加酸清洗和中和水清洗阶段。一次性清洗系统适用于贮存寿命短、易变质的消毒剂,或是设备中有较高水平的残留固形物致使消毒剂不宜重复使用的情况。一次性清洗系统是较小型的固定单元装置。

2. 可重复利用的 CIP 系统

特点:①同一装置中,可同时进行清洗与灭菌,可对生产用罐体和配管同时进行清洗、消毒灭菌。罐体中采用洗液喷射方式清洗,配管中洗液形成紊流效果的清洗。②操作程序控制完全自动化,把控制程序输入控制器便可随时开启,是需时短、省力、可靠性高的清洗-灭菌装置。③经济效益高,清洗用水、洗涤剂、杀菌剂及蒸汽消耗最小,如图 19-29 所示。

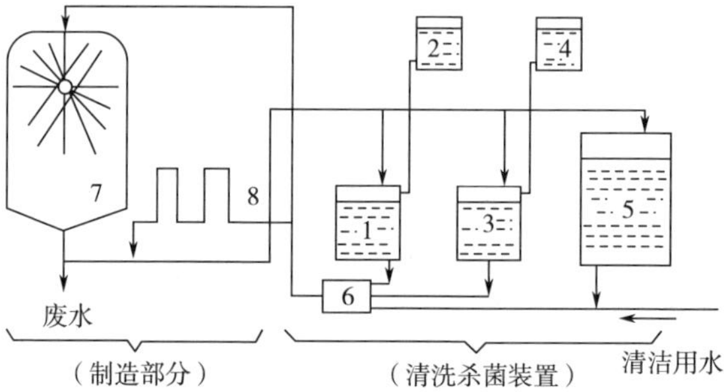


(1)示意图

(2)实物图

图 19-29　可重复利用的 CIP 系统

1—稀洗涤剂罐　2—浓洗涤剂罐　3—稀杀菌剂罐　4—浓杀菌剂罐
5—清洗用水罐　6—程序控制装置　7—生产部分缸体　8—生产部分传输管线

### (四)CIP 系统的操作程序

1. 预洗

将冷水或温水送入生产罐中,经过 10～15min 清洗,污垢被分散解离,废水被排出罐外。

2. 洗涤

以 NaOH 为主要成分,浓度 0.2%～1%的强碱性水溶液清洗 20min。预洗工序中大部分污垢已被清除,因此,在此工序中碱性洗液消耗较少,且可把用过的碱液回收,适当补充碱液浓度,循环使用。

3. 中间冲洗

把生产罐中附着的残留碱液用冷水冲洗干净,进行 20min,目的是减少杀菌剂负担。

4. 杀菌工序

用有效氯浓度 150～200mg/L 的次氯酸钠水溶液杀菌 15min。杀菌剂消耗较少,可回收并适当补充,调整到原来浓度,重复使用。

5. 最后冲洗

用无菌水冲洗 5min。

## 四、混合清洗系统

图 19-30 所示为简单的混合清洗系统,集一次性与循环使用于一体,这种单元设备是为罐和管道的 CIP 系统设计,由设置程序对整个系统实行自动化控制。清洗剂配比不同,清洗时间和温度有所不同。

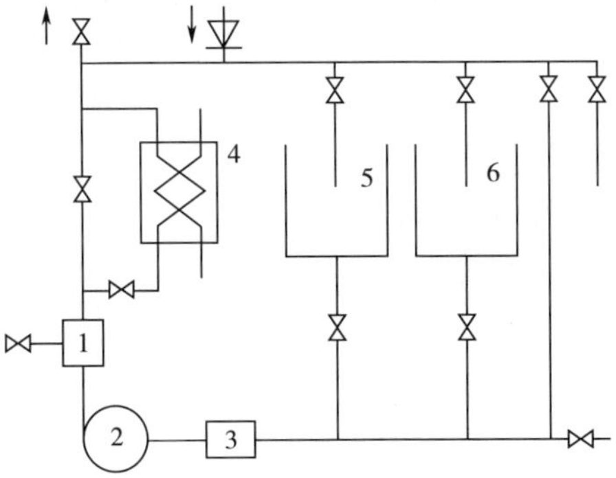


图 19-30　多次使用的 CIP 系统

1—过滤器　2—循环泵　3—喷射器　4—混合加热罐　5—清洗剂罐　6—回水回收罐

系统包括清洗剂及水回收罐、循环泵、过滤器。预洗用水可使用回收水,用完后直接排放或经中间洗涤后排放。控制一定循环时间,并控制清洗温度在预定范围。

清洗剂及漂洗用水循环使用一定次数后，若所含污物达到一定浓度，则不宜回收。

## 五、清洁程度的确认

清洗作业完成后，需要对被清洁表面做清洁度检验，确保设备卫生程度符合要求，包括设备检验、操作检验及成效检验，如图 19-31 所示。

图 19-31　清洁度检验

### （一）清洗表面清洁程度的检验

正确测定清洁对象的清洁程度有一定难度。由于形状复杂或多种材料构成的清洗对象的污垢分布常是不均匀的。因此，局部表面测定的结果不一定能完全代表整体清洁程度。例如，测定物体表面附着的微生物数目，多用清洁布擦拭一定面积的清洗对象表面，对布进行微生物培养，根据上面细菌数目确定微生物污染程度；即使培养结果为细菌个数是零，也不能绝对保证整个对象物上的微生物为零。

清洗大型设备时，在清洗现场，采用能提高测定准确性的方法，以污染最严重的部位为标准测定，试验进行 3 次，每次均要求设备处于正常操作状态，并符合要求。若此部位在清洗后达到所要求洁净度，其他部位必然达到更高的洁净度。

### （二）清洗表面的清洁规范

（1）必须无残留固体污染物或垢层。

（2）在光线充足条件下无可见污染物，且在潮湿或干燥状况下，表面均没有明显气味。

（3）用手摸表面，无明显粗糙或滑溜感。

（4）把白纸印在表面后检查，无不正常颜色。

（5）在排干水后，表面无残留水迹。

（6）在波长 340~380nm 光线检查表面无荧光物质。

### （三）清洗表面洁净度的定性评价

1. 擦拭法

擦拭法是用干燥洁净不起毛的纱布对物体表面擦拭，根据布被玷污程度进行判断。

2. 水滴法

滴在表面上的水滴直径越大，洁净度越高。

3. 水雾法

水雾法是用喷雾器把均匀的微粒状水滴喷射到清洗后的干燥表面上，若表面十分洁净，水滴会在表面上均匀铺展，干燥后凝聚，水膜周边形状呈规则圆形。

4. 呼气法

呼气法是对干燥的清洁对象表面呼气，若表面十分平滑洁净，水蒸气在表面冷凝时，会形成均匀雾斑，并在很短时间内消失。

5. 眼观察法

眼观察法是用放大镜和检测管等仪器观察表面的油脂、铁锈等污垢，也可用照射在物体表面的反射光强度了解污染情况。事先对不同洁净度的样品定出标准，然后把待测样品与已知样品进行比较。

## 习题

### 一、名词解释

1. 物理灭菌；2. 消毒杀菌剂；3. CIP 系统；4. 混合清洗系统。

### 二、填空题

1. 大规模的生产已普遍采用 CIP 系统，即__________或__________。

2. 辅助设备如__________、__________、__________的清洗比较简单。

3. CIP 系统的操作程序包括__________、__________、__________、__________和__________。

### 三、选择题

1. 灭菌的基本目的是(　　)。

A. 杀灭微生物

B. 保持制剂稳定

C. 保证制剂临床有效

D. 既要杀死或除去制剂中的微生物，又要保证药物的理化性质稳定及临床疗效不受影响

2. 流通蒸汽灭菌法的灭菌条件为(　　)。

A. 100℃蒸汽灭菌，灭菌时间通常 30~60min

B. 温度 115.5℃，压力 68.6kPa，灭菌时间 30min

C. 温度 121.5℃，压力 98.0kPa，灭菌时间 20min

D. 温度125.5℃,压力137.2kPa,灭菌时间15min

3. 下列对水浴式灭菌器的说法错误的是(　　)。

A. 利用高温饱和蒸汽喷淋杀死药液中的微生物

B. 广泛用于制药行业玻璃瓶装、塑料瓶装、软袋装等输液产品的灭菌

C. 由筒体、控制系统和消毒车等组成

D. 灭菌温度、压力数据报告以表格的形式可自动打印,易于保存分析

4. 离子辐射灭菌法杀灭细菌用的是(　　)。

A. 微波　　B. 红外线　　C. γ射线　　D. β射线

**四、判断题**

1. 发酵罐和容器在使用前必须经耐压和气密性试验。(　　)

2. 制药生产中,所选择的阀门均应利于清洗、维护和灭菌。(　　)

3. 为了保证设备与管路灭菌彻底,管路系统在设计安装时,应具有一定的斜度,通常取1∶100或更大,其主要目的是使蒸汽冷凝水不积聚。(　　)

4. 主要固定管道应当标明内容物名称和流向。(　　)

5. 储罐的通气口应当安装普通纤维的疏水性除菌过滤器。(　　)

6. 生产设备清洁操作规程制定的清洁方法应当使操作者一次性使用,不应重复。(　　)

**五、问答题**

1. 简述制药设备及管道的清洗与灭菌的意义。

2. 简述CIP系统的设备组成、操作要点及特点。

3. 简述灭菌法的分类,有哪些常见灭菌方法?

4. 简述湿热灭菌法的原理。

# 参考文献


[1]中国新药杂志汇编. 制药设备维修保养技术实务[M]. 北京:北京理工大学出版社,2015.

[2]韩静. 制药设备设计基础[M]. 北京:化学工业出版社,2018.

[3]刘精婵. 中药制药设备[M]. 北京:人民卫生出版社,2013.

[4]黄亚东. 食品工程原理[M]. 北京:高等教育出版社,2003.

[5]董天梅. 制药设备实训教程[M]. 北京:中国医药科技出版社,2008.

[6]高孔荣. 发酵设备[M]. 北京:中国轻工业出版社,1995.

[7]刘书志,陈利群. 制药工程设备[M]. 北京:化学工业出版社,2008.

[8]陈国豪. 生物工程设备[M]. 北京:化学工业出版社,2009.

[9]路振山. 生物与化学制药设备[M]. 北京:化学工业出版社,2010.

# 参考答案

项目一

项目二

项目三

项目四

项目五

项目六

项目七

项目八

项目九

项目十

项目十一

项目十二

项目十三

项目十四

项目十五

项目十六

项目十七

项目十八

项目十九